“十二五”上海重点图书
现代生物化学工程丛书

生物医学工程

刘昌胜　主编

華東理工大學出版社
EAST CHINA UNIVERSITY OF SCIENCE AND TECHNOLOGY PRESS
·上海·

图书在版编目(CIP)数据

生物医学工程/刘昌胜主编. 一上海:华东理工大学出版社,2012.7(2024.12重印)

(现代生物化学工程丛书)

ISBN 978-7-5628-3195-2

Ⅰ. ①生… Ⅱ. ①刘… Ⅲ. ①生物工程-医学工程-高等学校-教材 Ⅳ. ①R318

中国版本图书馆CIP数据核字(2012)第084054号

"十二五"上海重点图书

现代生物化学工程丛书

生物医学工程

主　　编 / 刘昌胜

责任编辑 / 周　颖

责任校对 / 金慧娟

封面设计 / 王晓迪　裘幼华

出版发行 / 华东理工大学出版社有限公司

地　　址:上海市梅陇路130号,200237

电　　话:(021)64250306(营销部)

(021)64251837(编辑室)

传　　真:(021)64252707

网　　址:www.ecustpress.cn

印　　刷 / 江苏凤凰数码印务有限公司

开　　本 / 787 mm×1092 mm　1/16

印　　张 / 17.25

字　　数 / 446千字

版　　次 / 2012年7月第1版

印　　次 / 2024年12月第6次

书　　号 / ISBN 978-7-5628-3195-2

定　　价 / 48.00元

联系我们:电子邮箱:zongbianban@ecustpress.cn

官方微博:e.weibo.com/ecustpress

前　言

生物医学工程是以现代工程技术和医学技术为基础，研究用于人类疾病的预防、诊断、治疗，人体功能辅助及卫生保健需要的人工材料、制品、装置和系统的学科。半个世纪以来，随着工业化带来物质文明的高度发达，人们健康意识的不断增强，加上微电子、材料等相关专业技术的飞速进步，生物医学工程不仅在新型生物医用材料、组织工程、纳米生物医学工程等基础研究方面取得了巨大的进步，而且在涉及生物医学信号检测与传感技术、生物医学信息处理技术、医学成像与图像处理技术、生物医学传感器技术、人工器官、医用制品和仪器、康复与治疗工程技术等应用性研究领域取得重要进展，逐步形成了一个庞大的产业，在保障人类健康和疾病预防、诊断、治疗、康复服务等方面起到了巨大的作用，得到了全世界各国政府、研究机构和企业的高度重视，成为当前医疗卫生行业的重要基础和支柱。

鉴于此，本书面向生物医学工程专业的本科生、研究生的教学需要，在查阅大量国内外相关文献并结合华东理工大学生物材料研究团队近年来的主要研究成果的基础上编写而成的。本书较全面地介绍了生物医学工程学科的发展历史、研究和产业化现状，并对其发展进行了展望，着重介绍了生物医用材料、组织工程、人工器官、生物力学与生物流体力学、生物医学传感器、纳米生物医学工程、医学影像技术和生物医学信息、现代科学新技术在生物医学工程中的应用等领域的基本理论和最新的研究成果。我们希望，通过本书的介绍，读者可以对生物医学工程的研究现状、意义及其对相关学科发展的影响有一个比较系统全面的了解。同时，也希望能推进生物医学工程的相关研究，加速其临床应用和产业化的进程。

本书由华东理工大学刘昌胜教授组织编写并统稿。写作分工如下：第1章和第4章由袁媛副教授负责编写；第2章由刘昌胜教授、陈芳萍副教授和郎美东教授共同编写；第3章由王靖副教授负责编写；第5章由方波教授负责编写；第6章由袁媛副教授和洪华副教授共同编写；第7章由朱以华教授和袁媛副教授共同编写；第8章和第9章由魏杰教授负责编写。

本书内容较丰富、涉及面广。书中除了第1章是对目前生物医学工程的概述外，其余各章均是针对具体的研究领域展开，编写过程中力求达到条理清晰，结构合理。另外，在编写的过程中，我们注重语言的简练和准确，力求通俗易懂，使其能为广大读者所接受。但是由于编写水平有限，书中的错误和不足之处实属难免，敬请同行专家和广大读者指正。

目　录
CONTENTS

第1章 绪论

生物医学工程学是运用现代生物学、医学和工程学的理论和方法而发展起来的一门新兴的交叉学科。工程学是建立在物理学、化学、生物学等自然科学基础上的应用技术性科学，而医学则是以疾病的预防、诊断和治疗为目标，基于生命科学基本理论的一门独立学科。也就是说，生物医学工程学是一门现代工程技术和生命科学结合的生物医学应用技术科学。它综合运用现代自然科学技术的原理和方法，从工程学和多层次角度研究生物体特别是人体的结构、功能和其他生命现象，研究用于人类疾病的预防、诊断、治疗，以及人体功能辅助和卫生保健需要的人工材料、制品、装置和系统的工程原理与定量分析。

生物医学工程与其他学科一样，其发展也是由科学、社会、经济等诸多因素所驱动的。20世纪60年代以来，工业化带来的经济和社会的高速发展，使得人类的生活和工作压力不断增大，工作节奏不断加快，工矿事故和交通事故引起的创伤病例数目也快速增加，加上人口老龄化的趋势日益明显，都使得人类对自身的健康越来越关注。同时，以电子为先导的工程学的快速发展也不断地向医学领域渗透，特别是电子学、信息和电子计算机等多学科的迅猛发展使得整个科技进入了一个崭新的阶段，生物学和医学也由定性地描述生命现象向定量地认识生命过程发展。正是在这样一种背景下，生物医学工程便应运而生并得到了快速的发展。

1.1 生物医学工程的内容和范围

生物医学工程的研究内容非常广泛，主要包括：基础性研究，涉及生物医用材料学、生物力学与生物流体力学、组织工程、纳米生物医学工程、生物医学信息的提取与处理、生物系统建模与仿真、各种物理因子的生物效应、生物系统的质量和能量传递等；应用性研究，直接为医学服务，涉及生物医学信号检测与传感技术、生物医学信息处理技术、医学成像与图像处理技术、生物医学传感器技术、人工器官、医用制品和仪器、康复与治疗工程技术等。

1. 生物医用材料

生物医用材料是用于生物系统疾病的诊断、治疗、修复或替换生物体组织或器官，增进或恢复其功能的材料。生物医用材料是生物医学工程领域的重要研究内容，为组织工程、人工器官、生物医学传感器、生物芯片等的发展提供物质基础；反过来这些学科的进步又不断地推动生物医用材料的发展。

2. 组织工程

组织工程学是应用生命科学和工程学的原理与方法，研究、开发用于修复、增进或改善人体各种组织或器官损伤后功能和形态的一门新兴学科。它的提出、建立和发展向人们展示了人类有能力再造具有复杂组织结构和生理功能的器官。组织工程主要包括体外/体内组织工程和原位组织工程。体外/体内组织工程的基本方法是将体外培养的活细胞种植于合适的可降解性支架上，在体外或体内应用生物反应器模拟体内环境，培养形成组织与器官。原位组织工程是模拟机体自身创伤自愈合过程，将具有生物活性和降解性的材料植入体内，利用人体体内自身的细胞在支架表面黏附、生长、分化，在支架被降解的同时，与从外围进入的细胞粘连构成修复组织。组织工程的研究使人类在21世纪实现人工器官的真正替换成为可能。其中，集生物活性和生物降解性于一体的新型支架材料的研制是组织工程研究的核心和关键之一，也是目前制约其发展的主要“瓶颈”。

3. 人工器官

人工器官即具有能够部分或全部替代人体病损的自然器官，具有补偿、替代或修复自然器官功能的人工装置，其包括机械型人工器官和组织工程人工器官。可以这样讲，20世纪人工器官的出现是现代医学进步的一大标志，如人工心脏瓣膜、人工血管、人工心脏、人工肺等。但目前所研制的人工器官尚不具备所需替换脏器的全部功能，或只能在体外使用，从而使其在临床上的应用受到很大的限制。

4. 生物力学与生物流体力学

生物力学是研究生物体与力学有关问题的学科，其主要内容是利用力学基本原理，结合生理学、医学和生物学来研究生物体特别是人体的功能、生长、消亡及运动的规律。例如，生物流变学研究血液、软组织和硬组织材料流动与变形的规律；循环系统力学研究血液在心脏、动脉、微血管和静脉中的流动和变形的规律；呼吸系统动力学研究呼吸过程中气道内的气体流动及肺泡中氧气与血液中物质的交换规律。

5. 生物医学传感器

生物医学传感器技术是具有能够获取各种生物信息（光、电、声、化学、热、力、射线等）并将其转换成易于测量处理的有确定函数关系的电信号功能的转换装置。它是生物医学信号检测的关键技术，广泛应用于人体的无创伤或微创伤检测技术中。生物医学传感器的主要用途包括：①生物医学物质（如血糖、乳酸、谷氨酰胺等）的检测；②提供临床检验的信息；③生物工程技术生产药物时生化反应的监视等。

6. 纳米生物医学工程

纳米生物医学工程是纳米技术向生物医学工程领域渗透的结果，是现在以及未来生物医学工程领域的一个重要研究方向。纳米技术所蕴含的独特性能不仅为纳米生物医学工程产品和器械的设计和研制提供新思路和新方法，而且为该领域中采用常规技术和方法所无法解决的问题提供新的手段。纳米生物医学工程涵盖了药物、基因、蛋白质的纳米微囊化，药物的可控靶向输送等。纳米生物医学工程打破了传统生物医学工程的格局，大大地推动着生物医学工程的发展。

7. 生物医学信息处理和医学图像技术

生物医学信息处理技术是研究从强干扰和噪声中的生物医学信号中提取有用的生物医学信息的方法。这些方法包括强噪声背景下微弱生理信号动态提取、多道生理信号的同步观察与处理、生理信号的时间-频率表示、自适应处理、人工神经网络和混沌与分形理论的应用、医学专家系统等。医学图像技术包括医学成像技术和医学图像处理技术两部分。医学成像技术是把生物体中有关的信息以图像形式提取并显示出来；医学图像处理技术则是对已获得的医学图像进行分析、识别、分割、解释、分类以及三维重建与显示等处理，目的是增强或提取特征信息。成像与图像处理技术是结合成一体的。

1.2 生物医学工程的发展历程

从20世纪50年代开始,随着工程学、电子学、信息和电子计算机等多学科的进步并广泛应用于临床医学和生物学,生物医学工程学作为一门独立的学科得到了快速的发展和完善。纵观整个生物医学工程的发展历史,不难发现,工程技术对生物医学领域的影响大体上可分为三个阶段:第一阶段——渗入;第二阶段——冲击;第三阶段——融合。

第一阶段:19世纪之前,中医靠的是"望、闻、问、切"的行医经验;西医则用的是听诊器加体温表、血压表等初级仪器。对人体机能的了解,着重在定性描述而缺乏定量研究。大约从19世纪末开始,X射线和心电图、脑电图技术的发现和发展,标志着工程技术向医学研究领域的成功渗入。第二次世界大战期间,因战争需要而发展起来的超声波定位潜艇技术启发了Dassik等于1947年发明了脑的A型超声显示;接着1950年Ballantine等在MIT的声学实验室进一步完成了颅内病变的超声检测;1953年Holmes和Howry等研制成了二维超声实时成像仪。几乎同时,Holter利用磁记录研制成了非卧床病人佩带的Holter系统。从此,工程技术多方位地向生物医学领域渗入。但总的说来,在20世纪50年代以前,工程技术对医学并未产生全面而强烈的影响。

第二阶段:进入20世纪60年代,新型生物医用材料的制备和应用得到一定程度的发展,微电子技术、计算机技术飞速发展,计算机功能极大增强,体积成倍地缩小,而成本却成十倍、成百倍地降低,加上物理学方面的其他进展(如激光技术、红外技术等),使工程技术对医学领域形成全面冲击,生物医学工程学科作为一门独立的学科应运而生。与此同时,在美国、日本和西欧等国家成立了生物医学工程学术组织,世界性的国际生物医学工程联合会(IFMBE)也于1965年成立。

第三阶段:进入20世纪80年代以来,材料科学、纳米技术、细胞与基因工程技术、计算机技术以及微电子技术等迅猛发展,并与生物医学高度融合、互相促进、共同发展。正是在这样一种背景下,生物医学工程不仅在研究方面取得了快速发展,而且研究成果转化为生产力的速度也大幅度提高。到目前为止,许多研究成果已经转化为生产力,造福于人类社会。

在我国,生物医学工程作为一个专门学科起步于20世纪70年代,中国医学科学院名誉院长、中国首都医科大学名誉校长、我国著名的医学家黄家驷院士是我国生物医学工程学科最早的倡导者。1977年中国协和医科大学生物医学工程专业的创建、1980年中国生物医学工程学会的成立,并于1986年以成员国形式加入了IFMBE,有力地推进了我国生物医学工程的发展。目前,我国许多高校、科研单位均设有生物医学工程机构,从事着生物医学工程的科研、教学工作,在我国生物医学工程科学事业的发展中发挥着重要的作用。

1.3 生物医学工程的发展现状

生物医学工程是21世纪的前沿学科之一,属于应用科学的核心学科。尽管生物医学工程作为一门独立学科发展的历史尚不足60年,但由于它在保障人类健康和为疾病预防、诊断、治疗、康复服务等方面所起的巨大作用,得到了全世界各国政府、研究机构和企业的高度重视,成为当前医疗保健产业的重要基础和支柱。近年来生物医学工程的发展分述如下。

1. 生物医用材料

近30年来，生物医用材料的研究与开发无论在深度和广度上均取得了引人瞩目的成就。迄今为止，被详细研究过的生物材料已有一千多种，医学临床上广泛使用的也有几十种，涉及金属材料、无机材料、高分子材料以及复合材料等各个领域。主要应用领域涉及人体硬组织、软组织、心血管系统以及药物、生物活性物质控释体系等。在一系列深入研究的基础上，已有多种生物材料用于临床。就生物医用材料领域而言，目前的工作主要集中在以下两个方面。①材料性能的改进与提高，即根据最终临床应用的反馈，采用物理的、化学的或者两者结合的方法对材料进行表面改性、复合改性或者活性修饰等来提高和优化材料的综合性能。②生物材料的产业化，虽然，目前也有少数生物材料实现了规模化生产，但是总体来说，生物材料的产业化进程远远落后于研究开发。因此，如何将生物材料制备和活性组装过程的特殊性与传统化学工程的基本原理相结合，建立生物材料制备过程中的规模化放大规律，从而实现其产业化是目前生物材料领域研究的一大任务。

2. 组织工程

体内/体外组织工程是近年来发展起来的一种以少量种子细胞经体外扩增后与生物材料结合构建新型组织的新思路。它克服了"以创伤修复创伤"、供体来源不足等缺陷，将从根本上解决组织、器官缺损的修复和功能重建等问题。尽管组织工程概念的提出不过短短的十几年，但它已经得到了飞速的发展。美国是世界上最早开展组织工程研究的国家，而且投入了大量研究经费，目前开展组织工程相关的研究小组已遍布各大研究机构与大学。欧洲，尤其是德国、法国与英国等国家凭借其在生命科学领域中的雄厚基础以及政府强有力的支持，近年在组织工程领域也有了快速的发展。亚洲国家开展组织工程学研究则相对较晚，但发展迅猛，并已初步形成各自的特色。其中，新加坡、韩国在干细胞研究方面占较大优势，而日本则以生物材料为特色。我国的组织工程研究以1997年启动的国家"973"项目为标志，随后在国家"863"计划、国家自然科学基金等资助下，先后在骨、软骨、肌腱、皮肤等结构性组织的组织工程领域开展了大量的研究，并取得了一系列重要的研究成果，形成了以组织构建和临床应用为特色的组织工程学研究道路。尽管如此，随着研究的不断深入和部分组织替代物的临床应用，组织工程在细胞来源、支架材料的构建、组织/器官的构建、组织进入人体后的排斥反应等方面还有许多问题亟待解决。

原位组织工程是借助具有特殊结构或表/界面结构的材料在病变部位诱导特定细胞向创伤部位移行、聚集、生长和增殖，最终形成新生组织。原位组织再生的概念出现于1999年，当时主要限制在硬组织修复领域。如Pratt等以含有三个半胱氨酸的多肽为交联，采用可注射聚乙二醇-二乙烯砜在原位形成水凝胶作为支架材料，并结合骨形态发生蛋白2(BMP－2)用于骨的原位组织工程。结果表明所使用的材料具有较好的原位诱导活性。而且如果以肝素作为BMP－2的亲和材料，那么材料诱导骨活性更高。经过十余年的发展，原位组织工程在硬组织领域的应用得到高度关注。在国内也有不少关于材料复合BMP－2进行体内骨缺损原位修复的报道。同时，近年来，原位引导组织的理念也已经扩展至其他组织的修复，如Hori等进行的小狗实验结果表明，非细胞胶原海绵可用于部分胃切除后的胃组织工程原位再生。血管内植入物原位引导内皮化，即通过在血管内植入物表面构建特殊的涂层(等离子体聚甲基丙烯酸丁酯、凝胶等)，并结合生物活性因子或抗体(胶原、RGD、黏性蛋白、抗CD34抗体等)，实现内皮祖细胞/内皮细胞向支架表面或者血管损伤部位聚集、增殖、分化，从而加速支架表面的内皮化。这一创新的思路不仅克服了药物支架因延迟内皮化而导致的晚期血栓，也可避免种植内皮细胞在植入过程的脱落等问题，为解决血管内植入物再狭窄提供了一种新的手段。尽管如此，原位组织工程在生长因子的高活性固载及可控释放等方面仍面临着巨大的挑战。

3. 人工器官

人工器官即用人工器官置换或替代病损器官，补偿其全部或部分功能。作为一条重要的治疗方法，人工器官受到世界各国尤其是发达国家的高度重视，并迅速发展起来，成为治疗威胁人类生命健康的急性或慢性疾病的重要工具。目前研究的人工器官主要包括机械型人工器官和组织工程化人工器官。其中组织工程化人工器官目前尚处于研究阶段，伴随着组织工程领域的发展近年来得到了快速的发展，但离临床应用尚有较大差距。目前临床上应用的人工器官主要包括：①人工肺（氧合器）模拟肺进行 O_2 与 CO_2 交换的装置；②人工心脏（血泵）；③人工肾（血液透析器）；④人工肺等。尽管在临床上得到一定的应用，但目前的人工器官只能模拟被替代器官 1～2 种维持生命所必需的最重要功能，尚不具备原生物器官的一切功能和生命现象。

4. 生物力学与生物流变学

作为一门独立的学科，生物力学从 20 世纪 60 年代开始发展到今天，取得了很多优异的成果。特别是伴随着现代科学技术的飞速发展，进入 90 年代后，生物力学研究出现了新的热点，向生命材料的更深层次发展，如细胞生物力学和细胞分子力学的研究领域。骨科生物力学和血液流变学是目前生物力学和生物流变学研究的核心之一。骨科生物力学的研究内容包括：①肌肉系统的力学表现；②各关节的结构认识与功能性评估；③腱与韧带的生物力学；④关节软骨的双相性质的探讨以及对于关节润滑的机制了解；⑤骨折修复与重新塑造在力学上受力的影响机制研究；⑥进行生物力学研究的工具，包括运用数值方法的最佳化分析、有限元素分析法软件和计算机仿真以及超声波等，旨在提高测量复杂的骨骼肌肉系统的力学表现的精确性和速度等。血液流变学是研究血液及其组分以及与血液接触的血管的流动与变形规律的学科，是血液与血管相互作用的宏观表现。其目前研究的热点包括：①血液流变学检测仪器的研制；②血液流变学相关理论的研究；③血液流变学指标在临床诊断上的应用研究。微观细胞力学是生物力学研究领域的又一热点，主要包括细胞层次的力学研究，组织、器官在细胞、基因层次上的力学表现。近年来国内外对各种体外培养细胞随应力（应变）的改变而发生变化的研究大致分为三个方面：①基底加载各种参数对细胞增殖的影响；②机械拉伸对细胞黏附、形态及生长的影响；③流体剪应力对血管内皮细胞分裂过程的影响。

5. 生物医学传感器

生物医学传感器的原理是由生物识别元件和生物活性化合物（底物）连在一起，在适当的条件下反应，经信号转换器将反应过程或反应产物所产生的物理或化学影响信号转化成电信号，最后由电子放大设备输出。生物医学传感器的发展经历了四个阶段：第一代生物医学传感器是生物催化剂连接或附于生物膜上，生物膜再固定于转换器的表面；第二代生物医学传感器是具有生物活性的物质直接固定于转换器的表面，而不用半渗透膜；第三代生物医学传感器则是生物催化剂直接与一个电子转换及信号放大装置相连；第四代在线检测生物医学传感器在继承前三代的基础上，实现了对异常组织的在线检测而不破坏或伤害组织的完整性，是目前生物医学传感器研究开发的热点。生物医学传感器根据生物活性物质的类别可分为酶传感器、免疫传感器、DNA 传感器、组织传感器和微生物传感器等。目前，生物传感器正朝着以下几个方面发展：①向高性能、微型化、一体化方向发展；②将生物传感器与计算机结合，构成生化检测的智能化系统，这种系统具有自动采集数据、数据库管理及用人工智能进行数据处理等能力;③仿生生物学的发展。

生物芯片发展至今不过十几年,但进展迅速。迄今为止已有近百家公司从事生物芯片的相关工作。生物芯片是以预先设计的方式将大量的生物信息密码(寡核苷酸、cDNA、基因组DNA、蛋白质等)固定在玻片、硅片等固相载体上组成的密集分子的微点阵列。通常,制作生物芯片和获得数据有以下四大要点:芯片的构建、样品的制备、生物分子反应和信号的检测。目前常见的生物芯片主要有基因芯片、蛋白质芯片两类。融微电子、微机械、化学、物理技术、计算机技术等于一体的生物芯片,尽管只有十几年的发展历史,但已经取得了从研究开发到商品化等一系列的成果,被广泛应用于基因组文库作图、疾病预测、药物筛选、衰老和发育过程研究等。但是,生物芯片技术还有许多问题亟待解决,如提高芯片的特异性,简化样品制备和标记操作程序,以及增加信号检测的灵敏度等。

6. 纳米生物医学工程

纳米生物医学工程是纳米技术向生物医学工程领域渗透的产物,近年来随着纳米制造和检测技术的发展而得到了飞速发展。目前其研究的热点主要是药物/蛋白微囊化、药物的可控释放材料以及纳米基因治疗载体材料、生物芯片等。由于具有良好的生物相容性、生物降解性以及对药物/蛋白的保护作用和可控释放性,纳米微粒作为一种新型的药物和基因等的输送技术,近年来得到了广泛关注,发展迅猛。目前用于药物输送的纳米粒体系包括:脂质体纳米微粒、可降解聚合物纳米粒子以及无机纳米粒子(如纳米介孔硅材料、纳米氧化铁等)。纳米医药研究始于 30 多年前,但一直受制于基础研究进度,产业化基础不够成熟,到了 20 世纪 90 年代才逐步走向市场,现在正呈加速发展势态。2004—2005 年,纳米生物医药有了较大幅度的突破,许多开发较早的药物已先后进入市场。目前纳米药物/基因输送体系研究的主要内容包括:纳米药物的可控制备,提高药物/基因的装载量,药物的靶向性以及药物在血液中的长效循环等。

7. 生物医学信息和成像处理技术

生物医学信息处理技术根据生物医学信号特点,应用信息科学的基本理论和方法,研究从强干扰和噪声中的生物医学信号中提取有用的生物医学信息,并对它们进行进一步的分析、解释和分类等的方法。生物医学信号主要是指人体所发出的各种声、光、电等信号。由于受到人体诸多因素的影响,生物医学信号具有信号弱、噪声强、频率低、随机性强且非平稳等特征,因而信号的检测和处理过程相对困难。生物医学信号分析方法主要有:频域和序域分析法、小波分析法、混沌分析法、神经网络分析法等。生物医学信号的检测、收集和分析是目前研究的热点。

以计算机、微电子、激光和光纤、放射性示踪核素等为主导的现代医学成像学体现了高新技术与医学的紧密结合。现代医学成像学已由传统单一普通 X 线加血管造影检查发展成为包括超声、放射性核素显像、X 射线 CT、数字减影血管造影(DSA)、MRI、普通 X 线检查的数字化成像(CR 和 DR)以及图像存储和传输系统(PACS)等多种技术组成的医学影像体系。图像引导介入治疗、"多模式耦合"的新型成像技术、高灵敏度、高空间分辨率和时间分辨率的成像装置、小动物成像技术等是目前研究的重要方向。

1.4 生物医学工程前沿研究领域

集生物活性和降解性于一体的第三代生物医用材料是目前生物医用材料研究和开发的热

点。主要的研究内容包括:①活性生物材料的研究,包括材料表面活性涂层的设计与构建、生物活性复合材料的设计与构建、生物仿生材料的设计与制备、生物活性因子的选择与装配等。②生物材料降解行为的研究,包括采用现代工程技术和三维多孔结构设计与制备的新技术和新方法,设计制备新型多孔材料以提高材料的降解性能;通过设计聚合物的化学组成、化学结构、分子量等来调控材料的降解性能。③生物活性和生物降解性之间的相互作用,包括材料降解过程对其生物活性的影响,生物活性的提高对其降解行为的影响,材料降解速率与组织形成速率之间的关系,最终通过改进生物材料的化学组成与结构、生物活性因子的装配等实现材料生物活性、降解性与组织形成速率的高度一致。

以构建人工组织/器官为目标的组织工程的前沿研究包括:①支架材料的设计与制备,包括天然生物材料与合成材料的复合,无机与有机材料的复合,材料三维结构与表面结构的控制以及生物活性因子的组装与配伍等;②种子细胞方面,成体干细胞的选择与培养,细胞的免疫原性和定向诱导分化,人类胚胎干细胞建系和体细胞核移植技术,个体化种子细胞的建立等;③在组织构建方面,包括新型反应器的设计与制造,局部生物力学刺激等;④原位引导组织再生的原位组织工程,以机体自身创伤的自愈合过程为基础,通过特殊生物材料和生物活性因子的构建,使特定的细胞向创伤部位生长、移行和聚集,最终在待修复组织处原位形成再生组织。这种新型的组织再生过程不再依靠体外细胞培养技术,同时免去了组织工程产品(组织/器官)向人体的移植过程,而是利用体内原有的细胞,更多地依赖所构建材料的"生物活性"和人体微环境的"生物反应器",以促使既有的非外加种子细胞在支架表面黏附、生长和分化,在支架被降解的同时,从外围进入的细胞相互粘连构成修复组织。它为解决目前临床组织修复过程存在的问题提供了新的手段和方法。

人工器官领域的前沿研究包括:①从材料、设计与制造技术等多方面改进和提升现存的人工器官的功能,使之不仅具备维持生命所必需的最重要功能,而且具备天然器官的所有功能。设计制备真正能够完全替代天然器官的人工器官。②设计制备性能高,体积小,能佩带甚至能体内植入的人工器官,提高人工器官使用的方便性。③人工脑的研制,目前人工器官研究最为前沿的领域当属人工脑。已有的临床结果表明,适度的降温有助于脑创伤、脑休克等疾病的修复,防止脑梗塞的发生。而目前临床上主要通过整个身体的降温来实现人脑部温度的降低,这样的操作过程不仅费时,而且温度降低幅度相当有限(仅5～7℃左右)。人工脑是一种借助高效热交换和过滤装置构建的血液灌注设备。使用时暂时停止颈动脉血液供应,通过颈动脉-颈静脉形成血液外循环回路,从而使得脑部温度迅速降低。进一步动物实验结果表明,采用该装置迅速降低脑部温度后,猴子没有表现出任何认知和行为上的异常,大大降低了脑栓塞发生的可能性。

生物力学的前沿研究包括:①从细胞和分子水平深入研究硬组织的生物力学特征,了解细胞在外力作用下的调控机制,力学刺激对于人体骨母细胞及骨细胞活性、骨生成蛋白与骨骼生成相关蛋白质分泌量的影响;②深入研究软组织生物力学的特征,建立过程的特征方程;③研究诱导体内组织生物力学变化的内因,建立组织力学变化与疾病之间的关系。

生物医学传感器的研究前沿包括:①进一步扩大现有生物传感器的生产和使用,包括现有生物传感器的稳定性、再现性和可批量生产性,实现其批量、稳定生产。在此基础上扩大生物传感器的临床使用范围。②生物活性膜的固定化技术和生物传感器的固定化技术,生物活性膜的固定是生物传感器制作中的关键。采用吸附、包埋等物理方法和交联、共价等化学方法固定活性物质,研究活性物质的固定化技术对活性物质的影响。③新一代在线生物传感器的研究。

纳米生物医学工程的研究主要包括蛋白/药物/基因的纳米粒系统、生物芯片和纳米材料。目前研究的热点有:①纳米技术的控制工程,包括对材料尺寸、形状与阵列分布、表面与微结构的控制。如何调控这些效应对材料性能的影响,如何加强一种效应的影响而减弱另一种效应的影响,如何提高纳米颗粒/多孔材料的综合性能等这些都是控制工程研究的方向。②药物/蛋白/基因等的纳米粒的制备与应用,包括药物/蛋白/基因纳米粒的设计、制备、收集与储存;药物/蛋白/基因纳米粒大小、表面性质以及“靶向性”的控制;药物/蛋白/基因纳米粒的体内分布以及代谢方式等。③生物芯片技术的研究,包括自动化、微型化、多样化生物芯片的研制;芯片杂交前样品处理、纯化、扩增和标记等技术的改进。④生物芯片在医学检测方面应用的扩大,利用纳米技术对血样与尿样进行分析,对大批量的基因或蛋白质进行分析,“超灵敏检测的纳米芯片”与“利用纳米颗粒的发光特性追踪肿瘤细胞和病毒”正成为开发的热点项目。此外,蛋白质芯片的制备技术,包括所有与导致疾病有关的蛋白质其抗原对抗体的识别反应以及抗体的合成与纯化技术等均有待于进一步的研究。⑤纳米生物材料的生物安全性,从整体、细胞和分子水平深入研究纳米生物材料的生物安全性,探索影响材料安全性的关键因素,系统地阐明纳米生物材料与细胞之间的相互作用方式、纳米生物材料的负面效应、反向应用和消除等一系列重要的基础科学问题和内在机制。

生物医学信息的研究前沿主要包括:①开发生物医学信息获取新技术,如采用光学、电磁学等原理检测和获得生物医学信息,提高现有滤波器的性能等;②开发生物医学信息分析的新技术,提高信息分析的水平,拓宽信息分析新技术的临床医学应用。生物医学影像学技术主要包括:①开发创新性成像模式,研究它们的最优化、特征化;②开发创新的造影剂或分子/放射性示踪剂;③研究新的图像采集、显示、传输、计算机辅助分析以及应用于远程放射学和远程医学的创新方法;④研究用于介入放射学和改进图像引导诊断和治疗的新方法。

1.5 生物医学工程的产业化

回顾历史,生物医学工程的兴起是由两个因素促成的:一是工业化以来物质文明高度发展,人们的生活环境、工作节奏等发生了重大变化,健康越来越受到人们的关注;二是微电子技术、材料技术以及相关制造技术的飞速进步,为认识、改善人的生命运动过程开辟了新的前景。两者的结合,生物医学工程就应运而生。数十年来,从科学技术本身来看,生物医学工程取得了巨大的进步。很多高技术、新技术被它所吸收,为它所利用,逐渐形成了一个庞大的医疗器械产业。在当今世界经济中,医疗器械是其中发展最快、最为活跃的工业门类之一。据不完全统计,近十余年来世界医疗器械市场保持7%~10%的年增长率,2006年全球医疗器械销售额达到2 403亿美元左右,2007年达2 570亿美元。而相比之下,直接植入或与生理系统结合使用的生物医用材料及其制品市场的年增长率远高于医疗器械(达15%~20%),2007年已接近1 000亿美元,占整个医疗器械市场的40%以上。从世界医疗器械市场的分布来看,美国仍占主导地位,是世界医疗器械市场第一出口大国,也是其出口增长最快的七大产业之一。可以预计,医疗器械产业将成为21世纪世界经济的一个支柱性产业。产业的发展又反过来激励生物医学工程技术本身不断地高速发展,加上相关学科新成果的不断融合,使得生物医学工程学科得到了更加快速的发展。

与发达国家相比,我国的医疗器械行业底子薄,且技术含量普遍偏低。近10年来,随着国民经济的快速发展，人民生活水平不断提高，人口的老龄化逐步加剧，医疗器械市场以高达20%～27%的年增长率持续增长，但国产产品所占世界市场份额尚不足3%；同时，我国生物医用材料产业更是薄弱，不仅原材料生产基地严重缺乏，而且产业结构低下，多为技术含量低的医用材料和一次性用品。以2003年注册的生物医用材料及其制品的情况来看，境外产品达592种，占来华注册的医疗器械产品总数的27%；而境内产品仅占医疗器械注册产品的9%，且其中技术含量低的一次性用品高达85%。从医疗器械生产企业来看，截至2006年10月全国共12 243家，其中国有企业占3%，中外合资企业占37%，民营企业占60%。

值得一提的是，“十五”和“十一五”期间，在国家863、973及国家自然科学基金的支持下，一批具有高学术水平及应用价值的研究成果走到了产业化的前沿，极大地提升了我国在国际生物医用材料领域的科技创新及国际竞争能力。相信通过“十二五”的支持和发展，一批高技术生物医用材料及其制品将陆续投放市场，为满足全民的医疗保障需求和建设和谐的小康社会做出贡献。

1.6 生物医学工程的展望

生物医学作为一门独立的学科发展仅仅五十多年，纵观其诞生和发展的历史，从伦琴发现X射线到今天X射线诊疗技术的发展，从朗兹万发现超声波到今天B超诊断的广泛应用，从布洛赫和伯塞尔发现核磁共振到今天MRI的问世，从赫斯费尔德发明CT到今天CT成像系统的应用，以及各种新型生物材料、人工器官、纳米药物、生物芯片的不断问世，生物医学工程得到了飞速的发展，为人类的健康做出了重大的贡献，已成为医学领域的重要基础和支柱。生物医学工程学与医疗器械乃至整个医药行业有着密切的联系，为整个医疗器械的发展提供了直接的理论和技术指导，是医疗器械行业发展的基础、动力和源泉。因此，生物医学工程学科对科学的进步、人类健康和生活质量的提高以及国民经济的发展，都具有重要的战略意义。

我国生物医学工程的发展至今已有三十多年的历史，中国生物医学工程学会目前拥有20个专业委员会，基本涵盖了生物医学工程的所有专业。但是，与世界发达国家相比，我国生物医学工程的研究水平还比较低，临床上应用的绝大多数生物医学工程高端产品还需从国外进口。目前，发达国家生物医学工程产品市场与药品市场之比已达1∶1.9，我国仅为1∶6；全国17.5万医疗机构中60%的设备仍保持在20世纪80年代水平。相信随着《国家中长期科学和技术发展规划纲要(2006—2020年)》的实施和人民生活水平的逐年提高，我国生物医学工程学科将得到快速的发展，许多科研成果将实现产业化，促使我国生物医学工程产品实现向高性能化的历史性转变，培育国民经济新的增长点，提高我国医疗保健系统技术和装备水平，扭转高端医疗器械主要依靠进口、医疗费用增长过快的局面。在未来，生物医学工程将为现代文明流行病的预防和调控，为有效地控制医疗费用的膨胀，为医学和社会医疗卫生事业的可持续发展提供新概念、新思路、新方法、新技术、新装备，从而推动医学的变革，促进人类健康。我们有理由相信，生物医学工程的明天将会更加美好。

参 考 文 献

［1］ 邓玉林，李勤. 生物医学工程学. 北京：科学出版社，2007.
［2］ 董秀珍. 生物医学工程学导论. 西安：第四军医大学出版社，2004.

[3] 俞梦孙，蒋大宗. 中国生物医学工程的今天与明天. 天津：天津科技翻译出版社，1998.
[4] 杨子彬. 基础医学卷·生物医学工程学. 哈尔滨：黑龙江科学技术出版社，2000.
[5] 谢俊祥. 医学研究杂志，2008，8：118.
[6] Hench L L, Polak J M. Science, 2002, 295 (5557): 1014.
[7] Griffith L G, Naughton G. Science, 2002,295 (5557): 1009.
[8] Robert J, White M D. Artificial Organs, 2005,28(5): 437.
[9] 徐茂华，林燕. 中国医疗器械信息，2006，12(11)：33.
[10] 新一代生物芯片. 全球科技经济瞭望，2005，1：64.
[11] Peer D, Karp J M, Hong S Y. Nat Nanotech, 2007, 2:751.
[12] Farokhzad O C, Langer R. Adv Drug Deliv Rev, 2006, 58: 1456.
[13] Naoya Kobayashi. J Hepatobiliary Pancreat Surg,2009, 16:113.
[14] 马莉萍，毛斌，刘斌，等. 传感器与微系统，2009，28(4)：1.
[15] 梅林，宋世远，查忠勇，等. 激光杂志，2008，29(2)：70.
[16] 赵以建. 中华骨科杂志，2006，26(3)：215.
[17] 徐志玲，蔡绍哲. 国际学术动态，2006，(5)：45.
[18] 郑诚功. 医用生物力学，2007，22(4)：326.
[19] Allen T M, Cullis P R. Science, 2004, 303(5665):1818.
[20] Peer D, Karp J M, Hong S Y. Nat Nanotech, 2007, 2:751.
[21] Farokhzad O C, Langer R. Adv Drug Deliv Rev, 2006, 58: 1456.
[22] Zandonella C. Nature, 2003, 421(6926): 884.
[23] 刘昌胜，等. 自固化磷酸钙原位成骨活性骨水泥及其制备方法和应用. 中国，02150885. 2[P]. 2003.

第2章 生物医用材料

2.1 生物医用材料概论

2.1.1 生物医用材料的概念

生物医用材料（biomedical materials）主要是指可植入人体的结构材料，它既涉及材料的制造、结构、性质，也涉及在生物环境下的工作特性。它处于材料科学与生物医学的交叉领域。生物材料作为一个系统的整体或部分，使其和生物系统结合，在一定的时期内用于生物体疾病的诊断、治疗、修复或替代，以增进或恢复患病组织、器官功能的材料。有时也笼统地将其称为"生物材料"（biomaterials）。

2.1.2 生物相容性和生物功能性

生物相容性是指生物材料引起适当的宿主反应和产生有效作用的能力，其具体内容包括血液相容性、组织相容性和力学相容性。它是生物材料极其重要的性能，是区别于其他材料的重要标志。生物材料使用中出现的大部分问题或植入失败的原因都与生物相容性有关。因此，生物材料首先要解决的问题或者衡量其性能优劣的标准就是生物相容性。

生物相容性取决于材料和生物系统两方面。材料方面的影响因素有：材料的类型、制品的形态及表面、材料的组成、物理化学性质、力学性质等；生物系统方面的影响因素则有：生物机体种类、植入部位、生理环境、材料对生物机体免疫系统的作用等。可见，生物相容性包括宿主反应和材料反应两方面，前者是组织和机体对材料的反应，后者是材料对组织的反应。

生物相容性评价实验包括体外实验和动物体内实验。其中，体外实验有溶出物测定、溶血试验、细胞毒性试验等；动物体内实验则有急性全身毒性试验、刺激试验、致突变试验、致敏试验、肌肉埋植试验和长期体内试验等。

2.2 生物医用无机材料

生物医用无机材料作为生物材料的重要组成部分，对人体硬组织的修复、替代与再生起着特殊的功能作用。其研究是介于生物学、医学、材料学和化学之间的交叉性边缘学科，具有知识、技术密集的特点。

尽管无机生物材料的研究起步较晚，但由于其优良的物理、化学和生物学性能，目前已在人工骨、人工关节、人工齿根、固定骨折用器具和人工义眼等领域被广泛应用。

按照不同的侧重点，无机生物材料有不同的分类方法。按照材料的成分和性质可分为生物陶瓷、骨水泥、生物玻璃等；按照材料的来源可分为天然生物矿物、合成生物医用无机材料和生物衍生材料；按照临床用途可分为肌肉-骨骼系统用和牙科用等无机材料；按照生物环境中发生的生物化学反应水平可分为生物惰性、生物活性和生物可降解无机材料等。

2.2.1 生物惰性材料

生物惰性陶瓷是一类暴露于生物环境中，与组织几乎不发生化学变化的材料，所引起的组织反应主要表现为材料周围会形成厚度不同的包裹性纤维膜。生物惰性陶瓷可作为耐磨损的骨关节以及承重骨的主要成分，主要用于人体骨骼、关节及齿根的修复、替换，矫形外科，人工心瓣膜等。从 20 世纪 60 年代开始，生物惰性陶瓷得到了较为广泛的应用，主要以氧化铝生物陶瓷、氧化锆生物陶瓷为代表。

1. 氧化铝生物陶瓷

α-氧化铝陶瓷又称刚玉，属六方晶系晶型，有高硬度、高熔点的特性。制备 Al_2O_3 多晶体的方法主要有：焙烧法、热分解法、水解法、放电氧化法等；制备 Al_2O_3 单晶体的方法主要有：火焰熔融法、导模法、提拉法等。

氧化铝生物陶瓷是一种生物惰性陶瓷，在生物环境中基本不发生腐蚀和溶解，生物相容性好，可用于关节修复，牙根种植，制作骨折夹板与内固定器件，药物缓释载体，牙槽嵴扩建，五官矫形与修复等，最适用于人工关节头和臼等承受摩擦力作用部位的修复。氧化铝陶瓷的抗压强度较高，其抗弯强度、杨氏模量比皮质骨高得多。研究表明，氧化铝生物陶瓷过高的杨氏模量在植入体内后会引起应力屏障效应，大大影响与组织的力学相容性。另外，氧化铝生物陶瓷抗拉强度低，生理环境下会发生老化和疲劳破坏，不能作为承受复杂应力部位的修复。氧化铝生物陶瓷的强度受晶粒大小、纯度、气孔状态、缺陷等因素的影响。多年的研究和临床经验表明，只有高纯度（>99.5%）、高密度（>3.9 g/cm^3）、晶粒小且均匀（平均晶粒小于 7 μm）的 Al_2O_3 陶瓷才能显示出它的优越性能，包括优良的生物相容性、硬度高、摩擦系数小、耐磨损、抗疲劳、耐腐蚀等。

致密的氧化铝生物陶瓷与机体之间会形成一种形态性结合，即依靠组织长入材料表面的凹凸不平而实现机械锁合。对于多孔的氧化铝生物陶瓷而言，新生组织可长入多孔陶瓷表面上交联贯通的孔隙内，提高生物陶瓷与机体组织之间的结合强度。因此，多孔的氧化铝陶瓷界面结合强度优于致密的氧化铝陶瓷界面结合强度。

2. 氧化锆生物陶瓷

氧化锆属萤石型结构，具有优良的耐热性、绝缘性、耐蚀性等。用作生物医用材料的氧化锆陶瓷同氧化铝陶瓷一样具有优良的生物相容性，而在力学性能方面比氧化铝陶瓷有着更加突出的特点，如用氧化钇或氧化铈稳定的氧化锆陶瓷抗弯强度达 120 MPa，断裂韧性可达 15 MPa。

氧化锆优良的力学性能主要来自于它的多晶转化，氧化锆共有三种晶型，转化温度如下：

$$\text{单斜晶}(m)\xrightleftharpoons{1\,170\ ℃}\text{四方晶}(t)\rightleftharpoons\text{立方晶}(c)\xrightleftharpoons{2\,715\ ℃}\text{熔体}$$

单斜晶型与四方晶型之间的转化属于马氏体相变，伴随着 7%～9%的体积变化，所以未经稳定化处理的氧化锆粉无法制得制品。稳定化处理就是氧化锆中加入 Y^{3+}、Ce^{4+} 等离子半径与 Zr^{4+} 的离子半径之差小于 12%的阳离子，这些阳离子可置换锆离子形成置换固溶体，阻止晶型转化。而常温下，稳定的四方相在材料使用过程中由于外力诱导会向更稳定的单斜相转化，从而消耗能量，缓解应力场，同时相变粒子的体积增大效应在一定程度上会抑制裂纹扩展。另一方面，如果相变使材料内部产生微裂纹，只要裂纹的尺寸足够小，则均匀分布的微裂纹也会起到应力分散作用，提高材料的韧性，这两方面都是氧化锆陶瓷具有优良力学性能的原因。

2.2.2　生物活性材料

1. 生物活性玻璃和微晶玻璃

生物活性玻璃和微晶玻璃是生物材料的重要组成部分，在植入体内后可与体液发生离子反应，最终在玻璃表面形成低结晶类骨磷灰石，具有优良的生物相容性、生物活性和骨传导性，是材料学、医学和生物学等学科的一个重要研究领域。

生物活性玻璃一般含有 $CaO-P_2O_5-SiO_2$，部分含有 Na_2O、K_2O、MgO、Al_2O_3、TiO_2、B_2O_3 等。玻璃网络由硅氧四面体或磷氧四面体构成，网络形成体之间通过桥氧连接；碱金属及碱土金属氧化物为网络调整体，而非桥氧则连接网络形成体和网络调整体原子。图 2-1 为 $Na_2O-CaO-SiO_2-BO_5$ 系统玻璃的典型结构示意图，玻璃的生物活性取决于桥氧和非桥氧的比例，这是由于在水、酸等介质存在的状态下，碱金属和碱土金属离子易被溶出而释放出一价或二价金属离子，促进生物玻璃与体液离子的交换反应，从而赋予玻璃良好的生物活性。生物玻璃的结构特点如下。

(1) 玻璃形成范围广。随着碱金属和碱土金属氧化物含量的增加，玻璃网络结构逐渐从三维变为二维、链状甚至岛状，玻璃的溶解性大大增强，生物活性也随之明显增强。

(2) 磷氧四面体这一基本结构单元中含有 3 个氧原子并与相邻四面体共用，另一氧原子则以双键形式与磷原子相连。该不饱和键处于亚稳态，易吸收环境中的水而转化为稳态结构，使材料具有良好的表面润湿性。

(3) 在磷酸盐玻璃中引入 Al^{3+}、B^{3+}、Ga^{3+} 等三价离子后，可打开双键，形成不含非桥氧的连续结构群，可促进电荷平衡并稳定结构，但降低了材料的生物活性。

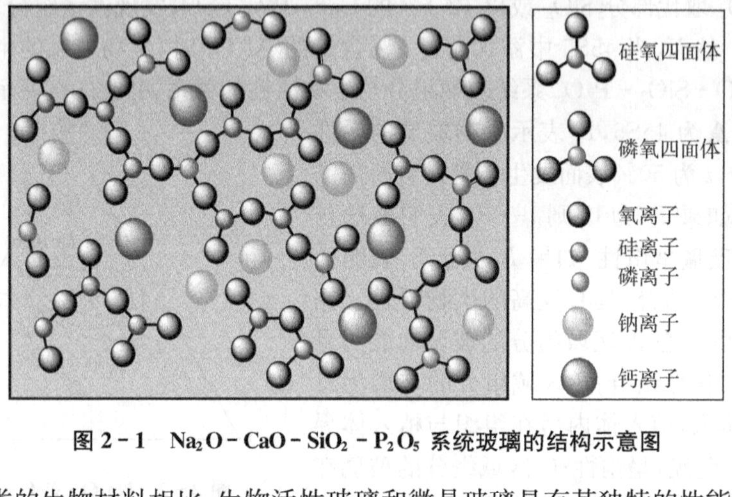

图 2-1　$Na_2O-CaO-SiO_2-P_2O_5$ 系统玻璃的结构示意图

与其他种类的生物材料相比，生物活性玻璃和微晶玻璃具有其独特的性能，主要表现在以下两方面。

(1) 生物活性高。能与骨组织形成稳定且高机械强度的界面结合，是生物玻璃和生物微晶玻璃成功应用于临床的主要原因。比如，具有促进骨生长作用的 Bioglass®，植入体内后其表面快速参与反应，离子的溶出产物在细胞水平上进一步增强了骨细胞的增殖。

(2) 组成的可设计性和性能的可调节性。通过改变其成分或微晶玻璃中晶相的种类和含量，生物玻璃的生物活性、降解性和机械等性能得以可控调节，以满足不同的临床需求。在玻璃相中引入磷，可显著提高材料的生物活性；在玻璃相中引入氟金云母和磷灰石相，可提高材料的可切削性能并保持材料的高生物活性；通过晶化处理 Bioglass®玻璃，可大幅度提高材料的机械性能。

生物活性玻璃和微晶玻璃与骨组织形成生理结合(有的甚至能与软组织结合)，该结合力通常大于生物玻璃或骨组织的内部结合力。在进行组织与生物玻璃结合强度的测试时，断裂往往发生在骨组织或生物玻璃内部，而不是在界面结合处。生物玻璃植入后，表面溶解生成化学组成和结构均与人体骨中的矿物相相近的碳酸羟基磷灰石(HCA)，与此同时形成与组织紧密结合的界面。生物玻璃表面溶解出的 Si 离子为 HCA 的形成提供合适的成核位置，而体液中以及溶解产生的 Ca、P 离子，则沉积生成富 Ca、P 无定形层。

与生物惰性材料植入体内最终形成纤维组织包囊不同，生物活性玻璃或微晶玻璃植入体内后，在表面形成结晶 HCA 层，成骨细胞更易在其表面增殖，从而和新骨直接结合而不会在界面处产生纤维组织包囊。

生物玻璃和微晶玻璃种类繁多，以下就一些在临床上已大量应用的如 Hench 教授等研制的 Bioglass®生物活性玻璃、Kokubo 教授等研制的 Cerabone® A/W 生物微晶玻璃、Bromer 教授等研制的 Ceravital®生物微晶玻璃、可切削生物微晶玻璃(Bioverit®)等作一简述。

(1) 基于 Bioglass®的生物活性玻璃系统

1971 年 L. L. Hench 教授首先采用熔融法制备了一种能在生物体内与自然骨牢固结合的玻璃(45S5)，商品名为 Bioglass®。中国科学院上海硅酸盐研究所等也就此系统生物玻璃开展了研究工作。该玻璃有别于日用钠钙硅相玻璃，在组成上主要体现以下三大特点：Na_2O 和 CaO 含量较高、高钙磷比和 SiO_2 的摩尔分数少于 60%，这使得该生物玻璃在水相介质条件下具有更高的反应活性。材料的生物活性取决于组分。以 45S5 的组成为基础，以 5%～15%(质量分数)B_2O_3 取代部分 SiO_2 或以 12.5%的 CaF_2 替代 CaO，发现微量组分对 45S5 与骨的键合影响较小。然而，当 45S5 中添加超过 3%含量的 Al_2O_3 时，生物玻璃的生物活性即刻消失。$Na_2O-CaO-SiO_2-P_2O_5$ 系统玻璃组分与生物活性的关系如图 2-2 所示。

图 2-2 中▲为 45S5，I_B 表示生物玻璃的活性指数($I_B=100/t$，t 为 50%表面发生与骨键合所需的最短小时数)。如果 I_B 为 0，则 $t\to\infty$，表明玻璃与骨不结合，生物玻璃呈惰性；如果 I_B 大于 8，表明生物玻璃可与软组织结合，具有较高的生物活性。据此可见，以上相图中心 A 区域组分的玻璃均能与骨组织形成良好的骨性结合；B 区域组分的玻璃为日用钠钙硅玻璃体系，植入体内后在组织与植入体界面处形成纤维状包膜，呈惰性；C 区域组分的玻璃在植入后的 10～30 天内逐渐消失，表明其具有良好的可吸收性；一般情况下 D 区域组分难以形成玻璃；E 区域组分的玻璃能与胶原组成的软组织形成紧密结合，胶原纤维与 HCA 组成的界面层交织在一起，该交织结构同体内肌腱或韧带与骨或牙齿的结合类似，整个界面层厚度为 100～200 μm，与体内自然界面厚度相近，因此可作为高弹性模量体的骨或牙齿间、低弹性模量体的肌腱或韧带间的过渡层。随着玻璃组分向 E 区边界的靠近，界面层厚度逐渐减小，与

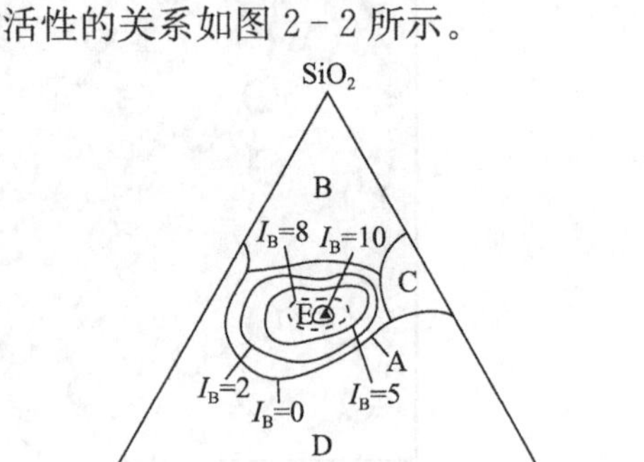

图 2-2 $Na_2O-CaO-SiO_2$ 系统(P_2O_5 含量为 6%)玻璃的生物活性

胶原纤维的结合力远大于胶原纤维自身的黏合力，这对于需要与软硬组织均紧密结合的组织修复材料的设计和研制具有重要的实践指导意义。

玻璃微晶化能提高玻璃的机械性能，但会大大降低其生物活性，甚至使材料从活性蜕变为惰性。45S5 晶化后，随着晶相含量的提高，HCA 层的生成时间由 8 h 增加到完全晶化时的 22 h；当晶相含量达到 60%时，玻璃表面的反应速度变得极为缓慢。$Na_2O-CaO-SiO_2-P_2O_5$ 玻璃晶化后得到 $1Na_2O\cdot2CaO\cdot3SiO_2$ 晶相，与 45S5 一样生成 HCA 层；然而，随着晶相含量的进一步增加，HCA 层的形成时间明显增加。与此同时，由于长时间的热处理析出磷灰石晶相，玻璃的生物活性急剧降低。无 P_2O_5 组分的生物玻璃生物活性较差，尽管如此，仍高于大多数生物微晶玻璃。可见，晶化不影响生物微晶玻璃的表面反应动力学，但是玻璃相中 P_2O_5 的存在对玻璃生物活性的保持具有至关重要的作用。

熔融法是生物玻璃最传统的制备办法。该法制备的生物玻璃密实无孔、比表面积小、活性较高。研究发现，当玻璃中 SiO_2 的含量超过 60%(质量分数)时，其生物活性将不再保持。

溶胶-凝胶法作为生物玻璃制备的常用方法，一般以醇盐水解为主。采用该法制备的生物玻璃含有大量的中孔(5～100 nm)，大比表面积(是熔融法的上万倍)，比表面能高，可为无定形磷酸钙的形成提供更多的成核空间，因此赋予材料更快的降解速度和表面 HCA 层的形成速度，以及更高的生物活性。更值得关注的是，溶胶-凝胶法制备的高 SiO_2 含量($\geqslant 77\%$)生物玻璃，仍然具有较高的生物活性。可见，溶胶-凝胶法制备生物玻璃具有处理温度低和结构性能易控制的优点。

此外，因结构和组成上的特点，使用溶胶-凝胶法制备的生物玻璃还具有以下优点：

① 组成中不含 Na_2O，植入后不会引起界面处 pH 值的升高；

② 玻璃密度低，填充相同体积缺陷所需玻璃少，而且其多孔结构可吸附药物或蛋白质，因此与熔融法制备的玻璃相比，该法制备的玻璃降解速度更快；

③ 在分子水平上控制可溶离子的释放，进而调控其在体内的生物降解。

块状 Bioglass® 广泛用于中耳骨修复、拔牙后的颚骨缺损修复、面部整容和神经性耳聋的医治，而颗粒状 Bioglass® 则在治疗牙周病方面获得了成功。

(2) 基于 Cerabone® A/W 生物微晶玻璃的生物玻璃系统

1982 年，日本的 Kokubo 教授等制备出 $CaO-MgO-SiO_2-P_2O_5-CaF_2$ 四元系统的 A/W 生物微晶玻璃。玻璃粉末经研磨、等静压和高温热处理后，获得无裂纹、密实均一的微晶玻璃，商品名为 Cerabone® A/W。析出含量分别为 38%的磷灰石和 34%的 β-硅灰石晶体，呈谷粒状均匀分布在基质中。体外实验表明，A/W 在 SBF 溶液中反应 7 天后表面形成一层类骨磷灰石界面层，认为其主要原因在于材料的玻璃相中 Ca^{2+} 和 $HSiO_3^-$ 的溶出。此外，由于氟氧磷灰石微晶相残留于材料中，形成凹凸不平的粗糙表面，利于 HA 的晶核形成。

体内实验发现，A/W 微晶玻璃植入 4 周后即有超过 90%的表面为新生骨所覆盖，其生物活性高于烧结羟基磷灰石陶瓷。此外，材料与骨结合紧密，拉伸断裂面位于骨内部，具有较强的机械性能和良好的可加工性。微晶玻璃之所以具有如此高的机械性能，是因为粗糙的 A/W-GC 断裂表面和 β-硅灰石晶体的析出，促使裂纹转向或分支，有效地抑制了裂纹扩张。

晶相和组分的变化影响着 A/W 微晶玻璃的机械性能和生物活性。在无 CaF_2 的 A/W 微晶玻璃系统中，材料的机械性能随着 P_2O_5 和磷灰石晶相含量的降低以及 SiO_2 和硅灰石晶相含量增加而增强。A/W 微晶玻璃的活性取决于表面形成磷灰石层的能力，并不受磷灰石晶相含量的影响。玻璃中 P_2O_5 含量越少，则生物活性越强。同时，Al^{3+} 和 Mg^{2+} 的溶解也阻止了磷灰石的形成，使材料失活。

(3) Ceravital®生物微晶玻璃

1973 年，德国的 Bromer 教授等开发了 $Na_2O-K_2O-CaO-MgO-SiO_2-P_2O_5$ 为主要组成的 Ceravital®微晶玻璃，其主晶相为磷灰石。与 45S5 相比，因材料中离子种类的增多降低了 Na^+ 的溶出速度，能与骨形成紧密结合从而增强了材料的机械强度。

添加少量的 TiO_2、SrO 或 Al_2O_3 后，玻璃的降解性急剧降低并影响其与软硬组织的结合。然而，该微晶玻璃的机械性能不太理想，不能直接用于负重部位，在一定程度上限制了其在临床上的应用。

(4) 可切削生物微晶玻璃(Bioverit®)

1983 年 Holland 等成功研制了基于 $MgO-CaO-SiO_2-P_2O_5-Al_2O_3-Na_2O-K_2O-F$ 组分的可切削生物微晶玻璃(Bioverit®)，其主晶相为各类云母和磷灰石。因云母晶体层状结构的存在，使得这种微晶玻璃具有良好的机械加工性。目前已有 Bioverit Ⅰ、Bioverit Ⅱ和 Bioverit Ⅲ三种微晶玻璃用于人工听小骨、人工齿根的临床使用，其中前两种具有生物活性，后者是生物惰性玻璃。然而，由于在切削加工过程中有可能使微晶玻璃产生微裂纹，因此 Bioverit®在临床应用上受到了一定的限制。

(5) 可溶性磷酸盐玻璃

可溶性磷酸盐玻璃的网络形成体为[PO_4]，与以[SiO_4]为网络形成体的常规玻璃不同。组分中 CaO 和 Na_2O 的相对含量可调控玻璃的溶解度。一般来说，随着 Na_2O 含量的增加，可溶性磷酸盐玻璃的溶解性提高。

(6) 多孔生物玻璃或微晶玻璃

多孔玻璃由于具有孔径可控、比表面积大、形状一定和化学性质稳定等优点，在病毒过滤、色谱分析、催化和医药领域都得到了广泛的应用。相比于国外而言，国内在多孔玻璃的研制和规模化生产方面起步较晚，直到 20 世纪末国内才开始大量的工作。

多孔生物玻璃的制备方法主要包括添加造孔剂法、溶胶-凝胶法、球形颗粒堆积烧结法和有机泡沫浸渍法等。采用有机泡沫体浸渍法制备的 A/W 微晶玻璃已有广泛应用。材料的制备工艺决定了孔隙率的高低和孔径的大小。国内刘昌胜等利用添加造孔剂法制备出了气孔率高达 82%的多孔 A/W 生物玻璃。Yanlen 等在 $Na_2O-K_2O-MgO-CaO-P_2O_5-SiO_2$ 体系中，使用球状颗粒堆积烧结法制备出了孔隙率高达 30%的生物活性玻璃。

作为骨修复体，材料的多孔性是非常重要的。多孔材料的高孔隙率和较大的孔径将增大材料的表面积，有利于材料和体液充分接触，加快材料降解；多孔性也可为骨组织工程种植细胞提供较大的黏附面，增强材料与组织的界面结合强度，使得材料在体内能够承受更大和更复杂的应力；有利于细胞黏附，并允许血管组织向内生长；同时为大量细胞种植、生长以及分泌细胞外基质提供足够空间，也有助于细胞营养交换和废物排出。

血管组织不能长入孔径小于 100 μm 的孔隙中，因此，为了维持组织的正常生长，多孔玻璃的孔径必须大于 100 μm。Ikeda 等分析比较了不同孔隙率的 A/W 生物玻璃对骨传导性的影响，研究发现骨组织只在孔径较大(50～500 μm)的孔隙内生长，而在孔径较小(1～50 μm)的孔隙内则未见骨组织的形成。

据报道，生物玻璃的降解物可增强一些基因的表达，并诱发细胞周期的开始和进程，从而增强和促进骨的形成。Sepulveda 等采用溶胶-凝胶法，在玻璃凝胶化过程中原位聚合有机物制备了含有大量纳米级的中孔和 10～200 μm 大孔的多孔玻璃复合物。具有较大比表面的多孔溶胶-凝胶玻璃，能吸附如蛋白质和生长因子等生物活性物质而具有较高的生物活性。Ijiri 等将 BMP 装载到孔隙率为 70%、平均孔径为 200 μm 的 A/W 中，研究发现复合 BMP 后 A/W 能异位成骨，并且成骨量随 BMP 用量的增加而增加。

尽管多孔生物玻璃在组织工程支架和生长因子载体方面具有良好的应用前景，但对生长因子的缓释、材料的降解速度调控以及局部离子浓度的改变对其功能的影响等有待进一步的深入研究。

(7) 含生物玻璃相的复合生物材料

大部分生物玻璃或微晶玻璃脆性大、断裂韧性较低且弹性模量高，在很大程度上限制了生物玻璃在临床上的应用。尤其值得指出的是，生物玻璃与骨组织的弹性模量不匹配，易引起应力集中，这是造成骨修复失败的最主要原因之一。可见，努力设计出与人体骨在强度和弹性模量方面相匹配的生物玻璃基复合材料，是解决生物玻璃植骨失败的有效方法。目前，研究者采用生物活性玻璃或微晶玻璃增强生物相容性聚合物。W. Xia 等将生物活性玻璃支架与明胶复合，发现该复合材料的压缩强度显著增大并接近自然骨的下限。再如，将 A/W 或 Bioglass® 颗粒与聚乙烯复合，部分晶化的微晶玻璃或 Bioglass® 与聚砜复合，不仅解决了生物玻璃与人体骨机械性能的匹配问题，而且可提高聚合物的生物活性，增强了材料与骨的紧密结合。

2. 生物玻璃的活性

通常，采用模拟人体体液(simulated body fluid, SBF)体外浸泡、细胞培养和动物体内植入等方法来表征生物玻璃的活性。

模拟人体体液体外浸泡是材料生物活性检测的常规方法。在体外实验中，材料表面积(*SA*)与溶液体积(*V*)的比例会影响材料的表/界面反应。如果控制一定的 *SA*/*V* 比，其结果“成分对生物活性的影响”与体内实验结果基本一致。生物玻璃的生物活性体现为在 SBF 中材料类磷灰石(图 2-3)的形成能力。可见，只要检测在 SBF 中材料表面是否有磷灰石的形成及其形成量，就可判断出材料的生物活性。

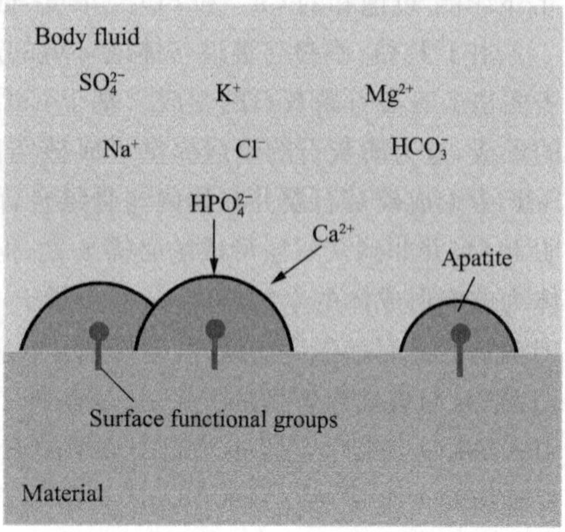

图 2-3　材料表面形成磷灰石过程示意图

动物体内植入试验是检测材料生物活性的最直接方法。能否在植入骨缺损部位后与骨形成紧密结合是材料是否具备生物活性的一个重要标志，而材料是否具有骨诱导性则根据材料植入组织后能否异位成骨来判定。不具有骨诱导性的生物玻璃装载活性因子后将具有骨诱导性。但是，影响体内实验生物活性的因素复杂，且实验周期长。

考虑到体外实验的局限性和体内实验的复杂性，同时随着组织工程研究的兴起以及磷灰石层促成骨机理研究的深入，材料与细胞间的相互作用受到关注。材料的生物活性可以借助生物玻璃表面或其浸出液培养不同分化程度的细胞来表征。常用的特异性标志物及所代表的骨形成阶段有：碱性磷酸酶(alkaline phosphatase, ALP)活性和 Ⅰ 型胶原(type Ⅰ collagen, Col Ⅰ)的合成代表成骨细胞分化的开始，骨钙素(osteocalcin, OC)代表细胞间质矿化的开始，骨涎蛋白(bone sialoprotein, BSP)表示骨形成的开始，骨桥蛋白(osteopontin, OPN)代表磷灰石的大量形成。

生物玻璃植入体内后，表面离子的溶出并生成类骨磷灰石是玻璃与骨形成紧密结合的根本原因。这种磷灰石层只在多种生物活性玻璃如 Bioglass®、Cerabone®、Ceravital® 等表面生成，无法在生物惰性玻璃或微晶玻璃表面生成。

根据 Hench 等的分析，认为生物活性玻璃与骨的结合大致要经历 12 步的反应历程。以下为体外模拟环境中的前 5 步反应，而之后的过程主要是生物活性玻璃与细胞的交互作用。

(1) 生物玻璃中的 K^+ 和 Na^+ 等碱金属离子与环境中的 H^+ 发生离子交换：

$$Si—O—Na^+ + H^+ + OH^- \longrightarrow Si—OH^+ + Na^+ + OH^-$$

(2) SiO_2 以 $Si(OH)_4$ 的方式溶于环境中，溶解打断Si—O—Si键，在界面处形成Si—OH；

(3) Si—OH 进行缩聚反应，表面形成富多孔硅溶胶的胶体层：

$$Si—OH + OH—Si \longrightarrow —Si—O—Si + H_2O$$

$$—(—O—)_3—Si—OH + HO—Si—(—O—)_3 \longrightarrow —(—O—)_3—Si—O—Si—(—O—)_3 + H_2O$$

(4) Ca^{2+} 和 PO_4^{3-} 在富 SiO_2 胶体层上聚集，并生成富 Ca、P 层；

(5) 随 CO_3^{2-} 和 OH^- 的引入，富 Ca、P 层转变成类骨磷灰石晶相。

与体液环境接触后，A/W 微晶玻璃溶出大量的硅酸根和钙离子。因钙离子的溶出，周围环境中形成磷灰石的离子活度大大提高，而硅酸根离子的溶出则为磷灰石的成核提供了空间。继而，过饱和的磷灰石相形成富磷灰石的粗糙表面层，为磷灰石的沉积提供大量的成核空间。此外，由于过饱和的 Ca^{2+} 和 PO_4^{3-} 浓度，促进了磷灰石层在 A/W 微晶玻璃表面的生成。

由于 P_2O_5 不参与玻璃与体液环境的反应，因此对于不含 P_2O_5 的 Na_2O-SiO_2 玻璃来说表面也会有类骨磷灰石的生成。基于 $CaO-SiO_2$ 系统的玻璃，表面硅溶胶层会优于磷灰石层的形成，这为磷灰石的生成提供了成核空间；不含 P_2O_5 的 $Na_2O-CaO-SiO_2$ 系统玻璃可在 SBF 中形成磷灰石层并在体内与骨结合，而 $CaO-P_2O_5$ 系统玻璃却不形成磷灰石层。研究表明 P_2O_5 并非磷灰石层形成的必需要素，但少量的 P_2O_5 能增强材料的活性。对于以硅氧四面体为玻璃形成体的生物玻璃来说，少量 P_2O_5 的引入能生成大量易于水解的 P—O 键，提高玻璃溶解度进而增强生物活性，但随着 P_2O_5 加入量的增加，原有的玻璃网络被破坏，已不再适用 P_2O_5 与玻璃溶解度的关系，这就解释了为何过高的 P_2O_5 会导致 45S5 玻璃失去生物活性。引入 Al_2O_3、MgO 会阻止玻璃中离子的溶出，大大降低材料的活性甚至使其失去活性，这也很好地解释了少量 Al_2O_3 的引入严重影响 Bioglass®、Cerabone® 和 Ceravital® 生物活性的原因。此外，Al_2O_3 也可以如下方式影响玻璃的生物活性：①Al^{3+} 降低表面硅溶胶层的交联度或占据磷酸钙与硅溶胶结合的位置；②Al^{3+} 与富 Ca、P 层结合而形成与骨中磷灰石不相容的复合物；③溶解于周围组织中的 Al^{3+} 影响玻璃与组织的结合。

生物玻璃植入后，依靠骨原细胞的黏附、增殖及细胞间质的形成与矿化而与骨结合。在此过程中，生物玻璃的表面反应受体内的生物分子和细胞的影响。SBF 体外浸泡和细胞培养实验可模拟体内各物质对材料的影响。研究发现，加入血清后，磷灰石层的生成速度会减缓；包括氨基酸和糖类在内的生物物质，均会减缓 HCA 层的形成并影响矿化。主要归因于以下两点。

(1) 晶体生长受蛋白质和磷灰石晶格反应干扰；

(2) 溶液中带负电荷分子与 Ca^{2+} 的螯合作用，降低了 Ca^{2+} 浓度并提高了 Ca^{2+} 在 Si 溶胶上的沉积，这就使得低于类骨磷灰石形成所需的 Ca^{2+} 浓度大大降低而无法完成沉积。A/W 的实验结果表明，初期血清会吸附在玻璃表面的硅溶胶层上，浸泡 7 天后，玻璃表面形成呈多孔结构的富 Si、Ca 和 P 的无定形层。与此同时，吸附大量纤维粘连蛋白增强了成骨细胞的黏附，产生更多的细胞间质，进一步加快了类骨磷灰石的生成速度。

植入体内后，生物玻璃的表面及其生成物均影响着细胞的响应行为。一方面，生物玻璃中溶出局部的硅离子，能促进成骨细胞的细胞内部响应；另一方面，装载于生物玻璃表面的活性因子，激活细胞外部响应。在这两种机制的协同作用下，细胞在玻璃表面快速增殖与分化。因离子溶出而形成的负电性的 Si—OH与蛋白质通过氢键和离子胺键（—Si—O—$^{+}H_3N^{-}$）结合形成高密度的蛋白吸附，促进细胞外响应。相比于带较低负电荷量的硅溶胶层，HCA 层表面能吸附更多的生物分子，进而影响生物分子所调节的细胞功能。

材料的表面特性影响生物分子吸附，生物玻璃在生理溶液中浸泡形成的磷灰石层有利于各种生物分子的吸附，能增强细胞功能并加速细胞间质的合成。如选择性吸附纤维粘连蛋白，能增强细胞黏附和成骨表型，而同样具有磷灰石表面层的羟基磷灰石陶瓷却没有这种作用。相对于未涂覆的 A/W，磷灰石表面处理过的生物玻璃更能促进细胞成骨分化，细胞间质的矿化量也更大。随着体外浸泡时间的延长，细胞在 45S5 玻璃表面的成骨表型表达增强。在纤维粘连蛋白吸附量相同的情况下，与只附有无定形 Ca、P 的生物玻璃相比，细胞更容易吸附在涂覆有结晶 HCA 的生物玻璃上。可见，经预处理形成结晶磷灰石层后，生物玻璃将具有更强的生物活性。

除表面的组成外，生物玻璃因反应而引起的离子浓度和 pH 值的变化、表面电荷、粗糙度、孔径、孔隙率和颗粒大小均影响细胞的成骨活性。生物玻璃表面的离子影响所结合蛋白的种类，进而影响着细胞与蛋白的结合。对于 $P_2O_5-CaO-Na_2O$ 系统玻璃而言，如果该玻璃的溶解度较低，成骨细胞因浸出液中高 Ca^{2+} 浓度而显现较高的成骨表型；如果该玻璃的溶解度较高，成骨细胞因为释放过多的 Na^{+} 导致 pH 值升高而显现较低的成骨表型。45S5 生物玻璃因溶解，细胞内外的碱性和 Ca、Si 离子浓度明显提高，成骨细胞和矿化的细胞间质能自组装生成骨结节，并激活一系列与成骨细胞新陈代谢和骨的自体调节有关的基因，进而调控成骨细胞生长周期的细胞活性。另外，A/W 的溶解使 Ca^{2+} 浓度升高从而增强转化生长因子 β1 的基因表达，提高成骨细胞活性并促进其分化。

生物玻璃的多孔结构利于细胞的黏附、增殖和细胞间质的形成。尤其对于 200～400 μm 的孔来说，材料具有更好的细胞相容性，这是因为其曲率向成骨细胞机械刺激受体提供合适的张力和压力。研究也发现，粗糙度和表面润湿性有利于细胞黏附性能的提高。玻璃植入骨缺损后，200～500 μm 的颗粒堆积形成的孔隙利于间叶细胞的黏附和分化，300～335 μm 的颗粒容易被通过表面层裂缝而进入颗粒内的巨噬细胞吞噬，只保留无定形的富 Ca、P 外壳。在颗粒孔隙内，骨原细胞分化为成骨细胞并形成骨组织，然后骨组织从包囊中长出包围颗粒，并同周围颗粒形成的骨组织结合，每个颗粒都能作为修复核心。合适的孔隙能刺激原细胞分化为成骨细胞，其原因在于：①生物玻璃在有限孔隙内的反应性较高；②孔隙内外流体速度的差异而造成剪切应力的不同。

蛋白和生长因子等生物分子对细胞和生物玻璃之间的反应起到了重要的调节作用。生物玻璃通过对生物分子的作用实现对细胞成骨活性的影响，如表面电荷影响蛋白的黏附和电势，进而影响细胞功能；间叶细胞通过纤维粘接蛋白同细胞间质的胶原结合。与只有 HCA 层或只吸附血清蛋白的 45S5 相比，在形成结晶 HCA 层并吸附血清蛋白的 45S5 表面所生长的细胞具有更高的碱性磷酸酶活性。BMP 吸附到生物玻璃表面的富 Ca、P 层上或将 BMP 复合到干凝胶中均能使其生物活性显著提高。

综上所述，血清蛋白的吸附，Si溶胶层和富Ca、P无定形层的形成，生物分子如纤维粘接蛋白的选择性黏附，溶液和细胞调节的结晶磷灰石层形成，细胞的增殖、分化和细胞间质的形成是同时或交叉进行的。可见，磷灰石层形成的反应不是单独进行的，而是伴随着生物分子和细胞吸附等一系列的反应。另外，吸附的细胞会引起材料性能的变化；相反，材料表面和溶液的变化也会对细胞活性、有机质沉积和矿化产生影响。

3. 钙磷类生物活性陶瓷

生物活性陶瓷是一类能与机体组织在界面上实现化学键合的生物陶瓷。生物活性陶瓷的优点在于随着修复时间的延长，材料表面形成能与骨组织以化学键结合的生物性羟基磷灰石(HCA)。HCA中除了部分PO_4^{3-}被CO_3^{2-}取代外，还含有其他矿物和微量元素，在化学组成和微观结构上与骨的无机组成相近。在生理环境下，HCA与骨组织形成紧密的化学键结合层，阻止材料被腐蚀，具有良好的抗应力性能，从而增强材料的耐久力和抗疲劳性能。生物活性陶瓷主要用作牙科和整形外科植入体、骨间接合材料、人工骨材料和治疗癌症材料等。从20世纪60年代末和70年代初开始，生物活性材料得到了较广泛的应用，典型的活性生物陶瓷材料有羟基磷灰石(hydroxyapatite，HAP)和磷酸三钙陶瓷(TCP)等。

HAP的化学式为$Ca_{10}(PO_4)_6(OH)_2$，属六方晶系的晶体结构。钙磷原子的理论比为1.67，密度为3.16 g/cm^3，折射率为1.64～1.65，微溶于水呈弱碱性，易溶于酸但难溶于碱、醇。HAP是人体硬组织中最主要的无机成分，因具有良好的生物相容性而广受关注。HAP可用作牙种植体、经皮器件、人工血管、骨缺损填充、五官矫形、脊柱融合以及人工关节表面涂层等。由于HAP生物活性陶瓷脆性大，在生理环境中抗疲劳性能差，故难以应用于人体承重部位的修复。

制备致密型HAP的方法主要有：干法烧结(在高温下进行粉末原料的固相反应后烧结)、湿法烧结(在室温下进行水溶液反应后烧结)、水热法烧结(在高温高压水蒸气下反应后烧结)、溶胶凝胶法等；制备多孔型HAP的主要方法有：烧结法、浸渍法等。致密型HAP生物活性陶瓷抗压强度为400～920MPa，但抗弯强度仅为80～195MPa。近年来，多孔HAP陶瓷广受关注。众所周知，人体的骨组织是一种多孔组织，以适应一定范围的应力变化。因此，出于模拟人体骨组织结构出现了多孔羟基磷灰石的设计思路。对于多孔HAP陶瓷而言，孔径、孔隙率及孔的内部连通性决定了骨长入的数量和质量。孔隙率应满足骨单位和骨细胞生长所需要的空间。植入体孔径连通，5～40 μm的孔径允许纤维组织长入；40～60 μm的孔径允许非矿化的骨样组织长入；大于150 μm的孔径能为骨组织的长入提供理想场所，是骨传导的基本要求；200～400 μm的孔则有利于新骨的生长。此外，孔隙率越高越有利于新骨的长入。综合考虑到临床对材料力学性能的要求，生物玻璃植入体的孔隙率最好为45%～65%。

HAP植入肌肉、韧带和皮下后能与周围组织紧密结合，无明显炎症和其他不良反应，具有良好的传导成骨性能。与生物玻璃陶瓷不同，HAP生物陶瓷通过在材料表面形成磷灰石层，进而形成中间键接带而与骨实现键合(图2-4)。致密HAP植入后，成骨细胞在表面直接分化形成骨基质，胶原纤维束长入宽为3～5 μm的电子密度带和细胞之间的无定型带，并在此发生骨盐结晶。随着矿化的进行，无定形带缩小至0.05～0.2 μm，实现HAP植入体和骨的键合，表现为在光学显微镜下，新骨和HAP之间无纤维组织生成，在界面直接接触。HAP-骨界面的结合强度远超过植入体或骨自身的结合强度，因此断裂往往发生在陶瓷或骨的内部，而不是在界面上。此外，高分辨透射电镜显示(图2-4)，新生骨中晶体是由植入体晶粒外延生长而形成的。

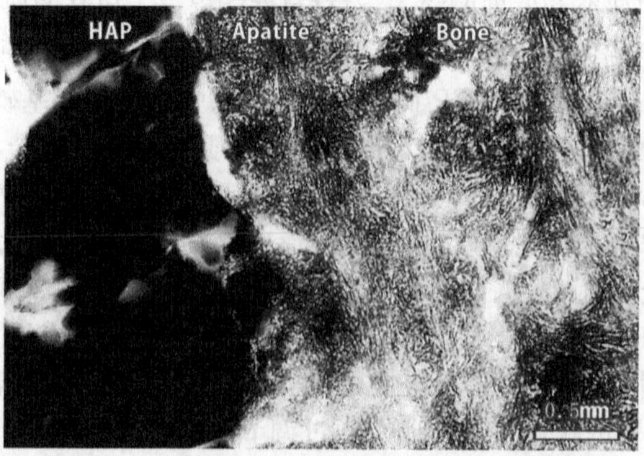

图 2-4　HAP 与兔胫骨界面的 TEM 照片

可吸收生物陶瓷在生理环境作用下逐渐被降解、吸收，是一类暂时性的生物替代材料。植入体内后，随着时间的推移材料被逐渐降解吸收，同时新生骨长入。可吸收生物陶瓷具有优良的生物相容性、生物活性、可降解性和一定的机械强度，主要用于骨缺损填充修复、牙槽嵴增高、耳听骨替换、与有机或无机物复合制作复合骨板、可作为缓释载体等。可吸收生物陶瓷从 20 世纪 80 年代开始得到应用，主要以 β-磷酸三钙(β-TCP)生物陶瓷为代表。

β-TCP 分为致密型和多孔型两种。致密型 β-TCP 生物陶瓷的弹性模量为 87～95 GPa，抗弯强度为 120～130 MPa，断裂韧性为 1.14～1.30 $MPa \cdot m^{1/2}$。抗弯强度与断裂韧性略高于 HAP 生物活性陶瓷，但仅为生物惰性陶瓷 Al_2O_3 陶瓷的1/5～1/3，钛合金的 1/70～1/40，故不适用于承力部位的修复。制备致密型 β-TCP 的方法主要有干法烧结、湿法烧结等；制备多孔型 β-TCP 的方法主要有烧结法、浸渍法等。在生理环境中，致密 β-TCP 可保持稳定，而多孔型 β-TCP 则发生生物降解和吸收，并被新骨逐步替代。

β-TCP 可吸收生物陶瓷具有较好的生物相容性，植入体内后血液中钙磷比保持正常，无明显毒副作用。植入体内后将被体液溶解和组织吸收，解体成小颗粒，不断被吞噬细胞吞噬，这就是生物降解，其基本机制如下：①作为体液介导的生理化学溶解，其速率取决于周围体液成分和 pH 值、比表面积、相组成和结构、结晶度、杂质的种类和含量以及溶度积等因素。②物理溶解，体液渗入陶瓷后，通过微孔使连接晶粒的“细颈”溶解为微粒。③生物因素作用，通过细胞介导过程而分解，如吞噬或迁移被解体的陶瓷微粒。在 β-TCP 的降解过程中，主要是植入体解体为小的颗粒，然后才被吞噬细胞(如邻近的淋巴核)迁移至邻近组织并被全部或部分吞噬。

控制 β-TCP 的微观结构及组成，可制备出具有不同降解速率的材料，如随表面积增大，材料结晶度降低，晶体结晶完整性下降，晶粒减小以及被 CO_3^{2-}、F^-、Mg^{2+} 等离子取代而使降解加快。但 β-TCP 的性能也存在一些不足，如初始机械强度低、降解速度较难控制，骨引导性较弱，常出现溶解速度与新骨生长速度不匹配，导致局部塌陷，这些都抑制了 β-TCP 生物陶瓷材料的临床使用。可吸收生物陶瓷植入骨内后，随着降解和吸收的进行，新骨逐步长入并替换植入体。除上述因素影响外，可吸收生物陶瓷的降解还受宿主的个体差异、植入部位等的影响。因此，要实现可吸收生物陶瓷的降解、吸收与新骨替换的同步是相当困难的。K. De Groot 等国外学者研究发现，这些以“粒子”而不是以离子状态呈现的未被机体吸收的 β-TCP 颗粒在体内的聚集可能引起淋巴结的增生，造成脏器组织的损害及病理性钙化，对人体不利。这是一个值得关注的问题，有待进一步的深入研究。

随着生物陶瓷材料研究和发展的深入，对材料性能提出了更高的要求，上述几种典型的生物陶瓷材料已不能满足临床的要求。双相生物陶瓷的概念渐渐形成。所谓双相生物陶瓷材料是由混合不同比例的 HAP 和 β-TCP 而得到的生物陶瓷材料。羟基磷灰石陶瓷材料有着优良的生物相容性，较快的引导骨再生性，不通过中间介质直接与骨键合，然而由于烧结后羟基磷灰石晶体结晶度提高，所以它在体内很难降解。β-TCP 比 HAP 有着更好的溶解性和降解性，但研究表明，β-TCP 的降解速度太快，不能形成良好的骨键合且过快的降解速度不利于体内生物组织在材料上的附着，从而不利于引导成骨。β-TCP/HAP双相磷灰石粉末的降解速度介于 HAP 和 TCP 之间，恰当比例的 β-TCP/HAP 陶瓷具有优良的引导成骨性，较适中的生物降解性。植入体内后，材料逐渐缓慢地降解，为新骨的生成提供丰富的 Ca 和 P，在体内可通过新陈代谢途径，促进新骨组织生成。通过调节单相 HAP 和 TCP 陶瓷的比例，有望实现材料在体内的降解速度与骨组织生长速度的匹配问题。

随着生物陶瓷材料的发展，其制备方法也在不断地发展与更新，相信不久的将来，会有更多新颖、高效的制备方法出现，以适应生物陶瓷发展的需要。

4. 磷酸钙骨水泥

骨水泥作为人工合成的组织修复、替代材料的重要组成部分，在硬组织缺损修复和移植体固定的过程中起着不可低估的作用。骨水泥种类较多，主要有聚甲基丙烯酸甲酯(polymethylmethacrylate，PMMA)、磷酸钙骨水泥(calcium phosphate cement，CPC)和磷酸镁水泥(magnesium phosphate cement，MPC)等。

自 Charnley 于 1979 年首次使用 PMMA 用于固定矫形移植体以来，PMMA 因易成型且使用方便而在骨缺损、骨折、人工关节的粘接固定和齿科修复等领域得到了较广泛的应用，致使临床上医生称骨水泥基本上指的是 PMMA。PMMA 的应用对防止人工关节的松动发挥了很大的作用。但 PMMA 的问题也较多，由于 PMMA 生物相容性差，作为充填和固定假体材料时，与人体骨形成非骨性结合，因此该材料固定的髋假体易松动和下沉。长期随访表明，5～10 年松动率高达 24%～30%。PMMA 的固有特性如单体聚合时放热强烈，局部温度可达 80～110℃，能将周围活组织细胞杀死。有毒单体的释放和 PMMA 碎屑的作用使细胞的生长、DNA 合成和糖代谢受到抑制而表现出细胞毒性。另外，PMMA 骨水泥还会引起过敏、局部组织抗感染能力降低、致肿瘤等一系列不良反应。为了提高其生物性能和机械性能，近年来已有生物活性的无机颗粒或纤维增强的高分子骨黏合剂的报道，提高了 PMMA 的生物相容性，但仍然不够令人十分满意，且机械强度降低较明显。因此，研制新型的生物活性骨水泥取代 PMMA 具有重要的意义。

1) 自固化磷酸钙骨水泥

20 世纪 80 年代中期，Dr. E. Brown 及 Dr. L. Chow 发现由几种磷酸钙盐组成的混合物，能在人体的环境和温度下自行硬化，水化硬化过程基本不放热，其成分经水化最终转化为羟基磷灰石(hydroxyapatite，HAP)。由此可构成类似于硅酸盐水泥样的磷酸钙盐类水泥，用于人体骨的修复，故称之为磷酸钙骨水泥(calcium phosphate cement，CPC)。另外，由于其具有在人体环境下自行固化的特性，因此又称为自固化磷酸钙人工骨。由于 CPC 实现了自行硬化、塑形容易及与人体相容的特性统一，故引起了人们的广泛关注。目前，美国、日本、欧洲等投入了大量的人力、物力对该类生物材料进行研究，发表的论文逐年增多，成为材料界与医学界研究的热点之一。国内华东理工大学较系统地研究了磷酸钙骨水泥，并已广泛地应用于临床。

(1) CPC 组成

CPC 由固相和液相组成,其中固相至少包含两种磷酸钙盐,这些磷酸钙盐包括 α-磷酸三钙或 β-磷酸三钙[tricalcium phosphate, α-TCP 或 β-TCP,分子式 $Ca_3(PO_4)_2$]、磷酸四钙[tetracalcium phosphate, TECP,分子式 $Ca_4(PO_4)_2O$]、二水磷酸氢钙(dicalcium phosphate dihydrate,DCPD,分子式 $CaHPO_4 \cdot 2H_2O$)、无水磷酸氢钙(dicalcium phosphate anhydrous, DCPA,分子式 $CaHPO_4$)、磷酸二氢钙[monocalcium phosphate monohydrate, MCPM,分子式 $Ca(H_2PO_4)_2$]、磷酸八钙[octacalcium phosphate, OCP,分子式 $Ca_8H_2(PO_4)_6$]等。固相中各磷酸钙盐的钙磷比通常介于 1.3～2.0。液相大多为低浓度的磷酸或磷酸盐溶液,或是生理盐水、蒸馏水或血液等。

根据组成的不同,CPC 分为纯 CPC 和功能型 CPC 两种类型。纯 CPC 的产品形态主要有骨粉,以及由粉末和固化液预先调和成标准形状、并经固化形成的预制件,如骨棒、骨块、骨栓和松质骨粒等;功能型 CPC 则在纯 CPC 组成的基础上添加药物、生物活性因子、抗水剂和促凝剂等,以满足临床上的不同需求。

自行固化是骨水泥区别于其他生物材料(如生物陶瓷、生物玻璃等)的最主要特征之一。CPC 之所以能够固化并最终转化为 HAP,其原理是基于不同磷酸钙盐在水中溶解度的差异。图 2-5 为 25℃下各种磷酸钙盐的溶解度等温线图。当 pH 值为 4.2～11 时,HAP 在水中的溶解度最小,也最稳定。在水中,其他的钙磷盐会逐渐向 HAP 转化:

$$5Ca_3(PO_4)_2 + 3H_2O \longrightarrow 3Ca_5(PO_4)_3OH + H_3PO_4$$

$$5Ca_8H_2(PO_4)_6 \cdot 5H_2O \longrightarrow 8Ca_5(PO_4)_3OH + 6H_3PO_4 + 17H_2O$$

$$5CaHPO_4 + H_2O \longrightarrow Ca_5(PO_4)_3OH + 2H_3PO_4$$

$$3Ca_4(PO_4)_2O + 3H_2O \longrightarrow 2Ca_5(PO_4)_3OH + 2Ca(OH)_2$$

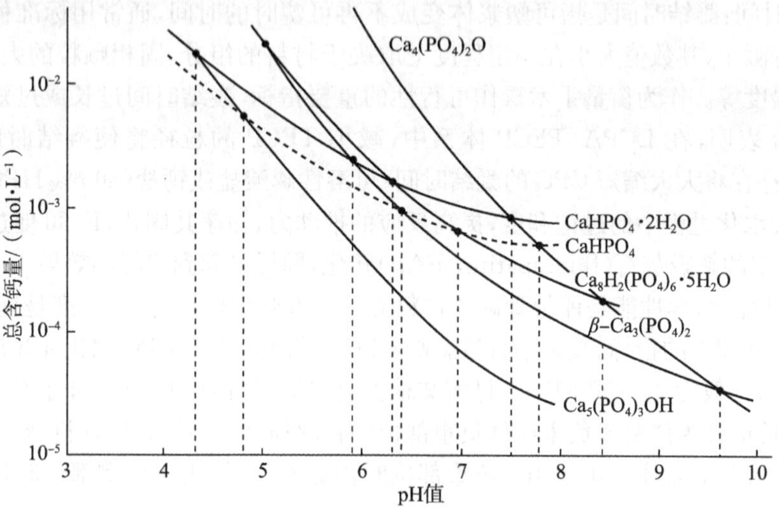

图 2-5　25℃下各种磷酸钙盐的溶解度等温线

CPC 粉末与固化液接触,磷酸钙盐先溶解,在颗粒间结晶出细针状 HAP。随着水化反应的进行,HAP 细小晶体不断长大并相互交联接触。晶体越大,接触点数量越多,固化体越坚硬,其强度与 HAP 生成率成正比。水化产物不单在原始颗粒间成核生长,也在颗粒表面生长并形成包覆层。颗粒内部原料的水化取决于颗粒间水通过水化产物层向内部的渗透以及内外离子的扩散。

由于单组分磷酸钙盐水化时副产物酸或碱的产生(如TECP水化时会产生过量的OH^-,而DCPA水化会产生过量的H^+),使得水化反应环境偏离中性pH值而导致水化反应终止,因此,单一磷酸钙盐的矿化能力相当有限。CPC是由几种磷酸钙盐组成的混合物,通过适当的配比可保证反应始终维持在中性环境:当TECP和DCPA在水中共存时,TECP溶解速率快。随着溶解的不断进行,pH值向碱性范围偏移,直至溶液中离子浓度达到过饱和浓度时才结晶析出HAP。在高pH值范围会促进DCPA的溶解,但TECP的溶解速率降低,最终回到平衡状态。H^+和OH^-透过包覆层后水化继续进行,此时水化反应由原来的颗粒表面控制转变为扩散控制。这就使水化反应始终维持在中性pH值范围,避免pH值偏移太大对组织损伤,并保持对HAP稳定的过饱和度,提高矿化能力。水化24 h后,不仅颗粒间的外部产物长大,而且在原始颗粒内部也趋于水化完全。

在水化反应初始阶段,HAP的生成受原料表面反应控制,为零级反应,在颗粒间和颗粒表面生成的HAP加强了颗粒间的连接。HAP含量越大,接触点越多,抗压强度随HAP生成率的增大而几乎线性增大。当HAP在颗粒表面形成一层包覆膜后,CPC水化反应由颗粒表面反应控制转化为扩散控制。由于DCPA和HAP真密度差异,被水化产物包裹的DCPA转化为HAP时,由于体积收缩产生内应力,对抗压强度不利,甚至使包裹的“壳”破裂,在材料的内部产生缺陷导致抗压强度不再升高甚至小幅度降低。

(2) CPC的材料学性能

与现有其他骨植入材料相比,CPC具有以下特点:形状可塑性能,自行固化性能,生物相容性能,体内降解性能。作为适应临床要求的一种骨水泥材料,还要求CPC具有合理的凝结时间、较高的机械强度、良好的抗水性以及微观结构等。近年来,国内外学者对该材料性能的优化进行了大量的研究工作,取得了较大的进展。

① 凝结时间:凝结时间是指可塑浆体变成不再可塑时的时间,通常用标准稠度和凝结时间测定仪进行测定,其数值大小在一定程度上取决于材料的组分、固相颗粒的大小和形态、固液比及环境温度等。作为衡量手术操作可行性的重要指标,凝结时间过长或过短都不利于手术操作。研究表明,在DCPA/TECP体系中,减小TECP的粒径将使凝结时间显著缩短;HAP晶种的存在将大大缩短CPC的凝结时间;可溶性磷酸盐或钙盐(如Na_2HPO_4、$CaCl_2$等)的引入可增大水化过程中的过饱和度,提高反应的推动力,加速其固化;F^-可促进水化产物向比HAP更稳定的氟磷灰石(fluorapatite, FAP)转化,同样可起到快凝的效果。

② 力学性能:力学性能是评价骨修复材料的一个重要指标,而抗压强度是衡量CPC在体内硬化后抗负载能力的指标,其大小直接影响CPC材料的应用。CPC固化4 h后可基本达到最大抗压强度,一般为30~50 MPa。目前文献报道的最高值为71 MPa,介于密质骨与松质骨之间,其临床适应证为修复非负重或低负重部位的骨缺损,但在骨科、脑外科、胸外科、五官科、整形外科及口腔科等临床应用中用于负重部位时仍显不足,故用于负重部位时恰当的内外固定是必要的。

提高CPC抗压强度的原理在于:选择合适的制备条件,控制浆体微结构的初始特征及演变过程,使其向有利于提高强度的方向变化;减小大孔的尺寸和数量,提高颗粒结合强度;与添加剂复合,利用颗粒增强和纤维增强原理来提高CPC的强度。

颗粒增强是在基体中渗入具有一定颗粒尺寸的细微粉末,达到增强的效果。其机理在于粒子可以防止基体内的位错运动或通过粒子的塑性形变而吸收一部分能量,从而达到强化的目的。纤维增强则是在基体内复合具备一定长径比和界面黏结强度的纤维，以增加材料的强度。常用的纤维有玻璃纤维、碳纤维、氧化锆纤维、骨胶原纤维等。原位增强是近年来发展的一种较新的方法，是指在一定条件下，通过元素之间或元素与化合物之间的反应，控制反应产物的特定生长，原位形成增强相。由于这种原位增强相引入的特殊性，不仅它的尺寸非常小，而且无杂相引入，因而与基体有着良好的界面相容性而备受关注。

③ 自行固化和可任意塑形：CPC 粉末与固化液调和后，材料呈牙膏状，此糊状物能够在人体的温度和环境下自行固化，凝结时间为 3～15 min。在这段时间内，材料可塑性好，可根据缺损部位任意塑形，材料植入体内后能与周围骨直接黏结，没有缝隙，且固化过程不放热，不会对周围组织造成灼伤。同时，正是利用其固化过程温和的特性，可将其作为药物缓释载体及生物活性物质载体，增强材料的功能。

由于 CPC 能够自行固化，且与骨直接黏结，使得产品具有增加骨折或骨缺损部位手术后强度，帮助定型和减少病人痛苦，以及缩短康复时间的功能。当用于牙根管填充治疗时，能够较好地封闭牙根，阻止渗漏引起的炎症反应。利用其自行固化性能，可经过改性制成可注射生物材料用于微创手术治疗。

④ 微观结构：孔径大小和孔隙率反映 CPC 的结构情况，而材料的微观结构影响其力学性能。CPC 固化后具有微孔结构，组成成分不同其微孔结构也不尽相同。平均 2～100 nm 的微孔能允许离子及染色剂（如亚甲蓝）通透。固化体微孔结构对强度影响明显：孔径越大，孔隙率越高，则 CPC 的强度越低。较小孔径、较低孔隙率的材料虽具有较高的机械强度，但不利于新骨的长入。通过调整液相浓度、固相成分及固液比，可获得不同微观结构和强度的固化体。Constantz 等对 Norian SRS 体系（组成为 MCPM ＋ α - TCP ＋ $CaCO_3$）的研究发现，固化后形成的碳酸化羟基磷灰石，晶粒大小约 20 nm，孔隙直径约 30 nm。

⑤ 抗水性：抗水性是指 CPC 在血液、生理盐水的静水压力下抗渗防水的能力。对于大量出血的外科手术（如牙槽修复），这一性能显得尤为重要。若抗水性不好，则材料在植入后凝结前遇渗液则稀散不成型，影响其固化甚至影响其应用效果，因此提高其抗水性能至关重要。Ishikawa 认为增强 CPC 抗水性的添加物应符合以下六个条件：(a)应防止调和物在水中溃散；(b)不应影响调和物转化为 HAP；(c)不降低 CPC 固化体的强度；(d)不影响调和物的可操作性；(e)具有至少与磷灰石相似的良好生物相容性；(f)应在较短时间内吸收。海藻酸钠是目前公认的优良抗水剂，其在 CPC 水化过程中转化为不溶于水的海藻酸钙凝胶，使 CPC 具有永久防渗功能，而且其生物相容性良好，因而具有较好的应用前景。但海藻酸钙的引入是以牺牲材料强度为代价的。开发更优良的抗水剂成为目前研究者们关注的课题。

(3) CPC 的生物学性能

与生物系统直接接触是生物医用材料最基本的特征，除了应满足为替换、修复生理功能而对应具有的理化性质要求外，还应具备较好的生物相容性能，即要求生物医用材料不对生物体产生明显的有害效应，而且不因与生物系统直接接触而降低其效能。因此生物材料在体内使用前必须对其安全性进行较全面的评价。

对于材料的安全性评价，各国都制定了不同的标准，如美国的 ASTM 标准、ISO—2000 标准，我国也修改制定了相应的医用材料评价标准。参照以上标准，对 CPC 的生物安全性与生物相容性进行了全面而系统的研究，得到以下结果。

① 通过腹腔注射剂量为 5 000 mg/kg 体重的 CPC 浸提液后，小鼠仍无异常反应，生长状况与注射生理盐水组相同。细胞培养毒性试验表明，动物细胞生长未受抑制。同时，浸泡液中

微量钙离子的存在有利于细胞生长。

② Ames 试验,是利用鼠伤寒沙门氏杆菌赖氨酸突变菌株的回复突变率来检测 CPC 生理盐水浸提液的致突变性。研究结果为阴性,表明 CPC 无潜在的致突变性。

③ 微核试验,是用来检验 CPC 对染色体的损伤试验,是在染色体水平上检测材料的致癌致畸性。结果表明,CPC 浸提液无染色体致畸性。

④ UDS(Unscheduled DNA Synthesis)试验,是在 DNA 水平上检测 CPC 的潜在致癌、致突变性。试验结果为阴性,表明 CPC 无潜在的致癌、致突变性,与 Ames 试验结果相一致。

⑤ 软组织内植入试验,CPC 植入肌肉中半个月后材料周围可见结缔组织增生,轻度炎性细胞浸润;1 个月后材料周围已形成比较完整的纤维包膜;3 个月后材料周围纤维包膜进一步加厚,无炎性细胞浸润,无异物巨细胞和异物反应。以上结果表明 CPC 的软组织相容性好。

⑥ 骨内植入试验,材料植入新西兰大白兔股骨内后,动物体内血钙、血磷和碱性磷酸酶均处于正常水平,没有引起代谢紊乱。从组织样本大体观察,结合骨磨片和脱钙标本的组织学观察,表明:材料植入兔股骨内半个月后,材料较紧密地固定于骨洞内,CPC 与骨直接结合,界面未形成纤维包膜,无异物反应,可见少量散在的成骨细胞增生,表明成骨细胞的增生开始。1 个月后材料与骨紧密结合,两端已被骨膜成骨覆盖,骨的再生修复仍在进行,可见大量软骨细胞及分泌的胶原纤维成分,成骨细胞增多。3 个月后材料近皮质骨侧形成一粗大的柱状结构与皮质骨相连,材料与骨组织界面处直接愈合,在界面处可见 CPC 材料的溶解。6 个月后材料与骨融合为一体,新生骨已向材料界面侵入,与骨组织交锁接合,界面处材料周围已被新生骨取代,界面变得模糊不清,但材料中心区域为无细胞成分。12 个月后 CPC 明显降解并伴随着新骨的长入,周边变得凹凸不平,凹陷处新骨形成,骨与 CPC 呈交锁接合。哈佛氏管延伸到界面处,骨组织形成,材料占位处形成孤立的骨岛。材料植入骨内 18 个月后,材料内部降解和新骨生成明显增多。降解处可见板状骨形成,界面处可见溶解的球状颗粒,参与骨质的形成。随着降解的进一步增加,其位置完全由密质骨占据,未见纤维组织形成。

整个生物学评价实验结果表明材料无毒、无致癌、致突变、致畸性,与有机体亲和性好,植入后不引起异物反应。另外,CPC 良好的生物相容性还表现为材料在降解的同时有引导新骨生成的功能。在牙根管充填手术中,即使超充也无超充反应。这些结果表明 CPC 具有良好的生物安全性与相容性,适于作为骨缺损的填充材料。

CPC 的成骨效应在于其骨引导活性,新骨以爬行替代的方式生长,植入体与骨组织形成骨性连接。Costantino 等将 CPC 植入猫的肌肉内,植入物被逐渐吸收,但未见有新骨形成;植入颅骨骨膜后,植入物逐渐被新骨替代,成骨明显,这表明 CPC 不具有诱导成骨活性,而是通过骨传导作用成骨。

生物可降解材料的显著特点在于:材料植入骨组织后,通过体液溶解或细胞吞噬,然后被代谢系统排出体外,最终使缺损的部位完全被新生骨组织取代,而植入的生物可降解材料只起到临时支架作用。以上组织学评价表明,CPC 是降解材料。在扫描电镜下,可见溶解的 CPC 颗粒直接沉积在局部,参与局部类骨质的钙化。同时组织学标本可见 CPC 与骨愈合为一体,一部分骨髓腔或骨内哈佛氏管直接延续到界面处,CPC 则完全浸泡于髓液之中。在后者的作用下,CPC 边缘溶解、变得模糊。微小的 CPC 颗粒进入骨髓腔内,随体液流动移入远处骨质内沉积或进一步分解成钙、磷离子。这些钙、磷成分,一部分直接参与局部类骨质的钙化,另一部分经由髓腔或哈佛氏系统运输,也与远处的髓腔相连。

由于 CPC 为磷酸钙盐的水化产物,其内部晶体发育不完整,结晶度低,其降解主要以细胞降解为主,通过体液的溶解作用来实现。CPC 植入体内后,形成固-液平衡,维持该平衡的磷酸钙来自其周围骨和植入材料,这种钙磷媒介在植入物和周围骨之间形成直接接合或骨性接合,是化学性磷灰石和生物性磷灰石的合并。

多年的临床研究表明,CPC 能降解但比较缓慢,通常降解植入体积的 50%需要 6~24 个月。正因为 CPC 降解较缓慢,使得材料能与宿主骨紧密结合,材料的占位不给肿瘤细胞的生长提供空间,可一定程度阻遏肿瘤的复发。同时可避免因材料的快速降解,新骨尚未形成而产生新的缺陷,导致出现二次病理性骨折的发生,可满意修复骨缺损。鉴于此,目前 CPC 主要适用于非负重或低负重部位的骨缺损填充修复,如创伤骨折整复后的骨缺损以及骨肿瘤刮除后遗留骨缺损的填充植骨、脊柱手术椎体间融合植骨、椎板切除减压术后融合植骨、关节融合、矫形植骨以及髂骨供骨区塑形植骨、大螺钉取除后钉孔充填等。

为了加速材料降解,华东理工大学制成了常温下形成 200~500 μm 的多孔磷酸钙骨水泥。材料的多孔结构有利于骨组织细胞的爬行长入,而且其较高的比表面积扩大了材料与体液的接触面积,可促进材料降解,提高骨融合速率。然而 CPC 降解仍然是被动降解,骨生成速度仍然较慢,具有骨传导能力的多孔材料毕竟并不意味着其具有骨诱导能力。为提高植入体的成骨活性,主动促进新组织形成,加速材料降解,目前又研制了可促进成骨的可降解生物活性骨水泥,使 CPC 与具有促进成骨生长的因子-骨形态发生蛋白-2(BMP-2)复合,所构建的材料具有生物活性、生物降解、骨传导和骨诱导的多重特性,能较好地解决植入材料体内降解和新骨长入的速度相匹配的问题,从而满足临床上对新骨快速形成的需要。

(4) 新型磷酸钙骨水泥的研制

① 药物控释型磷酸钙骨水泥

开放性损伤是慢性骨髓炎的重要发病原因之一,而绿脓杆菌感染是慢性骨髓炎中很难处理的一种。以往的“三明治”治疗方法难以有效根治,有的病人还可能被截肢。简、便、廉、效是临床治疗方法选择的重要标准。待植入部位的有效消炎抗菌、解热镇痛,在一定程度上是生物材料体内成功植入的前提。

1970 年 Buchholz 和 Engelbrecht 首先报道了应用载庆大霉素药物的骨水泥(PMMA)治疗全髋成形术后的感染,效果显著;1974 年 Klemm 首先报道了应用庆大霉素药株来治疗慢性髓炎并取得了明显疗效。虽然 PMMA 骨水泥与抗生素的结合用于靶向给药治疗骨与深部软组织的感染已取得了明显疗效,但随着基础研究的进一步深入和临床应用的进一步扩大,发现 PMMA 载药系统固有的组织相容性差、固化过程强放热损害周围组织易引起骨组织坏死、单体对人体免疫系统的毒性以及在作为预防骨感染的药物载体时药物释放不完全等许多缺点,使应用受到限制。然而这一功能材料的设计思路是值得借鉴的。

利用 CPC 包埋治疗性药物,形成载药型磷酸钙骨水泥固化体,可避免待植入部位感染或抑制因肿瘤细胞清创不彻底而导致的复发。通过控制药物含量、固化体孔径和孔隙率、固液比等参数,可实现磷酸钙骨水泥定点可控缓释抗癌/抗炎药物,赋予材料兼具填充修复与治疗的双重功效。

将药物与 CPC 复合使用,根据复合方式的不同复合体系可分为均相体系和非均相体系。

a. 均相体系

将 CPC 粉末与少量药物直接混合,用固化液调和使药物均匀地分散在固化体中。因被分散在 CPC 的固化环境中,药物能直接参与 CPC 的水化反应而对固化反应产生影响。因此,复合方式仅适用于对 CPC 固化过程和性能影响小,并在固化环境中能保持活性的药物。

b. 非均相体系

将药物压片后包埋在CPC浆体中，使之形成非均相复合结构。由于药物与固化体的接触有限，药物对CPC的固化反应影响甚微，故对所用药物要求不高，这使得那些临床疗效好但对CPC固化不利的药物包埋成为可能，可大大拓宽药物的选择范围。然而，因药物缓释后留下较大的孔洞，对固化体的抗压强度不利。对于不适合与CPC直接复合的药物，可选的复合方式应该是先进行药物微囊化处理，然后与CPC复合，微胶囊释放后形成的微孔有利于骨组织的生长。

体外实验表明，不同药物引入CPC中，其对CPC水化反应的影响也有差异，主要表现为CPC水化诱导期絮凝结构的改变。一些极性药物由于在骨水泥颗粒表面吸附而阻碍了原料粒子的溶解，这种反凝聚作用使凝结时间延长。另外，药物酸碱性也对CPC产生较大影响：若药物呈碱性，可以促进DCPA的溶解，加强水化程度，从而使得凝结时间缩短；若药物呈酸性，则会阻碍DCPA的溶解，削弱水化程度，使得凝结时间延长。

临床应用结果表明，CPC载化疗药物及抗肿瘤基因工程药物植入后可实现定点给药，从而可降低骨肿瘤切除后的复发率；CPC载抗生素后可用于骨科手术后的骨和深度软组织感染预防，以及慢性骨髓炎的治疗。这样使用可使药物直接作用于患处，其缓释功能可延长药物作用时间，减少药物对全身其他部位的毒副作用，增加局部有效药物浓度，提高治疗效果。目前上海瑞邦生物材料有限公司生产的磷酸钙骨水泥载妥布霉素等药物治疗慢性骨髓炎临床试验已获得成功。

② 注射型骨水泥

随着人口老龄化的加剧，骨质疏松的发生率越来越高，这已成为严重危害人们身体健康的疾病。骨质疏松常伴有骨折，尤以椎体压缩性骨折为多，且伴随神经压迫疼痛症状。对于该种疾病，以往主要采用药物、运动等疗法，但其治疗周期长，对疼痛缓解作用弱且效果差。近年来有学者提出，复位并强化椎体是治疗脊柱压缩性骨折的理想方法，并且提出采用经皮椎体成型术方法，在X光机监视下(C型臂)直接向椎体内注射强化椎体材料——聚甲基丙烯酸甲酯骨水泥(PMMA)。这种微创手术克服了外科手术中适应证范围窄、创伤大及手术并发症发生率高的缺陷，引起了医生们的极大兴趣。

目前使用的注射型材料主要包括PMMA和CPC。PMMA固化速度快，能较好地强化椎体，但生物相容性差，且在固化聚合过程中产生的大量热量对周围组织具有杀伤作用，对骨质疏松病人的远期治疗效果不佳；且其单体毒性大，会引起血压骤降从而存在引起病人猝死的可能。

CPC具有“任意塑形、自行固化、生物相容、逐步降解”的综合特性，可克服PMMA生物相容性差的缺陷，并可达到定点注射、原位固化效果，可应用于椎体成型的微创伤治疗。另外，选择某些亲水性聚合物(如纤维素衍生物、藻酸盐等)为添加物与CPC混合，使之呈糊状，可改善CPC的可注射性。而在某些特殊场合要求可注射型CPC材料在相当长的时间内保持稳定性和可塑性，只有在注射到缺损处后才开始固化。制备具有这种特点的CPC材料的一种方法是选取一种非水溶剂作为该材料的分散相形成浆体，即所谓预混合的CPC。该浆体在无水状态下可较长时间保持稳定，一旦材料被注射到患处后，其非水溶剂逐步被周围组织的体液取代，进而材料在有水状态下开始固化。目前水相可注射型CPC在临床上已用于椎体血管瘤、骨质疏松症中椎体压缩性骨折、脊椎转移性肿瘤等的治疗，非水相可注射型CPC在临床上已用于骨折、牙根管填充等的注射治疗。

③ 抗水快凝型磷酸钙骨水泥

CPC在体内固化时，由于血浆中一些离子和大多数有机物有阻止或延迟HAP形成的作用，从而使其凝结时间较体外使用时延长。这既不利于手术进行，又易使CPC调和物被冲涮，不利于CPC的体内固化和固化后强度。为了克服以上缺点，需对CPC的抗水性进行工艺改进。

Miyamoto报道了一种快速凝固型CPC(fast-setting CPC, FSCPC)。相对于普通的CPC在大鼠肌肉内的凝结时间长达48 min，这种FSCPC的凝结时间缩短至5～7 min。固化液的改进是FSCPC快凝的关键，其成分是由相同浓度的磷酸氢钠和磷酸二氢钠调和而成的中性磷酸钠溶液($Na_xH_{3-x}PO_4$)。X射线衍射分析表明，与普通CPC相比，FSCPC中HAP的转化速度较快是体系凝结时间缩短及强度提高的根本原因。

Ishikawa在FSCPC基础上进一步改善了CPC的抗水性，称为不溃散型快速凝固CPC(non-decay type FSCPC, nd-FSCPC)。其方法是在固化液中加入一定量的海藻酸钠，结果发现nd-FSCPC调和后即使立即放入水中也不会溃散掉，并能正常固化；而普通CPC调和后放入水中，在1 min内即完全溃散。海藻酸钠的作用机理是它与Ca^{2+}所形成的不溶于水的海藻酸钙凝胶能较好地阻止CPC调和物被水侵蚀而溃散。当海藻酸钠的浓度达到0.8%(质量分数)时，nd-FSCPC的强度达最大值(12 MPa)，之后其强度随着浓度增加而逐步下降，这使其应用受到一定限制。

华东理工大学采用纤维素作为添加剂，制备了新型抗水型(anti-washout calcium phosphate cement, A-CPC)骨水泥。研究小组考察了纤维素浓度及固液比对A-CPC浆体的可注射性、固化时间、抗压强度的影响，同时也考察了A-CPC作为药物载体的可行性。结果表明，纤维素浓度越高、固液比越大，A-CPC固化时间越短，抗压强度越高。纤维素的引入对A-CPC固化体的微观结构有较大的影响，但对A-CPC固化的终产物没有明显的影响。将药物引入磷酸钙骨水泥中，可使该A-CPC具有骨修复与治疗的双重功能。此外，A-CPC固化体的细胞培养显示细胞生长良好，增殖较快，A-CPC对细胞有较好的亲和性。致敏性实验和肌肉内植入表明该材料对机体无致敏性和刺激性，植入材料周围无细胞变性、坏死，炎性反应随着植入时间延长而逐渐减轻直至消失，未对组织产生明显的不良影响。将材料植入兔股骨远端部位的骨缺损处，未见明显的炎症反应，材料与宿主骨组织紧密连接，材料有良好的生物相容性和生物活性。可见，新型A-CPC具有优良的抗水性、生物相容性和生物活性。该种材料可用于骨质疏松性骨折的治疗及预防松质骨骨质疏松骨折；可用作牙根管的充填、盖髓，各种骨缺损的修复，以及用于组织工程作为支架材料或作为药物缓释载体材料。

④ 多孔磷酸钙骨水泥

多孔生物材料的首要特征是其孔道特征，制备的关键和难点是形成高气孔率的连通孔、一定的抗压强度以及保持良好的生物活性。多孔材料制备方法众多，有添加造孔剂、有机质填充法、水热热压法、蜡复型和重力烧结法等，其共同特点是必须经过高温烧结步骤才能产生多孔。通过烧结方式产气较为方便，但孔径大小不易控制，且在很大程度上降低了材料的生物活性，或形成不易被吸收的植入体，严重限制了其在临床上的应用。

根据CPC的水化硬化机理，华东理工大学于1998年公开了一种含有成孔剂的多孔磷酸钙骨水泥，利用成孔剂的成孔特性在常温下制备出多孔固化体，完全不同于烧结成孔方法，避免因高温烧结而形成不被吸收的植入体，解决了骨缺损修复的难题。进一步的研究表明，这种常温下制备的多孔磷酸钙骨水泥不改变其易操作性及生物相容性，不改变磷酸钙骨水泥自行固化的特性，不改变其固化后的水化产物主要成分，仍为低结晶度的羟基磷灰石，水化反应速率也基本不变。

利用微溶盐在水溶液中具有一定的溶解度的特性制备多孔 CPC 材料是另一种新的独特方法。在不影响 CPC 体系固化的前提下，把微溶盐均匀地与 CPC 粉末搅和在一起，当 CPC 固化时，微溶盐占据了固化体的部分空间，从而形成一个独立的单元。当 CPC 植入体内后，经过体液的不断渗透和清洗，微溶盐逐步被溶解，于是形成多孔结构，其孔径的大小和分布由微溶盐的粒径控制。该材料在骨组织不断长入的同时逐步形成多孔，因此其初始强度较高，克服了单纯多孔材料植入体内后初始强度较低的缺陷。

利用复合微溶盐和产气剂结合制备出孔隙率高达 60%以上，孔径在 200～500 μm，分布较均匀、强度较高的样品。采用引气剂，可制备出 150～250 μm 可控、孔径分布均匀、孔隙率高的固化体。这些孔的形成，有利于骨组织及其有机组织的长入，加速材料的降解，促进骨的快速愈合。

⑤ 促进成骨的磷酸钙骨水泥

CPC 虽具有生物相容性好并可逐步降解吸收的特性，但在临床应用中发现材料降解偏慢，致密型 CPC 材料植入 6 个月才有部分降解，随访 12 个月时 CPC 的吸收和骨长入尚不足 40%。这是由于材料对骨长入只有传导作用而无诱导作用，材料只有引导新骨形成能力，但无诱导、促进成骨活性的缘故。

一些具有诱导骨生长和促进骨生长的细胞因子的发现为骨修复的研究开辟了新的方向。目前已发现的对骨生长和修复有明显生物活性的细胞因子主要有：骨形态发生蛋白(BMP)、转化生长因子-β(TGF-β)、成纤维细胞生长因子(FGF)等，其中 BMP 是发现最早、研究最多和促进成骨作用最明确的细胞因子。

影响 BMP 应用效果的主要因素除纯化技术不足导致比活力较低以及操作方面的因素外，载体的选择也是非常重要的一环。单纯 BMP 在体内溶解或降解太快，易被蛋白酶分解，难以有效地发挥作用。多孔 CPC 的多孔结构为 BMP 的靶细胞的黏附、增殖提供了良好的三维空间环境，为其成为 BMP 的优良载体和缓释场所提供了条件。可将 BMP 与 CPC 复合，使材料在填充修复的同时又具有诱导、促进成骨作用，加速骨愈合。基于此，K. Ohura 等将 CPC 固化体吸附 BMP-2，结果显示其成骨效果明显提高。

华东理工大学研制的复合重组人 BMP-2(rhBMP-2)的 CPC 植入动物体内后，可加速 CPC 的降解和促进新骨的形成。在 rhBMP-2 复合多孔 CPC 固化体修复兔股骨缺损动物实验的基础上，该活性材料通过国家食品药品监督管理局指定的检测中心的型式检验，并通过复旦大学附属中山医院伦理委员会临床试验批复和上海交通大学附属第六人民医院国家药品临床研究机构伦理委员会临床试验批复，开始临床应用研究工作。目前已完成 84 例临床应用，包括创伤、椎体融合等，临床跟踪反馈治疗效果良好，可加速新骨形成。

(5) CPC 的临床应用研究

① 骨科

由于 CPC 具有形状可塑、自行固化、生物相容和体内降解的特点，在骨缺损填充、修复等方面具有较广泛的应用。

Constant 等将 CPC 用于 45 例的颅骨缺损的修复及颅面部重建，随访 13 个月，未见血钙升高和毒性反应，也未出现结构性失败。CPC 用于修复 7 例脑脊液漏患者，均获成功。将 CPC 经皮注射到骨折部位，发现 CPC 能提供内在的稳定性，其疗效优于目前所用腕部骨折固定方法。目前,CPC 用于股骨头骨折、胫骨平台骨折的修复均获得成功,在髋臼、脊柱重建的应用方面仍处于临床试验阶段。在胫骨髁部骨折模型中,直接使用 CPC 固定,术后 12 周发现骨折端沉入 CPC 中,说明 CPC 的强度还不能满足负重部位的骨折治疗,至少还需要其他固定方法相配合。因此,在临床上 CPC 大多限于非负重部位和低负重部位使用。

Mermelstein 等研究了使用 CPC 加固松质骨螺钉。在狗的股骨远端拧入松质骨螺钉,测量拔出螺钉的拉力、位移、刚度及能量吸收等指标,在螺钉周围填入 CPC,并与 CPC 固化后测得的数据相比,发现 CPC 明显增加了松质骨螺钉的固定强度。可见,在松质骨条件欠佳或固定部位受限的情况下,用 CPC 辅助加强螺钉内固定是行之有效的方法。

CPC 作为药物缓释载体,可广泛用于伴有骨缺损的感染、肿瘤、风湿等的治疗。上海瑞邦生物材料有限公司采用 CPC 载万古霉素和哌拉西林粉剂治疗开放性损伤致慢性绿脓杆菌性骨髓炎,术后 3 个月 X 线片复查已见少量骨痂生成;术后 1 年移植骨愈合良好,病灶未复发,患肢功能良好;目前最长达 11 年的临床随访未见复发,病人恢复良好。

② 口腔科

目前在口腔科临床上 CPC 主要应用于根管填充、盖髓、髓底修复和牙槽骨骨缺损修复及人工牙种植时骨量不足补充。

根管治疗是目前牙髓炎和根尖周炎最为有效且彻底的治疗方法,常使用的根充糊剂、牙胶尖和银尖等虽能起到封闭根管、防止感染再从根管进入根尖周组织的作用,但一旦这些材料超充后对根尖周组织的破坏不能起到恢复作用,超充物则成为异物刺激根尖周组织而感觉肿胀,有碍根尖周病变的修复,影响治愈率。CPC 具有良好的生物相容性,并具有促进根尖周组织修复封闭根尖孔的潜能;在根管内发生固化,可增强牙根的机械强度,减少根折概率。

在猴子的牙齿露髓点上,分别填充 CPC 和氢氧化钙(对照组)两种盖髓剂。术后 12 周可见牙髓血管扩张、慢性炎症细胞浸润;20 周后可见含有软组织的牙本质桥形成;24 周后可见坚硬的牙本质桥形成和牙本质小管出现。综合 CPC 能自行固化、良好生物相容性和高抗压强度等特性,可考虑将 CPC 作为盖髓剂而应用于口腔科。

髓体穿孔人的离体牙,分别用 CPC、光固化玻璃聚合水门汀(GI)以及 CPC 垫底上用 GI 三种方式修补穿孔,材料凝固后进行染料渗透实验。结果显示,三组材料在染料渗透上无明显差异。兼顾 CPC 良好的生物相容性和骨传导性,表明 CPC 可作为髓底修复材料,起到骨性封闭穿孔的目的。

已有的病例表明,CPC 使用方便,用于人体安全无毒,即使超充也无根充反应,并可起到引导根尖周骨组织再生作用,是临床上根管充填治疗的良好材料。根据 CPC 的特性,CPC 作为根管充填糊剂可适用于牙髓病、尖周病、牙周袋与尖周病相通的尖周阴影以及牙根未发育完全呈现喇叭形根尖的治疗等。

总之,良好的生物相容性和能根据缺损部位任意塑形并自行硬化的特性的结合,使 CPC 克服了其他材料的缺陷,成为目前具有优势和潜力的骨修复材料,可广泛应用于骨科、脑外科、口腔科、整形外科等领域。随着国内外学者对其研究的深入开展,CPC 的性能将不断优化,并有望成为骨修复的主导产品。

2) 磷酸镁水泥

磷酸镁水泥(magnesium phosphate cement, MPC)作为一类反应型胶黏剂,不仅具有自行固化、良好的生物相容性和可任意塑形的特点,而且其快凝、高早强的特性可弥补 CPC 的不足。与常用的磷酸锌齿科水泥相比,MPC 的胶黏性强,可塑性好,抗压强度高,固化体积微膨胀可与植入部位更紧密地结合。此外，MPC 水化产物为磷酸镁铵类生物矿石，并且水化过程中的放热速率可由镁化合物的水化活性来调节。以上性能的有机结合使得 MPC 克服了其他骨修复材料的缺陷，有望成为治疗不稳定骨折的新型无机骨黏结材料。目前，对于 MPC 的研究国内外都主要集中在非生物材料领域。作为生物材料，国外仅有零星的报道，而国内华东理工大学在 MPC 方面已开展了较为深入的研究工作。

(1) MPC 的制备工艺

同其他水泥一样，MPC 体系由固、液两相组成，其中固相组分包括氧化镁、磷酸盐和缓凝剂等。这些组分的性质及组分间的配比决定了 MPC 的理化性能。

用于 MPC 制备的氧化镁通常由氢氧化镁或碱式碳酸镁经高温煅烧制得。经高温煅烧的重烧氧化镁适用于 MPC 体系。化学活性直接决定 MPC 体系的水化反应速率及材料的理化性能，是氧化镁粉末最重要的性质。研究表明，提高煅烧温度，延长煅烧时间，将大大减少氧化镁的表面缺陷和比表面积，使得反应活性大幅度下降。

MPC 体系中的酸性磷酸盐有：铵和碱金属的酸式磷酸盐，特别是磷酸二氢盐；正磷酸盐、焦磷酸盐及聚磷酸盐的混合物；磷酸二氢铝及磷酸等，其中氧化镁相对磷酸二氢铵应是过量的。过量的氧化镁作为体系的骨架或堆积料，有利于提高和稳定固化体的强度；如果体系中氧化镁含量太少，固化后酸性组分未能完全反应，就会在固化体中留有可溶性盐，以致材料强度衰减过快而无法使用。相反，如果氧化镁含量过多，反应速度太快，导致放热峰过高，也不适于在临床使用。与此同时，反应速率太快会导致凝结时间明显缩短，使操作区间太窄，实用性不大。可见，选择合适的酸碱配比至关重要。

MPC 在水中的反应速度很快，且过程中放出大量的热量，给操作带来许多不便。为了延长凝结时间，降低热通量，使反应放出的热量在更长时间内放出，除调节氧化镁活性和酸碱组分配比外，体系中还可以加入缓凝剂。Sugama 和 Kukacka 研究了缓凝剂在氧化镁-聚磷酸铵体系中的缓凝效果，他们认为体系的反应速率可以用相对固化程度 Q 来表示：

$$Q=(\Delta H/\Delta H_T)\times 100\%$$

式中，ΔH 为等温条件下水泥固化反应的累积放热量；ΔH_T 为等温条件下水泥固化过程中的最大放热量。

图 2-6 为与反应时间相关联的 MPC 固化曲线。曲线显示，不含缓凝剂的 MPC 凝结时间为 5 min，而含 20%缓凝剂的 MPC 凝结时间则为 20 min。由此可见，加入缓凝剂是控制 MPC 水化反应速率的有效方法，而且缓凝效果与缓凝剂用量直接相关。

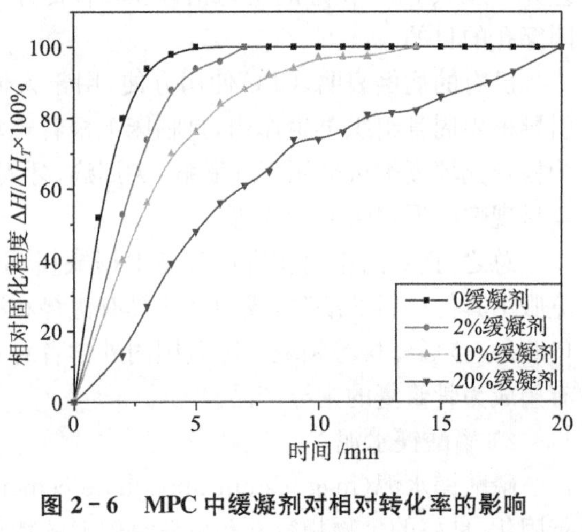

图 2-6 MPC 中缓凝剂对相对转化率的影响

(2) MPC 的反应机理

MPC 反应机理的揭示，对于优化合成工艺和提高材料性能具有重要意义。一些学者对 MPC 的反应机理进行了初步研究，探索了 MPC 水化反应、产物组成、微结构与材料性能之间的关系，并对固化机理提出了不同的假设。

MPC粉末与固化液的反应是在溶液中进行的酸碱反应，固、液两相混合后其中的酸性组分磷酸二氢铵迅速溶解，在溶液中达到饱和状态，反应式如下：

$$NH_4H_2PO_4 \longrightarrow NH_4^+ + PO_4^{3-} + 2H^+$$
$$NH_4H_2PO_4 \longrightarrow NH_4^+ + HPO_4^{2-} + H^+$$
$$NH_4H_2PO_4 \longrightarrow NH_4^+ + H_2PO_4^-$$

而MgO是微溶于水的，在H^+和周围水分子的作用下向溶液中释放出Mg^{2+}和OH^-：

$$MgO + H_2O \longrightarrow MgOH^+ + OH^-$$
$$MgOH^+ + H_2O \longrightarrow Mg(OH)_2 + H_3O^+$$
$$Mg(OH)_2 \longrightarrow Mg^{2+} + 2OH^-$$

其中，Mg^{2+}以带有6个结合水的形式存在，从而构成$[Mg(H_2O)_6]^{2+}$正八面体。一部分$[Mg(H_2O)_6]^{2+}$占据了H_2O的位置而吸附在MgO粒子表面，延缓了MgO粒子的溶解进程，溶液中的NH_4^+和PO_4^{3-}则通过氢键与$[Mg(H_2O)_6]^{2+}$的正八面体相连接形成$NH_4MgPO_4 \cdot 6H_2O$包裹在MgO粒子周围。随着反应的进行，水化产物在颗粒周围渐渐长大，彼此相连，当MgO粒子完全被水化产物所包覆而不能再溶解时，反应停止。

(3) MPC的性能

与CPC类似，MPC的凝结时间通常以初凝时间来衡量，即水泥由塑性浆体转变为刚性材料的时间。凝结时间过长，无法满足临床使用时需快速固化的要求；过短又使有效的工作时间非常短暂，给操作带来很大困难。Yang等详细报道了影响磷酸镁水泥性能的因素，认为其凝结时间在几分钟到1 h之间，与缓凝剂的用量、MgO的粒度及反应温度、固液比等因素有关。由于该水化反应是强烈放热的，即使在−10℃下1 h内浆体也会固化凝结。磷酸镁水泥的初凝时间由粒子间和粒子内的相互作用决定。MgO的总表面积超过3 000 cm^2/g时凝结时间非常短以至于无应用价值。

强度是衡量MPC材料的另一重要指标，并与其他性能关系密切。Sugama等指出磷酸镁水泥的强度发展与水化产物相互交联的网络结构和在空间的分布有关。当晶体向着使材料更致密的方向生长时有助于强度的改善。在MPC中包含大量未水化的MgO颗粒和形成的磷酸盐水化产物，MgO粒子的强度比水化产物要高得多，因此，在水化产物能完全包覆MgO的情况下，$NH_4H_2PO_4$的量越少，则固化体强度越高。含水量不同，MPC性能存在差异。固液比高时，制备的材料弹性模量高，具有好的抗冲击性能和抗压强度。

华东理工大学还研制了含钙磷酸镁水泥并用于牙齿修复，结果表明该水泥毒性低且具有良好的生物相容性，在体内可生物降解，可用作齿科材料、骨填充或骨黏结材料。磷酸镁水泥的固化产物主要为人体结石成分之一——$NH_4MgPO_4 \cdot 6H_2O$，具有较好的生物相容性，因此，材料植入后不会产生明显的异物反应。这一特点使得MPC在不稳定骨折的黏结固定、关节假体的镶嵌固定方面较PMMA具有明显的优势。经国家医药管理局医用高分子产品质量检测中心根据国家有关标准进行细胞毒性、皮肤致敏、皮内刺激、急性全身毒性等检测，结果显示各项测试全部合格，材料无毒，可安全地用于动物体以开展后期的动物实验。

吴建国等将磷酸镁骨水泥和磷酸钙骨水泥分别植入家兔股骨髁内，考察MPC和CPC对家兔内脏的毒性反应。实验结果显示，MPC植入3个月内，血钙、血磷和血镁浓度均维持在正常的生理水平，未出现明显的浓度变化，说明MPC的植入不会引起动物体内代谢水平的显著变化。MPC植入家兔股骨髁后，对家兔的肝、肾功能无影响，即无毒性反应。CPC植入家兔股骨髁后，对家兔的肝、肾功能亦无影响，即无毒性反应。分别对植入 MPC 和 CPC 的家兔的肝、肾功能比较后发现，两组之间的差别无统计意义，说明 MPC 与 CPC 一样，对家兔内脏无毒性作用，生物相容性好，是一种有发展潜力的生物医用无机材料。

2.3 生物医用高分子材料

生物医用高分子(biomedical polymer)是生物材料的重要组成部分，通常指用于医疗为目的的各种高分子材料。生物医用高分子是高分子科学的一个重要的分支，同时又是一门多学科交叉的边缘学科，涉及化学、物理、材料、生物化学、制剂学、解剖学、病理学、临床医学等多门学科，还涉及装置设计、电子仪器、自动控制等许多工程问题。它的形成是上述诸多学科综合发展的结果。生物医用高分子材料种类繁多，应用广泛，简单的如短期一次性使用的塑料针筒、纱布、绷带、导管等，复杂的如组织工程、外科修复、药物释放、理疗康复、诊断检查与治疗等诸多领域的相关高分子，都可归纳为生物医用高分子材料的范畴。

医用高分子的应用已有非常悠久的历史。早在公元前 3500 年，古代埃及人就用棉花纤维、马鬃等天然高分子材料缝合伤口。1851 年 Goodyear 发明了天然橡胶的硫化方法，开始了天然橡胶应用的新纪元。20 世纪以来，高分子科学迅速发展，新的合成高分子材料不断涌现，为医学领域提供了更多的选择余地。1936 年发明有机玻璃(PMMA)后，很快就用于制作假牙和补牙，至今仍在临床上使用。1943 年赛璐珞(硝酸纤维素)薄膜开始用于血液透析。1950 年开始用有机玻璃做人工股骨。20 世纪 50 年代，有机硅高分子开始用于医学领域，使人工器官的应用范围大大扩大，包括器官替代和美容等许多方面。人工尿道(1950 年)、人工食道(1951 年)、人工血管(1951 年)、人工心脏瓣膜(1952 年)、人工心肺(1953 年)、人工关节(1954 年)、人工肝脏(1958 年)等人工器官，先后于 20 世纪 50 年代试用于临床。进入 60 年代，医用高分子材料开始进入一个崭新的发展时期，此时人们开始根据医学应用的客观需要，设计合成高分子材料，而不是像之前那样，由医生根据特定需要从已有的高分子材料中筛选出合适的材料加以应用。70 年代以来，高分子材料科学家和医学家积极开展合作研究，医用高分子材料快速发展起来，并不断取得新成果。在 80 年代，发达国家的医用高分子材料产业化速度加快，基本上形成了一个崭新的生物材料产业。80 年代末，生物可降解材料开始与组织工程结合，生物医用高分子材料的研究达到一个新的高度。

我国医用高分子材料的研究从 20 世纪 70 年代末 80 年代初才起步，进入 90 年代，生物材料得到国家自然科学基金重大项目、863 计划和 973 项目等的重点资助，一批基础研究成果和实用技术涌现出来，使我国的生物材料研究水平接近并在部分领域达到国际先进水平。目前，我国的生物材料产业正在孕育之中，一批生物材料和器件(器官)正在实现产业化。

医用高分子材料直接用于人体或与人体接触，与人体健康密切相关，因此对进入临床使用的医用高分子材料具有特殊的要求，除了必须符合一般生物材料的基本要求外，如无毒、无热原反应、不致癌、不致畸、不引起过敏反应或干扰肌体的免疫机理以及具有良好的生物相容性和血液相容性等，还应符合以下条件。

(1) 耐生物老化，对于长期植入的医用高分子材料，生物稳定性要好。但是，对于暂时植入的医用高分子材料，则要求能够在确定时间内降解为无毒的单体或片段，通过吸收、代谢过程排出体外。因此，耐生物老化只是针对某些医学用途对高分子材料的一种要求。

(2) 物理和力学稳定性，针对不同的用途，在使用期内医用高分子材料的强度、弹性、尺寸稳定性、耐挠曲疲劳性、耐磨性应适当。对于某些用途,还要求具有界面稳定性,例如人工髋关节和人工牙根的松动问题与材料-组织结合界面的稳定性有关。

(3) 易于加工成型,还要防止材料在生产、加工过程中引入对人体有害的物质。首先,严格控制用于合成高分子材料的原料的纯度,不能带入有害杂质,重金属含量不能超标。其次,医用高分子材料的加工助剂必须符合医用标准。第三,对于体内应用的医用高分子材料,生产环境应当具有适宜的洁净级别,要符合 GMP 标准。

(4) 便于灭菌消毒,在灭菌消毒过程中不引起材料降解及其他性能的变化。

与其他高分子材料相比,对医用高分子材料的要求是非常严格的。对于不同用途的医用高分子材料,往往又有一些具体要求。在医用高分子材料进入临床应用之前,都必须对材料本身的物理化学性能、机械性能以及材料与生物体及人体的相互性进行全面评价,通过之后经国家管理部门批准才能临床使用。

医用高分子材料是一门多学科交叉的边缘学科,根据不同的标准有不同的分类方式,目前尚无统一的标准。常用的分类方法有以下几种。

(1) 按来源分类,生物医用高分子可分为两大类,即天然医用高分子材料,包括胶原、明胶、丝蛋白、角质蛋白、纤维素、黏多糖、甲壳素及其衍生物等;人工合成医用高分子材料,包括聚氨酯、硅橡胶、聚酯等。20 世纪 60 年代以前主要是工业材料的提纯、改性,之后主要根据特定目的进行专门的设计、合成。

(2) 按材料与活体组织的相互作用关系分类,依据材料与活体组织之间是否形成化学键合的方式,生物医用高分子材料可分为生物惰性和生物活性两类。

① 生物惰性(bioinert)高分子材料,生物惰性是指材料在生物体内能保持稳定,几乎不发生化学反应,不变性。它所引起的组织反应是围绕植入体的表面形成一层纤维包膜,与组织间的结合主要是靠组织长入其粗糙表面或孔中,从而形成一种物理嵌合。

② 生物活性(bioactive)高分子材料,生物活性概念由美国科研人员 L. L. Hench 首先提出,其原意是指植入材料能够与周围组织发生相互作用,在材料-组织界面上诱导出特殊的生物或化学反应,这种反应导致材料和组织之间形成化学键合。如前面讲的生物活性玻璃,金属植入体表面喷涂羟基磷灰石等,材料植入体内后其表面层能够与周围骨组织很好地相互作用,以增加植入体与周围骨组织结合的牢固性。目前有一种广义解释生物活性是能增进细胞活性或促进新组织再生的性质。因此生物活性材料,除了生物活性植入体之外,还包括高分子药物、诊断试剂、高分子修饰的生物大分子治疗剂等。

(3) 按性质分类,生物医用高分子材料可分为非降解和生物降解性两大类。

① 非降解医用高分子材料,包括聚丙烯酸酯、聚乙烯、聚丙烯、芳香聚酯、聚硅氧烷等,其在生理环境中能长期保持稳定,不发生降解、交联或物理磨损等,不会对机体产生明显的毒副作用;同时材料具有并能保持良好的力学性能,不发生破坏。这类高分子材料主要用于人体软、硬组织修复和制造人工器官、人造血管和接触镜等。

② 生物降解性医用高分子材料,是指在一定条件下,一定时间内能被细菌、霉菌、藻类等微生物或其他生物体如人体、动物体等所降解和吸收的高分子材料。这类材料在生物体内逐渐被降解,其降解产物能通过正常的新陈代谢被机体吸收或排出体外,在医学领域具有广泛的用途,包括淀粉、纤维素、甲壳素、明胶、蛋白质、脂肪族聚酯、聚磷腈、聚酸酐、聚原酸酯、聚碳酸酯等。

2.3.1 非降解性生物医用高分子

非降解性生物医用高分子在生物环境中能长期保持稳定，不易发生化学反应或交联，具有良好的生物相容性和物理机械性能，不易物理磨损。这类材料主要包括聚烯类、芳香聚酯、聚硅氧烷、聚甲醛等。

1. 聚乙烯吡咯烷酮(polyvinylpyrrolidone，PVP)

聚乙烯吡咯烷酮是一种非离子型水溶性高分子化合物，是一类重要的聚烯类高分子，是*N*-乙烯基酰胺类聚合物中最具特色，且被研究得最深入、最广泛的精细化学品品种。

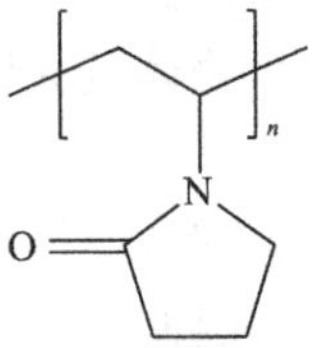

聚乙烯吡咯烷酮（polyvinylpyrrolidone，PVP）

PVP作为一种合成水溶性高分子化合物，具有水溶性高分子化合物的一般性质，如胶体保护作用、成膜性、黏结性、吸湿性、增溶或凝聚作用、良好的溶解性能和配合性。如PVP这样既溶于水又溶于大多数有机溶剂、毒性低的合成高分子并不多。另一方面，PVP还具有优良的生理惰性，不易分解，不参与人体代谢；同时，它又具有优良的生物相容性，对皮肤、黏膜、眼睛等不形成任何刺激。从生物学的观点来看，PVP的分子结构特色类似于用作简单的蛋白质模型的那种结构，它的诸如水溶性、对某些小分子物质的配合能力以及能够被某些蛋白质的沉淀剂如硫酸铵、三氯乙酸、丹宁酸和酚类所沉淀等特性也与蛋白质相似，因此被广泛地用作药物制剂的辅料，甚至曾经在战争期间曾被用作血浆代用品拯救了许多人的生命。作为血浆代用品，PVP的分子量应小于30 000以使其能通过人体肾脏毛细管而排出体外。分子量较大的PVP分子会在网状细胞内积储。目前PVP已逐渐退出了血浆代用品市场，而被右旋糖苷(葡聚糖)以及改性明胶、羟乙基淀粉等血浆扩容剂所代替。

现今PVP已经与纤维素类衍生物、丙烯酸类化合物一起成了三大主要合成药物辅料，在全世界范围内得到了广泛的应用。作为药物辅料，PVP收载于美国药典19～23版，以及英国、德国、法国及欧洲药典、马丁代尔药典中，几乎被世界各国卫生行政部门所接受。PVP在医药其他方面的应用也非常活跃，如作为片剂、颗粒剂的黏结剂，注射剂的助溶剂、稳定剂，液体制剂的分散剂，包衣成膜剂及色素分散剂，难溶药物的共沉淀剂及眼药的延效剂、润滑剂等。

2. 医用有机硅高分子

有机硅高分子包括聚硅烷和聚硅氧烷两大类，在生物医学领域获得广泛应用的有机硅高分子主要是后者。1964年，医用级的有机硅胶黏剂在美国问世，并用于装配医疗设备，从此开始了有机硅产品在生物医学领域的广泛应用。

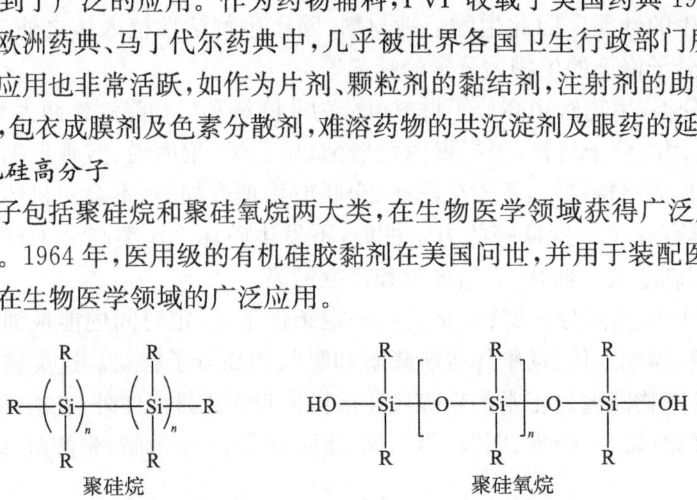

有机硅高分子（R为—CH_3,—C_2H_5或—CH═CH_2等）

硅油是一种不同聚合度的链状结构聚硅氧烷。它是由二烷基二氯硅烷水解制得初缩聚环体，环体经裂解、精馏制得低环体，然后把环体（如八甲基环四硅氧烷、乙烯基七乙基环四硅氧烷等）、封头剂（水、醇、酸、氨等）、催化剂（酸或碱）放在一起调聚，得到不同聚合的线性聚硅氧烷混合物（有支链聚硅氧烷，也有直链聚硅氧烷），经减压蒸馏除去低沸点物，制备出硅油产品。四价硅原子上除连有两个氧原子外，其他两个位置可以是氢、乙基、甲基、苯基、氯苯基、三氟丙基等。当两个都是甲基时，就称为甲基硅油。

硅橡胶（polysiloxane rubber）是高分子量聚有机硅氧烷的交联体。随硅原子上所连有机基团的不同，硅橡胶可分为二甲基硅橡胶、甲基乙基硅橡胶、乙基硅橡胶、甲基苯基硅橡胶、氟硅橡胶、氰硅橡胶、亚苯基硅橡胶等。通过直接聚合得到的有机硅高聚物称为有机硅生胶，其弹性低、机械强度高，不能直接应用，必须进行高温硫化处理。通过加入二氧化硅、二氧化钛等作补强剂，用有机过氧化物如过氧化二苯甲酰（BPO）作硫化剂，并加入其他辅料和助剂，进行混炼、成型、热处理熟化得到硅橡胶。室温硫化是低分子量的硅油在交联剂和催化剂存在下室温固化，包括单组分室温硫化和双组分室温硫化两类，后者又分为缩合型和加成型两种。单组分和双组分室温硫化的硅橡胶生胶都是 α,ω-二羟基聚硅氧烷；加成型室温硫化的生胶则是含有烯基或氢侧基（或端基）的聚硅氧烷。因为后者硫化时往往在高于室温的情况下（50～150℃）能取得好的熟化效果，所以又称为低温硫化硅橡胶。

自从室温硫化硅橡胶问世以来，给医用硅橡胶增添了许多新品种。室温硫化硅橡胶生理惰性好，无色透明，高温消毒后不变色、不变形。此外，它还具有黏合性，可作为医用黏合剂，并能在体温下固化成型，因此使用方便，适合做成各种植入人体的器官和用于人体的外部整容修补手术等。

硅橡胶具有许多独特的性能，如良好的生理惰性、耐体液腐蚀性、耐老化性及良好的生物相容性，对组织反应小，在人体内不引起异物反应，对周围组织不引发炎症等，已被广泛地应用于临床医学。在当前众多的医用高分子材料中，硅橡胶无论在数量上还是品种上都占主导地位。

医用硅橡胶制品主要有四个重要方面的用途：①作为人工器官和组织长期代用品，包括脑积水引流装置、人造球形二尖瓣、心脏起搏器、人造脑膜、人造喉头、人工皮肤、人工肌腱、人工指关节、人工角膜支架、托牙组织面软衬垫以及整容修复用的硅橡胶海绵、修复块、鼻尖鼻梁、耳朵等；②作为短期植入材料，包括腹膜透析管、静脉插管、动静脉外瘘管、导尿管、胃插管、内窥镜玻璃纤维保护套管、渗出性中耳炎通气管、导液管等；③作为药物控制释放载体，例如硅橡胶长效避孕药环等；④作为体外循环用品，包括人工心肺器薄膜、人工心肺机输血泵管、人工肾用的导管、胎儿吸引器吸头等。

在高抗撕的硅橡胶囊袋内填充半流动的硅凝胶，可以做成人工乳房。将它植入胸部后，生长的组织会将它固定在胸壁上，其外形、颤动和手感都非常逼真。但近年来发现，硅橡胶乳房对人体有不良的副作用：一是拉伸强度不够，植入体内经使用一定时间后有破裂和撕裂发生，使美容变成毁容（如双侧变化不一致呈不对称状；硅橡胶弥散等）；二是对 X 射线只能部分透过，使乳房部位可能存在的肿瘤不能被检查出来，从而贻误治疗的最佳时机，危及生命；三是在极少数的个体身上偶尔会引发肿瘤。基于这种高风险，美国道康宁公司（陶氏化工公司的子公司）于 1992 年宣布退出硅橡胶植入体领域，现在 Corvita 公司已开发研究聚氨酯/聚碳酸酯共聚物与有机硅聚合物复合材料代替硅橡胶作为乳房植入材料。

3. 医用聚氨酯橡胶(polyurethane rubber, PU)

聚氨酯(PU)是一类物理性质变化范围较广的高分子材料,由液态单体(二或多异氰酸酯与二或多元醇)在室温下进行合成,得到从较软的弹性材料到刚性的泡沫塑料等多种产品。聚氨酯弹性体既可以是热塑性材料,也可以是热固性材料。后者透过液体浇铸成型,而前者则由片状固体或颗粒通过注射、吹塑、挤出等方式进行加工。所有热塑性聚氨酯弹性体都是线性链段化高分子,由二异氰酸酯、高分子量的二元伯醇和一种二醇或二胺扩链剂进行合成。

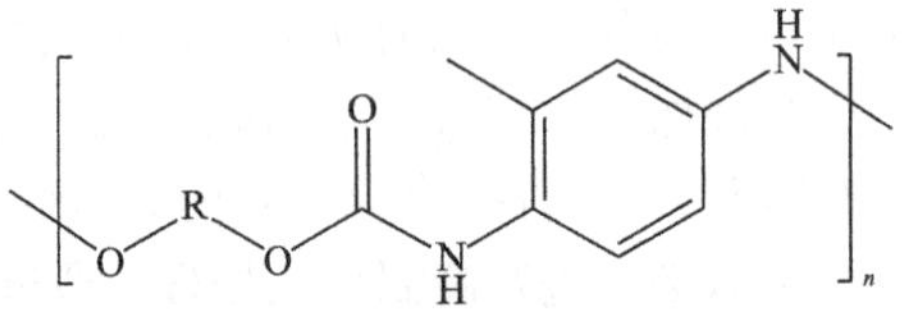

聚氨酯橡胶

聚氨酯具有良好的软组织相容性和血液相容性,同时它具有优异的耐疲劳性、耐磨性、高弹性和高强度,在临床中已有广泛的应用,比较成功的有人工心脏的搏动膜、主动脉内气囊反搏的囊膜、体外血液循环管路、人工软骨、小口径软骨血管、血袋或血液容器、医用黏合剂以及药物释放体系等。聚氨酯在体内长期使用过程中会出现老化降解和钙化现象,材料出现裂纹,甚至全部破坏。因此,聚氨酯材料还有待进一步完善。

柔软的聚氨酯海绵体主要是由甲苯二异氰酸酯(TDI)和聚酯多元醇制备的,发泡剂使用水和卤代烃(如三氟甲烷)的混合物。聚氨酯海绵能够用作外科敷料、包扎材料、吸收材料等,刚性的泡沫聚氨酯材料由高分子量的二异氰酸酯和低分子量的多元醇进行合成,卤代烃作发泡剂。由于其质量轻、耐久性好,可以用于制作假肢。有一种液体组分泡沫聚氨酯体系可用于骨折的固定,首先用该系统浸渍湿棉布,然后用这种浸渍的布包扎,大约 20 min 可以固化。此外,聚氨酯泡沫塑料还有可能用作骨组织的修复等。

2.3.2 生物可降解医用高分子

生物可降解医用高分子又可分为天然生物可降解医用高分子和合成生物可降解医用高分子两大类。天然生物可降解医用高分子材料一般都无毒,具有良好的亲水性、生物相容性和细胞亲和性,但由于产地和来源的不同,天然高分子材料的质量重现性差,强度和加工性能也较差,且降解速度难以调节,难以适应细胞支架的使用要求。合成生物可降解医用高分子材料的最大优点是品种多,选择范围广,生物降解速度可调,具有良好的力学性能和加工性能,价格便宜,质量的重现性好,可大规模生产,缺点是合成高分子材料的生物相容性及细胞亲和性一般都比天然高分子材料差。

1. 天然高分子生物材料

天然高分子生物材料是人类最早使用的医用材料之一。常用的天然高分子生物材料主要包括多糖类和蛋白质材料两大类。常见的天然多糖类材料有淀粉、纤维素、壳聚糖、甲壳素、硫酸软骨素、透明质酸等;蛋白质材料主要有结构蛋白如胶原和纤维蛋白等。这类材料的优点在于它们本身就包含着许多生物信息,能够使细胞产生或维持各种功能。而且它们直接来自于动植物,具有很好的生物相容性,与活体组织接触后一般也不会引起血液凝固、发生炎症或排异反应等现象,是较理想的生物医用材料。

淀粉(starch)和纤维素(cellulose) 淀粉大量存在于植物的种子和地下块茎中,是人类的三大食物之一。淀粉是白色无定形粉末,由直链淀粉和支链淀粉两部分组成。直链淀粉可溶于热水，又叫可溶性淀粉，占 10%～20%。支链淀粉不溶于水，占 80%～90%。淀粉由葡萄糖构成，其中直链淀粉由α-D-(+)-葡萄糖以 α-1,4-苷键结合而成，支链淀粉在结构上除了由葡萄糖分子以 α-1,4-苷键连接成主链外，还有以 α-1,6-苷键相连而形成的支链。淀粉用淀粉酶水解得麦芽糖，在酸的作用下，能彻底水解为葡萄糖。淀粉及其改性产物在药物制剂中已有大量的应用，广泛地用作片剂的稀释剂、崩解剂、黏合剂、助流剂等。

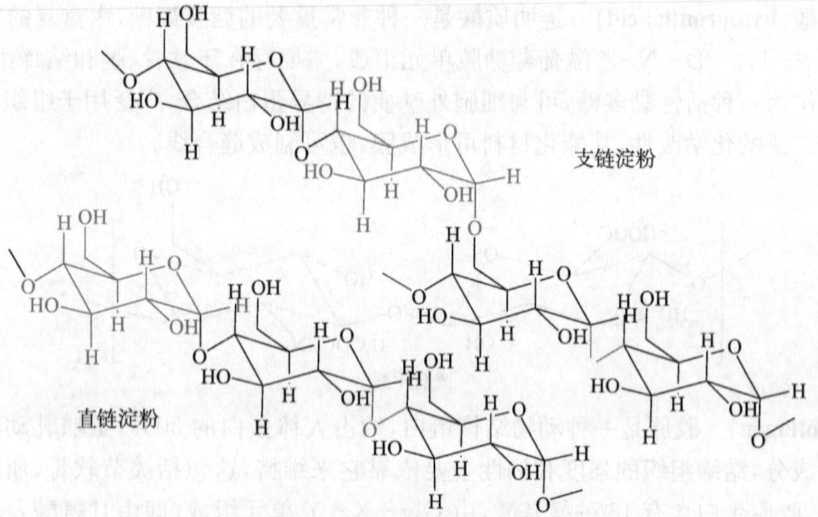

直链淀粉和支链淀粉结构示意图

纤维素是构成植物细胞壁及支柱的主要成分，由葡萄糖单元以 β-1,4-苷键连接而成。将纤维素用纤维素酶(β-糖苷酶)水解或在酸性溶液中完全水解，生成 D-(+)-葡萄糖。人的消化道中没有水解 β-1,4-苷键的纤维素的酶，所以人不能消化纤维素，但纤维素对人是必不可少的，因为纤维素可帮助肠胃蠕动，以提高消化和排泄能力。纤维素及其化学物理改性产物是重要的药物制剂辅料，常用作片剂的稀释剂、硬胶囊或散剂的填充剂、软胶囊的稳定剂、口服混悬剂的助悬剂以及崩解剂、黏合剂等。另外，淀粉和纤维在生物降解包装材料中的应用也越来越广泛。

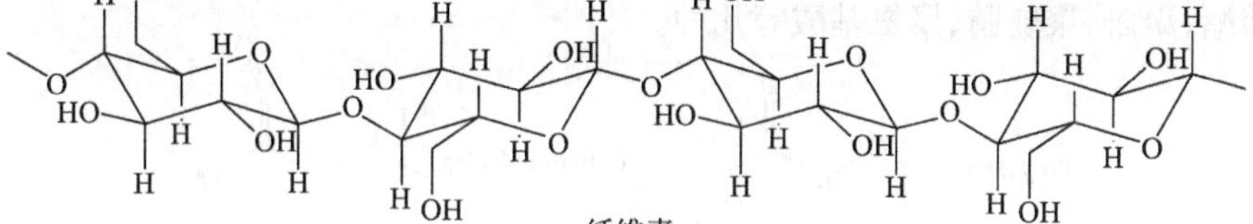

纤维素

甲壳素(chitin)和壳聚糖(chitosan)　甲壳素和壳聚糖作为天然聚合物材料，具有良好的生物相容性、可生物降解性和可再生性，已引起了人们的普遍关注。甲壳素广泛存在于蟹和虾壳中，在自然界中有巨大的储存量，并且通过适当的方法可以从同一原料中获得所需要的物理化学性质和性能一致的产品。

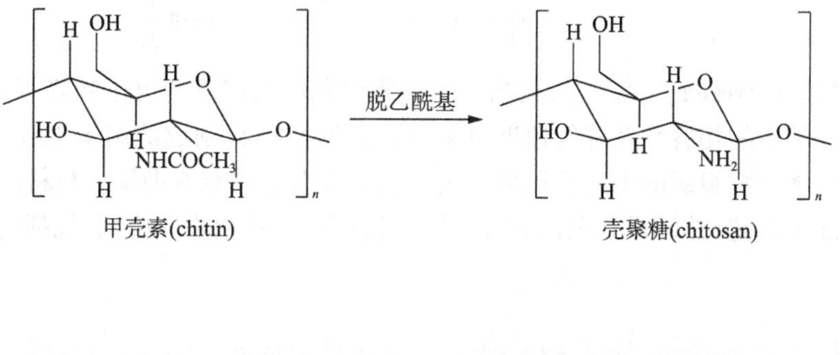

壳聚糖是甲壳素的脱乙酰产物，当甲壳素其乙酰氨基的脱乙酰度达到或超过50%时即可认为是壳聚糖。壳聚糖由于其氨基的存在而带正电荷，其降解产物为氨基葡萄糖单体。壳聚糖具有良好的生物相容性和生物可降解性，对人体无不良反应，并具有抗菌、消炎、促进伤口愈合的作用，而且来源广泛、价格便宜，已广泛应用于生物领域，如缓释、控释制剂材料，崩解剂、赋形剂、黏合剂，载体材料，膜材料，人造皮肤、人造骨等。

透明质酸(hyaluronic acid) 透明质酸是一种非常重要的糖胺聚糖，由重复的1,4-D-葡萄糖醛酸和β-1,3-D-*N*-乙酰葡萄糖胺单元组成，主要存在于软骨、腱和结缔组织中，构成组织间质。作为一种活性黏多糖，可与细胞外基质的特异蛋白结合，广泛用于组织工程。透明质酸可进行广泛的化学改性，其酯化材料可形成膜，也可制成缝合线。

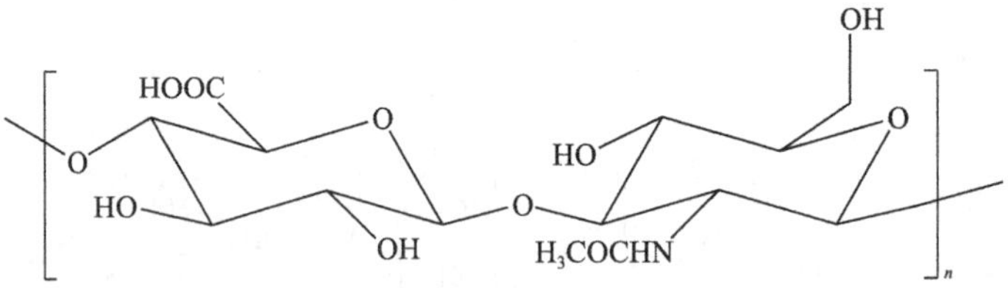

透明质酸

胶原(collagen) 胶原是一种动物结构蛋白，约占人体蛋白的30%，是哺乳动物体内结缔组织的主要成分，结缔组织的强度和韧性主要依靠它来维持，这包括关节软骨、肌腱、韧带、皮肤、血管等。胶原蛋白含有18种氨基酸，由Gly-X-Y单元组成，即由甘氨酸及其他两种氨基酸组成一个结构单元。胶原有多种类型，按发现时间顺序依次称为Ⅰ型、Ⅱ型、Ⅲ型、Ⅳ型、Ⅴ型等胶原。其中Ⅰ型胶原存在于真皮、骨、韧带、肌腱等组织，最易得到，是应用最多的一种胶原。胶原吸水膨胀，但不溶于水。胶原具有良好的生物相容性，无抗原性，能参与组织愈合过程。胶原价格较高，力学性能较差，需交联后使用，而且不能在40℃以上条件处理，否则会变性。胶原可用作缓释材料、创伤愈合材料、组织工程材料等。

2. 合成高分子生物材料

人工合成的高分子材料由于其具有良好的物理机械性能、结构及分子量可控性、材料性能可调性、易加工等特点而成为应用非常广泛的生物材料。合成生物医用材料主要有脂肪族聚酯、聚原酸酯、聚酐、聚磷腈、聚氨基酸等几种。

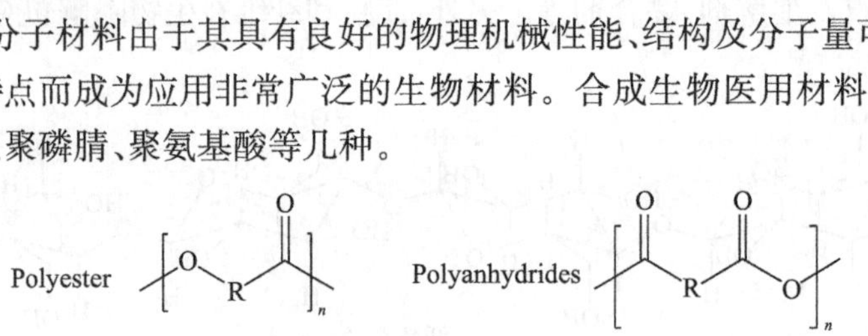

脂肪族聚酯(polyester) 脂肪族聚酯是一类研究和应用广泛的可生物降解吸收的合成生物材料，有良好的生物相容性及降解速度可调性。以这类材料制成的组织工程支架料可在生物体内分解，并随生物组织的生长而逐渐消失。这类聚合物具有典型聚合材料的优良性质：高纯度、方便的加工工艺，并已得到美国FDA认证，被用于一系列临床应用，包括医用缝合线、骨

修复材料、药物控制释放材料、人工骨及人造皮肤等。常见的脂肪族聚酯有聚乳酸（PLA）、聚乙醇酸（PGA）、聚ε-己内酯（PCL）和聚β-羟基丁酸（PHB）等。

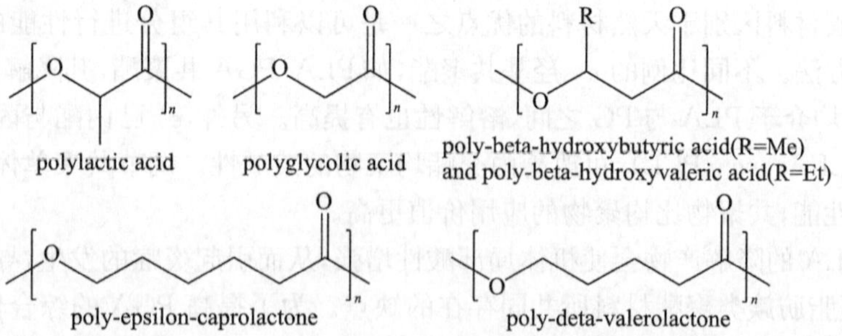

聚丙交酯（polylactide，PLA）　聚丙交酯也即聚乳酸是脂肪族聚酯中研究最多、应用最广的生物可降解材料之一。PLA 具有良好的生物相容性及生物降解性，L-聚乳酸的降解产物 L-乳酸是机体代谢产物，对人体无毒。L-PLA 的熔点大约为 172～174℃，文献报道的玻璃化转变温度大都在 60～67℃，很容易加工和纺丝（表 1）。PLA 可用作骨折内固定及组织修复材料、药物控释体系及外科缝线、软骨组织培养支架及人工真皮等。PLA 还可以与许多其他聚合物配合使用，以提高其综合使用性能。由于其单体乳酸分子具有手性碳原子，所以聚丙交酯有 L 型、D 型、DL 型和 DL-L 型等几种旋光异构体。其中 L 型聚丙交酯[poly（L-lactide），PLLA]和 D 型聚丙交酯[poly（D-lactide），PDLA]为结晶型的，而 DL 型聚丙交酯和 DL-L 型聚丙交酯一般为无定形的。PLLA 是线性高聚物，熔点 T_m 在 178℃左右，玻璃化转变温度 T_g 约为 60℃，溶解性好，拉伸模量为 2.7 GPa，强度大，能用于承载部位，但完全降解大约要两年或更长时间。PLLA 的延展性差，作为支架材料的 PLLA，其硬度较大，不适于作软组织的组织工程支架材料。

表 2-1　部分脂肪族聚酯的性质

聚合物	玻璃化转变温度 T_g/℃	熔点/℃	降解时间/月*
聚 L-丙交酯	60～67	172～174	18～24
聚 DL-丙交酯	57～59	—	12～16
聚乙醇酸	39	227	2～4
聚 ε-己内酯	−62	57	50

* 生物降解时间随着植入体的表面积、孔隙率和分子量变化而有所变化。

聚乙交酯（polyglycolide，PGA）　聚乙交酯也即聚乙醇酸为最简单的一种聚 α-羟基酯，其分子结构与 PLA 相似，也具有良好的生物相容性及生物降解性，且其降解速度更快。PGA 在可吸收医用缝线中已有广泛的临床应用，PGA 无纺织物是较早用于组织工程支架的合成可降解聚合物材料。PGA 力学性能强于 PLLA，降解迅速，两个月即可完全失去强度。PGA 为结晶性聚合物，T_g 在 39℃上下，熔点较 PLLA 高，在 227℃左右。只有少量溶剂对 PGA 可以溶解，所以一般采用熔融法加工。

聚 ε-己内酯[poly（ε-caprolactone），PCL]　聚 ε-己内酯是 ε-己内酯开环聚合的高结晶型聚合物，具有超低的玻璃化温度（−62℃左右）和低的熔点（57℃左右），室温下呈橡胶态。PCL 与 PGA 或 PLA 相比，它的亲水性更差，降解速度更慢，因此适合作长期植入装置，由于它具有良好的药物通透性，常用于药物释放载体。用 PCL 与丙烯酰氯反应制得大分子聚合物并经光交联聚合得到网状 PCL，交联聚合及聚合物分子链端的改性使材料结晶度降低，降解速度增加，并呈现出更高的抗压缩性及压缩复原性。聚合物支架的孔隙可通过致孔剂的数量和尺寸来加以控制，MG－63细胞可以在此支架上很好地黏附并增生。

共聚物合成材料区别于天然材料的优点之一是可以利用其组分进行性能的调节，共聚和共混是常用的方法。不同比例的 α－羟基共聚酯，如PLA/PGA共聚酯，其降解速率、力学性能以及 T_m 和 T_g 均介于PLA与PG之间，溶解性也有提高。另外，ε－己内酯与丙交酯的嵌段或无规共聚物（PLLA－*co*－PCL），可改善丙交酯均聚物的柔顺性。调节共聚单体的比例可获得所需要的力学性能，共聚物比均聚物的应用价值更高。

PGA和PLA的降解产物会使机体局部酸性增强，从而引起炎症的发生，导致细胞中毒甚至死亡，这也是脂肪族类聚酯材料所共同存在的缺点。为了提高PGA的综合使用性能，目前研究较多的是将PGA与PLA共混形成复合物（PGA－PLA），或者用羟基乙酸和乳酸的单体共聚形成羟基乙酸-乳酸共聚物，或在聚合物支架制备过程中加入一定量的 $CaCO_3$、Na_2CO_3 等碱性盐或羟基磷酸钙来抵消降解过程形成的局部酸性。

脂肪族类聚酯材料本身不具备生物活性，所以常用生物活性物质对其进行改性。如以细胞特异识别多肽改性支架材料表面，通过生物活性因子的固定达到改性目的。包含细胞黏附RGD的PLA，可以为细胞生长提供更为适宜的环境。结合骨形态发生蛋白BMP之后，PLA支架材料能够诱导骨细胞在其上更好地生长，提高其成骨活性。

聚羟基丁酸酯（polyhydrobutyric acid，PHB） 聚羟基丁酸酯是生物合成聚合物，有细菌合成和基因合成两种合成方法，其中基因合成是最有前途的方法。PHB不仅具有化学合成高分子材料相似的性质，而且还有一般合成高分子材料没有的性质，如：良好的生物相容性、生物可降解性、压电性、光学活性、无毒性、无刺激性、无免疫原性等特殊性质，可望成为一种良好的组织工程材料。

聚原酸酯[poly（ortho esters），POE]及聚酐（polyanhydrides） 聚原酸酯及聚酐是一类可以通过表面溶蚀而进行降解的生物可降解材料。降解过程从表面开始，逐渐向内侵蚀，材料慢慢变成越来越薄的片状物，而不是崩解成碎片。因此这种表面溶蚀降解机理可以使埋入聚合物中的药物以恒速释放，常用作药物释放载体。

聚原酸酯可分为三类：①二元醇与原酸酯或原碳酸酯经酯交换反应合成的POE。这种POE降解过程产生的酸能催化酯键的水解，因此这类POE有能够自催化降解的功能。②双烯酮与多元醇反应制备的POE。这类POE的主链中也存在对酸敏感的酯键，因此可以在基材中加入酸性或碱性“赋形剂”来控制POE的水解速度，进而可以控制药物的释放速度，加入酸性“赋形剂”能加速POE的水解，加入碱性“赋形剂”则可减缓POE的水解。③由烷基原酸酯与三元醇在无水条件下以环己烷为溶剂进行溶液聚合而成的POE，产物为半固态膏状物质。除此之外，还可以通过共混、共聚等方法对原有的POE进行改性，以便适应不同的要求。聚酸酐也可作为骨缺损修复材料。

聚磷腈（polyphosphazenes） 聚磷腈是以磷、氮为骨架的无机聚合物，磷、氮骨架水解时形成磷酸和氨盐，同时释放具有侧基的化合物。它的衍生物具有良好的血液相容性和药物释放作用。聚磷腈由氮磷原子以交替的单键、双键构成主链，通过侧链衍生化引入性能各异的有机基团，可以得到理化性质变化范围很大的高分子材料，适用于制备多种药物控释系统。侧链经过修饰的聚磷腈根据亲疏水性的不同分为疏水性线型聚磷腈和亲水性线型聚磷腈。疏水性线型聚磷腈用于制备蓄积式、均混式埋植剂和微球制剂，而亲水性线型聚磷腈则常常交联形成水凝胶释药基质。聚磷腈也可与药物相连成为高分子药物，如以氨基酸为侧基的聚磷腈膜包裹药物就用来治疗齿根膜疾病。

聚氨基酸[poly(amino acids)] 作为蛋白质的基本组成单元,氨基酸具有一般聚合材料所不具备的独特性能。但目前缺乏理想的生成高分子量聚氨基酸的制备方法。有人将氨基酸首先转化为适当的大分子单体,然后再用经典的聚合方法进行聚合;也有人利用聚双酚A碳酸酯良好的物理性能,把原料中的双酚A代之以酪氨酸的衍生物,得到了较好的结果。

目前已研制成功的多肽丝绒型人工皮就是由多肽薄膜与尼龙丝绒复合制成的"假聚氨基酸[pseudopoly(amino acids)]"。这种人工皮在肉芽创面上,其贴附性、柔软度、膜下细菌数减少等方面均优于聚乙烯醇和聚氨酯海绵。聚氨基酸特别是聚赖氨酸已用作缝合材料、人工皮肤和药物控释体系。

2.4 生物医用金属材料

生物医用金属材料是指用作生物医用用途的金属或合金。生物医用金属材料机械强度高、抗疲劳性能好,是临床应用最为广泛的植入材料之一。16—17世纪,金属材料开始在医学临床上应用。当时对于骨折或外伤,常用金、白金、银等贵金属丝缝合,有的也用铁丝及低熔点合金丝(如青铜丝)缝合,但耐腐蚀性差。19世纪下半叶开始,高碳钢和钒钢已用于固定骨折,但仍经受不起体液的腐蚀。1920年开始把不锈钢作为埋入体内的生物体用材料。20世纪30—40年代,生物医用金属材料应用已很普遍,出现了维塔利姆高钴铬铝耐热耐腐蚀合金,主要用于骨和牙等硬组织的修复和替换,如人工关节、人工骨和各种内外固定器械、义齿等,还参与制作血管扩张器、人工器官、生殖避孕器材及各种外科辅助器件,使整形外科得到了飞速发展。

多孔金属材料是20世纪70年代以后发展起来的新型植入材料。制备方法较多,如Gerald在金属假体表面铸上一层珊瑚状微珠的粗糙面;Hirsehor以粉末冶金方法制成多孔性金属植入物;Galante用钛丝替代钛粉末压缩成形,用真空烧结制成多孔性材料;Welsh应用雾化烧结法在铸造钴基合金上烧上一层0.8 mm的珠状粉,使表面孔径在50~100 μm。目前认为Co-Cr-Mo和TiH粉末在1 300℃、氢气或真空条件下熔结3 h,可获得既有良好硬度,又保留便于骨组织长入的足够开放结构的多孔表面结构。但微孔的直径要足够大,一般应大于50 μm。

目前临床上使用较多的生物医用金属材料主要有医用不锈钢、钛及钛合金、钴基合金、镍钛形状记忆合金、金银等贵重金属、钽铌等稀土金属等。

2.4.1 不锈钢

随着冶金技术的进步,不锈钢逐渐应用于临床,虽然抗腐蚀性能并不十分理想,但具有良好的综合力学性能,加工工艺简便且价格低廉,是目前生物医用金属材料中应用最多、最广的材料。常用钢种有SUS304、316、316L、317、317L等。基于铁和铬的两元素抗蚀机制,医用不锈钢主要分为三种类型:马氏体钢、奥氏体钢和沉淀硬化钢。马氏体钢含铬量为11%~18%,经热处理后,马氏体的硬度和强度都有所提高,同时还具有一定的抗蚀性能。奥氏体钢是在铁铬镍系统中加入8%以上的镍形成,通常铬的含量达16%~19%,镍的含量达8%~12%。至于沉淀硬化钢,则含有更多的合金元素,如铝、铜、钼、钛等。医用不锈钢植入活体后,可能发生点蚀,偶尔也产生应力腐蚀和磨损,造成金属离子溶出引起组织反应,特别是不锈钢中镍离子析出诱发的严重病变。

近年来低镍和无镍的不锈钢正逐渐得到发展和应用。由于该类不锈钢加入大量的氮元素来稳定和强化奥氏体，降低了钢的成本。低镍和无镍的高氮奥氏体不锈钢具有优良的综合力学性能和抗蚀性能，在许多性能方面相当于或超过现有的医用不锈钢，当然其进一步的研究和临床应用还有很多工作要做。

2.4.2 钛及其合金

医用钛的优异性质在于相对密度小、强度大、耐腐蚀和良好的生物相容性，尤其是钛不仅与骨组织可直接接触形成物理性结合，而且与骨组织可发生化学性结合。纯钛不会生锈，比铁强韧得多，但相对密度只有铁的一半稍多；钛比铝重不到 2 倍，但强度比铝大 3 倍，而且耐高、低温。钛的摩擦、磨损性能完全不同于其他金属，这是由于钛表面层有一层坚固的氧化膜，其在钛关节面的低负重、慢滑动条件下能保持完好。但若此氧化膜被磨掉且无法较快再生，则有可能发生咬死现象，甚至引起金属对金属的直接接触和冷结合，从而导致很高的摩擦和磨损。由于磨损，设计钛对钛(或与其他材料)的人工关节滑动部件是不可取的。但钛可用作组合式假体中的其他部件，如在全髋关节置换术中，钛材股骨柄可与钴铬钼或陶瓷球头相配，然后与塑料内衬臼杯组成关节。通过离子注入和氮化等方法，可改进钛的耐磨性，扩大钛在骨科植入物领域内的应用。

钛合金是为了进一步强化钛的强度而制成的，虽然其生物相容性不如纯钛，但强度是不锈钢的 3.5 倍。目前许多牌号的钛合金已用于航空、航海和化工领域，但长期以来只有 Ti－6Al－4V 合金以及 4 级商业纯钛被广泛用于人体植入。Ti－6Al－4V 具有最佳的结构性植入物的综合性能，该合金比纯钛具有更高的屈服强度和极限强度，并具有良好的韧性。另外，该合金可通过控制成分、调整加工参数使其强化。

由于钛和钛合金相对密度小，弹性模量较其他金属更接近天然骨，故广泛应用于制造四肢骨和颅骨整形修复。此外，钛合金还用于心血管系统。钛合金耐磨性能不理想，应力腐蚀较明显，且存在咬合现象，对于作为承重骨材料有一定弊端，限制了其使用范围。

依据我国钛合金的资源优势，生物医用钛合金进一步的研究动向是：深入研究合金元素对钛合金的性能和组织相容性的影响，继续提高和改善钛合金的综合力学性能和工艺性能；研究钛合金体内外生物学相容性试验与临床试验的相关性，为新型医用钛合金的发展提供依据；运用新工艺和新技术开展表面改性研究，发展梯度功能材料等。

2.4.3 生物医用金属植入器械

1. 人工心脏瓣膜用金属材料

临床上，若患者心脏瓣膜损害到一定的程度，即无法实施瓣膜修补手术时，则需要使用人工制备的心脏瓣膜来代替。人工心脏瓣膜指用机械或生物组织材料加工而成，用来代替病损心脏瓣膜的医用器械。

由于人工心脏瓣膜功能和工作环境的特殊性，其制作材料需满足以下要求：①材料无毒，植入人体心脏后不引起组织发炎，且具有较好的血液相容性和组织相容性；②抗血小板沉淀和凝血，不引起血浆变性或破坏血细胞，其原因在于人工心脏瓣膜需长期浸泡于血液中，若有不良反应，瓣膜的正常功能将即刻受到影响，甚至威胁血液循环的正常运转；③化学惰性，不吸附如类脂物等血液成分，也不释放异种物质到血液中；④耐久性。

尽管热解碳因优良的化学惰性、力学性能、生物相容等特性而成为国际公认的最佳人工心脏瓣膜材料，但因抗凝血性能不足、价格昂贵等因素使得人们将不得不去开发和利用综合性能更加优异的低成本的金属材料。

由于钛密度小、耐磨损、耐腐蚀以及钛合金强度高、密度小，所以常被用于人工心脏瓣膜的瓣架的制备。此外，钛是唯一对人类嗅觉和植物神经无任何影响的金属；作为一种钝性金属，与人体组织长期接触后不发生化学反应，也不会造成人体的过敏反应。最近 Pan 等采用 IBED 方法在钛和不锈钢表面沉积 TiO_2 薄膜使耐腐蚀性大幅度提高。另外，其他一些合金如钨-铬-钴合金/钴-铬-钨-镍超级耐热合金 Haynes25 等也在各机械瓣中使用，如 Bjork-Duromedics 心脏瓣膜是最典型的一种。结果表明，用钴-铬合金制成的心脏瓣膜支架在植入的每 80 000 个中就有 300 个发生断裂。在实际应用中，用合金来制造心脏瓣膜其强度应该是足够的，之所以断裂是由于焊接不当造成的。近年来，黄楠等采用离子束技术合成 TiO_2 薄膜对人工心脏瓣膜材料进行表面改性。用离子束增强沉积方法在人工心脏瓣膜材料表面合成的 TiO_2 和 TiO_2/TiN 复合膜，其疲劳、磨损特性得到大幅度提高，且血液相容性明显优于热解碳。

长期临床实践证实，单一材料往往难以同时具备优异的血液相容性、力学性能和加工性能。因此，采用功能复合，提高合成的薄膜的质量(致密度、晶粒尺寸、内应力等)及与基体的结合强度，保证植入期间薄膜始终不发生剥落，是发展人工心脏瓣膜材料的重要途径。

2. 人工关节用金属材料

临床用的人工关节应具备以下条件：①静止强度，能支持体重；②疲劳强度，承受步行产生的反复负载；③高韧性，耐冲击负载；④耐蚀性，能耐人体内的环境腐蚀；⑤耐磨性，不污染周围组织，抑制松动；⑥结合性；⑦加工性，易于制作等。

人工关节的使用年限约为 20 年，决定该寿命的主要因素是松动。在金属表面形成细孔可降低松动率。在一般情况下，镍基材料耐蚀性好，钴基材料抗氧化性好，但溶解析出的镍会杀死细胞，是致癌的主要因素之一，因此限制了其长期使用。而 SUS316L、钛和钛合金对细胞无毒性，可作为人工关节的母材金属材料。有研究表明，在不锈钢表面喷涂羟基磷灰石涂层的效果好，在两年内仍能保持骨与关节材料紧密接触。从耐腐蚀性的角度考虑，在 Ti-6Al-4V 合金上喷涂羟基磷灰石涂层的材料性能最好。在减轻假肢重量和提高比强度方面，使用钛和钛合金的可能性最大，但钛的耐磨性差，必须在表面进行喷涂。对于假足、假手的轴承部件(滑动部件)可望利用喷涂铬化硼系化合物或钼形成大于 200 μm 的硬化层。

3. 齿科用金属材料

在生物医用材料中，齿科用金属材料的历史最长，种类也较多。常用的可划分为三个系列：贵金属系(金合金、镍合金)、贱金属系(钴铬合金、镍铬合金、不锈钢和钛合金)和银汞合金。贵金属系齿科材料往往因不同的需要需加入少量如铂、钯、锌、铜等元素而具有时效硬化性。也就是说，在室温下放置或在一定温度下保温一段时间，合金的强度和硬度均会发生很大变化。贱金属系的特点在于价格便宜、耐磨、耐蚀、质轻、强度大以及生物相容性好。镍铬合金始于制作齿冠、冠桥等部件；钴铬合金(中硬质)始于制作长环、基托，硬质的适于制作舌杆、整体部件。该材料的主要缺点在于硬度高、加工不易且使用过程中容易折断、开裂。银汞合金一般分为汞和银合金粉两个组分。我国钢铁研究总院采用急冷喷甩高技术工艺制造的银合金粉已通过美国齿科协会性能质量鉴定，成为我国自行开发生产的出口拳头产品之一。

烤瓷合金是用于制造烤瓷固定修复体的底层合金。先采用精密铸造制成帽状冠，在表面涂上瓷釉，高温烧结。其强度和耐磨性高于塑料牙，又能按牙齿色调配制。烤瓷合金以往用贵金属为基体，现已转向用非贵金属，即以镍为基体，并含有铬、钼、铌等，用于铸造桩柱、基底冠、各种洞型的铸造嵌件、铸造冠、固定桥和颌垫等。

2.4.4 介入性诊断及治疗用器械

介入性诊断与治疗是指在医学影像技术(如 X 射线透视、CT、超声波、核磁共振)引导下,用穿刺针、导丝、导管等精密器械进行治疗和获取病理材料的过程,其核心是以微小的创伤获得与外科手术相似或更好的治疗或诊断效果。和传统的诊断或治疗方法相比,介入性诊断和治疗具有明显的优越性:无需开刀,只需要局部麻醉,手术难度低,治疗过程一目了然,诊疗水平高;患者创伤小、无痛苦,感染概率低,并发症少,手术时间和住院时间短(仅 3～5 天),康复快,费用低。因此,介入性诊断和治疗被医生和患者越来越广泛地接受,应用范围不断扩大。

微创介入医学工程器械通常包括治疗器械(如支架、覆膜支架、封堵器、弹簧圈、栓塞材料等)和将治疗器械送入体内指定部位的输送器两部分。输送器在将治疗器械送到指定病变部位并完成放置过程后即撤出体外废弃。尽管输送器在微创介入医学工程器械中只是短期一次使用,但其使用性能的好坏直接关系到手术过程的顺利与否,甚至会影响到治疗器械能否安全准确放置到病变部位等。微创介入治疗通常选择容易穿刺的浅表动脉或静脉入路,这种输送器的使用长度通常为 80～150 cm。输送器通常要经过迂曲的血管将治疗器械送达病变处,这就要求输送器具有良好的柔顺性、跟踪性和扭控性等特性。

介入性诊断和治疗采用的金属器械大体分为四类:狭窄类、栓塞类、过滤类和癌症治疗类。狭窄类器械包括:①血管造影器材,有穿刺针、造影导管、导丝扩张器、连接器、导管鞘;②成形导管,有冠脉成形导管、周围血管成形导管、二尖瓣成形球囊导管、主动脉和肺动脉瓣成形导管、漂浮导管等。过滤类器械包括滤器和远端保护装置。癌症治疗类器械包括各种微导管和活检钳等。目前应用于各类支架、导丝、导管及显影的金属、合金材料包括:①316L 不锈钢;②超弹性镍钛(nitinol);③钴基合金(Co－Cr－Ni－Mo－Mn);④镁(Mg)合金等。以下就临床常用的介入治疗金属器械进行简要介绍。

1. 心血管介入支架

为了解决经皮穿刺冠状动脉成形术(PTCA)后血管的再狭窄,1964 年 Dotter 首次提出了血管内支架(intravascular stent,IVS)的概念。冠状动脉支架是一种由金属不锈钢管经激光熔刻而成的血管内支撑器,通过在一侧股动脉穿刺,将支架置于输送导管前端的球囊插入体内,在 DSA 系统的监护下,支架系统到达狭窄部位,在体外将球囊加压膨胀后,支架扩张,然后退出输送系统,支架扩张后无残余弹力,血管的弹性回缩产生一环形压力于支架上,通过支架的支撑保证血管腔的畅通。图 2－7 和图 2－8 分别为血管中支架和支架使用过程示意图。1993 年,冠脉支架产品获得了 FDA 批准,这使得支架在介入性心血病的治疗中越来越被广泛地使用。

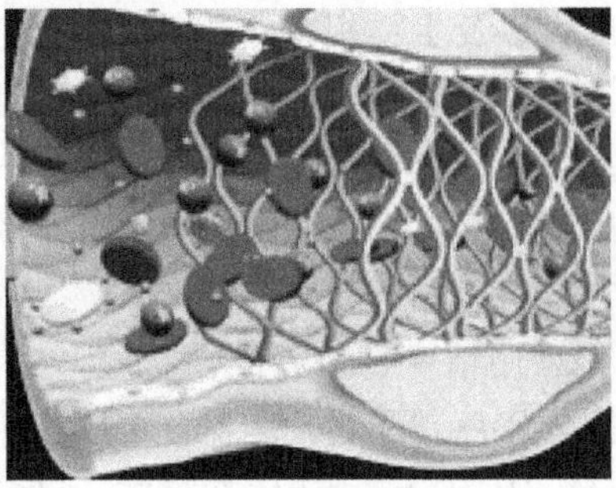

图 2－7 血管中的支架

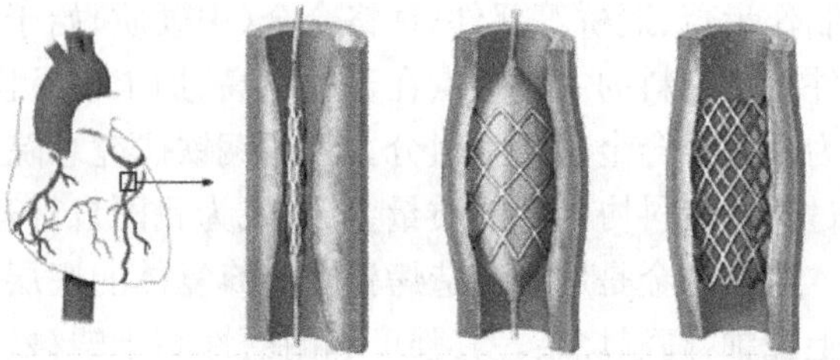

图 2－8 支架扩张过程示意图

目前临床上应用的各种冠脉内支架，各有其独特的设计、理化性质及植入方式。冠状动脉支架根据传递方式不同可分为自扩张式支架(self-expanding stents)和球囊扩张式支架(balloon-expanding stents)；按制作材料可分为金属支架和聚合物支架；还可以按支架表面是否涂覆有活性物质(如肝素、多聚复合物以及血管内皮细胞)进行分类。

自扩张式支架为一弹簧样设计物，可压缩成小口径，到达靶部位解除束缚后扩张成预定的尺寸；球囊扩张式支架依赖材料的可塑性变形，在血管病变处通过球囊扩张成一定的形状。目前，临床上应用的多数为后一种。

聚合物支架，尤其是生物可降解聚合物支架以其独特的性能成为目前研究的热点之一。这主要是由于PTCA后急性闭塞多发生于首个48 h内，再狭窄在6个月后不常见，因此提供一种装置支持血管数周至数月可成功地预防并发症，而植入永久性支架是没必要的。生物可降解支架正是在这种思想下设计的。另外聚合物表面光滑，细胞、气泡黏附减少，并具有良好的生物相容性，且聚合物可吸附或包被药物并在靶位局部释放，通过改变载药的生物可降解支架的降解速率可达到一定的药物释放速度。据估计，聚合物载药支架输送至冠脉靶部位的药物浓度是全身给药的106倍。由此可见，生物降解支架具有巨大的研究开发潜力。

金属支架，如316L不锈钢支架，Ti－Ni形状记忆支架和钽丝等较其他材料的优越性在于其良好的生物相容性、长时间的稳定性、壁薄，且具有良好的弹性(即可膨胀，可压缩)，这就使得金属支架不仅可以承受一定的外力、起到临时支撑血管的作用，而且很方便地通过导管输送至靶区。由此可见，金属材料是一种较为理想的支架制作材料。目前临床上常见的多为金属支架，特别是316L不锈钢支架。

支架介入是目前临床上解决球囊扩张术后再狭窄的主要手段。大量的研究表明，支架介入后可显著降低血管再狭窄率，使其由单纯球囊扩张后的50%下降至30%。据估计，2007年世界范围内心血管介入手术中使用支架的比例已超过86%。然而，金属本身所固有的血栓源性以及球囊和支架膨胀造成的内皮损伤、异物的炎性反应、支架对血管长期牵拉作用等而引起的平滑肌细胞过度增生、迁移，导致再狭窄仍高达20%～30%。也就是说，尽管支架在一定程度上降低了PTCA后再狭窄的发生，但无法完全消除。冠状动脉支架介入治疗最迫切的问题仍是再狭窄。

为了解决血管支架植入后的再狭窄，研究者试图采用物理、化学或者两者结合的技术对其支架表面进行改性，其中药物支架和内皮化支架备受关注。药物支架是将药物(如抗血栓剂、抗增殖剂)通过离子键、共价键或物理吸附等方法涂覆于支架表面，药物随着支架被输送到病变靶区，在靶区释放进入血液，从而实现药物在病变部位定点可控释放，有效地阻止血栓的形成和平滑肌细胞的增生和迁移，抑制再狭窄的发生。药物洗脱支架是目前研究最为成功的改性技术，并于2003年获得FDA批准进入临床使用。不同药物涂层表面的设计和构建完全不同，如图2－9所示。目前从事药物支架生产的公司主要包括Johnson & Johnson公司的子公司Cordis公司(雷帕霉素药物支架Cypher™)、Boston Scientific公司(紫杉醇药物支架Taxus™)以及Guidant公司(Champion™)。近年来，国内也先后出现一些从事药物支架研究的单位，如由微创(上海)医疗器械有限公司生产研制的Firebird™涂层支架采用可生物降解的抗急性及亚急性血栓的多聚乳酸聚合物制备药物涂层支架，已于2003年通过SFDA的批准进入临床。这些药物支架已成为冠心病血管重建与研究的主要手段，而且有完全取代裸支架的趋势。

目前，支架内皮化的构思主要包括以下两种：①直接在支架表面种植内皮细胞/内皮祖细

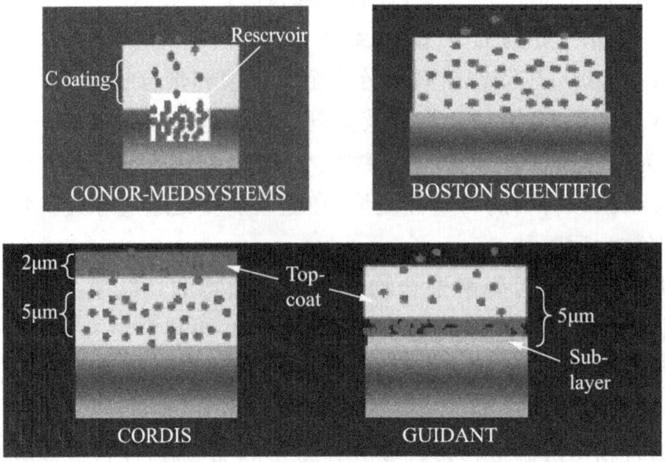

图 2-9 药物涂层的不同设计方案

胞，然后再植入体内。然而由于在内皮细胞/内皮祖细胞的来源、活性保持以及体内血流冲击下细胞容易脱落等方面的缺陷，该方法至今未在临床上得到应用；②原位引导内皮化，即模拟机体自身血管壁的自愈合过程，通过在支架表面构建特殊的涂层，并结合活性因子的诱导调控，使血液循环系统中具有高内皮细胞分化和增殖潜能的内皮祖细胞/内皮细胞向支架表面或者血管损伤部位聚集，进一步增殖、分化，最终实现支架表面的内皮化(图 2-10)。已有的研究结果显示，特殊涂层(等离子体聚甲基丙烯酸丁酯、凝胶等)的制备或生物活性因子(胶原、RGD、黏性蛋白、抗 CD34 抗体等)的固定均可在一定程度加速内皮化的进程。其中，基于内皮祖细胞/内皮细胞表面 CD34 抗原表达而构建的抗 CD34 支架，由于植入体内后会特异性地捕获血液循环中的内皮细胞(EC)及内皮祖细胞(EPC)，从而快速修复损伤的血管内膜和实现内皮化，是目前普遍认为的具有临床应用潜力的内皮化支架。加拿大 Kutryk 研究小组以天然多糖为过渡层制备的抗 CD34 支架植入体内 48 h 后，即可见完整的内皮细胞覆盖。在大量动物试验的基础上，该支架现已进入初步临床试验。李淑梅等以 PEG-PLA-PGL 为载体，通过 *N*-琥珀酰亚氨基-3-(2-吡啶二硫)-丙酸酯(SPDP)反应制备 CD34 抗体洗脱支架。进一步的动物实验结果显示该支架可明显加速内皮修复，降低再狭窄的发生。华东理工大学尝试采用物理吸附的方法在支架表面依次吸附仿生海洋黏性蛋白赖氨酸-DOPA 共聚物和抗 CD34 抗体，通过两者的协同作用促进支架表面内皮细胞和内皮祖细胞/内皮细胞的黏附和增殖。

除此之外，还有脑血管介入支架(颈动脉支架、椎动脉支架、颅内血管支架、覆膜支架)和外周血管介入支架(包括肾动脉支架、髂动脉支架、股动脉支架、腘股动脉支架、锁骨下动脉支架、主动脉瘤覆膜支架、髂动脉瘤覆膜支架、股动脉瘤覆膜支架、髂静脉支架、股静脉支架)等。这些支架和上述的心血管支架基本相同，但各有特点。如颈动脉支架多为自膨胀式镍钛超弹合金支架。颅内动脉支架系统是针对颅内动脉狭窄、阻塞所引起的病症，用于改善脑组织血供状况的介入医疗器械。颅内动脉支架系统由颅内动脉支架和输送器组成。整个系统采用特殊的支架压握技术，突出输送

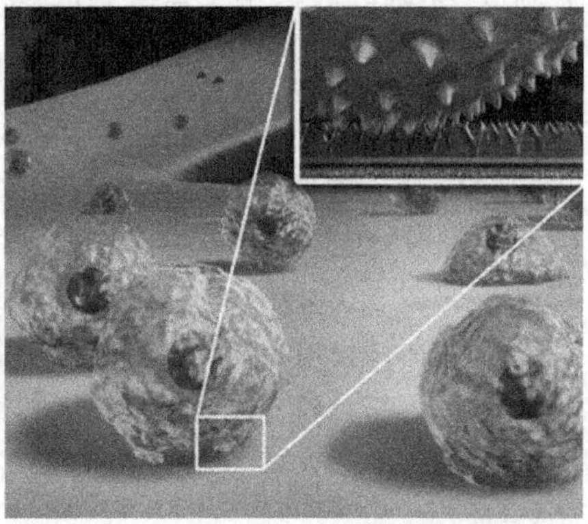

图 2-10 支架表面抗体与内皮细胞表面抗原的特异结合

过程的安全性，并使系统保持较小的截面积，完成高难度手术操作。大动脉覆膜支架及输送系统主要用于治疗大动脉的动脉瘤和动脉夹层，由覆膜支架及相应的输送器组成。为治疗不同位置及不同情形的动脉瘤，大动脉覆膜支架共分为三种结构：直管型覆膜支架，分叉型覆膜支架和单分支型覆膜支架。直管型覆膜支架主要用于从升主动脉、弓动脉及胸主动脉瘤的治疗；分叉型和单分支型覆膜支架均用于腹主动脉瘤的治疗。当腹主动脉瘤合并一侧髂动脉有其他严重病变，不适于在该侧髂动脉内置放支架时，应使用单分支型覆膜支架，一般还应做搭桥手术，重建该侧髂动脉的血运。为方便、有效地将覆膜支架送入人体血管病变区，并准确定位和顺利释放，覆膜支架的输送系统相应地分为直管型系统、分叉型系统、单分支型系统等。外周血管支架主要用于治疗外周血管狭窄，常用的有自扩张型镍钛支架。

2. 管腔内支撑器

管腔内支撑器主要治疗各种腔道(食道、气道、胆道、尿道等)内狭窄等病变。产品采用镍钛丝材编织而成，分裸支架与覆膜支架两种。支架事先处理到需要的尺寸，然后压握到输送鞘管内，由于材料具有优异的超弹性，支架在很小的鞘管内不会发生塑性变形。输送鞘管到达患者狭窄病变区后，后撤鞘管释放支架，支架自行恢复其形状，同时把狭窄的部位撑开。由于支撑器的结构及使用的金属材料不同，手术的难度和临床结果也不一样。对于常用的管腔内支撑器，其特性要求应包括以下几点：①良好的生物相容性，目前多采用镍钛合金，其具有优越的组织相容性；②编织方式应保证支撑器具有足够的径向扩张支撑力和非常的抗移位能力；③在食道内应具有顺蠕动性(纵向柔顺性)；④扩张/收缩比值大，易于放置；⑤结构稳定，在体内持久保持完整形态；⑥递送系统安全；⑦性能价格比高。

食道支撑器是为建立永久性的食道通道，在扩张术的基础上应运而生的。常用的国产支撑器多为形状记忆合金支撑器，具有网状纺织结构特点，有利于管形支撑器随意可变，支撑器易置入，弹性好，支撑力强，能完全自动张开。不同部位的狭窄，应选择不同支撑力的食道支撑器：强力支撑器主要用于食道疤痕狭窄；中力支撑器主要用于一般食道癌及吻合口狭窄；弱力支撑器主要用于食道上段狭窄。该技术对食道良性狭窄效果尚可，但对恶性狭窄、化学烧伤所致的食道狭窄则不理想。

胆道内支撑器包括胆道内引流管(内涵管)和支架固定器。胆道内涵管可在外径不变的情况下，增加内径，具有支撑狭窄段的硬度及一定弹性的特性。两端设计成多种形状的膨大，以防脱落移位。使用内涵管及支架选择上，一般认为良性梗阻尽量用内涵管，恶性梗阻用支架。若良性病变选用支架，一旦再梗阻，需手术治疗时胆管黏膜覆盖支架表面，造成支架取出困难。如果选用内涵管，则很容易取出。恶性梗阻应首选支架，支架输送管纤细，对病人创伤小，支架还可作放疗定位标志及行内照射治疗。胆道内支撑器植入术成功率不尽相同，徐克等报道为75%，何晓蜂等报道为96%，李雪松组成功率为77%。

3. 导引导丝

导引导丝被广泛用于临床介入治疗中的定向调控，引导导管及支架等器械进入体内的器械，也是用量很大的器械。导引导丝结构大致分为三个部分：柔软尖端、连接尖端与轴心杆中间段及近端推送杆段，中心钢丝贯穿整个导丝全长，在远段呈阶梯式或锥形变细，中心钢丝的粗细和变细阶段的长短、方式决定了导丝的支持力、推送力和柔软度，中心钢丝越粗，末段锥形变细越短，导丝支持力、推送性越好，但柔软性差；中心钢丝越细，末段分解变细就越长，导丝支持力、推送力差，但越柔软。在临床上主要用于心血管、脑血管及周围血管的介入治疗。

血管PTCA及支架植入术是导引导丝的主要临床应用之一。手术过程通过金属引导丝股动脉穿刺，将支架置于输送导管前端的球囊插入体内。原始气囊导管无导引导丝，1979年研制出头端呈直线或J形导丝，1981—1982年Simpson研制出可移动长导丝，增加了定向调控能力，有助于气囊向冠脉更远端推进，PTCA手术的成功率由1978年的65%～70%提高到80%～85%。因此，高质量的导引导丝直接影响到PTCA的成功率。于是近十余年来，导引导丝的设计和制备技术也有了很大进展，直径从0.009到0.018 mm，导丝外层有硅包被，有的还涂有亲水涂层，减小了摩擦系数，改善了与球囊导管的跟踪性，提高了旋转调控性，可通过多处动脉迂曲部。导丝的头端选有不同的柔软性，易于被塑形、弯曲，以便在不同类型的病变中选用。近年来由于支架的广泛应用，用于支架植入的、具有较强支撑力的导丝也相继问世，如Extra Sport、BMW等系列。多数产品的导丝近端可延长，有助于球囊交换。大量的临床结果表明，在PTCA术和支架植入术中，选择合适的导丝是保证手术能够顺利完成的关键，尤其是在复杂的冠脉病变如闭塞病变、分叉病变、弥漫性病变、扭曲病变、钙化病变等治疗中，始终保持导引导丝在病变血管的末端是手术安全的基本保证。因各种原因导致术中在球囊扩张病变后或置入支架过程中更换导丝，都对手术安全性构成威胁，甚至导致严重的并发症。

又如用于干细胞心脏修复疗法的引导丝，即将分离提取的骨髓或血液干细胞(如CD34干细胞、间充质干细胞等)移植到病变部位，以促使病变的恢复。医生将一根细长导管由股动脉接入心脏，用强生下属的Cordis公司生产的跟踪导管，以三维方式显示在电视屏幕上，医生可将干细胞由导管注入这些急需供血的部位。手术一般只需要2 h。

4. 金属栓塞器

金属栓塞器是指采用金属弹簧螺圈对体内异常通道、肿瘤供血动脉、血管畸形、动脉瘤、动静脉瘘、出血血管等进行栓堵的治疗技术。与其他的栓塞器相比，弹簧圈堵塞术具有操作简便、疗效好、递送导管细、损伤小及可用于婴儿等优点。目前临床主要用于以下病症的治疗：①恶性肿瘤，如肝癌、肾癌、骨与软组织肉瘤、盆腔恶性肿瘤等，通过栓塞肿瘤供血动脉使瘤组织缺血坏死，肿瘤萎缩或消失，起到治疗作用。恶性肿瘤的介入治疗国内开展得最为广泛，尤其是肝癌的栓塞、结合动脉灌注化疗，已取得很大的成功。②某些良性肿瘤，如症状性子宫肌瘤、肝海绵状血管瘤等，通过栓塞供血动脉可使肿瘤萎缩，消除临床症状、防止并发症发生，同时避免外科手术，保留组织器官。③动脉瘤、动静脉畸形、动静脉瘘和血管瘤的栓塞治疗，也是介入放射学的重要工作之一，尤其脑血管的动脉瘤、动静脉畸形是脑出血的常见原因，过去只能靠开颅外科手术，风险大，效果也受到限制。目前，对颅内几乎各部位的血管病变都能进行有效的栓塞治疗。④儿童先天性心脏病，如单纯先心病，包括房间隔缺损、动脉导管未闭、室间隔缺损的关闭术；肺动脉瓣狭窄、主动脉瓣狭窄、主动脉缩窄及周围动、静脉狭窄的球囊扩张术；异常血管通道(肺隔离症、侧支循环、动静脉瘘等)的堵塞术等。

自1968年Newton采用经导管动脉栓塞成功地治愈1例脊髓动脉瘤以来，此项技术发展很快。动脉瘤腔内应用的弹簧圈栓塞是通过动脉瘤腔内填塞弹簧圈，或者在球囊/支架的帮助下填塞动脉瘤腔，使瘤腔内血栓形成，最终与正常血液隔离。

在儿童先天性心脏病治疗方面的应用主要是经导管关闭动脉导管未闭术，目前应用的主要是Cook公司弹簧圈，规格通常为5 mm及8 mm直径的弹簧圈和德国产pfm螺旋状弹簧圈，选择直径至少为动脉导管最狭窄处的2倍。需3～5个弹簧圈长度，1个圈置于动脉导管的肺动脉一端，其余置于主动脉一端。弹簧栓塞器为一自膨性双盘结构，由镍钛合金网编织而成，双盘由一短的腰部连接。腰部直径与房间隔缺损大小一致。左侧伞边大盘比腰凹7 mm，右房侧伞比左房边小4 mm。为增加它的封堵能力，双盘及腰部充填3层聚酯补片。这些补片由聚酯线牢固缝合至每个盘。装置展开后，靠装置的机械作用及随后的由聚酯补片诱导的血凝来完全封堵房缺。通常术后第1天有血小板和纤维素聚集，3～10天胶原组织沉积，7～10天内皮细胞覆盖封堵器，并形成肉芽组织，3个月完全被包埋。

2.5 生物医用复合杂化材料

生物医用复合杂化材料是指由两种或两种以上的材料复合而成，用于人体组织的修复、替换和人工器官制造的生物材料。传统医用金属材料和高分子材料不仅与组织不易结合，生物活性差，且植入体内易释放金属离子或单体，对机体造成不良影响。生物陶瓷虽具有良好的化学稳定性、生物相容性、耐磨耐蚀性和较高的机械强度，但因抗弯强度低、脆性大，抗疲劳强度不高，在没有补强的措施下，材料只能用于不负重或低负重的场合。可见，单一组分或单一结构的材料均无法满足机体对材料多样性的要求。综合多种组分或结构优势复合而成的生物医用材料，可为人体受损组织的修复开辟广阔的前景。

生物医用复合材料的性质取决于组分的含量、性质及相互间的界面结合。按增强体形态和性质分为纤维增强、颗粒增强、生物活性物质充填生物医用复合材料；按材料植入体内后引起的组织与材料反应分为近于生物惰性、生物活性和可吸收性生物医用复合材料；按基材分为陶瓷基、高分子基和金属基等生物医用复合材料。

2.5.1 陶瓷基生物医用复合材料

陶瓷基生物医用复合材料是以骨水泥、生物陶瓷、生物玻璃或玻璃陶瓷为基体，为提高材料的生物活性、骨结合性能以及增强材料的力学强度而通过不同方式引入纤维、胶束、颗粒或晶须而获得的一类复合材料。

CPC能在常温下自行固化，具有良好的生物相容性和任意填充塑形的特性，但其早期固化时强度不高，尚无法作为股骨、牙等负重部位的骨替代物。采用玻璃纤维、氮化硅纤维和碳化硅纤维等增强磷酸钙骨水泥，可明显提高水泥的强度，但与纤维种类、长度、含量及界面结合有关。华东理工大学采用碳纤维、维纶纤维及聚肽胶束进行CPC的增强研究。经表面处理后的碳纤维能起到较好的增强作用，使CPC强度由30～36 MPa提高到54～60 MPa。聚肽接枝共聚物的加入有利于CPC水化产物羟基磷灰石晶型晶体的长长、长粗和定向生长，进而有效地提高CPC的抗压强度，同时使CPC脆性下降，韧性增加，具有实际应用价值。

为了改善活性材料的孔结构、生物活性和机械强度等综合性能，有研究者设想将HAP与TCP复合，形成复相陶瓷。研究发现致密HAP-TCP的断裂主要为穿晶断裂，沿晶断裂概率高于单相陶瓷。将45S5生物玻璃与HAP制成复合生物材料，植入兔股骨8周后取出，材料与骨间的剪切强度高达27 MPa，比纯HAP的强度明显高得多。

2.5.2 高分子基生物医用复合材料

所有的生物体组织几乎都是复合材料，如作为人体硬组织的骨和牙齿，主要就是由连续相的高分子材料和弥散在其中的羟基磷灰石颗粒构成。高分子基生物医用复合材料的出现，尤其是无机与高分子复合生物材料的发展，为人工组织和器官的修复提供了新的支撑手段。

纤维增强医用高分子复合材料不仅具有较高的强度，而且纤维的定向排列使材料具有各相异性。如定向排列碳纤维增强的聚乳酸复合材料植入人体后，随着聚乳酸降解吸收，胶原将沿着碳纤维定向排列、沉积，这种材料已用于人工韧带和肌腱修复体。碳纤维弥散分布增强超高分子量的聚乙烯复合材料，与未增强的聚乙烯相比，断裂强度和弹性模量提高了40%，疲劳寿命和耐磨性也显著提高，已用于人工关节臼的制造。

Fumkawa等采用HAP制备了高强HAP/PLLA复合材料，发现材料植入动物体内25周后弯曲强度仍保持在200 MPa以上，达到皮质骨内固定材料抗弯强度200 MPa的最低要求；52周后仍超过150 MPa。植入8周后分子量降为原来的45%，52周后降为原来的10%。同时，材料在整个实验期内无免疫反应。可见，该复合材料能作为骨折内固定材料广泛应用于临床。另外，随着HAP含量的增加，材料的结晶度、弯曲模量和弯曲强度均大幅度提高，明显改善了材料的力学性能。

鉴于纳米粒子比表面积大、表面自由能高、与聚合物界面粘接强度高等特点，在聚乳酸中填充纳米HAP粒子，以达到增强增韧的效果并提高界面结合力，大大提高了材料的综合性能。程俊秋等将纳米羟基磷灰石与PLA复合制备多孔纳米羟基磷灰石/聚乳酸复合材料，结果表明纳米HAP与聚合物结合紧密，而微米级的HAP复合材料则呈异相突起。

2.5.3 金属基生物医用复合材料

金属材料优良的生物力学性能和加工性能，使得其在生物材料领域中占据重要地位。然而，金属生物材料植入体内，因生理环境的腐蚀作用易使金属离子扩散到周围组织，导致毒副作用乃至植入失效。由于植入材料和生物体的相互作用仅限于表面的若干原子，如果能对金属材料进行表面改性(如等离子喷涂和离子注入技术等)，使材料的金属特性与表面的生物活性能更好地结合起来，那么金属材料在体内的易腐蚀问题将得到解决。

目前，国内不少单位利用等离子体表面改性技术开展金属医用材料的表面改性研究，以解决抗凝血、生物相容性、抗钙化及细胞吸附生长、抑制等关键技术问题。中国科学院上海硅酸盐研究所利用等离子体喷涂技术，在金属表面制备HAP涂层、表面生长ZrO_2等涂层改善同骨的结合性能等方面取得了重要进展。

接枝聚合是最常用的等离子体表面改性方法。接枝合适的单体或聚合物可改善金属材料的亲水性、生物相容性、防腐性及黏附性等。AR Denes等利用等离子体改性技术在不锈钢表面接枝聚乙二醇(PEG)。XPS结果显示，不锈钢表面引入了大量$CH_2—CH_2—O—$基团，显著改善了表面的亲水性，降低了粗糙度，并明显减少了细菌在材料上的吸附。J. Lahann等通过CVD、SO_2微波等离子体处理等技术在金属表面聚合氯化对二甲苯，结果表明材料表面接触角下降到15°，亲水性得到大大提高。

2.5.4 生物活性复合材料

生物活性材料是指具有使材料能与人体组织产生可控的相互作用，通过激发或调控组织再生和重建过程中的细胞黏附、迁移、生长、分化等生理活动，增进细胞活性或新生组织的再生功能，从而帮助机体实现组织的修复和再生的材料，它已成为组织修复材料的发展方向。

材料活性化有两条基本途径：包括构建具有生物活性的新型生物材料和在现有已获FDA批准的基质材料的基础上进行活性化的修饰。与设计构建新材料相比，采用在现有已获FDA批准的基质材料进行活性化修饰的手段无疑将使研究周期缩短，更容易在短期内取得突破。目前常用的策略有：①将细胞或生长因子引入生物材料中，以促进诱导体内细胞的迁移、增殖、分化；②将导致生物活性的基因直接引入材料中；③对材料采用表面修饰方式导入生物活性化基团。上述三方面都是生物材料领域近年来的研究热点。由于避开了模拟体内环境进行体外培养细胞的既复杂又耗时的技术，同时在 DNA 质粒的安全性和有效性尚未得到证实的情况下，通过引入生长因子而赋予材料生物活性成为一条更容易突破的有效途径，即通过"特定材料＋生物活性因子"的策略构建生物活性组织修复材料，更多地依赖于生物材料的"生物活性"和人体微环境的"生物反应器"，有可能使生物活性材料在临床应用方面取得突破，目前已得到很大的关注。

在诸多的生长因子中，骨形态发生蛋白(BMP)是目前唯一能够单独异位诱导骨组织形成的局部生长因子，并具有促进修复骨折损伤部位骨组织的能力。迄今为止，已有 16 种 BMP 被分离和克隆。其中，BMP－2 被证明是对骨的形成作用最强的生长因子，它不仅在胚胎早期参与多种器官的发育和细胞的定向分化，而且使出生后成体未分化的间充质干细胞、肌源性细胞、成骨前体细胞等经过趋化、分裂和分化，定向分化为软骨细胞和成骨细胞，诱导新骨生成，并形成骨组织。目前纯化的人和牛的 BMP 已经用于临床，而采用基因工程技术已经能生产出纯度高、活性稳定的重组人骨形态发生蛋白－2(rhBMP－2)。rhBMP－2 不仅避免了使用动物组织来源提取的 BMP 在质量、纯度和作用可预见性的疑虑，而且也避免了动物组织来源材料存在的免疫反应和病源传播的潜在风险，同时 rhBMP－2 的作用过程具有明显的"开关效应"，即随着 rhBMP－2 释放完毕，作用就结束，因而近年来广泛用于硬组织修复材料和组织工程支架的构建，呈现出良好的发展势头。美国 FDA 已批准含有 rhBMP－2 的骨修复材料用于临床脊柱融合的治疗(Infuse^{TM}，Medtronic 公司)。国内中国人民解放军总医院、华东医药集团和华东理工大学等也启动了 rhBMP－2 方面的研究工作，为推动我国活性骨修复材料的应用研究打下了坚实的基础。

使用外源性生长因子的普遍规律是半衰期非常短，局部使用很快被稀释和代谢或因为体内酶的作用而失活，以 rhBMP－2 为例，其单位比活性仅相当于体内细胞外基质中本身含有的 BMP 表观活性的 1/10。究其原因，体内环境对 BMP－2 作用的发挥有很大的影响，如体内的 Noggin 蛋白、Chordin 蛋白以及某些 DNA 族蛋白对 BMP－2 的活性有一定的抑制作用，而处于细胞外基质环境中的内源 BMP－2 能通过自身的基质环境调节降低该抑制作用。因此临床使用时为达到治疗效果不得不加大剂量，这不仅增加了可能存在的潜在风险，而且提高了治疗费用，极大地制约着 BMP－2 在临床上的广泛应用。通过对 BMP－2 释放速率的控制可以在一定程度上保护生长因子的活性，以更好地促进组织生长。近年来不同生长因子的协同作用越来越引起关注，相关的研究将逐渐从某一活性因子的研究转到多生长因子、生长因子与细胞外基质的协同作用研究。

目前构建多生长因子分段释放体系的方法主要有两种：①单一基质分层释放。如采用多层凝胶材料，不同层次包被不同生长因子，由各层次降解先后不同来决定所含生长因子的释放，对骨髓基质干细胞有明显促进作用。②多种基质梯次组合。例如将 PDGF 预先用微胶囊包被，再与 VEGF 一同结合到 PLGA－藻酸盐支架上，两种生长因子按照各自的动力学释放，所产生的促血管生成作用较单用任何一种因子明显增强。这些尝试虽然还处于起步阶段，但已充分说明多因子程序释放的方式是今后局部控释治疗的发展方向。

2.6　生物医用材料的重要研究方向

随着材料科学和生命科学的发展，生物医用材料的研究应从被动适应生物环境，向功能性、半生命方向发展，促使近来国际上关注生物材料从生物相容性、生物降解性到生物活性化的发展，使材料在体内具有降解和诱导组织形成的双重功能，此即所谓第三代生物材料的概念。第一代生物材料注重材料机械性能和物理性能与人体的匹配；第二代生物材料注重材料的生物相容性、生物降解性；而第三代生物材料则注重生物体内组织诱导生成活性，材料在体内是临时性和可被取代性的，其过程类似于体内创伤自愈合过程的启动。

开发生物材料用于疾病的治疗，希望使用方便，病人创伤小，如人工关节无骨水泥化，减少骨水泥对周围骨组织的灼伤及关节的远期松动；可吸收钢板、螺钉及髓内针的使用，可避免二次手术取出的麻烦和病人的二次手术痛苦；可注射材料的研制使病人在不切开的情况下直接注射导入材料，用于骨质疏松、肿瘤及压缩性椎体骨折的微创治疗。在多功能化方面，将材料作为药物、生物活性物质载体，使材料在填充修复的同时具有进一步治疗的功效。如磷酸钙骨水泥填充于骨缺损部位能与骨牢固结合，有利于新骨的形成，同时还可作为抗癌或消炎药物载体。载化疗药物及抗肿瘤基因工程药物定点给药可降低骨肿瘤切除后的复发；载抗生素可用于大的骨科手术后的骨和深度软组织感染预防，以及慢性骨髓炎的治疗。这样可使药物直接作用在患处，其缓释功能可延长药物作用时间，减少对全身其他部位的毒副作用，提高治疗效果。

生物材料植入体内环境中，其表面将很快被各种吸附蛋白覆盖，形成一层蛋白吸附层，然后是细胞表面的受体分子通过与吸附蛋白的相互识别，引发一系列生化反应。因此，对材料表面进行修饰，通过生物化处理及分子设计使表面结构具有有序性、特定分子间的可识别性和运动性，可构建制备新型生物材料的技术。以生物大分子中特定的官能团为依据，在生物材料的表面上，特别是高分子材料上引入相应的官能团，变材料对体液成分的无规则吸附为选择性吸附。通过这个途径可以提高生物材料的许多生物学功能，其中包括抗凝血性、与抗体结合的活性以及对生长因子和细胞的黏附性等。

进一步改善已经用于临床的材料结构，以适应更多的应用需要，例如随着药物和组织工程的发展，需要使已有的生物材料(如聚乳酸和聚羟基乙酸)具有反应活性和亲水性；深入研究正在向临床应用过渡的材料的降解行为、毒理学行为及其他相关性能，使其尽快达到实用水平。设计制作具有特殊功能的材料，例如低模量、高柔顺性、高强度的材料，用于单丝手术缝线及外科高柔软性导管等，同时具有可控降解速度，并能与新生的组织相匹配；耐辐射聚合物对可降解材料的产业化具有重要战略意义，它将决定未来植入医用装置商业化的前景。

在改性和分子设计基础上开发新的生物材料，如利用细胞学和分子生物学方法将蛋白质、细胞生长因子、酶及多肽等固定在现有材料的表面，通过表面修饰构建新一代的分子生物材料来引发特异性生物反应，抑制非特异性反应，使开发出来的生物材料能结合不同材料的特点。具有功能性、智能性，能引导/诱导不同病损组织实现再生，恢复其健康的形态和生理功能，对病变组织具有响应性等将是21世纪生物材料的重要研究方向。

2.7 生物医用材料评价及产业化

2.7.1 生物医用材料的生物学评价

生物医用材料与生物体直接接触，这一特性决定了必须进行生物学评价表征。所谓生物医用材料的生物学评价，是指进入临床前将预期应用于人体的天然或人工合成材料进行体外模拟生物学试验、动物体内植入试验以及对该材料最终应用于人体的风险性进行安全性评估。生物学评价可预测生物材料在人体中使用的潜在危害性，并将不安全的风险降低到最低程度，是对生物材料进行风险评估的有效手段。

生物医用材料的生物学评价主要包括对现有信息的分析、生物学试验及对结果的综合判断，其中生物学试验是生物学评价的主体。通过生物学试验，主要考察生物医用材料对人体宿主的生物反应，即局部组织反应、血液反应、免疫反应和全身反应。根据国际标准化组织(ISO 10993)的文件和我国关于"医疗器械生物学评价"的标准(GB/T 16886 系列)提出八大项基本评价试验和四项补充评价试验。基本评价试验包括细胞毒性试验，致敏试验，皮肤、眼、黏膜等刺激或皮内反应试验，经口、吸入、皮肤、静脉、腹膜内途径等急性全身毒性试验或热原试验，经口、吸入、皮肤、静脉、腹膜内途径等亚慢性毒性试验，对 DNA 影响、染色体结构和基因突变等三个水平的遗传毒性试验，皮下、肌肉和骨等植入试验，溶血、凝血、血小板、血栓形成、出凝血时间等的血液相容性试验。补充评价试验包括慢性毒性试验、致癌性试验、生殖和发育毒性试验、生物降解试验。以上所有试验均需根据产品自身的特点，以及与人体接触的时间和部位而有所选择。对生物医用材料来说，只有合理并正确地进行评价，才能作出相对科学的评价结果。

生物医用材料的生物学评价是确保材料能安全用于人体的重要前提，目前已基本达成了共识，形成了统一的评价方法和评价标准。尽管经过了近 30 年的努力，但现有的方法和标准尚无法完全满足安全性评价的要求。随着现代科技的发展以及对认识的提高，科技人员开始从细胞和分子水平上来评价生物材料的组织相容性和血液相容性。现代生物化学、免疫学、分子生物学等领域新概念、新技术的引入，将会更客观、更便捷地评价材料的生物学性能，以确保其临床使用安全性。

2.7.2 生物医用材料的产业化

将生物医用材料理论技术和最新发展应用到实践领域，进行大规模生产从而促成产业化，不仅可以更好地解除患者病痛和提高生活质量，还可获得相当可观的产业利润；反之，以从市场利润获得的资金为基础，与在实践中获得的宝贵经验相结合，又可推动我国生物医用材料理论层面的深化和改进，从而形成良性循环，使科研和实际应用互相促进，这个有机过程需要多方面的努力。下面结合华东理工大学教育部医用生物材料工程研究中心(以下简称"中心")在自固化磷酸钙人工骨项目产业化的漫长艰苦历程，主要讲述对生物医用材料产业化的认识，交流和分享产业化过程中遇到的困难、经验与教训，并介绍生物材料产业化发展过程中需要特别注意的几个问题。

1. 紧扣临床应用，以市场需求为导向进行科技持续创新

发展生物医用材料要以市场为导向，努力开拓适合临床需求的生物医用材料制品。生物医用材料产品的技术附加值高，但并不能像人们所期望的那样在短期内能够带来巨大的经济效益，且具有一定的风险性。因此，要全盘考虑，集中精力，明确主、次方向，扬长避短，特别注意工程化、产业化的水平和规模，不宜战线过长。临床市场是生物医用材料技术创新的源泉，只有紧紧抓住市场，了解市场需求，在若干领域率先取得突破，然后再考虑向各个更深层次发展，才能开发出满足市场需求的适销对路的系列产品，才能使企业从生存走向发展，并不断壮大。

正确的临床解决方案是指导整个研究工作的关键。生物医用材料的许多研究成果难以实

现产业化，产品达不到临床治疗要求是其重要原因。另外，一些临床中出现的严重不良反应，大多数与临床应用不当有关，如适应证范围、操作规范、术后护理以及不良反应处理程序等不符合要求。

近年来，中心根据市场反馈信息进行了产品的开发研究，以求得开发的产品能占领现有市场、赢得潜在市场并引导市场消费。以解决临床需求为出发点，在完成了瑞邦骨泰、齿泰两个产品的研究并投入市场的基础上，针对临床使用过程中反馈的信息，根据生物医用材料基地建设发展的实际情况，结合国内外的最新研究进展，开展自固化磷酸钙骨水泥产品的改性工作，开展了持续的课题研究，并逐步形成了满足临床需求的一系列产品。

2. 注重工程化开发及技术集成研究，提升产品综合性能

进入临床应用的材料往往会涉及诸多问题，而且比较复杂，因此单纯的材料创新不能直接应用于临床并反映出结果。材料研究同临床应用脱节，将不可避免地使材料制备或性能优化带有一定程度的盲目性，因此，无论是材料研究还是临床应用均无法单独系统地解决问题。要推动临床应用，需强调材料的安全性、操作的方便性、使用的有效性和临床病例的差异性；此外，还涉及综合配套工作及相关技术研究开发，如临床批文、产品注册证、新产品标准及制定科学依据、使用操作技巧及其标准化等，这是一个系统工程，应看成技术创新的延续。只有加强综合配套研究开发，才能最终形成产品的性能优势和综合竞争力。

技术开发的完成，只是成果产业化过程中重要的一环，后续工程化研究及技术集成研究这些同样重要的攻关任务却常常被人忽视。恰恰这是产品综合性能提升不可缺失的内容，是成果转移是否成功的关键因素之一，是技术产业化过程中很难逾越的鸿沟。

3. 注重技术要素同资本要素的有效结合，解决产业化过程中的资金问题

我国科研机构应密切关注行业发展动态，充分利用医学研究资源，加强基础研究力量，阐明关键技术难点和临床应用内在机制。在此基础上，将现有的成果转让给企业去实施转化，这是许多科研工作者常见的选择，但其成功实施的前提是企业从事的经营活动同成果涉及的专业密切相关，并有较强的成果转化能力及健全的市场网络。因为技术转让后，科研人员在成果经营中处于相对从属地位，与项目的关系变得松散，若经营者不熟悉该技术领域，科研人员与经营人员经常会因技术及经营等方面的认识差距而产生摩擦，甚至影响项目成果转化的正常运行，势必降低科技成果产业化的效果与作用。对于生物医用材料这一正在兴起的高科技产业，难以找到有相当技术实力和资金实力的本领域企业承担起成果转化的重担，填补技术同市场之间的转化鸿沟。但如果科技成果不能转化为生产力，不能转化成造福大众的产品，这将是一个极大的损失。

对此，建议政府加大投入力度，针对不同研发阶段的特点，采取不同的支持方式，在承担起项目前期开发风险的同时，重点在“培育关键技术”、“技术集成示范”和“产业化推进”3个层面部署重要项目；制定各项优惠政策支持行业内先进技术和有利于产业化的技术，并有效地引导社会资金注入；与此同时，强调长期战略投资，规范风险投资体系，促进技术要素与资本要素的有效结合。与此同时，在新机遇到来时，企业应果断完成科技股的交易，进行资产重组，从而达到企业增资扩股的目的，使企业踏入发展快车道并为企业做大做强打下良好基础。只有这样，通过各种方式促进技术和资金的结合、资金和产权的流动，才能将智力、技术、资本、管理融于一体，实现生物医用材料技术的全面提升，突破产业化过程中的资金瓶颈，加速生物医用材料领域先进技术的临床应用，从而推动其产业化及产品的商业化。

4. 认清研发不同阶段的特点和重点，采取有效模式组织不同的人员协调作战

开始阶段的研究多数是探索物质基本原理和本质规律，此时的科学研究与技术开发是有区别的，技术具有制造性、集成性、重复性和放大性的特点，而原理的突破不等于技术的突破和成熟。要形成新产品，技术创新是前提，没有技术创新就不可能有新产品。然而，市场上好的产品除了技术创新外，还受产品质量、性能、使用性、竞争性、包装以及储存运输等诸多因素的影响，这表明技术并不等同于产品，有制造技术并不表明能制造出具有市场竞争力的产品。这表明，不论是技术创新还是产品质量都离不开市场，都是以市场为起点，也都是以市场为终点，以市场占有率作为主要的评判标准，而市场占有率除了产品竞争力以外，还与市场推广的方式、策略及力度等有关。

生物医用材料从研究到产业化的漫长历程中，在不同阶段所面临的任务和困难也不尽相同，因而需要有针对性地进行有效的组织管理。随着生物医用材料产业化进程从科研阶段推进到工程化阶段，其核心主体将从科研院所转移到企业，而在企业运作阶段，生物医用材料产品的市场培育和市场开发难度非常大，面临的挑战也很多，具有其自身的特殊性，故组织管理模式及重点也应作相应的调整。基于生物医用材料的边缘交叉性及研究内容专业化的现实性，生物医用材料的研究及其产业化需要组织、培养造就一支不同学科背景的、多学科交叉的、有战斗力的队伍，一支以市场为导向，熟悉生物医用材料研究、生产和应用的高水平科研、生产、管理和经营团队，发挥各自的优势来协同攻关，从而解决临床应用过程与产业化过程中的复杂问题。只有这样，才能使"市场-技术创新-新产品-市场"的每一循环都能达到一个新高度，才能形成"市场占有率不断扩大-营销利润节节攀升-企业效益步步提高"的良性循环，企业也就会无往不胜。

5. 密切关注国家对生物医用材料产业的宏观政策指导和行业发展动态，建立与生物医用材料发展相适应的先进管理模式

基于生物医用材料研究开发花费大、周期长、易受到外部社会和环境条件冲击的特点，企业应充分了解自身所处的行业特征和外部环境，建立先进的管理模式并进行有效的组织和管理，这也是促进生物医用材料产业化发展非常重要的一项内容。

首先，生物医用材料在产业化过程中要时刻注意法律法规与伦理问题。由于生物医用材料的许多原始材料源于生物体，产品又直接应用于体内，它们的使用必然会受到医疗器械、生物制品的安全和有效性等国家相关法规的约束，也会受到医学伦理道德等相关法规以及国际惯例等的制约。不符合这些法规和规范的生物医用材料，会造成不必要的人力、物力和财力的耗费。因此，生物医用材料企业应密切关注国家对生物医用材料产业的宏观政策指导和行业发展动态，降低产业化推进过程中的法律风险。

其次，在日常经营层面上，生物医用材料企业要对自己的产品严格检验，把好质量关，保证产品安全有效，承担起产品质量所引发的责任和义务，并建立起质量跟踪档案。与此同时，为适应生物医用材料市场化运作，企业应努力创造一种与新型生产力相适应的全新的管理机制，使科技骨干、经营骨干与企业荣辱与共，尽力降低成果转化过程的技术和人力风险。

中心在生物医用材料产业化过程中，开辟了经营者持股、科技人员与经营人员成为公司股东的模式。这种为适应高新成果产业化而建立起来的新型生产关系，将公司事业的发展与个人利益捆绑在一起，改变了企业发展过程中所有者同经营者分离的局面，使科技人员、经营人员由打工者变为企业的主人，实现了经营人员压力变动力的角色转换，极大地调动了员工的积极性，激发了创业热情，加速了企业成长。

6. 建立与生物医用材料发展相适应的监督机制，加大促进生物医用材料行业发展的政策扶持

在国家层面上，政府承担有安全监管与促进行业发展的双重责任。一方面要研究和借鉴国外的先进监管经验，加强行政监管力度，进一步提高管理水平和规范市场发展秩序，并结合我国的具体情况尽快建立起中国生物医用材料规范化、国际化、统一的监管评价体制和评价标准。如针对不同的产品，采用不同的上市审评力度，改善评审过程中从严化、一边倒的现象。美国食品和药物管理局审评建立的510 K条款就非常值得借鉴。改变"上市评审严、证后监督不足"的状况，很多产品的质量问题出现在体系运行等证后监督环节，上市前的从严评审不是问题的症结，因此需将上市评审和证后监督结合起来管理。同时，等同国产产品和进口产品的评审标准，改变对国产产品偏严的状况，有利于国产产品的发展。对我国自主研发、创新性强的产品，建立优先审评、加快审评程序、重点支持等政策扶持力度，突破国产自主创新产品难以批准的束缚。疏通生物医用材料的流通环节，打破流通过程的市场壁垒，从严治理招投标过程中的不正常现象，有利于产品的市场化。另一方面，在管理体制运行设计上，国家需要明确药监部门在国家层面的促进行业发展的责任，只有这样，才能解决政府有效安全监管与促进行业发展间的矛盾，才能有效治理"监管过严、监管过头"的情况，约束评审和监督过程的行为。

再次，出台促进生物医用材料与医疗器械行业发展的、完整的、立体的政策。通过制定政策框架和技术框架，发挥政府在统一协调解决各研究机构之间、企业之间在产业化过程中所遇到的共性问题的主导作用，采取有力措施，在保证监管安全的前提下，促进行业发展。推进生物医用材料技术与市场的发展和发育，交联国内外生物技术网络，实现技术、人才、资源和管理的优化集成，形成我国的生物医用材料综合性研发基地和国际化企业集团，并将此发展成为我国生物医用材料技术自主创新的支撑核心，行业共性技术和高端人才的集散地及科技成果的辐射源，从而以点带面形成规模化经济示范区。由此，创新管、研、产、学之间的机制与体制，促进生物医用材料的成果转化，引领生物医用材料产业的健康发展。

中国正处于全面建设小康社会、迈向中等发达国家的关键发展时期，我们应针对社会经济自身发展的战略需求，以举办第九届世界生物材料大会为契机，发挥传统材料工业和生物技术产业的优势，把握世界生物科技革命和产业革命的机遇，形成可持续的生物医用材料自主科技创新能力，缩短科研开发与产业化的距离，以新的思路、新的举措、新的战略战术方案来规划生物医用材料产业化的发展，努力将生物医用材料产业培育成为我国高技术领域的支柱产业之一。

参考文献

[1] Hasting G W. Biomaterials, 1980, 1: 122.
[2] 师昌绪. 材料大词典. 北京：化学工业出版社，1994.
[3] Black J. Biological Performance of Materials. New York: Marcal Dekker, Inc., 1992.
[4] Hench L L, Wilson J. Introduction In: An Introduction to Bioceramics. Singapore: World Scientific, 1993, 10.
[5] Leqeros R Z, Lin S, Rohanizadeh H, et al. J Mater Sci: Mater Med, 2003, 14: 201.
[6] Peitl O, Zanotto E D, Hench L L. J Non-crystal Solids, 2001, 292: 115.
[7] Wu F, Wei J, Guo H, et al. Acta Biomater, 2008, 4: 1873.
[8] Hench L L. J Biomed Mater Res, 1998, 14: 511.

[9] Hench L L. Mater Sci Forum, 1999, 293: 37.
[10] Fujibayashi S, Neo M, Kim H, et al. Biomaterials, 2003, 24:1349.
[11] Franks K, Abrahams I, Knowles J C. J Mater Sci Mater Med, 2000, 11: 609.
[12] Ikeda N, Kawanabe K, Nakamura T. Biomaterials, 1999, 20: 1087.
[13] Ianen H Y, Karlsson K H, Itala A. J Non-crystal Solids, 2000, 275:107.
[14] Liu C S, Shen W. J Mat Sci: Mat Med, 1997, 8(12): 803.
[15] Sepulveda P, Jones J R, Hench L L. J Biomed Mater Res, 2002, 59: 340.
[16] Radin S, Ducheyne P, Rothman B, et al. J Biomed Mater Res, 1997, 37: 363.
[17] Liu C S, Wang W B, Shen W, et al. J Endodont, 1997, 23(8):490.
[18] Guo H, Su J C, Wei J, et al. Acta Biomater, 2009, 5: 268.
[19] Ducheyne P, Qiu Q. Biomaterials, 1999, 20: 2287.
[20] Loty C, Sautier J M, Boulekbache H, et al. J Biomed Mater Res, 2000, 49: 423.
[21] Salih V, Franks K, James M, et al. J Mater Sci: Mater Med, 2000, 11:615.
[22] Xynos I D, Edgar A J, Buttery L D K, et al. J Biomed Mater Res, 2001, 55: 151.
[23] De Groot K. Biomaterials, 1980, 1(1):47.
[24] Zhang X D, Yuan H P, Groot K. The Six World Biomaterials Congress, Kamuela, Hawaii, USA, 2000.
[25] Liu C S, Shen W, Gu Y F, et al. J Biomed Mat Res, 1997, 35(1):75.
[26] Constant B R, Ison I C, Fulmer M T, et al. Science, 1995, 267(5205): 1796.
[27] Ishikawa K, Miyamoto Y, Kon M, et al. Biomaterials, 1995, 16(7): 527.
[28] Zhang Y, Zhang M, J Biomed Mater Res, 2002, 61(1):1.
[29] Liu C S, Shao H F, Chen F Y, et al. Biomaterials, 2006, 27: 5003.
[30] Bai B, Kummer F J, Spivak J. Spine, 2001, 26(24): 2679.
[31] Soudee E, Pera J. Cement Concr Res, 2000, 30:315.
[32] Yang Q B, Wang X L. Cement Concr Res, 1999, 29:389.
[33] Liu C S. US, 7094286 B2. 2006.
[34] Uantuan L, Junhee L, J Mater Sci: Mater Med, 1996, 7:355.
[35] Liu D M, Yang Q, Troczynski T. Biomaterials, 2002, 23(3):691.
[36] Lopatin C M, Alford T L, Pizziconi V B, et al. Nucl Instru & Meth In Phy Res B, 1998, 145:522.
[37] Leng Y X, Chen J Y, Zeng Z M, et al. Solid Films, 2000, 6:573.
[38] Domb A J, Manor N, Biom O E, Biomaterials, 1996, 17:411.
[39] Chow L C, The Centennial Memorial Issue of the Ceramic Society of Japan, 1991, 99(10):954.
[40] Furukawa T, Matsusue Y, Yasunaga T, et al. Biomaterials, 2000, 21(9):889.
[41] Zhou H J, Qian J C, Wang J, et al. Biomaterials, 2009, 30:1715.
[42] Agnes R D, Somers E B, et al. J Appl Polym Sci, 2001, 81:3425.
[43] Lahann J, Klee D, et al. J Mater Sci: Mater Med, 2001, 10:443.
[44] Du C, Cui F Z, Zhang W, et al. J Biomed Mater Res, 2000, 50(4):518.
[45] Hench L L, Polak J M. Science, 2002, 295(5557): 1014.
[46] Wei J, Chen F P, Shin J W, et al. Biomaterials, 2009, 30:1080.
[47] 王传军,陈统一,张键,等. 复旦学报(医学版),2003,30(5):480.
[48] Chen F P, Wang K, Liu C S. Applied Surface Science, 2008, 255: 270.
[49] 朱卫华. 现代实用医学,2007,19(10):774.
[50] 刘昌胜,陈芳萍. 生物医用材料及其产业化概况与发展思考. 新材料产业,2010,7:17.

第3章 组织工程

疾病、创伤、人口老龄化等问题引起的组织缺损或功能障碍是人类健康所面临的主要危害之一，也是导致人类死亡的主要原因。仅以美国为例，每年有数以百万计的人患有各种组织、器官的丧失或功能障碍，需通过800多万次手术进行修复，仅该方面的年耗资就超过400亿美元，器官衰竭和组织缺损所需治疗费占整个医疗费用的一半。即使如此，每年约有4 000人在等待器官移植时死亡，还有10万人在未被列入等待器官移植时就已经死亡。每年约有100万个膝关节半月软骨等待替代，有1 000万例牙科手术，其中需要新放入9 000万个充填物，另有2亿个过去放入的填充物需要更换。

组织修复与重建目前主要采用的治疗手段有：外科修复、组织器官移植（自体或异体来源）、生物材料替换、医疗器械以及近年来关注的体外组织工程等。自体移植挽救了不少肢体，减少了残疾，但必须从健康部位切取组织修复病损的组织，这对供区造成了新的缺损，并遗留下不同程度的并发症，是一种以牺牲健康组织为代价的“以伤治伤”的办法，且自体组织供区也十分有限。采用同种异体组织移植或异种组织移植尽管克服了自体组织移植的缺点，但目前尚不能完全克服移植后的免疫排斥反应，需长期使用免疫抑制剂，再加上供体器官来源的严重不足，以及医学伦理学方面的障碍，至今尚未能广泛用于临床。而生物材料和医疗器械尚不能替代器官的所有功能。如何从根本上解决组织、器官缺损修复和功能重建等问题，已成为现代医学力求解决的前沿课题。

组织工程的提出、建立和发展，使病损组织、器官的复制成为可能，为解决这一问题提供了新的策略，标志着传统医学将走出器官移植的范畴，进入制造组织和器官的新时代，被誉为“再生医学技术的第三次革命”。作为21世纪生命科学领域的重大前沿课题，组织工程学在过去的二十余年里，在种子细胞、生物材料、组织构建、临床初步应用和产品标准化等方面已经取得了许多重要的成果，并展现出良好的产业化前景。

3.1 组织工程的建立和发展

早在20世纪80年代，美国华裔科学家冯元桢提出了组织工程学的命名。1987年美国国家科学基金会根据他的建议采用了“tissue engineering（组织工程学）”来描述这一新兴的领域。1993年Langer和Vacanti将其定义为“应用工程学与生命科学的原理和方法，制备具有生物活性的替代物，以恢复、维持或提高受损组织的功能”。其基本思想是以少量种子细胞经体外扩增并与生物材料结合，用以修复较大的组织或器官缺损，重建生理功能。

组织工程学是一门新兴的学科，它融合了工程学和生命科学的基本原理、基本理论和技术方法，尝试在体外构建一个有生物活性的移植物，并植入体内以达到修复组织缺损、重建组织和器官功能的目的。组织工程的发展，涉及细胞生物学、材料科学、化学工程、生物化学、免疫学、分子生物学、临床医学以及伦理学等学科，属于交叉前沿科学。组织工程的发展大致经历了以下三个阶段。

(1) 组织工程化构建结构组织。早期的组织工程主要集中在单一组织的构建。1988 年，Vacanti 等用分离的软骨细胞和可降解的生物材料首先在动物皮下构建成透明软骨，这一研究成果具有重要的意义。由于在体内，软骨损伤之后很难得到再生和修复，采用组织工程手段构建成具有功能的透明软骨无疑为组织和器官的修复开辟了一条重要的途径。之后，Kim 和 Vacanti 等又用 PGA 和 PLA 在裸鼠皮下构建成软骨组织。其他单一组织的构建还有骨和肌腱等。Vacanti 等用从骨膜中分离出来的成骨细胞经在体外扩增后与 PGA 混合植入裸鼠皮下形成了新的骨组织。曹谊林等从小牛肌腱组织中获得肌腱细胞并接种于索条状 PGA 网状支架上，体外培养一周后植入裸鼠皮下发现能形成与正常肌腱结构相似的肌腱组织。在成功地构建了单一的组织之后，Vacanti 等又用组织工程手段形成复合组织-气管(含软骨和气管上皮细胞)并替代动物自身的气管。组织工程气管不仅具有良好的形态，而且能维持动物正常的呼吸功能。组织工程历史上具有里程碑意义的发现无疑是在裸鼠体内形成了具有皮肤覆盖的人耳廓形态软骨。该项研究标志着组织工程从基础研究迈向临床应用，展现出广阔的应用前景。在证实了利用细胞和生物材料构建组织的可行性并进行了大量基础研究的基础上，组织工程逐步进入临床应用阶段，其标志是 1997 年第一个组织工程皮肤被美国 FDA 批准上市。同时，在美国、意大利、德国、中国等国家都有骨、软骨、肌腱、皮肤等组织工程产品的初步临床应用报告。

(2) 复杂功能器官的组织工程构建与应用。其标志是 2006 年 Atala 在 Lancet 杂志上发表了利用组织工程构建膀胱及其临床应用的学术论文。同时，也有多项种植细胞的人工肝、人工肾、心脏瓣膜以及内分泌器官的组织工程化构建研究，证明具有多细胞结构的复杂器官有可能通过组织工程技术获得成功。

(3) 组织工程概念融入再生医学的范畴中。随着再生医学概念的提出，国际组织工程学会与再生医学学会合并为“国际组织工程再生医学学会”，并于 2007 年 1 月创办了“组织工程与再生医学杂志”(Journal of tissue engineering and regenerative medicine)，这标志着组织工程学的研究进入了一个成熟的发展时期，其研究内涵更加丰富，应用领域更加广泛。

3.2 组织工程原理及关键科学问题

关于组织工程的基本范畴一直是一个备受关注的话题。经典的组织工程学的基本原理和方法是：体外培养高浓度组织细胞，将其吸附扩增于一种生物相容性良好的生物材料上，形成细胞复合材料。生物材料作为细胞生长的支架，为细胞提供一个生存的三维空间，有利于细胞获得足够的营养物质和进行营养物交换，排除废物，使细胞能按照预制设计的支架形状生长。同时，材料可被人体逐步降解吸收。将此细胞-生物材料复合体植入机体组织病损部位，种植的细胞在生物支架逐步降解吸收过程中，继续增殖并分泌基质，形成新的具有与自身功能和形态相应的组织和器官(图 3-1)。这种具有生命力

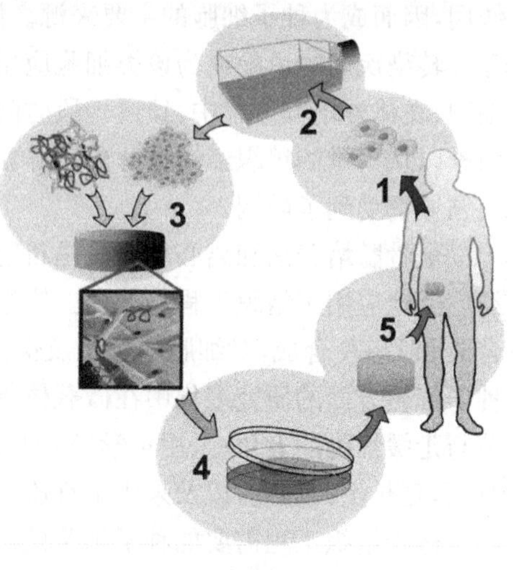

图 3-1 组织工程

的材料-细胞复合体能对病损组织进行形态修复和功能重建并达到永久性替代。

近年来随着组织工程和再生医学的发展，多数学者认为组织工程应该扩展到一个更为广义的范畴，如表3-1所示。这主要包括：①单独使用细胞或微囊化细胞；②使用药物释放系统控释各种生物活性因子；③单独使用支架；④支架复合细胞；⑤支架复合生长因子；⑥支架复合细胞和生长因子等。

相应地，种子细胞、细胞外基质（支架材料）、信号（生长因子）和组织构建成为组织工程的四大关键要素。

表3-1 组织工程基本范畴

组织工程	
制备	体内组织工程、体外组织工程
研究领域	组织再生、器官替代
应用部位	骨、软骨、真皮、表皮、角膜、静脉、肌腱、神经、心脏血管、膀胱、肾、肝、输尿管、动脉、胰腺、头骨、食道、肠、心肌、视网膜、半月板、心脏活瓣、脂肪、血管、下颌骨、肌肉等
修复技术	细胞、支架、药物缓释系统、支架复合细胞、支架复合生长因子、支架复合细胞和生长因子、克隆或基因工程介入治疗等

3.3 组织工程细胞

3.3.1 种子细胞

种子细胞是构建组织工程的最基本要素，必须具备高增殖能力、低分化程度；能建立稳定的标准细胞系；尽可能低的抗原性等特征。种子细胞的来源问题一直是限制组织工程发展的瓶颈，其主要原因是许多组织细胞（如软骨细胞、内皮细胞）的供体来源和扩增能力均非常有限，实现其“小损伤修复大缺损”，即通过少量组织的体外扩增细胞来构建大块组织的设想困难重重。目前细胞主要来源于自体、同种异体以及异种细胞，包括一些祖细胞、干细胞（成体或胚胎）和已分化的细胞。其中，自体细胞移植由于没有免疫排斥反应，避免了免疫抑制剂的毒副作用，因而成为种子细胞的主要来源。同种异体和异种细胞作为种子细胞的研究也较多，不过存在转染疾病的风险成为该类细胞应用的最大限制。更重要的是，组织细胞由于是终末分化细胞，在体外培养过程中，经过一段时间后，细胞极易老化，从而丧失正常的分泌基质功能，因而难以从少量的组织经体外分离培养获得大量的具有正常功能的组织细胞，所以在研究和应用领域都受到了限制。

全骨髓培养法和离心培养法是目前实验中常用的经典方法，而目前三维细胞培养技术已经广泛地应用于组织工程领域。三维细胞培养方法可以有效地刺激培养细胞的增殖、总蛋白合成和DNA合成，对细胞的分化及保持细胞活性和生理功能也具有有效的促进作用。目前种子细胞方面的研究多集中在微载体等技术用于细胞的快速增殖；采用生长因子和端粒酶调节与延缓细胞的老化；采用化学、物理、病毒及自身转化等方法诱导细胞发生转化，减少其扩增时间，延长生命周期，以及采用干细胞工程等方面。

适于组织工程需要的种子细胞的研究需要解决以下问题：

(1) 提高细胞的增殖能力；

(2) 延长细胞的生命期；

(3) 改善细胞的分泌能力；

(4) 优选具有同一功能的不同组织来源的最佳细胞；

(5) 建立标准细胞系，提高可比性和科学性；

(6) 同种异体与异种移植的免疫学；

(7) 细胞与生物材料的相互作用及影响因素。

3.3.2　干细胞

干细胞工程是利用现代生物医学和组织工程技术，通过对间充质干细胞、胚胎干细胞、血管/造血干细胞、神经干细胞和皮肤、肌肉等前体细胞进行体外分离与纯化、定向诱导分化、转基因、核移植、扩增及整合构建，在体外完成相应组织的重构。作为组织工程的“上游”研究，干细胞工程在细胞来源、细胞扩增与定向诱导分化、重构组织器官的种类、重构效率、重构组织器官的植入等方面与传统的组织工程相比具有明显的不同和优势，对实现组织器官修复和替代具有极其重要的作用。

1. 成体干细胞

具有可塑性的干细胞在一定条件下可以向多种成体细胞分化，因而受到越来越多的关注。现有技术已能从骨髓、骨膜、骨小梁、脂肪组织、滑膜、骨骼肌和乳齿中分离出间充质干细胞，并且完成了向一些结缔组织细胞的分化，如骨、脂肪、软骨和肌肉等。

骨髓基质干细胞(bone marrow stem cells，BMSC)是目前的研究热点。中国医学科学院组织工程中心发现胎儿 BMSC 可以在体外连续传 30 代后仍然保留向三个胚层细胞分化的特性。但由于 BMSC 在体内的含量较低，对营养条件要求较高，因此在利用其作为种子细胞时必须进行分离和体外的培养扩增。其他干细胞的研究主要包括造血干细胞、肌源干细胞、脂源干细胞、神经干细胞、上胚层状干细胞及肝干细胞等。

BMSC 的定向分化主要采用了在体外培养条件下添加诱导剂的方法，但也受到多种因素和条件的制约和影响，而目前对这些诱导剂的作用机制了解甚少。虽然 BMSC 作为组织工程的种子细胞具有许多的优势，但是在广泛应用于临床前也还面临其他需要解决的问题：例如如何提高带有特殊标记的某一类细胞的纯化技术？如何建立定向分化培养的成熟方法？如何消除异体移植的免疫排斥反应等。在这些领域内的研究突破将对组织工程研究起到积极的推动作用。

成体干细胞研究为解决种子细胞问题既提供了机遇，也带来了许多新的问题与挑战。虽然成体干细胞在骨(骨髓基质干细胞)、皮肤(表皮干细胞)、角膜上皮(角膜缘干细胞)等多种组织缺损修复中的临床应用已充分显示了其优势和应用前景，但与其实际具有的分化潜能相比只能算是刚刚起步。目前仍有许多组织特异性干细胞尚未被发现，已发现的也大多仍停留在研究其分离纯化、扩增和定向诱导分化的阶段，尚未真正用于组织修复。因此，对于成体干细胞而言，最艰巨的挑战包括两方面：一是找到每种组织最适用的特定干细胞和标准诱导方案，使成体干细胞真正用于各种组织缺损修复；二是明确成体干细胞的免疫调节机制，建立免疫豁免型成体干细胞库，适应组织工程产业化发展和规模化治疗的发展趋势。

2. 胚胎干细胞

胚胎干细胞(ESCs)较间充质干细胞更为原始，是从动物或人类胚胎发育早期所形成的内细胞团中分离培养而获得的一类特殊细胞，属于全能干细胞。理论上它们可以向体内的各种细胞类型转化，因其具有无限增殖能力和分化全能性，是最为理想的组织工程种子细胞，并正逐步成为种子细胞研究的新的关注焦点。目前已经在血管内皮、皮肤等几种组织构建中获得初步成功。由于涉及一些伦理、道德问题，关于人类胚胎干细胞的研究一度被禁止。1999 年美国国立卫生研究所(National Institutes of Health，NIH)官员在《Nature》上公开宣布解除对人胚胎干细胞研究的禁令。

然而，胚胎干细胞要真正用于组织构建仍面临着诸多困难。其中最大的难题包括定向诱导分化问题和免疫原性问题。目前胚胎干细胞的定向诱导分化只在内皮、神经等少数几个方向取得了有限的成功，向其他绝大多数组织细胞定向分化的比例远达不到组织构建对种子细胞纯度的要求，建立特异性诱导分化和分离纯化技术平台仍然是一个艰巨的挑战。另一方面，虽然核移植技术为建立个体化治疗胚胎干细胞株提供了可能，但因其苛刻的操作条件和繁复的操作步骤，成功率又很低，实际上无法真正推广应用。

同源双倍体胚胎干细胞建系技术是近年发展起来的研究方向。其基本原理是：将卵细胞第 1 次减数分裂后产生的同源双倍体次级卵母细胞，通过化学方法或电刺激激活，使其发育成孤雌胚，再取其内细胞团建立同源双倍体胚胎干细胞株。孤雌胚不能发育为个体，不存在伦理争议，但由它建立的胚胎干细胞株仍具有分化全能性和无限增殖能力。最重要的是，同源双倍体胚胎干细胞容易进行组织配型，建立 200 株细胞就能覆盖 80%左右的人群。因此，这项技术有望建立通用型胚胎干细胞库，从根本上解决其免疫原性问题。目前，该技术的应用已在鼠和猴的研究中获得成功，而人同源双倍体胚胎干细胞库的建立、定向诱导分化及组织配型研究将成为未来胚胎干细胞领域的重要挑战。

此外，在干细胞研究过程中还观察到许多成熟细胞的转分化及逆分化现象，如皮肤成纤维细胞在力学刺激下可以向肌腱表型细胞转变，而在软骨形态发生蛋白(CDMP)的诱导作用下又可以向软骨表型细胞分化。在成体干细胞研究中也发现，某些成体干细胞可以出现跨胚层分化，例如骨髓中有一部分 Flk-1 阳性细胞甚至可以诱导分化为三个胚层来源的各种组织细胞。深入研究哪些细胞具有转分化、逆分化或跨胚层分化的潜能，以及细胞发生上述分化的过程及其外部条件等问题将为拓展种子细胞来源带来更大的希望。目前对于 ESC 的研究还主要停留在建系的阶段，已经建立了小鼠、恒河猴及人的 ESC 系，对其诱导分化的研究才刚刚起步，要应用于组织工程还有许多的路程要走，但是从长远来看，ESC 在组织工程领域具有极为光明的应用前景。

总之，理想细胞源的获得将在很大程度上推动组织工程的发展。但直到现在，尚未获得一种完全理想的既符合临床要求又适于组织工程的细胞源。作为一个临床可接受的细胞源，必须具备生物安全性，即不会引起免疫排斥反应，也不存在转染疾病的危险。同种异体或异种细胞通过改进纯化手段、进行表面修饰可减小甚至消除免疫排斥反应。虽然同体细胞和干细胞理论上是理想的细胞源，但是细胞的获取、纯化、增殖以及分化控制仍然是棘手的问题。虽然通过生物反应器以及使用生长因子可以实现细胞的大规模生产，但对扩增后细胞的形态、功能、遗传物质的改变尚缺乏深入的研究。此外，目前还没有普遍接受的实验方法用于鉴定一种细胞是否为干细胞。当前用于组织再生的干细胞也可能是一些介于干细胞和成熟细胞之间的前体细胞或母细胞。关于胚胎干细胞的伦理学争论也是制约其发展的一个障碍。将干细胞技术与可治疗性克隆技术结合有可能突破这一瓶颈。

3.4　组织工程的细胞外基质

3.4.1　细胞外基质

从材料科学的角度可以把组织视为细胞复合材料，它由细胞及其合成的细胞外基质(ECMs)组成。细胞外基质是由细胞分泌的连接细胞及细胞群间隙的部分，是细胞发挥功能的环境。除血液以外几乎所有组织中都或多或少存在细胞外基质。细胞指导细胞外基质的合成，细胞外基质提供细胞所需的力学和信息，包括生物化学信息(细胞因子和生长因子)和生物力学信号甚至场信息。细胞-细胞外基质之间存在着动态相互作用，这种作用和细胞-细胞相互作用共同调控细胞的新陈代谢。

细胞外基质的成分相当复杂，并且其成分和结构随不同的组织以及生长发育的不同阶段而变化。软组织的细胞外基质为由胶原、弹性蛋白、层粘连蛋白等蛋白质和透明质酸、肝素、硫酸肝素、硫酸软骨素、硫酸皮肤素、硫酸角质素等糖胺聚糖(GAG)构成的化学和物理交联网络。胶原纤维提供拉伸强度；蛋白聚糖水凝胶填充细胞外空间，为组织形成构筑空间，以利于营养物、代谢物和生长因子的扩散；纤连蛋白等粘连蛋白分子则介导细胞在ECMs上的黏附。硬组织由含有生物矿化形成的羟基磷灰石(HAP)和胶原纤维取向构建而成。例如骨由纳米尺度的羟基磷灰石片晶分散在纳米直径的胶原微丝基材中而成，羟基磷灰石微晶的长轴和胶原微丝的轴平行，使基材的刚性得到提高。同时，作为储存器，细胞外基质中还含有多种生长因子、细胞因子、基质降解酶及其抑制因子，按生物剂量为ECMs相邻细胞提供此类因子。

ECMs对组织细胞的建成及群体稳定性的维护作用是非常明显的，可在细胞之间构成复杂的网架，对细胞群体有界定、支持、保护的作用；在细胞迁移过程中ECMs使细胞保持彼此分离，促进细胞的迁移运动；ECMs对细胞增殖、分化具有调节和诱导作用，调控组织结构，调节细胞表型如细胞的特异基因表达；ECMs分子的功能还在于作为生长因子等信号分子的存储器，可通过控制方式将这些因子提供给ECM的相邻细胞。表3-2列出了结构组织的细胞外基质的特征。

表3-2　结构组织的特征

项目	皮肤	软骨	骨	肌腱
细胞	角质形成细胞、成纤维细胞	软骨细胞	成骨、破骨细胞	肌腱成纤维细胞
ECMs	Ⅰ型和Ⅱ型胶原60%～80% 弹性蛋白4% 硫酸软骨素6%	Ⅱ型胶原、硫酸软骨素、透明质酸等有机物24% 无机物24% 水52%	磷灰石65% Ⅰ型胶原和糖胺聚糖等有机物25% 水10%	Ⅰ型胶原 糖胺聚糖
信号分子	表皮生长因子(EGF) 碱性成纤维细胞生长因子(bFGF)	转化生长因子(TGF)	骨形态发生蛋白(BMP)	类胰岛素生长因子(IGF)
结构	层状结构	三维结构	周期规则结构	纤维结构
功能	防护，防脱水，抗菌，抗感染，自调节，自稳定	具有润滑性，保水性(吸收冲击，压力分散)的结缔组织	强硬支撑的结构组织，保护器官	拉伸力的致密结构组织

3.4.2 组织工程对细胞外基质替代材料的要求

组织工程的典型方法是先在外源性的细胞外基质中种植细胞，然后在生物反应器中培养扩增，在体外形成新组织后植入患者体内，与周围组织整合构建新的功能组织。由于细胞必须依赖于细胞外基质的存在才能发挥其功能，组织工程的外源性细胞外基质也必须模拟天然ECMs的功能。这种外源性ECMs就是由生物相容性良好和可生物降解的生物材料制备的三维多孔支架。与细胞外基质的功能相对应，外源性人工细胞外基质支架材料应使细胞在适宜的三维环境内形成细胞群，界定、保持一定的形状；提供力学支撑直至构建的新组织结构稳定；传输化学和力学信号至细胞，指导它们的基因表达，形成组织。

组织工程的细胞外基质替代物——支架材料的选择是一个重要因素，因为支架材料不仅影响细胞的生物学行为，而且决定着植入体内后能否产生理想的修复效果。模仿天然组织中细胞外基质的结构与功能的仿生设计无疑是构建外源性ECMs的最佳思路。

用作组织工程的生物材料应具备以下特点。

(1) 生物材料应具有良好的生物相容性：即无毒性、无致敏性、无致癌性，无不良免疫反应，不被免疫系统所排斥，并能产生所期望的宿主反应。生物材料植入人体后，其表面诱发的一系列宿主反应包括蛋白吸附、补体激活、细胞聚集或黏附等，诱发特定的愈合途径，使组织重建。

(2) 具有良好的生物降解吸收性及合适的降解率：材料在完成支架作用后应能及时逐步降解，支架材料的降解速率应与组织形成相匹配，降解时间可人为调控，以适应新生组织的生长。

(3) 具有三维多孔结构和高孔隙率：材料需具有合适的孔隙尺寸(孔径、孔隙率等)，这种结构有利于目标细胞的黏附生长、细胞外基质沉积、血管和神经长入，同时又有利于营养物质和氧气的渗入及代谢产物排出。

(4) 具有良好的可塑性和一定的机械强度：支架可根据需要制作成一定形状，为新生组织提供支撑，并保持一定时间直至新生组织具有自身生物力学特性；材料的机械性能与所植入的组织的要求相匹配，具有为细胞提供适宜的微应力环境的力学性能。

(5) 具有良好生物活性的材料表界面：具有适宜的表面结构以促进细胞的黏附，增强细胞的功能以促进细胞分泌细胞外基质的能力，维持细胞正常表型表达，激活细胞特异基因表达。

可降解生物材料是目前组织工程相关生物材料中最为关注的一类材料，按来源可分为天然材料和人工合成材料(表3-3)。天然可降解生物材料主要有多糖和蛋白质两大类，包括胶原、藻酸盐、甲壳素、壳聚糖、透明质酸盐、纤维蛋白、淀粉等；合成可降解生物材料按材料分子主链结构特征又包括聚酯、聚酸酐、聚酰胺和聚原酸酯等。天然材料有较好的组织相容性和细胞亲和性，已广泛应用于组织工程。完整的天然大分子本身可能存在着多种生长因子，可诱导调节细胞的生长、繁殖、分化等。但天然材料一般从植物、动物或人体组织分离获得，价格昂贵，而且因其来源不同，结构与性能存在批次间差异，故存在局限性，不适于大规模的批量生产。另外天然材料的力学性能普遍不理想，并且难以根据组织修复需要而对降解时间等性能进行调控。人工合成材料的共同特点是：具有生物相容性及可塑性，并且通常可以通过精确的分子设计调控材料的性质，还可以通过规模化的人工合成生产获得性质相同的材料。

表3-3 应用于组织工程的材料

类别	材料	在组织工程中的应用	优点	缺点
天然生物可降解材料	天然蛋白(胶原、明胶)	FDA认可的组织工程人工双层皮肤 Apligraf (Organo-genesis)是含胶原的人工皮肤;Alloderm (LifeCell公司)主要成分为胶原	分子中带有活性基团,高亲水性、无毒、体内生物相容性好、降解产物无毒;与天然的细胞外基质类似,对细胞的黏附、增殖有促进作用,可促进细胞合成新的胶原基质	由植物、动物或人体组织分离获得,有些品种难以大规模地批量生产;不能根据组织工程需要而对降解时间等性能进行调控;材料的物理机械性能较差,容易变性
	天然多糖(壳聚糖、糖胺聚糖)	皮肤、软骨、骨、神经组织工程;无细胞人工真皮替代物 Integra (Integra Life Science),由 FDA 认可胶原/氨基葡聚糖多孔膜	可诱导调节细胞的生长、繁殖、分化等	
	天然珊瑚	骨组织工程	良好的生物相容性、骨引导性、生物降解性,来源丰富	
	磷酸三钙(TCP)、羟基磷灰石(HAP)	骨组织工程	优异的生物活性、生物降解性及力学强度	经烧结成高结晶度物质,生物降解速度慢
合成可降解材料	脂肪族聚酯 PLA、PLGA、PCL、PHB等	软骨、骨、肝、肌腱、皮肤、管状结构	得到FDA认证 具有好的生物相容性、机械性能及可塑性;可针对不同的组织工程要求进行分子设计,并可通过大规模的生产获得性质相同的材料	疏水性,细胞黏附性差,易导致血栓的产生;降解产物呈酸性;不利于细胞特异性黏附及特异基因的激活
	聚肽	人工皮肤	具有好的生物相容性、可针对不同的组织工程要求进行分子设计	材料的加工比较困难,材料的机械性能尚不理想

3.4.3 天然细胞外基质支架材料

1. 胶原和明胶

胶原(collagen)存在于哺乳动物结缔组织中,人体蛋白质中约占30%。胶原有19种类型,目前至少有13种已经被分离出,其中Ⅰ型、Ⅱ型和Ⅲ型最为常见。在高级动物中主要为Ⅰ型胶原,主要存在于皮肤、肌腱和骨等传导力学信号的组织中。胶原在细胞外基质中含量高,有较好的刚性和抗张力,属于结构蛋白,也可以通过交联增强。以胶原组成的胶原纤维可适应不同组织的特定功能进行排列,如在骨和角膜中,胶原纤维分层排列,同层平行排列,相邻两层相互垂直，形成“三夹板”结构，使细胞组织牢固，不易变形。胶原纤维构成的肌腱，连接肌肉和骨骼，具有很强的抗张强度。胶原在胶原蛋白酶等的催化下会发生降解。当胶原的三螺旋结构被破坏以后，胶原分子可以在白明胶酶和一些非特异性酶的催化下降解为小段的缩氨酸和氨基酸。胶原因其具有可控的生物降解性、低抗原性、能促进细胞生长和黏附等优点，在组织工程领域广泛应用。美国胶原公司用Ⅰ型胶原开发出可供多种细胞，如成纤维细胞、上皮细胞、角质形成细胞、成骨细胞、肝细胞和胰岛细胞有效生长的支架材料，其产品包括 Cell Prime™、Zycolo®、Vitrogen®等。Yannas 等采用胶原-硫酸软骨素制备多孔交联支架，成功应用于人工皮肤。据临床报告，这种人工皮肤能治疗严重烧伤的病人。

胶原具有一定的抗原性，主要位于末端肽区域。虽然通过胰蛋白酶处理可以将其去掉，但无法达到 100%的去除率。而且部分类型的胶原(如Ⅳ型)在胰蛋白酶处理后，仍具有很强的抗原性。

明胶(gelatin)是胶原经过酸和碱处理后得到，属于胶原部分变性后的衍生物，结构上由胶原的三重螺旋解体为单链分子。实验证明明胶无抗原性，因而可广泛用作组织工程支架，同时也可用作多孔支架的致孔剂。

热稳定性和力学稳定性不高是明胶水凝胶的主要缺点，通过化学交联可得到改善。交联剂 N,N'-(3-二甲氨丙基)-N-乙基碳二亚胺(EDC)和N-羟基丁二亚胺(NHS)可使明胶上的羟基和氨基相互反应形成酰胺键，生成化学交联明胶凝胶，使物理交联网络转变成化学交联网络，强度得到改善。Lee 等采用冻干法制备明胶-藻酸盐孔隙率 60%的海绵体，经 EDC 交联，载入抗菌药硫酸庆大霉素(GS)或磺胺银(AgSD)，老鼠背皮损伤修复的动物实验表明修复效果良好，创伤 12 天后几乎完全愈合。Ikada 等采用冷冻干燥法制备含有生长因子 bFGF 的明胶支架，可用于兔颅骨缺损的修复，实验结果表明其成骨密度较高，修复效果良好。

2. *甲壳素*(chitin)*和壳聚糖*(chitosan)

甲壳素[β-(1→4)-2-乙酰氨基-2-脱氧-D-葡萄糖]广泛存在于昆虫和甲壳类动物(如虾、蟹等)的硬壳及真菌的细胞壁中，有促进伤口愈合的效果。但由于其高度结晶性，因而溶解性较差。壳聚糖[β-(1→4)-2-氨基-2-脱氧-D-葡萄糖]是甲壳素脱乙酰化的产物，两者结构见图 3-2。由于破坏了甲壳质的规整结构，结晶性下降，溶解性得到改善。壳聚糖生物相容性良好，并且具有与细胞外基质中糖胺聚糖结构单元相似的乙酰化葡糖胺结构。壳聚糖被溶菌酶降解的速率根据其脱乙酰化程度的不同而变化，降解产物葡糖胺进入糖胺聚糖和糖蛋白代谢途径。此外，壳聚糖具有特定的生物活性，如抗血栓性，能刺激宿主的免疫系统抵御病毒和细菌感染。壳聚糖与甲壳质一样能促进创伤愈合以及软、硬组织的重建。Shen 等采用冻干法制备了壳聚糖/明胶多孔支架，并通过聚乳酸改性使支架的力学性能提高。Ma 等制备了双层结构的壳聚糖多孔支架，将其用于皮肤组织工程。

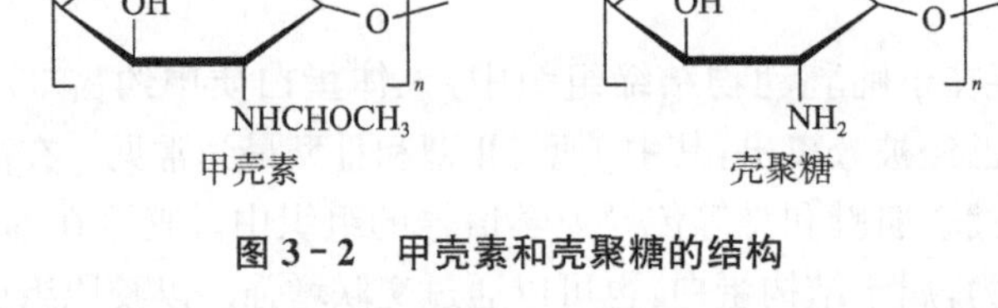

图 3-2 甲壳素和壳聚糖的结构

壳聚糖具有正电性，其高电荷密度使它能与透明质酸、肝素和硫酸软骨素等水溶性聚阴离子糖胺聚糖形成聚电解质配合物，从而赋予材料多种生物活性。例如肝素-壳聚糖配合物具有明显的促血管形成功能，这是由于一方面肝素在动物体内逐渐解吸而释放出来，可提高植入物附近细胞分泌生长因子的活性，另一方面壳聚糖对嗜中性粒白细胞有趋化性吸收作用并且能激活巨噬细胞的吞噬功能从而对血管化具有协同促进作用。

3. 海藻酸盐

海藻酸盐是从海藻中分离出的一种天然多糖，为D-甘露糖醛酸和L-古洛糖醛酸的复合物。其理化性质可以通过分子内的共价键交联和化学修饰来调控。目前海藻酸盐在组织工程领域的应用主要是与钙离子的结合。利用钙离子与海藻酸盐的交联反应制备成凝胶、微胶囊或膜，或先将海藻酸盐和亲水性物质结合，再用钙离子使海藻酸盐形成网状大分子，从而得到高含水率、高韧性和高弹性的水凝胶。

4. 透明质酸盐

透明质酸(图3-3)是天然细胞外基质中糖胺聚糖(GAGS)的最重要组分，在创伤愈合中起着重要作用。透明质酸可以通过从天然材料中提取和微生物发酵得到，并且能被细胞和血清中的透明质酸酶降解。透明质酸可与多种酰肼化合物交联反应得到水凝胶。

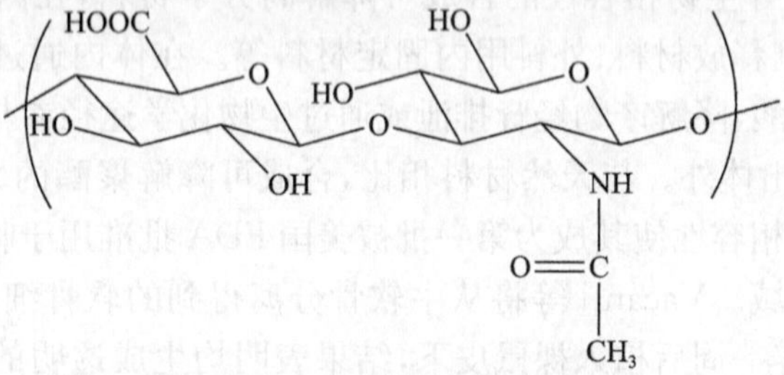

图3-3 透明质酸的分子结构

透明质酸在组织工程中常被用于软骨修复的支架，不仅因为其黏弹性的力学性质与软骨组织相似，软骨细胞还可以通过膜受体黏附透明质酸，并进一步促进软骨细胞的增殖。意大利FIDIA先进生物聚合物公司(Abano Terme)利用透明质酸钠中葡萄糖醛酸结构单元的羟基制备透明质酸苄酯，并开发出由直径40 μm的纤维无规则排列而成的透明质酸苄酯无纺布网(non-woven mesh) Hyaf®-Ⅱ，作为三维支架用以修复关节软骨缺损。Suh Hwal等用冻干法制备了胶原-透明质酸三维多孔支架，经EDC交联，并用L929细胞检测了支架材料的生物相容性。实验结果表明，与高密度聚乙烯材料相比，胶原-透明质酸多孔支架具有更好的生物相容性。

透明质酸对细胞具有多种作用，可通过在细胞表面形成细胞周分子笼蔽(pericellular molecular cage, PMC)，保护细胞免受溶胞物质、病毒等的攻击，对氧自由基、白介素-Ⅰ和植物凝集素的降解或侵害也有防护作用，同时还可以影响细胞的迁移、增殖和分化等行为以及吞噬功能，屏蔽细胞膜上的机械感受器等。透明质酸是良好的组织工程支架材料，从仿生角度出发，透明质酸及其衍生物可为体外培养的细胞提供良好的类似细胞外基质的生长环境，特别是有利于干细胞在这个类似于胚胎的环境里定向分化。

3.4.4 人工合成细胞外基质支架材料

从化学结构上分，人工合成细胞外基质支架材料可分为高分子材料、无机材料以及复合材料。可降解高分子材料以脂肪族聚酯为代表(图 3-4),其他还有聚氨基酸、聚原酸酯、聚酸酐等。无机材料则主要包括生物活性玻璃和生物陶瓷。各种复合杂化材料品种繁多,以羟基磷灰石、磷酸三钙为代表的无机材料和以胶原、壳聚糖、明胶、透明质酸、聚乳酸等为代表的高分子材料都是制备二元、三元复合体系的常见组分。常见的复合材料有羟基磷灰石/胶原、羟基磷灰石/胶原/透明质酸、羟基磷灰石/壳聚糖、羟基磷灰石/壳聚糖-明胶、磷酸三钙/聚乳酸共聚物、磷酸三钙/壳聚糖-明胶等。

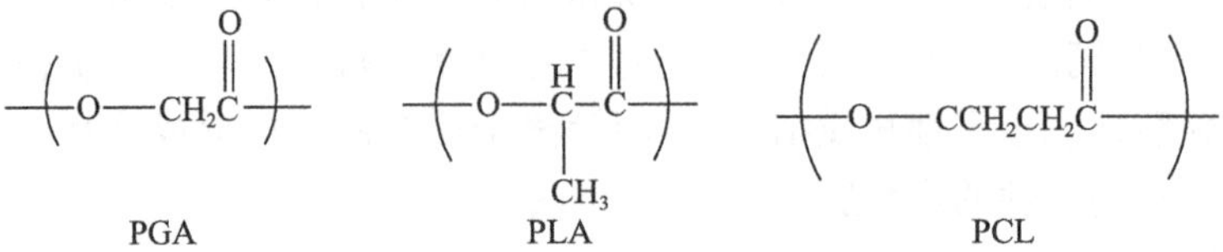

图 3-4 几种脂肪族聚酯材料的分子结构

1. 合成高分子材料

以聚乳酸(PLA)、聚羟基乙酸(PGA)及其共聚物聚乳酸-聚羟基乙酸(PLGA)为代表的聚α-羟基酸是一类具有良好生物相容性的合成可降解高分子材料,在医学领域应用广泛,常用作手术缝合线、药物控制释放材料、外科用内固定材料等。在体内通过酯键水解而降解,形成分子量较低的寡聚物乳酸,降解产物经肾排泄或通过生物化学途径参与三羧酸酸循环,并最终以 CO_2 和 H_2O 形式排出体外。与天然材料相比,合成可降解聚酯的力学性能有了明显的提高。由于其良好的生物相容性使其成为第一批被美国 FDA 批准用于临床的可降解吸收材料,广泛应用于组织工程领域。Vacanti 等将从牛软骨分离得到的软骨细胞接种到 PGA 和 PLA 纤维支架上,在体外培养一周后植入裸鼠皮下,结果表明均生成透明的软骨组织,支架在体内新软骨形成时起到了适当的力学支撑作用和引导软骨生长的作用。Chu 等将同种软骨细胞接种在 PLA 多孔支架上,然后植入成年新西兰白兔的踝关节软骨缺损处,术后 6 周解剖发现 96%的实验动物的软骨缺损处有新软骨生成,其颜色和正常关节表面相似。Langer 等用 PGA、PLA 及其共聚物制成的支架培养牛软骨细胞,并用高分子量 PLLA 制成鼻中隔软骨模板,移植到裸鼠皮下后,获得了设计形状的鼻中隔软骨。

聚ε-己内酯(ε-PCL)是另一种常用于组织工程支架材料的可降解脂肪族聚酯。聚ε-己内酯可以通过已内酯的开环聚合得到,为半结晶性聚合物,由于分子链中存在疏水性的亚甲基链段,其降解速率比聚α-羟基酸要慢得多,在体内完全降解吸收和排出需要 2～4 年。一般通过与聚α-羟基酸共聚来调控、加快其降解速率。PCL 对小分子药物有较好的通透性,因此更适合用于药物载体和缓控释载药系统。

2. 无机材料

无机材料如生物陶瓷也可用于组织工程材料,尤其在硬组织修复方面。生物活性陶瓷是指能与活体骨组织、活体软组织形成化学键合的陶瓷材料。对于硬组织替换材料,这种键合主要是由羟基磷灰石在界面处的沉积而实现的。界面结合强度随时间增长而增强,与骨折愈合的情形相似。典型的生物活性陶瓷主要包括两类:一类是生物活性玻璃和玻璃陶瓷,另一类是磷酸钙基生物陶瓷,如羟基磷灰石(hydroxyapatite,HAP)、磷酸三钙(tricalciumphosphate,TCP)等。

Hench 和小久保对生物活性玻璃做出了突出的贡献,分别开发出活性玻璃 Bioglass® 和结晶性生物玻璃 Cerabone® A/W。前者的力学强度与玻璃相当,能与骨直接结合;后者兼具优异的生物活性和力学性能,弯曲强度约 200 MPa,相当于皮质骨。

无机材料可以是填充性颗粒、块材或可注射骨水泥,也可以是大孔支架。它们的生物相容性、引导骨形成的能力、力学强度和降解速率各不相同。植入物的化学和几何结构决定其降解速率和骨整合速率。无机材料的降解与其化学结构密切相关。珊瑚和石膏的吸收比羟基磷灰石快得多。对磷酸钙而言,其降解速率和相结构及晶体结构的缺陷有关,同时也受材料尺寸的影响,降解速率与材料颗粒尺寸成反比。无机材料的降解还和细胞活性相关。

综上所述,尽管目前组织工程支架材料的研究较多,进展也较快,但仍然存在如下问题:①支架材料的降解性不理想,如无机钙磷陶瓷的生物降解速率慢,而高分子材料的生物降解速率与组织的形成速率不协调。②支架材料在体内仍然会引起一些炎症反应。③现有的合成性聚合物支架材料强度不足,受力时容易变形,这样会损伤移植的细胞,作为骨组织支架材料其机械强度和强度保持时间不够,而生物陶瓷降解速度慢,脆性大,受力后容易碎裂。④支架材料亲水性较低,影响了细胞黏附和分布;降解产物偏酸性,不利于细胞的生长。⑤难以可控制备出具有合适的孔径和孔隙连通性的三维结构支架。⑥材料的生物活性不理想,细胞亲和性差使其不利于在材料上的黏附、增殖和分化,更无法促进细胞的生长与分化。

3.4.5 细胞外基质支架材料的加工新技术

生物材料是组织工程研究的桥梁和纽带。随着组织工程的发展,对于材料的设计以及支架制备技术的要求越来越高。而支架的制备技术则主要有纤维编织、相分离、真空冷冻干燥、溶液浇铸/粒子沥滤、熔融成型、气体发泡、超临界流体以及一些组合技术,如相分离+粒子溶出法、电纺丝+粒子溶出/气体发泡法、粒子溶出+冻干技术等。

新加坡国立大学和我国清华大学等单位开展了利用快速成型技术制备多孔支架的研究。快速成型技术,又称作自由实体加工,作为一项发展快速的新兴技术,它不仅可以定制复杂的形状,而且可以制备出规整尺寸的内部结构,如特定的孔径、孔隙率和孔的连通状况及分布。利用该技术可以制备出有利于增加营养物质和代谢产物传输的人工血管系统支架结构,具有生产周期短、自动化程度大、重复性好、精确度高等特点,是一种理想的组织工程支架的制备技术。快速成型技术包括三维打印、激光烧结、熔融沉积、低温沉积、立体印刷等,其基本原理都是“分层制造、逐层叠加”,即根据产品的要求在计算机上设计出三维模型,或将已有产品的二维图形转换成三维模型,或用扫描仪(如 CT 或 MRI)对已有的产品实体进行扫描,通过层面处理重新构造出三维模型;然后通过专用软件将模型数据分层切片,传输到快速成型机进行加工;经过聚合、烧结、凝结、切割、黏结等步骤形成截面轮廓,并逐层叠加成三维立体模型,实现材料精确堆积而形成立体结构。

与传统方法相比,快速成型法可一步形成支架的外形和相连的多孔结构,是一种一体化制备方法。其优点在于成型时间短,有利于自动化大规模生产;可根据个体的不同,迅速制备出具有个体特征的三维多孔支架;可制备各个部位具有不同孔结构的支架以适应复合组织的不同要求(表 3-4)。其不足之处在于支架孔隙率偏低,通常小于 80%,目前外形成型精度有待提高。

快速成型技术的发展前景主要集中在仿生骨骼制造方面。用快速成型技术加工仿生骨骼能够制造任意复杂形状的骨骼,不使用任何夹具和工具,能够形成传统工艺不能成型的 200～500 μm 以上的可控孔隙结构并保证孔隙之间的完全贯通,实现孔隙梯度结构,是组织工程细胞载体支架结构成型制造的一个理想解决途径。图 3-5 为采用熔融沉积技术制备的 PCL 多孔支架，孔结构呈内部相通的蜂窝状结构。

表 3-4　快速成型技术及制备的支架特点

方法	材料	孔径/μm	优点	缺点
三维打印技术(3 DP)	HAP/聚合物	250	压缩强度高，成型速度快 适用材料范围广	硬度差，成型时材料需制备成粉末状，需要后加工
激光烧结技术(SLS)	PVA-HAP, PEEK-HAP, PCL	500 500	分散性好，孔连通性好，成型速度快	孔径大，对材料的混合比例有一定的要求，高温操作，成型时材料需制备成粉末状
熔融沉积技术(FDM)	PCL, PP-TCP, PCL-HAP	250	力学强度优良	适用材料范围窄，材料需制成粉末或半液体状，高温操作
低温沉积技术(LDM)	PCL-PLLA	200		要求冻干，使用溶剂
立体印刷技术(SLT)	PMA-HAP HAP, PCL	450 280～400	密度较大，力学强度优良 每层沉积为光滑表面，不易断裂	高温操作 孔径及孔隙率比设计时小，有质量损耗

注：HAP—羟基磷灰石；PVA—聚乙烯醇；PCL—聚己内酯；PP—聚丙烯；TCP—磷酸三钙；PLLA—聚乳酸；PMA—聚丙烯酰胺。

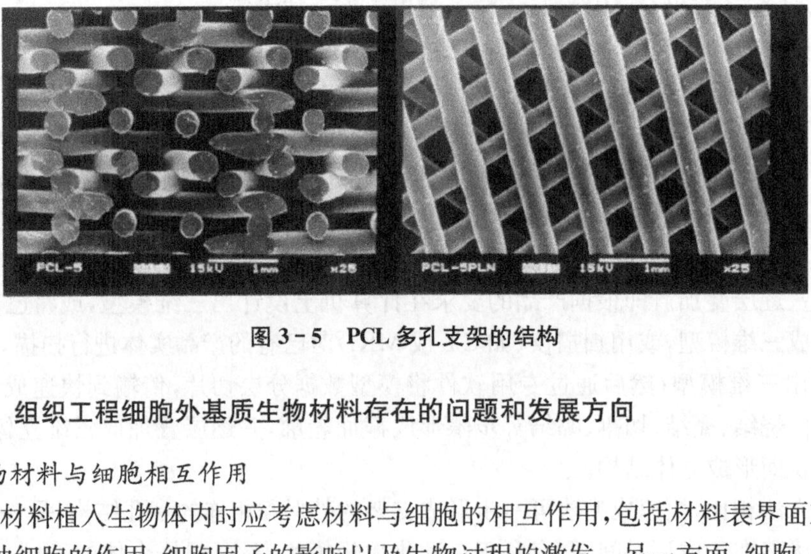

图 3-5　PCL 多孔支架的结构

3.4.6　组织工程细胞外基质生物材料存在的问题和发展方向

1. 生物材料与细胞相互作用

将生物材料植入生物体内时应考虑材料与细胞的相互作用，包括材料表界面对蛋白的动态吸附、多种细胞的作用、细胞因子的影响以及生物过程的激发。另一方面，细胞、细胞外基质及生物体内的生物系统也对生物材料的结构和性能产生影响，因而生物材料与细胞的相互作用是双向的、动态的且随时间和空间的不同而不同，是一个受多因素调控的复杂体系，存在物质、能量和信息(化学信使和场信号)的传递。例如，骨是羟基磷灰石和胶原构建的纳米尺度的生物复合材料，它在生命过程中经历不断更新和重建。骨的形成需有成骨细胞和破骨细胞参与，以及其细胞外基质分泌的不同信号分子共同协调骨的形成与吸收，体内其他组织，如血液和内分泌系统的生物活性物质亦参与骨重建过程，而力学信号则影响基因表达、细胞功能的发挥。

此外，体内植入的支架往往会引起不同程度的纤维增生，从而阻断氧气与营养物质的供应，导致移植失败。其中一个原因可能是材料不纯净，另外也有可能是材料本身的物理化学性质造成的。采用多种改性技术（如化学改性、杂化改性、表面修饰、等离子体处理）有可能缓解这一问题。但最根本的手段应该是了解材料与细胞及人体微环境的相互作用，了解不同分子、基团对纤维增生的作用机理，从分子水平来设计组装材料。一旦这些问题得以解决，必将引起新的生物材料概念产生，并促成组织工程生物材料的大发展。

2. 生物材料的仿生设计

理想的生物材料应使人体生理系统能够将其识别为人体自身组织的一部分，为此，需从细胞生物学和分子生物学的角度精确设计和控制其化学构造，同时应考虑材料的力学性能、物理特性及可加工性能。如何开发新型的仿生化、智能化组织工程材料是进一步发展面临的挑战，应特别注重细胞与生物材料相互作用的研究。对材料的微观结构、表面组成及排列方式等进行精细调节，从而研制出有利于细胞定向分化及特定组织形成的复合型生物活性材料。例如，可将寡糖和脂质体设置于生物材料表面，赋予其对目标细胞的特异相互作用。仿生细胞外基质中含有黏附蛋白和糖蛋白结构中的肽序列（如精氨酸-甘氨酸-天冬氨酸，RGD），可将此类活性分子固定在生物材料表面以介导细胞粘连。细胞的存活与否与粘连过程关系密切，要求细胞游走形成血管并再生神经末端。因此修饰材料表面的RGD应具有适宜的密度，才能使细胞既粘连又能移动；此外，细胞与RGD肽组装成纳米尺度的团簇结构比无规肽结构更能有效地诱导细胞的粘连和移动。

3. 生物活性物质调控释放

组织重建受生长因子和细胞因子调控。支架材料仿生体内细胞外基质，构筑成生长因子和活性组分的载体，可适时缓释因子，诱发细胞分化，在体外生长及促进血管化。适宜的载体还可与含生长因子编码基因的质粒DNA构筑成复合物，高效、靶向转染目标细胞，在体内按生理剂量（ng）表达生长因子，防止高剂量因子的负面效应，促进组织重建。基因治疗中，应使其载体-质粒复合物靶向目标细胞，并通过膜融合或胞吞进入细胞和细胞核，释放外源基因DNA与细胞基因组整合，才能表达生长因子。如何将生长因子结合到生物材料上并造成缓慢释放的效果也是一个重要的研究方向，同时，如何确保过程的安全性和可控性是目前面临的挑战。

4. 生物材料的智能化

在近二十年的研究中已对合成高分子材料、钙磷类无机材料、高分子与无机材料的复合材料、生物源材料以及生物源材料与其他材料的复合材料等进行了大量的研究，虽然现行的支架都具有好的孔洞网络结构，并且大多数在实验研究中都证明有良好的生物相容性、适宜组织构建的理化性质和降解速率，但均未达到体内降解速率与新组织形成速率的一致。有学者提出了一个具有参考价值的公式：即 t_b/t_h，t_b 代表材料降解速率，t_h 代表新组织形成的速率，其比值如果等于1，则是理想的组织工程支架材料；若小于1，表明材料降解太快，新组织尚未形成，达不到修复目的；若大于1，表明材料降解太慢，阻碍新组织形成。虽已对组织工程支架材料进行了十分广泛的研究，但均没有一种材料能完全做到在材料降解的同时，发生同步化组织再生，材料的降解速率和动力学衰减与组织的再生速率相匹配。这将是组织工程研究中需要突破的技术瓶颈之一。

如何使材料的动力学衰减与组织再生过程相适应？如何调控材料的降解初始为点降解（一维，与细胞的接触点），面降解（与组织的接触面）或三维空间降解（整体降解）？这些都是比较棘手的问题。因此，新材料的开发除了要求具有良好的生物相容性、适宜的降解性和特定的空间构型等基本特性以外，更要求具有一定的仿生性与智能性。理想的组织材料不仅能促进种子细胞的增殖，诱导干细胞分化，同时能感知并根据组织形成速度智能调节降解速率，促进组织的再生。

5. 纳米技术与方法在细胞外基质材料设计中的应用

实验表明，纳米颗粒可以对细胞周期、细胞功能、信号传导调控、物质摄取等基本生命活动产生影响。纳米材料的小尺寸效应不仅使纳米颗粒容易进入细胞，而且能把本身不能进入细胞的物质带入细胞。同时，纳米材料因其具有独特的体积效应和表/界面效应，有利于细胞的黏附、增殖和功能的增强。与人体硬组织无机化学组成和结构相同的纳米 HAP 可以促使成骨细胞的黏附、分化和生长，提高材料的生物活性。HAP 纳米纤维能够支持细胞黏附和增殖，引导细胞沿着纳米纤维取向生长、分化，因而近年来被广泛用于生物材料的加工成型。与常规纤维支架相比，Yoshimoto 等研究表明纳米纤维支架与细胞外基质在形态结构上具有更高的相似性。纳米纤维支架特有的高比表面积和孔隙率，有利于细胞接种、迁移和增殖。无机纳米颗粒与有机材料的复合可以同时提高可降解脂肪族聚酯及其共聚物材料的力学性能和降解性。Suprekas 等报道，层状纳米蒙脱土提高了 PLA 的生物降解性能。Fukuda 等报道随着碳酸钙含量的增加，PLA 的降解速度增加。此外，纳米羟基磷灰石涂层因涂层表面颗粒细小、均匀，涂层内部缺陷减少，具有比传统 HAP 涂层材料更高的促进成骨细胞的黏附、增殖和矿化能力。采用 DNA 和羟基磷灰石的原位组装获得了具有特定纳米结构的 DNA 纳米复合物，实现了界面介导的高基因转染纳米涂层，为骨和相关组织的再生修复提供了良好手段。这些研究为突破常规的细胞二维培养、构建新型三维细胞培养系统、获得具有诱导分化和再生功能的活性组装体、实现组织修复和再生提供了良好的平台。

在纳米复合生物材料上培养从体内采集的细胞或将纳米复合物植入体内时，细胞会与周围的纳米材料相互作用。通常，纳米复合生物材料中的纳米结构是无序的，表面化学和拓扑学在分子水平上也是混沌的。因此，需研究细胞生存的纳米及微米环境，细胞对纳米图案的响应特性(不平衡界面力等)以及表面化学图案的构筑，以实施不同细胞共培养，为研制生物芯片和细胞芯片提供技术与方法。

3.5 生长因子

3.5.1 组织工程中生长因子的基本功能

组织工程是将细胞与材料复合，从而构建植入人体的活材料。在此过程中，目的细胞的生长调控是十分重要的环节。近年来的研究发现，生成因子对细胞的生长、繁殖以及组织工程化人体组织的构建均有重要作用。生长因子是组织工程的重要工具，对生长因子的作用及其机制的研究是组织工程的重要内容。

生长因子是细胞生长调节因子的简称，是一类在细胞之间传递信息、对细胞生长具有调节作用的一些低分子量的多肽或蛋白，相对分子质量在 5 000 到 50 000 不等。目前常用的生长因子及其来源见表 3-5。生长因子能促进或抑制细胞的增殖、分化、迁移过程和基因的表达，并改变细胞产物的合成。在不同的浓度下，生长因子还可以表现出相反的作用。生长因子通常以无活性或有部分活性的前体形式存在，这些前体需要蛋白质水解来激活，可能还需要与细胞外基质分子结合来维持其活性和稳定性。生长因子可分为内分泌型、旁分泌型和自分泌型等。目前已经发现并了解了几百个生长因子及其特征，并根据其结构把它们归纳为至少20个家族和超家族，但真正用于临床的相对较少，主要包括转化生长因子(TGF)、血小板衍生生长因子(PDGF)、碱性成纤维细胞生长因子(bFGF)、上皮细胞生长因子(EGF)、血管内皮细胞生长因子(VEGF)、神经生长因子(NGF)、胰岛素样生长因子(IGF)、肝细胞生长因子(HGF)等。隶属于TGF家族的骨形态发生蛋白(BMP)由于对细胞有明显调节增殖分化作用，研究得比较多。

表3-5　生长因子的来源和活性

生长因子	主要来源	基本功能	备注
PDGF	血小板，内皮细胞、胎盘	促进结缔组织、胶质细胞、平滑肌细胞增殖	
EGF	血小板，内皮细胞、胎盘	促进间叶细胞、胶质细胞、上皮细胞增殖	
FGF	多种细胞	促进多种细胞增殖，抑制一些干细胞增殖，诱导早期胚胎中胚层形成	至少19个家族成员，4个不同受体
TGF-α	转化细胞	可能对伤口愈合很重要	与EGF相关
TGF-β	激活的TH1细胞，NK细胞	抗炎、促进伤口愈合，抑制巨噬细胞和淋巴细胞的增殖	至少有100个不同的家族成员
IGF-Ⅰ	肝脏	促进多种类型细胞增殖	与IGF-Ⅱ和胰岛素原相关，也称为生长调节素C
BMP	激活的TH1细胞，NK细胞	与骨、软骨、肌腱、牙周组织、牙本质等的形成密切相关	属TGF-β家族成员

在将生长因子用于组织工程技术时，有以下两种形式：①生长因子直接复合到支架上或在支架构建之后再与其复合；② 在支架上移植能分泌生长因子的细胞。这些细胞可以是自然状态下原本就能分泌生长因子的细胞，也可以是基因工程化细胞。在修复区域局部给予生长因子可诱导细胞增殖、趋化、分化和基质形成，因此在组织再生领域中有着广阔的应用前景。

生长因子的临床应用中存在的一个困难就是其检测方法。对于组织工程使用的生长因子，生物活性是检测其能力的一个关键指标。现有的检测方法可分为三大类：生物活性检测法(bioassay)(如MTT检测生长因子的生物学活性)，免疫学检测法(immunoassay)(如RIA，ELISA检测生长因子蛋白质的抗原特性)和分子生物学检测法(molecular biology assay)(检测生长因子mRNA的表达)。目前的检测法都存在耗时较长，溶液状态下生长因子的构象不稳定，活性容易丧失，结果重复性差等问题。因此，发展一种便捷、重复性好及廉价的检测方法非常重要。

3.5.2　生长因子的几种作用方式

1. 直接作用

在生理条件下，生长因子的作用方式往往是多种生长因子的连续序贯作用，但就每一种生长因子而言，其作用的基本方式是生长因子与相应受体相结合，从而引起细胞表达的改变，产生相应生物效应。

不同生长因子与受体结合后，其信息传递与作用机制可分为以下三种情况。

(1) 细胞内移行。当生长因子与受体结合形成生长因子-受体复合物后，该区域细胞膜即内陷，继而脱落成复合小泡，向细胞内移行至效应部位，引起细胞的相应变化。在这种机制下，细胞对生长因子-受体复合小泡也存在主动控制，即使复合小泡不移向效应部位，而移向溶酶体，从而清除生长因子-受体复合体。

（2）引起膜磷酸化。有些生长因子，如IGF、EGF等，本身即具有内在的酪氨酸激酶活性，与受体结合后，激活酪氨酸激酶，通过这一方式，生长因子的信号就传递进入了细胞。

（3）第二信使介导。细胞对生长因子的作用也存在主动调节。如当一些生长因子长时间作用于细胞后，细胞表面受体数目显著减少，降低了生长因子的作用，称为"下行调节"；而另一些生长因子长时间作用于细胞后，细胞表面受体数目反而增加，呈现"上行调节"。

2. 间接作用

生长因子除对其靶细胞有强烈直接作用外，在体内还有间接促生长效应，这是靠体内各组织间协调来完成的。如TGF-β在体内可促使单核细胞产生并分泌趋化因子及生长因子IL-1，再通过IL-1作用于其靶细胞，影响细胞的生长。

3. 协同作用与拮抗作用

生长因子的协同效应表现在联合应用后其生物效应倍增，同时负效应降低。大量研究表明，许多生长因子在体外与体内的单独应用中，都有介导或直接刺激组织修复的活性。然而，如果按一定的方式将其配合使用，可以看到明显的相互促进作用。有研究表明，TGF-β与IGF联合作用不仅可以增强促细胞生长作用，而且还可使TGF-β的组织异常分化作用减弱。另一方面，生长因子间的相互拮抗作用也是维持机体正常生理状态的方式与环节之一。有研究表明，单独应用TGF-α或TGF-β对细胞的有丝分裂都有促进作用，但两者合用时，TGF-β对细胞有丝分裂的促进作用下降。

体内生长因子间的相互促进与拮抗作用对维持内环境的相对稳定具有积极意义。体内创伤的修复均是在诸多生长因子的序贯作用下实现的，其间生长因子的直接、间接、协同和拮抗达到平衡，创伤便正常修复。若这种平衡丧失，便会出现延迟愈合，不愈合或瘢痕增生及粘连等异常现象。

在组织工程中，研究并仿生各种生长因子的作用平衡是研究重点之一。目前的组织工程研究中所涉及的大多是生长因子的直接作用方式。但随着研究的深入，将越来越多地利用生长因子的间接作用来发挥其作用。如在人工骨支架的间隙中，采用预涂层的方法将血管内皮生长因子预涂在支架表面，这将对其成为血管化的活骨起到促进作用。

3.5.3 组织工程中几种常见的生长因子及其应用

1. 骨形态发生蛋白（bone morphogenetic protein, BMP）

BMP是转化因子（TGF-β）超家族成员，也是其中最大的蛋白家族，已发现BMP-1～BMP-12共12种亚型，并且还在不断增加。作为目前已知的唯一一种能促使间充质干细胞骨向分化的生长因子，BMP能诱导干细胞分化成成骨细胞，增强ALP活性，提高mRNA和骨钙素水平，增强钙在细胞外基质中的沉着。BMP在体内能够诱导骨形成，在组织工程的体外培养中不仅能够调节成骨细胞的转化，对骨母细胞及间充质细胞均有强烈的骨诱导活性，且能使诱导性骨细胞向确定性骨细胞转化。BMP在促进骨髓基质干细胞（BMSC）向成骨细胞分化的同时，还可抑制其向其他细胞如脂肪细胞或骨骼肌细胞的分化。目前研究较多的骨形态发生蛋白是BMP-2、BMP-4和BMP-7。其中BMP-2促进成骨细胞分化和诱导体外成骨的能力已得到证实。BMP-4结构与功能与BMP-2相似，但单独应用其成骨能力较

BMP-2弱。Ghosh Chondury等从SV40转染小鼠的颅骨分离出永生化的成骨细胞系2T3，以此为研究对象，观察重组人BMP-2(rhBMP-2)对成骨细胞的作用。发现rhBMP-2可促进成骨细胞增殖，同时使2T3细胞维持Ⅰ型胶原mRNA高表达，促进碱性磷酸酶及骨钙素mRNA表达。另外，rhBMP-2还可促进2T3细胞内源性BMP-2基因的表达。研究证明外源性的rhBMP-2对成骨细胞内源性BMP-2基因表达有自动调节作用。Gazzerro等发现BMP-2可降低细胞内胶原酶mRNA的表达，从而抑制成骨细胞表达胶原酶，有利于基质的合成。在动物实验中，rhBMP-2与载体复合后，植入长骨缺损修复的模型，发现其促进成骨作用明显，且其浓度与骨愈合具有正相关。BMP-7用于人体治疗骨不连也已获得成功。

2. 转化生长因子β(transforming growth factor beta，TGF-β)

TGF-β是一组广泛存在的多功能生长因子，对骨组织、结缔组织及免疫系统等多种细胞均有调节作用，目前发现有5种亚型TGF1～TGF5。骨细胞、成骨细胞、破骨细胞、软骨细胞和骨髓细胞通过自分泌和旁分泌途径均能产生TGF-β。作为旁分泌蛋白，TGF-β以潜在的活性形式LTGF-β(Latent TGF-β)结合并储存于细胞外基质中。局部pH值改变(酸化或碱化)和蛋白酶的作用可以激活LTGF-β，从而形成相对分子质量为25 000、具有生物活性的成熟型TGF-β，从ECM中释放出来，发挥其生物学效应。成熟型TGF-β在骨组织中含量相对较高，它可以加速细胞DNA合成，刺激软骨形成和软骨内成骨，调节成骨细胞的游走和聚集。有实验研究证明，TGF-β对兔软骨细胞增殖有双重调节作用：一方面，在静态培养中可抑制G_0/G_1期细胞向S期进展；另一方面，促进S期细胞DNA的复制，从而促进软骨细胞的增殖，也可以促进骨细胞合成胶原。TGF-β的刺激细胞作用具有剂量依赖性，低含量时刺激细胞增生，而高含量时则抑制细胞生长。机理研究表明TGF-β在骨形成中的作用可能源于介导机体系统因素对骨细胞的作用，以及调控局部生长因子之间的作用。BMP刺激间充质细胞向骨原细胞分化，增加新的骨祖母细胞，再由TGF-β刺激这些细胞的有丝分裂，促进骨质形成和成熟，形成大量新骨。

3. 碱性成纤维细胞生长因子(basic fibroblast growth factor，bFGF)

bFGF是一种广泛分布于人体细胞但含量极微的生物活性物质，主要作用于中胚层组织与神经外胚层组织和细胞，具有重要生理功能，能够促进多种细胞，特别是成纤维细胞的增殖；促进微血管生长，使局部毛细血管增加；刺激骨细胞增殖和DNA合成，增加骨细胞合成胶原和非胶原蛋白的能力，有利于骨质生长。在众多的生长因子中，bFGF对BMSC具有最强的促增殖作用。bFGF不仅能提高BMSC的增殖速度及其寿命，而且能在增殖过程中保留BMSC的多向分化潜能。Nakamura等对犬行胫骨截骨后用髓内针固定，将20 ng的rhbFGF注射入骨折处，两周时观察到实验组有显著的骨膜间充质增多，并且分化成为软骨细胞和骨细胞的数量也增多。将rhbFGF注入股骨末端，研究bFGF对骨形成的影响，发现bFGF能明显增加注射点周围矿物质的浓度，进而促进股骨骨细胞的增殖。Laigoni等应用bFGF刺激体外培养的BMSC后，复合到透明质酸支架，修复大鼠桡骨长节段缺损，术后160天时发现bFGF刺激骨痂形成量及修复效果均明显优于未经bFGF刺激组。

4. 血小板衍生生长因子(platelet-deed growth factor，PDGF)

促细胞分裂因子PDGF广泛存在于骨组织中，由两条肽链PDGF-A和PDGF-B形成二聚体：存在PDGF-AA、PDGF-BB、PDGF-AB三种异构体。PDGF能使静止状态的G_0/G_1期细胞转变为具有分化潜能的细胞，其他生长因子则在PDGF的基础上使细胞通过G_0、G_1期进入S期，进行DNA复制，进而发生有丝分裂，促进成骨细胞的增殖。体外培养中引入 PDGF 可促进成骨细胞的增殖，但长期应用则会抑制成骨细胞的分化，表现为碱性磷酸酶、Ⅰ型胶原及骨钙素的表达降低，并抑制钙化结节的合成。Lee 等综合利用 PDGF 对成骨细胞的作用，构建了载 PDGF 的多孔聚L-丙交酯复合物，并将其植入新西兰白兔颅骨缺损处，发现缺损处修复明显加快，表明 PDGF 载体释放系统对引导性骨缺损修复有一定的价值。

5. *表皮生长因子*(epidermal growth factor, EGF)

表皮生长因子是一个由 53 个氨基酸组成的促有丝分裂的多肽，是具有促进伤口愈合功能的生长因子之一。EGF 和 TGF-α 为两种不同的促有丝分裂多肽，具有有限的同源性，但与相同的细胞表面受体结合，并且其与受体间的亲和力也相似。EGF 在体外可以刺激角化细胞分裂，在体内则促进上皮细胞再生。目前正在研究其重组形式用于治疗。EGF 激活的受体在体内和体外均可诱导一些特异的蛋白合成增加，从而促进角膜上皮和内皮的增生和分化。

6. *类胰岛素生长因子*(insulin-like growth factor, IGF)

IGF 有 IGF-1 和 IGF-2 两类，由包括骨在内的许多组织合成，其合成受生长激素 GH 调控。IGF 对骨组织的促生长作用主要是通过骨骺软骨板的成骨而实现的，因而对骨的纵向生长具有重要作用。在骨修复过程中，IGF 能刺激骨细胞分裂，增加成骨细胞数量，从而合成更多的骨基质，并防止胶原纤维裂解，使骨损伤区骨量得到全面增加。同时，IGF-1 与骨质疏松的产生也有很大关系，可用于骨质疏松的治疗。

组织修复工程中，多数生长因子的作用机理仍不十分清楚。同时，组织再生往往需要多种生长因子的参与，它们之间如何相互作用、作用顺序以及信号传递过程仍然不明确。此外，由于生长因子体内的半衰期短，容易被体液稀释导致流失，往往达不到有效的剂量。因而采用直接注射生长因子到损伤部位的方法治疗作用不明显。如果加大使用量，又容易引起安全性的问题。

解决这些问题的一个有效的策略就是设计药物缓释系统保护、控制生长因子的释放。当生长因子与载体结合后，可避免蛋白质水解作用，从而保持药物的活性，延长其作用时间。此外，采用基因编码改变细胞的遗传性状，让其自主分泌可治疗的生长因子，也可促进组织的再生。但如何发展具有安全和有效的载体用于基因转染也是一个重要的挑战。

3.5.4 生长因子在骨修复再生过程中的作用

研究表明，生长因子在骨愈合和改建过程中起着十分重要的作用。在骨的代谢和改建过程中存在骨吸收和骨形成两个方面。生长因子通过其各自的作用，调控两种过程的平衡。

在骨愈合过程中，存在于骨基质中的各种生长因子被释放出来，发挥其各自的作用，启动骨改建与修复过程。BMP 诱导向骨细胞分化；TGF-β 被释放后，抑制破骨细胞活动，减少骨继续吸收；其他生长因子，如 IGF 和 TGF-β 一起刺激邻近骨膜的骨原细胞分裂增殖；PDGF 和 TGF-β 激活成骨细胞的趋化作用，使其迁移到骨吸收部位。到达骨吸收部位的成骨细胞开始合成骨基质，同时通过自分泌和旁分泌调节生长因子浓度。正是这种激活-诱导-趋化-反馈机制，促使骨组织的增长和改建。

在骨折修复过程中，生长因子通过激活骨原细胞的分裂和分化及促进成骨细胞的分裂和合成，在新骨形成、修复骨缺损的过程中起着十分重要的作用。在骨修复早期，血凝块中血小板释放的 TGF-β 和 PDGF 刺激骨原细胞分裂，并向成骨细胞分化。同时，骨折断端由于骨组织破坏而释放出来的生长因子也使成骨细胞激活，合成分泌骨基质和生长因子，使生长因子在骨修复的整个过程中保持有效浓度。约 2 天后，骨膜成骨细胞开始表达 BMP，诱导间充质细胞分化为成骨细胞。7～12 天后，成骨细胞大量合成 TGF - β、bFGF 和 PDGF，作用于修复区细胞。这种自分泌和旁分泌过程使成骨细胞在愈合过程中保持高增殖和高代谢，保证骨愈合的顺利进行，同时 bFGF 的合成分泌为新骨中血管形成做好准备。

在众多的生长因子中，BMP 是骨修复过程的基本因素，TGF - β、bFGF、PDGF 则表现出促进骨性细胞代谢和生长的作用。虽然这些生长因子都可调节细胞的生长，但由于其具有多向性，其效应与生长因子的来源、纯度、剂量和所用种子细胞的来源、分化状态、培养条件及有无其他生长因子参与等多种因素有关。如何充分发挥各种生长因子的协同作用、最佳效应，从而使骨组织工程更广泛地应用于临床治疗骨缺损，依然是未来的研究发展方向。

3.5.5 骨形态发生蛋白(BMP)在骨组织工程中的应用

人体骨组织损伤的修复与重建一直是困扰重建外科的难题之一。骨组织虽然具有再生和自修复能力，但每年仍有数以百万的患者因创伤、感染、肿瘤、发育异常等原因造成大的骨缺损，单纯依靠自修复无法愈合，需要接受手术治疗。寻找理想的生物材料或制品对其进行修复是骨科及相关学科领域重要的研究方向。骨和软骨组织中含有多种参与调节骨骼发育及生长的多肽类生长因子。1965 年，Urist 首次发现骨基质中存在一种可以诱导骨形成的物质，并将其定义为骨形态发生蛋白(bone morphogenetic proteins, BMP)。研究人员经过大量动物实验证实了 BMP 具有强大的成骨活性，能够诱导间充质细胞不可逆地分化为软骨、骨组织。BMP 是目前最为肯定的具有诱导成骨作用的生长因子，也是唯一能够单独诱导骨组织形成的局部生长因子，并具有修复骨折损伤部位以及牙齿内部骨组织的能力。1992 年，Israel 等通过基因重组技术在中华仓鼠卵母细胞中表达出人基因重组的 BMP。迄今为止，已有 16 种 BMP 被分离和克隆，而且数目仍在继续增加，除了 BMP - 1 外，其余均属于 TGF - β 超家族。在美国，BMP - 2 和BMP - 7 获 FDA 批准，已进入大规模的临床应用阶段，在治疗骨折愈合及脊柱融合、修复骨缺损等方面取得了很好的结果，并不断获得新的经验。BMP 将会在未来的骨科领域中扮演一个非常重要的角色。

1. BMP 在临床骨修复中的作用

作为诱导成骨最重要的生长因子，在正常组织中 BMP 处于休眠状态，当骨组织损伤时它大量分泌，活性迅速增强。在骨组织形成过程中，BMP - 2 具有促进向成骨细胞分化和诱导体外成骨的能力，使未分化的间充质细胞经过趋化、分裂和分化，定向分化为软骨细胞和成骨细胞，诱导新骨生成，并形成骨组织。在此过程中，BMP - 2 的主要作用是：①募集间充质细胞，并诱导其向成骨细胞或软骨细胞方向分化；②协同其他调节因子参与骨组织形成。

(1) 在治疗新鲜骨折方面

开放性胫骨骨折具有较高的延迟愈合与不愈合率，一直是骨科领域的一个难题，因此，美国 FDA 已经批准将开放性胫骨骨折作为评价 BMP 疗效的临床实验模型。美国评估BMP - 2 在手术治疗胫骨骨折中作用的实验小组(BESTT)报道了一个在全球 11 个国家、49 个中心进行的大规模前瞻、随机、单盲、对照临床实验，437 名胫骨开放性骨折的患者全部用髓内钉内固定治疗并随机分成 3 组：对照组 147 例患者单纯使用内固定方法治疗，试验组一 145 例患者骨折局部植入rhBMP - 2(浓度 0.75 g/L，总量不超过 6 mg)与Ⅰ型胶原复合物，试验组二 145 例患者骨折局部植入rhBMP - 2(浓度 1.5 g/L，总量不超过 12 mg)与Ⅰ型胶原复合物。随访 1 年，结果 3 组愈合率分别为 54%、63%、74%，使用rhBMP - 2的愈合率较对照组高，使用 1.5 g/L rhBMP - 2的效果更优。使用 1.5 g/L 的rhBMP - 2与对照组比较，需要两次手术的概率减小了44%($P=0.000\,5$),平均愈合时间缩短(184天到145天,$P=0.002$),并能明显降低术后感染率($P=0.021\,9$),其余并发症差异无统计学意义。研究认为使用1.5 g/L rhBMP-2治疗长骨骨折是安全的,效果较单纯内固定更优。这个研究结果使得美国FDA于2004年认可BMP-2与可吸收胶原海绵复合物(rhBMP-2/胶原蛋白海绵,商品名Infuse®)用于临床治疗开放性胫骨骨折。

(2) 治疗骨不连、骨缺损方面

在骨不连、骨缺损、脊柱融合等需要骨移植的手术中,自体骨一直被认为是移植材料的金标准,但是自体骨移植有延长手术时间、增加出血、骨量受限、取骨部慢性疼痛、感染、步态异常等缺点。同种异体骨移植目前应用较广,但诱导成骨的活性弱,而且会有免疫排斥和传染疾病的可能。寻找能够媲美自体骨的移植材料一直是各国研究的重点。Geesink等首先报道了BMP-7用于治疗骨缺损的临床试验研究,在行高位胫骨V形截骨术形成腓骨缺损的患者中,6例植入BMP-7与Ⅰ型胶原复合物,6例单纯植入Ⅰ型胶原,1年后BMP组中5例有骨桥形成,胶原组无一例有骨桥形成。该实验证实了BMP-7的诱导成骨活性和修复骨缺损的有效性。

美国FDA批准rhBMP-7在美国多中心、大规模治疗胫骨骨不连的临床实验。Friedlaender等报道一个多中心、随机、单盲应用rhBMP-7治疗胫骨骨不连的临床试验结果:124例胫骨骨不连患者用髓内钉固定,其中63例用rhBMP-7复合牛Ⅰ型胶原植入为试验组,另61例用自体髂骨移植作对照。随访9个月,试验组有81%、对照组有85%达到临床愈合标准($P=0.524$);试验组有75%、对照组有84%达到影像学愈合标准($P=0.218$),试验组与对照组愈合率差异无统计学意义。没有发现与移植材料相关的副反应,超过20%接受自体骨移植的患者有取骨部位慢性疼痛。他们认为:与自体骨移植比较,rhBMP-7复合牛Ⅰ型胶原治疗胫骨骨不连是安全有效的,并且具有缩短手术时间、减少出血、无取骨部位疼痛的优点。2001年,美国FDA正式批准rhBMP-7植入物(3.5 mg rhBMP-7与1 g胶原载体复合)上市用于治疗长骨骨不连。

(3) 脊柱融合方面

在脊柱融合的多中心研究中,Burkus等综合分析了3组使用rhBMP-2对比自体髂骨移植用于脊柱融合的临床试验数据:679例退行性腰椎间盘病变的患者用椎体间植骨融合器(CAGE)进行前路椎体融合手术,其中277例用rhBMP-2复合胶原海绵(rhBMP-2/胶原蛋白海绵)移植,402例用自体髂骨植骨,随访两年。rhBMP-2组融合率为94%,自体髂骨组融合率为89%($P=0.022$);rhBMP-2组平均手术时间为1.8 h,自体髂骨组为2.7 h($P<0.001$);rhBMP-2组失血量为127.4 mL,自体髂骨组为192.9 mL($P=0.024$);rhBMP-2组住院时间缩短($P<0.001$)。研究表明:rhBMP-2在脊柱融合中比自体髂骨效果更好,使用rhBMP-2的方法可以缩短手术时间和住院时间、减少出血、无取骨部位疼痛的优点。2002年美国FDA批准美敦力公司的INFUSE/LT-CAGE腰椎融合装置用于前路腰椎融合。最近Vaccaro等使用rhBMP-7复合物(3.5 mg的rhBMP-7,1 g胶原,230 mg羧甲基纤维素)进行后外侧脊柱融合术与使用自体髂骨植骨对比,随访两年,rhBMP-7组与自体髂骨植骨组达到临床融合标准或影像学融合标准的比例相当,未观察到与rhBMP-7相关的副反应。研究证实使用rhBMP-7复合物代替自体髂骨移植进行后外侧脊柱融合是安全有效的。此种rhBMP-7复合物也已获准上市用于后外侧脊柱融合。目前已经有多位学者认为BMP将有希望挑战自体骨在脊柱融合中的金标准地位,并取代其用在脊柱融合术中。

(4) 治疗股骨头坏死方面

股骨头缺血性坏死是骨科临床的难点之一，最终不得不实行人工关节置换术。然而对青壮年患者而言，人工关节的使用年限不能满足患者的要求，故在采用人工关节置换术之前，应选择保留股骨头的姑息性治疗以延缓或替代髋关节置换术。最近已有临床试验证实 BMP 用于治疗股骨头坏死的有效性。Mont 等报道经股骨头颈髓芯减压、刮除死骨后，采用脱钙骨基质复合 BMP 及热塑性载体混合填塞植骨，平均随访 4 年，86%的患者 Harris 髋关节评分不低于 80 分且不需要二次手术。作者认为这种治疗方法可以延缓髋关节置换的时间，手术方法简单、手术创伤小、并发症少，对 FicatⅡ期和关节面塌陷小于 2 mm 的Ⅲ期中青年股骨头坏死适用。目前这种方法已改良成使用BMP－7、自体骨髓、异体皮质骨植入。李亚非等采用该方法治疗 64 例股骨头缺血性坏死患者，首先进行股骨头颈髓芯减压，彻底刮除死骨，将异体松质骨混合 BMP 和自体骨髓植入死骨刮除区，部分脱钙冻干异体腓骨植入髓芯减压孔道，直接支撑股骨头病变区软骨下骨。随访时间 3 个月～6 年，平均 44 个月，随访 3 年以上 28 例，其中 18 例 Ficat Ⅰ、Ⅱ期病例，患髋无明显疼痛及功能受限，对获得 3 年以上随访的 28 例进行髋关节 Harris 评分，表明使用 BMP 可诱导骨髓和异体骨以增强其成骨能力，异体腓骨可提供直接的机械支撑力，阻止股骨头痛变发展和塌陷，异体骨复合 BMP 和自体骨髓可作为治疗青壮年 Ficat Ⅰ、Ⅱ期股骨头缺血性坏死的一种选择。

2. BMP 在骨修复过程中存在的问题及其策略

虽然 BMP 广泛分布于各种动物的骨组织中，但由于其在骨组织中含量极少，而且不同动物，甚至同一种动物不同组织的 BMP 分子量都有所不同，目前这种差异的生理意义还不清楚。无论是从动物还是人的骨质中提取 BMP 的过程都比较繁杂，各批提取的纯度和活性常各不相同，质量难以保证，因此不能满足临床需要。而采用基因工程技术生产的 rhBMP－2 产量大，纯度高，活性稳定，质量容易控制，具有明显的诱导成骨活性，已成为 BMP 发展的方向。前期纯化的人和牛的 BMP 和目前的人重组 rhBMP－2 已经用于临床，特别是 rhBMP－2，临床应用效果明显。

目前在 BMP－2 的信号传导、成骨机制以及其在组织工程中的应用方面已经进行了许多研究。BMP－2 作为成骨诱导的信号蛋白，在骨组织工程有重要的作用，对于细胞繁殖、组织或器官的修复和再生具有明显的促进作用。然而，外源性生长因子半衰期非常短，局部使用很快被稀释和代谢或因为体内酶的作用而失活，因此在体内环境保持并延迟生长因子的生物活性成为其在骨组织工程中真正发挥作用的关键。将合适的组织工程支架作为 BMP－2 等生长因子的缓释载体，并进行有效的复合，随着支架材料的降解，生长因子得到缓慢的释放，进而作用于靶细胞，同时保持生长因子的活性，成为再生医学领域急需解决的重要问题。

在保持和提高 BMP 活性方面，国内外相关研究主要集中在 BMP 载体材料的开发和缓释体系的制备，通过借助合适的载体材料，使生长因子持续高效发挥作用，更好地促进组织生长。这是目前再生医学领域研究热点之一。

另一种提高 BMP 活性的方法是与多种生长因子的协同作用。目前的研究大多仅限于研究单一骨生长因子在诱导成骨中的作用及其作用机理，而缺乏对多种骨生长因子在骨形成局部调节中的相互作用及其机理。骨代谢与骨愈合是一个极其复杂的过程，受多种因素的影响，就内在因素而言包括激素调节钙-磷代谢的系统作用和骨生长因子的局部调节作用两种机制。这些作用通过自分泌和(或)旁分泌系统促进成骨细胞的增殖和骨基质的合成。研究者认为 BMP 的诱骨作用需要非胶原性骨基质蛋白，即其他的骨生长因子的协助。它们虽然不能直接诱导间充质细胞分化为软骨和骨，但却可以促进多种细胞的增殖和分化，并诱导软骨和骨基质的合成，从而促进骨组织的形成。因此，BMP在这些骨生长因子的共同参与下，能更好地诱导新骨形成，并经过重塑后，使骨组织更加成熟。胡蕴玉等采用组织学、免疫组织化学以及原位杂交等方法，研究了三种骨生长因子（rhBMP-2、TGF-β、bFGF）对诱导成骨的调节作用，证实三种因子在诱导成骨过程中存在协同作用，联合应用可提高诱导成骨能力。

BMP的诱导成骨活性已经被充分肯定，但是应用BMP修复骨缺损或骨不连仍然存在以下问题。

(1) 剂量与效应。明确各类生长因子的量效关系是确定合理用药的根据。蛋白类生长因子的量效关系通常分为三个阶段：在低浓度时剂量与效应成正相关，生长因子浓度增加其效应也相应增加；当浓度增至一定值后的一段范围内，剂量增加并不产生更大效应，呈饱和状态；此后生长因子浓度增加生物效应反而下降，量效成负相关。在体外培养条件下易从量效关系中找出生长因子的最佳用量范围，而对于动物实验和临床应用，情况则复杂得多。由于创伤形式、给药方法和剂型的不同，生长因子用量出入较大，而且有些因子如TGF等产生趋化效应的浓度低于增殖效应的浓度。对于BMP-2来说，虽然高浓度剂量能增加成骨细胞标记酶——碱性磷酸酶的活性，以及促进骨细胞分化相关基因的表达，但若BMP-2异常地过度表达，将引起进行性多发骨化纤维发育不良，特征是进行性的异位软骨形成和结缔组织骨化。

(2) 给药方式与剂型。早期的给药途径主要是局部应用腹腔注射和静脉注射，但全身给药不仅用量大，而且生长因子很快被稀释或降解失活；如果直接将BMP植入体内容易被血液冲刷掉，通常效果都不理想。局部单独使用生长因子也存在被分解吸收的缺陷。若将生长因子与适宜的载体复合，局部应用并使其不断缓释则效果较好。因此类似于药物的生长因子其剂型是很重要的。

(3) 单用与联合应用。单独应用某种生长因子在一定情况下也会得到较好的效果，若是联合使用效果常会更佳。不同的生长因子参加调控的环节和水平不尽相同，生长因子之间可能存在协同和拮抗效应，因此筛选最佳配伍是应用生长因子治疗创伤的重要研究内容之一。

(4) 毒副作用与并发症。生长因子可能发生的毒副作用和并发症一直是令人担忧的问题。大多数生长因子刺激细胞增殖，并与某些癌基因转录有关，因此长期使用是否会造成细胞增殖失控而导致癌变，或者引发细胞过度增殖、分化导致肥大性疤痕等安全性问题将是未来亟待明确的问题。BMP作为诱导分化因子，也存在使用后可能出现的毒副反应问题。Sciadini的实验表明，用高浓度的rhBMP-2治疗狗的骨缺损时，同时伴有异位成骨及形成骨囊肿的现象。此外，BMP也可能有尚不了解的远期副作用，有些肿瘤细胞系也可表达BMP，虽然目前还没有证据表明其会引起肿瘤，长期治疗使用BMP的结果还需收集和关注。

3. 骨形态发生蛋白的载体材料

单纯BMP在体内会被组织液稀释及蛋白酶所分解，在局部保持有效浓度的时间非常有限，不能高效地发挥其骨诱导作用，而且对于较大的骨缺损，单纯BMP不能发挥支架和填充作用，所以必须有合适的载体材料与其复合，使BMP缓慢稳定释放并提供骨细胞生长的支架。理想的载体应具备以下特性：①生物相容性好，无细胞毒性，无免疫原性或低免疫原性；②有生物降解特性，并在相对较短时间内被新生骨组织替代，随着新骨的形成而逐渐减少应力遮挡作用；③载体能保护BMP不受酶解影响，维持其活性，并起到缓释效果；④良好的骨传导性，有三维立体多孔结构，在缺损区起支架作用，有利于细胞迁移和血管生成；⑤具有一定的强度，满足稳定骨折断端的生物力学要求。

目前研究较多的载体主要集中在以下几类:①脱钙骨基质;② 天然高分子,如可吸收的胶原蛋白海绵、透明质酸凝胶;③钙磷化合物,如羟基磷灰石、可吸收磷酸钙骨水泥等;④ 人工合成高分子,包括聚乳酸、聚羟基乙酸、聚乙二醇等。这些材料各有利弊。脱矿骨基质骨传导性好,但其制备过程中取材和消毒问题易影响其活性发挥;胶原蛋白海绵的生物相容性较好,但强度较差,不易塑形,异种抗原可能会引起免疫反应;羟基磷灰石强度高,但降解较慢,不利于正常组织对植入物的替代;α-聚酯类强度较高,可以精确调节降解时间,但作为合成高分子材料,其组织相容性较差,其降解产物排泌问题尚有待更深入地研究。因此目前人们仍在寻找BMP的理想载体,这需要根据临床要求努力构建合适的材料,并对材料进行大量的试验研究来不断改进。华东理工大学研制的可吸收磷酸钙骨水泥复合 rhBMP-2 后,动物实验和临床试验表明,修复效果理想,达到了自体骨修复的效果,优于明胶海绵作为载体的实验组。目前寻找 BMP 的理想载体仍然是研究的热点,这需要根据临床要求不断改性和优化材料的组成和结构。

4. *BMP 的基因治疗*

BMP 制备困难、产量少、价格高,局部应用时代谢较快、用量大等,这些问题直接影响其更广泛的应用。因此近年来开展了 BMP 的基因治疗研究,其原理就是把表达 BMP 的基因通过腺病毒、质粒等载体转入特定靶细胞(如骨髓基质干细胞等)的染色体,将靶细胞扩增培养再植入体内后使其能在一定时间内稳定持续地表达 BMP。Lieberman 等制备了携带 BMP-2 基因的腺病毒载体并转染骨髓细胞,然后治疗大鼠股骨缺损,结果显示此基因治疗组 24 只大鼠有 22 只于 8 周后放射线检查达到愈合;直接使用 BMP 治疗组 16 只大鼠股骨缺损于 8 周后放射线检查均达到愈合,两组疗效差异无统计学意义,作者认为使用 BMP 的基因治疗能产生足够量的 BMP 使骨缺损修复。Peterson 等用携带 BMP-2 基因的腺病毒载体转染间叶组织干细胞,用于治疗裸鼠股骨缺损,实验Ⅰ组 12 只裸鼠用转染的间叶组织干细胞与胶原-磷酸钙骨水泥载体植入,Ⅱ组 6 只裸鼠用未转染的间叶组织干细胞与载体植入,Ⅲ组 6 只裸鼠单纯用载体植入,Ⅳ组 8 只裸鼠用 BMP-2 蛋白与载体植入。8 周后股骨经影像学、生物力学、组织学检查,Ⅰ组有 11 只愈合,Ⅱ组、Ⅳ组全愈合,两组愈合率差异无统计学意义,Ⅲ组无愈合。作者认为 BMP 的基因治疗效果与直接应用 BMP 相当,具有临床意义。

这些动物实验研究都表明了基因治疗也具有促进骨缺损修复的能力,且与直接应用相比,具有一些特点,因而具有较好的临床应用前景,在解决其安全性和可控性后,有望成为一种新的治疗手段。

3.6 组织构建

3.6.1 生物反应器的体内环境模拟

种子细胞、支架材料、生长因子仅仅只是开展组织工程研究所必需的材料,如何构建出结构和功能与人体正常组织完全一样的组织,是应用组织工程技术修复缺损的关键,也是实现组织工程产业化的基础。表 3-6 列举了一些近年组织构建的情况。目前普遍存在的问题是体外培养的组织结构不稳定,力学性能差,植入体内后会发生组织结构和类型的变化。需要尽可能模拟组织的体内微环境以实现体外组织构建。

表 3-6 组织工程化产品举例

产品名称	材料	效果
软骨	PGA、骨髓基质干细胞	细胞增殖并形成新的管状软骨样组织
皮肤	透明质酸酯、人脐静脉内皮细胞	细胞黏附增殖，并伴随微毛细管网络生成
角膜	硫酸软骨素和昆布氨酸混合物、人角膜内皮细胞	成功分离培养人角膜内皮细胞并促使其增殖形成角膜
血管	角质形成细胞 HaCaT 及Ⅱ-4 细胞系 ECM 修饰膨体聚四氟乙烯	经 HaCaT 及Ⅱ-4 细胞系与 ECM 修饰的膨体聚四氟乙烯能够明显促进血管生成
肌腱	医用碳纤维、PGA 纤维、肌腱来源成纤维细胞	修复陈旧性跟腱断裂伴缺损可获得较好结果
骨	骨髓基质干细胞	采用计算机辅助激光共聚焦实时检测骨的形成过程
神经	聚乙醇酸、雪旺氏细胞	在人造导管的牵引下促进神经再生

体内微环境是一个复杂的综合体，除了各种细胞分泌的生长因子、细胞外基质、细胞间相互作用以及局部酸碱平衡等因素以外，局部物理学刺激也是一个重要因素。利用生物反应器在组织工程化体外构建中起到关键的作用。

不同组织生理状态下所受的力学刺激也是各不相同的，如生理状态下肌腱主要受的是牵张力的刺激，而血管受的是搏动扩张力和流体冲刷力的刺激。因此生物力学也是组织工程中的一个值得研究的问题。Lacroix 等通过设计一种生物力学调节模型来模拟治疗骨折，系统研究了力学因素对组织形成的影响。研究表明，力学刺激在组织形成、重塑和成熟过程中起着重要的作用。裴国献等结合医学、材料学、力学、机械制造学等相关学科，研制了适用于肌腱、血管等组织构建的反应器，在体外培养过程中对肌腱施以牵拉刺激，对血管施以搏动性扩张刺激，成功地在体外构建出了具有一定组织结构和力学强度的肌腱和血管组织。然而，对于生物反应器作用力的大小、刺激频率等参数仍然缺乏深入的了解，如何模拟生理状态下的刺激并能顺应不同构建阶段的需求还有待进一步的研究。随着各类生物反应器的逐步优化与完善，未来的研究将集中于进一步提高体外构建组织的效果，使之更接近正常组织结构并发挥正常的生理功能，为实现组织工程的产业化、标准化奠定基础。

3.6.2 组织构建存在的问题

体外生物反应器中尽管可以进行种子细胞的大量培育，但现有的方法产生的细胞数量常常太少，或者产生的组织片常常比需要的薄，无法满足组织工程的要求。在组织/器官构建过程中如何调节细胞的生长和分化行为是关键。活系统的复杂程度是令人难以置信的：例如，人肝就包含组织成分称为小叶的显微序列的 6 种不同细胞类型，每个细胞都能完成数百种不同的生化反应。更为重要的是，每个细胞的生化活动常常依赖于同其他细胞间的相互关系和遍布每种组织的细胞外基质网络。了解“重构”过程对制造生物人工器官和组织是非常有价值的，但控制这种重构过程的生化信号和生长因子依然基本未知。

如何保证组织器官进入人体后能够保持良好的生存状态是组织工程的又一个难题。开发组织保存新方法（如深低温保藏技术）以确保组织工程产品在从工厂到手术室的途中以良好的功能状态存活，且不会在移植过程中死去，但还必须防止组织工程产品不受再灌注损伤和局部缺血损伤（因血流不充分引起）。植入后的血管再造成为组织工程产品成活的难题。

由此可见，在组织构建方面还有许多亟待解决的问题。近年来，将生长因子等生物信号分子与控制释放载体材料复合，直接植入体内后诱导细胞或组织分化，进而再生新生组织的原位组织再生策略，作为传统组织工程细胞-生物材料杂化体系、细胞体系的扩展与补充越来越多地受到关注。

3.6.3 原位组织引导再生

原位组织再生以生物材料为载体或诱导剂，导入特异性细胞因子，植入损伤部位后以一定速率释放化学物质或生长因子，如 BMP 或诱导损伤组织自身分泌特异性细胞因子，并通过扩散或系统的连锁反应激活相应的细胞。活化的细胞再产生新的生长因子，进一步刺激细胞，最终形成原位修复组织。与传统的细胞型组织工程相比，以缓释生长因子为特点的非细胞型原位组织再生过程不再依靠体外细胞培养技术，也免去了组织工程产品(组织/器官)向人体的移植过程，而是模拟机体自身创伤自愈合过程，利用体内原有的细胞，更多依赖生物材料的"生物活性"和人体微环境的"生物反应器"，以促使既有的非外加种子细胞在支架表面黏附、生长、分化，在支架被降解的同时，从外围进入的细胞粘连构成修复组织。原位组织再生作为传统组织工程的拓展，通过生物材料的活性化和结构化构建，再结合生物活性因子的诱导调控，在待修复组织处原位形成新生组织的方法，即通过"特定材料+生物活性因子"的结合实现在待修复处原位修复。

以骨组织工程为例，由于 BMP 这种已公认的诱骨因子的发现以及提取、纯化技术的不断提高和重组制备技术的突破，BMP 承载缓释系统已经进入临床推广和商品化阶段。美国 FDA 已批准分别含有rhBMP-2和rhBMP-7两种骨修复材料，我国国家食品药品监督管理局也发放了含 rhBMP-2 的骨修复材料的注册批文。这种现状使骨组织工程的研究相对于其他组织器官具备一定的优势，原位引导再生的策略在骨组织工程中更容易得以实施。作为一种非细胞型组织工程产品，BMP 缓释系统在骨不连、骨缺损的治疗中表现出来的重要作用和诱人的产业化前景是不容置疑的，它作用的对象是植入局部所募集到的间充质细胞，通过 BMP 的骨诱导活性形成新骨。

通过细胞分泌、添加外源性生长因子或添加具有类生物活性因子作用的药物可达到促进细胞增殖、定向分化，进而促进组织器官再生的作用。对外源性生长因子或类生长因子作用的药物大多采用缓释技术，使其有效性持续一定的时间。将缓释系统与组织工程支架相结合，制备具有介入治疗效果的组织工程缓释产品是近年来的研究热点。构建携载生长因子的支架需注意以下几点：①根据待构建组织的功能及其微环境来设计材料；②血管和神经的形成时间与方式；③组织形成过程中压应力的影响；④细胞外的配体结合域以及胞内的信号传导域，这些区域可能会影响到细胞的功能如存活、增殖与分化；⑤尽量避免纤维增生所导致的移植失败；⑥支架中生物活性成分的活性维持和合理的区域分布。

在缓释材料方面已开展了诸多研究，但目前尚未解决生长因子有效释药浓度与组织器官再生所需药物浓度的适应性问题。释放浓度过低，达不到促进再生的作用；而过高的释放浓度，则有可能导致组织器官过度再生，甚至引起全身反应，同时也造成生长因子的浪费。生长因子应用的另一个问题是多生长因子的协同作用及有序作用仍不够清楚。

3.6.4 血管化和神经化

在组织工程组织的构建过程中，血管化和神经化问题对于其过渡到临床供应具有举足轻重的作用。目前重建组织工程组织血管的方法主要有采用血管内皮细胞与相应的组织细胞联合培养构建组织工程组织;应用血管内皮细胞生长因子促进血管生成;利用显微外科技术在将组织工程组织移植进入体内时,进行血管神经束植入、筋膜包裹等方法对组织工程组织进行再血管、神经化。这些研究和方法为组织工程组织的临床应用提供了新的治疗技术方法和值得借鉴的经验。

3.6.5 组织工程植入物的营养

组织工程植入物在体内早期只能从组织液中获得营养。有学者曾提出体内营养扩散的公式:$S=RL^2/(Dc_0)$,其中,R 为细胞代谢率,D 为营养液扩散的速率,c_0 为营养物质的浓度,营养物质经过扩散一定的距离 L 到达细胞。如果组织液中营养物质浓度、扩散速率及细胞代谢率不变,营养物质扩散的距离就成为细胞存活的生命线(S)。为使细胞获得更好的营养,必须使植入体紧密接触受体部位,理论上其距离应在 100 μm 之内。这就对大缺损的修复带来挑战:大块的组织工程植入物有一部分细胞会死亡。任何促血管生长的方法都需要5~7天以上的时间才能完成血管再生使植入细胞获得血液供应,在这段时间内,细胞必须能从组织液或添加外源性营养物质中获得足够营养,再加上支架材料的适时降解,依靠细胞的增殖、分化,才能获得良好的组织修复与再生。为了解决这一问题,在支架材料构建方面应更注重材料的降解速率以及高连通的孔隙率,以保障营养传输;在细胞培养方面也出现了一些三维立体培养细胞的新技术,通过采取强化传质的方法,或在体外培养时降低细胞的营养条件(如耗氧量),使其植入后能够耐受相对长时间的低营养状态而保持其增殖、分化能力。

参考文献

[1] Lipkin R. Science News, 1995,148: 24.
[2] Skalak R, Fox C F, Fung B. Tissue Engineering. New York: Alan R Liss Inc, 1988.
[3] Langer R, Vacanti J P. Science, 1993, 260: 920.
[4] 杨志明,等. 组织工程. 2版. 北京: 化学工业出版社,2003.
[5] 杨志明. 中国修复重建外科杂志, 2008, 22(2): 228.
[6] Quarto R,Mastrogiacomo M,Cancedda R,et al. N Engl J Med, 2001,344 (5): 385.
[7] Vacanti C A, Bonassar L J,Vacanti M P, et al. N Engl J Med,2001,344(20):1511.
[8] 杨志明,黄富国,秦廷武,等.中国修复重建外科杂志, 2002, 16(5):312.
[9] 柴岗,张艳,刘伟,等.中华医学杂志, 2003, 83(19): 676.
[10] Atala A,Bauer S B,Soker S,et al. Lancet,2006,367(9,518):1241.
[11] Nieminen O, Nordstrom K. Drug Discovery Today, 2004, 9: 387.
[12] Tabata Y. Pharmaceutical Science & Technology Today, 2000,3: 80.
[13] Chen J, Sotome S, Wang J, et al. J Med Dent Sci, 2005, 52:27.
[14] Yeh L C, Tsai A D, Lee J C. J Cell Biochem, 2002, 87:292.
[15] Dragoo J L, Choi J Y, Lieberman J R, et al. J Orthop Res, 2003, 21: 622.
[16] Liao L, Li L, Zhao R C. Philos Trans R Soc Lond B Biol Sci, 2007, 362:1107.
[17] Tognarini I, Sorace S, Zonefrati R, et al. Biomaterials, 2008, 29: 809.
[18] Marie P J, Fromiqué O. Regen Med, 2006, 1:539.
[19] Barry F P, Murpy J M. The International Journal of Biochemistry & Cell Biology, 2004, 36:568.
[20] Kadner A, Hoerstrup S P, Zund G, et al. European Journal of Cardio-thoracic Surgery, 2002,

21：1055.
［21］ 沙慧芳，冯久贤. 复旦学报(医学版)，2004，31：403.
［22］ 秦书俭，等. 组织工程与重建外科杂志，2008，4(6)：349.
［23］ 曹谊林. 上海交通大学学报(医学版)，2008，28(7)：763.
［24］ 裴国献. 中华创伤骨科杂志，2006，8(1)：4.
［25］ 李俊杰，姚康德. 大学化学，2007，22(2)：1.
［26］ 姚康德，等. 组织工程相关生物材料. 北京：化学工业出版社，2003.
［27］ Brown，Nicholas H. Matrix Biology，2000，19 (3)：191.
［28］ Mann，Brenda K，Gobin，et al. Biomaterials，2001，22 (22)：3045.
［29］ Westerhof W. European Academy of Dermatology and Venereology，1995，5：S60.
［30］ Tsai L H. Cell Biology，1998，8(7)：292.
［31］ Fang N，Chan Y，Wan K T. Surfaces B：Biointerfaces，2003，27：83.
［32］ Hutmacher D W. Biomaterials，2000，21：2529.
［33］ Shen M T，Chang J C，et al. Biomaterials，2002，2：1713.
［34］ Yannas I V，Burke J F，Gordon P L，et al. J Biomed Mater Res，1980，14：107.
［35］ Choi Y S，Hong S R，Lee Y M，et al. Biomaterials，1999，20：409.
［36］ Choi Y S，Hong S R，Lee Y M，et al. J Biomed Mater Res，1999，48：631.
［37］ Kang H W，Tabata Y，Ikada Y. Biomaterials，1999，20：1339.
［38］ Tabata Y，Yamada K，Myamoto S，et al. Biomaterials，1998，19：807.
［39］ Ma L，Gao C Y，Mao Z W. Biomaterials，2003，24 (26)：4833.
［40］ Chupa J M，Foster A M，Matthew H W T，et al. Biomaterials，2000，21：2315.
［41］ Lee K Y，Mooney D J. Chem Rev，2001，101：1869.
［42］ 曹谊林，等. 组织工程学. 北京：科学出版社，2007.
［43］ Dietmar W，Hutmacher，Thorsten Schantz，et al. J Biomed Mater Res，2001，55：203.
［44］ 王涵，张华. 天津工业大学学报，2006，25(6)：20.
［45］ 欧阳钧，钟世镇. 中华生物医学工程杂志，2008，14(3)：163.
［46］ Lanza R P，Langer R，Vacanti J. Principles of Tissue Engineering. 2 eds. Elsevier Inc，2000.
［47］ Hench L L. Science，2002，295 (5557)：1014.
［48］ Griffith L G，Naughton G. Science，2002，295 (5557)：1009.
［49］ Pratt A B. Biotech Bioeng，2004，86(1)：27.
［50］ Lutolf M P，Lauer-Fields J L，Schmoekel H G，et al. Proc Natl Acad Sci，2003，100：5413.
［51］ 杨志明，等. 组织工程基础与临床. 2版. 成都：四川科学技术出版社，2004.
［52］ Takatora Takada，Takenobu Katagiri，et al. J Biol Chem，2003，278：43229.
［53］ Melanie C，Fisher，Li Y C，et al. Matrix Biology，2006，25：27.
［54］ Zhao B H，Takenobu Katagiri，Hiromitsu Toyoda，et al. J Biol Chem，2006，281(32)：23245.
［55］ Bessa P C，Casal M，Reis R L. J Tissue Eng Regen Med，2008，2：81.
［56］ Silva G A，Coutinho O P，Ducheyne P，et al. J Tissue Eng Regen Med，2007，1：97.
［57］ Kidd K R，Patula V B，Williams S K. J Surg Res，2003，113：234.
［58］ Engelmann K，Bednarz J，Valtink M. Exper Eye Res，2004，78：573.
［59］ Komiyama T，Nakao Y，Toyama Y，et al. J Neurosci Meth，2004，134：133.

第4章 人工器官

随着植入医学与替代医学的发展，以人体器官的结构和功能为基础研制而成的能够部分或全部替代、补偿、修复或辅助人体自然器官发挥功能的人工器官，成为20世纪医学进展的标志性成就之一。关于人工器官的研究可追溯到60多年前，1943年荷兰医生科尔夫制成了第一个人工肾，首次以人造器官代替人体的重要器官，开创了人工器官代替人体脏器的新纪元。之后随着生物学、生物力学、化学、数学等基础学科以及声、磁、电子、化工、机械等工程学科的发展，特别是进入20世纪80年代以来，随着包括仿生材料、抗凝血材料、化学稳定的抗老化材料、物理性能优异抗弯曲材料等具有特异功能的生物材料的成功开发，电子学和计算机的飞速发展，以及各种新免疫抑制剂如环孢霉素A的不断问世，使得器官移植之后的急性排异现象得到了很好的控制，这些大大地推动了人工器官研制和应用方面的研究。

迄今为止，人工器官涉及的范围和种类很多，按照其设计和研制的基本原理可以分为机械型人工器官和组织工程型人工器官。机械型人工器官是以人体器官的结构和功能为基础，采用人工合成或者天然材料，并辅以电子和计算机等技术制备而成的机械装置或电子装置。包括：人工血管、人工心脏和人工心脏瓣膜、人工肺（人工心肺机）、人工肝、人工胰（人工胰岛素闭环泵系统）、人工肾（血液透析装置）等。组织工程型人工器官则是在体外将大量扩增得到的细胞种植在生物材料多孔支架上，在体外应用生物反应器模拟体内环境，培养形成的活细胞构成的组织与器官，然后回植体内。目前的研究涉及人工皮肤、人工角膜、人工肺、人工肾、人工血液、人工神经、人工膀胱、人工血管、人工胰和人工肝等。

近年来，临床对人工器官的需求量迅速增长。美国食品与药品管理局预测未来十年生物医学工程产业39项新产品中，涉及人体器官、器件和组织替代的人工器官产品几乎占50%。目前已有超过50个品种的人工器官产品用于临床。从天灵盖到脚趾骨、从人体的内脏到皮肤、从血液到五官，除了脑及部分内分泌器官外，几乎都有了替代的人工器官，其产值约占全球生物医学工程产业的15%。据预测，到2015年，人体器官90%以上都可以用人工器官来替代。经过近50年的努力，我国在人工器官领域取得了长足的进步，除大脑外，对人体各系统器官都在进行人工器官的研究，国际上最新的人工器官产品在我国大多有临床应用，一大批拥有自己自主知识产权的人工器官产品实现了产业化并在临床推广应用。

4.1 机械型人工器官

4.1.1 人工血管

机械型人工血管的诞生，是血管外科发展的重要里程碑，对于其的研究开发和临床研究一直方兴未艾。有关人工血管的报道首次出现于20世纪50年代初期，Voorhees等成功地将维纶编织的人工血管植入犬腹主动脉，并于1953年应用于临床。自此，人造血管的研究得到了广泛的关注，对推动外科重建手术发展、维护人类健康方面做出了巨大贡献。

机械型人工血管多是由各种惰性高分子材料[如涤纶(Dacron)、膨体聚四氟乙烯(e-PTFE)和聚氨酯人工血管]经特殊工艺制作而成(图4-1)。机器编织是制备人工血管的主要方法，其中一种是平织，又称机织；另一种是针织，又称线圈编织。目前临床上普遍采用的是以涤纶(如DeBakey涤纶)及聚四氟乙烯(如Hemothes聚四氟乙烯等)为基质材料的针织人工血管。以下就目前临床上常用的几种人工血管进行简单的介绍。

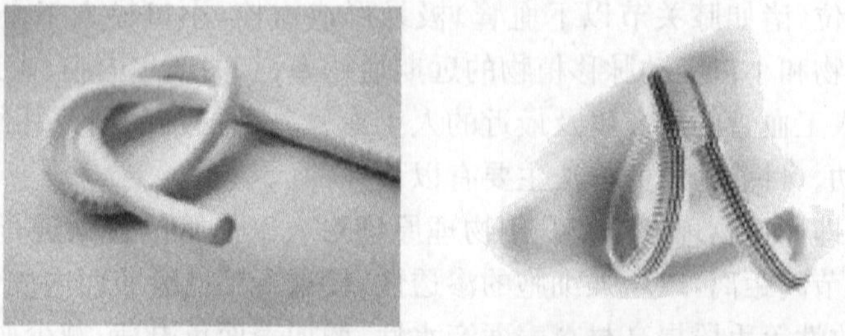

(a) 聚四氟乙烯人工血管 (b) 聚酯主动脉双分叉血管

图4-1 机械型人工血管

1) 涤纶

1957年由Meadox Medical公司研制，其主要成分为具有良好力学性能的聚乙烯纤维，移植体内一年后内仍可保持95%～100%的张力。机织的Dacron人工血管由多纤维丝组成的Dacron丝线构成交错的多孔性结构，表现出较小的移动性。而针织的Dacron人工血管则采用纺织技术将Dacron细线织成结节状结构，孔隙呈放射状向外延伸。独特的结构使得Dacron具有良好的稳定性。体内实验发现，植入体内的Dacron表面与血液接触处形成一层致密的纤维蛋白层，而材料外壁与其周围的结缔组织之间包裹着大量的巨噬细胞，材料植入体内10年后仍无明显的变化。进一步研究表明，在Dacron纤维表面构建绒毛结构可显著改善材料的可屈性、延展性、耐扭转性以及组织亲和性。同时，外支持环可增强材料的抗机械性能。然而，与PTFE相比，Dacron与周围组织反应较强，血小板易凝集、生物相容性差，炎性反应比较严重。因此Dacron临床上常作为大、中口径的动脉移植。

2) e-PTFE

由于不具有化学活性而表现出较好的生物稳定性，同时因表面带负电荷可阻止血小板的黏附，e-PTFE被认为是理想的抗凝血材料。e-PTFE于1937年由DuPont公司以特氟纶(Teflon)注册成专利产品，并于20世纪60年代开始被用作血液接触材料。1969年，e-PTFE被Gore公司注册为血管移植物材料，1970年Willian首次采用e-PTFE制作人工血管，e-PTFE血管的典型特征结构是节点-纤维。与其他血管相比，e-PTFE血管具有较好的抗血栓性和生物相容性，与周围组织反应较轻，因此临床上常将其用于股-膝下远端动脉重建和冠状动脉搭桥。研究发现，e-PTFE血管用作主动脉替代物时，大血管中5年通畅率为91%～95%，股-腘旁路术中3年和5年的通畅率分别为61%和45%。尽管聚四氟乙烯有很好的生物惰性和血液相容性，但由于材料顺应性差，仍可出现血小板黏附、聚集导致血栓形成，导致人工血管早期闭塞。

3) 聚氨酯(PU)

由于具有良好的顺应性和抗血栓特性，PU成为目前人工血管研究的热点，近年来发展很快，出现了一些生物稳定性的PU人工血管。以碳酸盐和甲氨酯多聚化合物为原料的

Corvitat，外膜增强型设计有 PET 网和蛋白涂层，具有很好的径向支撑力，无需外支撑环，节约了手术中修剪调整支撑环的时间。Thoratec™ 和 pule-tec™ 产品分别由聚醚氨酯脲(polyetherurethaneurea，PEUU)和聚醚氨酯(polyetherurethane，PEU)材料制成，具有高伸长、高抗拉强度和高压力保留等优良弹力组合性能，工艺设计上孔度安排合理，并预制了孔隔离膜，可以限制组织的过度生长。

尽管上述人工血管在临床上获得了成功，但由于所使用的材料无生物活性，应用在低血流量和高血流阻力部位(诸如膝关节以下血管)极易形成血栓，小口径人工血管远期疗效欠佳。为了提高静脉移植物和小口径动脉移植物的远期通畅率，有关新生内膜、人工血管材料表面改性、内皮细胞种植人工血管的研究以及最近的人工血管基因修饰的研究相继在国内外广泛开展，并取得一定成功。目前采用的方法主要有以下几种。

(1)物理改性，即通过物理方法或利用物理原理对人工血管的表面进行改性，从而调控细胞的行为。如增大节间距离，以增强细胞的渗透性，促进人工血管腔面内皮化。同时采用碳涂层、等离子体表面改性等手段提高材料表面亲水性、增加表面负电荷，减少血栓形成，抑制血液成分吸附，从而提高移植物的抗凝血效果和生物相容性。

(2) 化学方法，即通过化学接枝或结合的方法在血管表面固定具有良好生物活性和抗凝血效果的黏附蛋白，如明胶、精氨酸-甘氨酸-天门冬氨酸(arg-gly-asp，RGD)、肝素、纤维蛋白胶、成纤维细胞生长因子－1(FGF－1)、内皮细胞生长因子(VEGF)。其中，RGD 被证明是细胞黏附的主要决定簇。在其他氨基酸序列的辅助下，RGD 可与内皮细胞膜的跨膜蛋白家族——整合素家族特异结合，从而促使内皮细胞的黏附。纤维蛋白胶、成纤维细胞生长因子－1 和肝素涂层可将血小板沉积率减少到 55%。接枝于 PTFE 人工血管腔表面带负电荷的血清白蛋白，可与血管内皮黏附因子结合产生有利于与内皮细胞作用的聚合结构。VEGF 和肝素涂层能够减少血栓的形成，提高移植物的通畅率。在一项包括 209 例做过股-腘动脉旁路术患者的临床对照试验中，与单纯的e－PTFE移植物相比，肝素结合 Dacron 移植物 1、2、3 年的通畅率分别提高了 14%、17%和 13%。另外，为了预防人工血管感染，有研究者将抗生素(如利福平)或银离子等结合于人工血管的表面，该项技术目前已应用于临床。

(3) 内皮细胞种植人工血管，内皮细胞不仅可防止血管内血栓的发生，而且对维持血管平滑肌处于增殖或静止状态起着非常重要的作用，因此研究者尝试在人工血管表面种植内皮细胞。1970 年，Manafield 等最早将种植内皮细胞的涤纶植入犬的动脉壁，三周后发现涤纶表面无血栓形成和无炎性浸润。1978 年 Herring 开始将种植有内皮细胞的人工血管应用于动脉移植，发现通畅率显著提高，且相比之下，e－PTFE血管较 Dacron 血管表面内皮化快。1985 年，汪忠镐等将从颈静脉、大隐静脉和自体网膜获取内皮细胞种植于人工血管表面作为静脉替代物，在 5～10 天内实现了表面快速内皮化，100 天通畅率达 100%。另外，为了提高内皮细胞的黏附和增殖，也有研究者将经基因修饰的内皮细胞种植于人工血管的表面，由于经基因修饰过的内皮细胞还可以产生如组织型纤溶酶原激活物(t－PA)、内皮细胞生长因子(VEGF)，因此经基因修饰过的内皮细胞在移植物表面既能抑制血栓形成，又能通过抗增殖作用来降低再狭窄。

4.1.2 机械型人工心脏和人工心脏瓣膜

1. 机械型人工心脏

心脏是循环系统中的动力，推动血液流动，向器官、组织提供充足的血流量，以供应氧和各种营养物质，并带走代谢的终产物(如二氧化碳、尿素和尿酸等)，使细胞维持正常的代谢和功能。体内各种内分泌的激素和一些其他体液激素，也要通过血液循环将它们运送到靶细胞，实现机体的体液调节，维持机体内环境的相对恒定。此外，血液防卫机能的实现，以及体温相对恒定的调节，也都要依赖血液在血管内不断循环流动，而血液的循环是由于心脏“泵”的作用实现的。冠状动脉疾病、高血压及心肌病常常导致心脏功能下降和充血性心力衰竭，心脏移植是目前较为成功的治疗技术。然而，存在供体缺乏、供体保存、免疫排异和社会伦理认识等方面的问题，自然心脏移植很难满足临床需要。在美国，每年等待心脏移植的病人超过 50 000 名，而实际接受心脏移植的仅仅 2 000 人。在中国每年有 1 000 万心脏衰竭的患者，其中 200 万～300 万人因心脏衰竭而死亡，但是每年却只有 100 个患者有机会接受心脏移植手术。寻求新的心脏来源，成为医学家们研究的重点。

人工心脏是利用机械的方法把血液输送到全身各器官以代替心脏的功能的装置，是发展较早的人工器官之一，如图 4-2 所示。最早的人工心脏是 1937 年 John Gibbon 发明的心肺机，该装置利用滚动泵挤压泵管将血液泵出，犹如人的心脏搏血功能进行体外循环。1957 年，William Kolff 和 Tetsuo Akutsu 首次在狗身上成功安装了一个由空气驱动的心脏泵。1969 年美国 Cooley 首次将全人工心脏用于临床，为一名心肌梗死并发室壁痛患者移植了人工心脏，以等待供体进行心脏移植。1982 年美国犹他大学医学中心 Devries 首次设计了永久性植入人体的 Jarvik-7 型完全人工心脏，成为世界医学史上的一个重要的里程碑。这种人工心脏外部有驱动装置，患者借助管子与机器相连接，可长期使用。该人工心脏的最大缺点是需要由体外装置提供动力的能源。

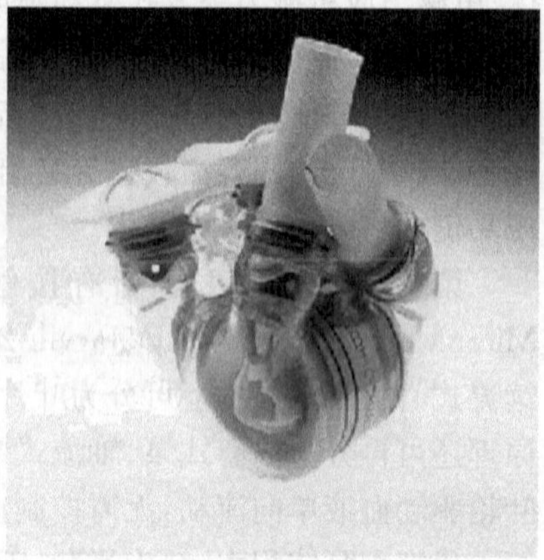

图 4-2　人工心脏示意图

人工心脏有不同的分类。按用途可分为左心室辅助循环、右心室辅助循环及双心室辅助循环和全人工心脏。左或右心室辅助应用比较早，双心室辅助循环优势甚至优于全人工心脏，全人工心脏对可置入性、持续能源、组织相容性提出了很高的要求。按应用分类：短期泵、间断性泵、长期泵和永久性泵。短期泵、间断性泵主要为左、右室辅助循环，用以短期辅助自身心脏恢复供血功能；长期泵和永久性泵主要指双室辅助循环、全人工心脏，用以终末期心脏疾病等待心脏移植或永久性全人工心脏移植。人工心脏的研究开发必须解决好以下几个方面的问题。①泵，从血流效果上来看分为搏动性血流和非搏动性血流两种。非搏动性人工心脏需要高效的能源与轴承密封或电磁轴承以减少血栓形成，维持正常器官功能，它需要更高的血管内压，并能造成器官血流和生化特点的变化。从全人工心脏的永久性应用来看，进一步发展非搏动性泵更有利于人工心脏解决血栓和全置入人体的问题。从泵血的方式来看，传统的气动泵正由可携带性、可置入性、可压缩性好的电动泵代替。从结构原理上看，膜式和囊式血泵有代替传统管型血泵、摆形血泵、螺形血泵的趋势。②能源，从应用的功能设置来看可分为外置型与内置型以及固定型与可移动型，从实用性来看可移动内置电源最为理想。目前主要有三个研究方向：高能电池、高效储电瓶、经皮充电。高能电池最有代表性的设想应属核能电池，但与实际应用还有较大的距离；高效储电瓶的代表产品为锂电的应用，已有多个实验室运用成功的经验；经皮充电是目前研究最热的技术，也是最有希望的技术之一。③材料，在实际应用中采用的人工泵材料有硅橡胶、甲基硅橡酸、嵌段硅橡胶、聚氨酯、聚醚氨酯、聚四氟乙烯织物、聚酯织物复合物、聚烯烃橡胶、生物高分子材料以及高分子复合材料，其中聚氨酯性能最好。但聚氨酯长期植入后血液中钙沉积易引起泵体损伤的问题尚未得到彻底的解决。④人工心脏的调节,将人工心脏与集成电路芯片结合起来根据自体适时需要控制人工心脏的做功。如LD-PACE Ⅱ左室辅助循环可以根据病人的心电图按1∶1～1∶8调节心脏做功。预计将来可以结合生物传感器根据更多血流动力学特征进行自身调节。

到目前为止,机械型人工心脏共历经四代。第一代是心脏泵,其中以日本东洋纺绩公司研制的心脏泵为典型代表性产品。该装置主要是以气体驱动的容积式泵,属于脉动式人工心脏。心脏泵的核心结构是一个由柔韧性材料围成的用于容纳血液的囊腔。囊腔两端连接进、出口导管,并在两接口处分别放置保证血液单向流动的单向阀门(瓣膜)。采用正负压力的空气、液体、电磁力或机械力等方式驱动膜或囊按要求产生周期性运动。当囊腔壁受到外力时,腔内容积被迫变化,完成泵血功能。脉动式人工心脏的优点是可按照固定的频率泵送血液,符合人体的自然生理特征,而且泵对血液的破坏很小。但存在外形体积大、隔膜和阀等部件易产生机械疲劳、效率低、使用寿命较短等突出问题。目前,由 Baxter Healtheare 公司生产的 Novacor 等产品仍在临床心外科中使用。

第二代心脏泵主要指有接触轴承和密封装置的连续流式心脏泵,具体产品包括 MicroMed DeBakey VAD、Jarvik 2000 VAD,以及 Nimbus-TCI HeartMate Ⅱ VAD等。连续流式心脏泵从结构上可分为叶片式泵、滚子式泵、滑片式泵等。其中叶片式泵按流体的设计原理还可再分为离心式泵、轴流式泵、斜流式泵等。通常,连续流式心脏泵均依靠高速旋转的叶轮驱动血液单向流动,无需控制血流方向的单向阀门。独特的设计使得连续流式泵克服了第一代容积泵体积大、结构复杂、工作寿命短、能耗高等缺点,尤其适用于永久性植入。但与血液接触的轴承和密封装置常常使心脏泵的血液遭受污染。

第三代心脏泵是没有接触轴承的连续流式心脏泵,产品主要包括 Terumo VAD、MedQuest Heartquest VAD等。该心脏泵采用磁悬浮轴承克服了第二代心脏泵血液易污染的缺陷。但磁悬浮系统的结构和控制方法比较复杂,且需耗费额外的能量。

第四代心脏泵则采用动力叶轮悬浮系统,其产品如 VentraAssist、NEDO 回转式永久移植式心脏泵等。该产品很好地克服了第三代心脏泵复杂磁轴承装置的缺点,结构简单、体积小、性能好,为临床应用带来诸多方便。尽管连续流式心脏泵在小型化方面呈现出很大优势,但仍属于非仿生类的心脏泵,高速旋转的摩擦热及电机散发的热量对血液的影响是其面临的主要挑战。

我国对人工心脏的研究开始于1993年,首都医科大学附属安贞医院先后系统地研制了植入离心式、磁耦合轴流式、螺旋式和机电一体式人工心脏辅助装置。在研制过程中,采用相同直径但叶片数不同的叶轮设计解决了左、右心脏同时辅助的要求。螺旋式叶片的设计对降低血液破坏起到明显效果。陶瓷轴承的应用在延长血泵的使用寿命方面起到非常重要的作用。体外试验结果显示:研制的机电一体式人工心脏的动力学输出完全可以满足心脏辅助需求,同时轴流式心脏辅助装置在压力变化较大范围内能保持较稳定的流量输出,且具有更好的散热性能,更适合作心脏辅助装置。体内动物试验结果证明:这种人工心脏辅助装置的平均辅助流量大于3 L/min,完全可以满足心衰动物的辅助需求。实验动物的动力学输出实验数据显示它对心衰动物有明显的辅助功能。心肌耗氧数据证实,它还能通过减少自然心脏做功使衰竭心脏逐渐恢复。心肌组织光镜、电镜检查结果也证实它对心脏功能的辅助功能。系统的血液相容性研究发现:由于螺旋式 AHAD 具有特殊的叶片形状和较小的血液接触面积,经优化设计的流场对血液的破坏较其他类血泵明显减轻。实验还发现螺旋式 AHAD 的泵壳与螺旋叶轮之间垂直距离的大小对红血球破坏有较大影响。该研究组还采用纳米碳复合材料涂覆技术降低了血泵表面血小板的吸附和溶血。

人工心脏近年来的发展具体表现在外置气动泵向超压缩电动泵发展,辅助循环向可携带全人工心脏发展,以及由永久性全人工心脏代替同种心脏移植。2001年7月美国已成功研制永久性全人工心脏,并应用于人体。埋藏式人工心脏正逐步走向临床试用阶段。随着人工心脏向小型化、耐用性强及低阻力的发展,人工心脏有可能将来像人工心脏起搏器一样得以广泛应用。

人工心脏的发展需要进一步解决的问题是:①小型而具有高射血效能;②安全可靠的控制系统和能源供应模型;③经久耐用的带瓣血室。

2. 人工心脏瓣膜

人工心脏瓣膜(图4-3)是可植入心脏内代替心脏瓣膜(主动脉瓣、肺动脉瓣、三尖瓣、二尖瓣),能使血液单向流动,具有天然心脏瓣膜功能的人工器官,是保证心脏功能的重要组成部分。当心脏瓣膜病变严重而不能用瓣膜分离手术或修补手术恢复或改善瓣膜功能时,则需采用人工心脏瓣膜置换术。换瓣膜病例主要有风湿性心脏病、先天性心脏病、马凡氏综合征等。

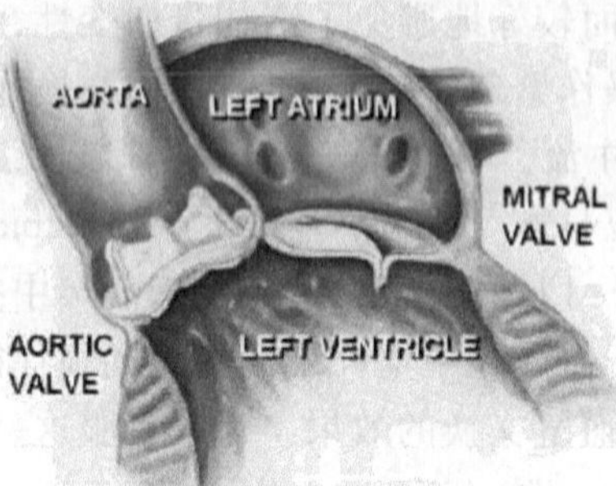

图4-3 人工心脏瓣膜示意图

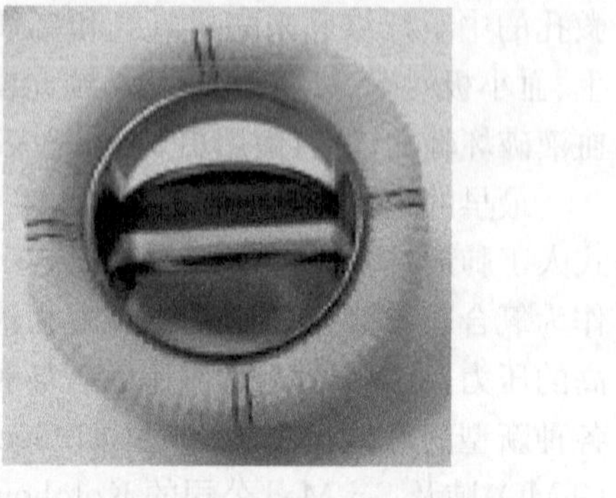

图4-4 新型表面改性的人工心脏瓣膜示意图

根据人工心脏瓣膜的形状,可以将其分为球形瓣(ball valves)和碟形瓣(disk valves)两种。球形瓣包括一个支架、球体和一组可靠及持久的瓣膜组成,植入人体的第一种人工心脏瓣膜便是这种结构。经过多年来的发展现在已经有许多种不同的设计,但到目前为止,在美国临床上仍在使用的球形瓣只剩下Starr-Edwards瓣(Baxter Healthcare, Edwards CVS生产)。碟形瓣包括单叶碟瓣(single leaflet disk valves)和双叶碟瓣(bileaflet disk valves)。单叶碟瓣(图4-5)早些年在临床上取得了巨大的成功,但现在已经很少使用。尽管双叶碟瓣的出现要晚些,却已占领目前美国人工机械心脏瓣膜市场90%的份额。双叶碟瓣最早、最主要、最成功的当属St. Jude瓣(图4-6),它的成功导致了许多模仿的设计,但其仍为美国植入最多的机械瓣膜。

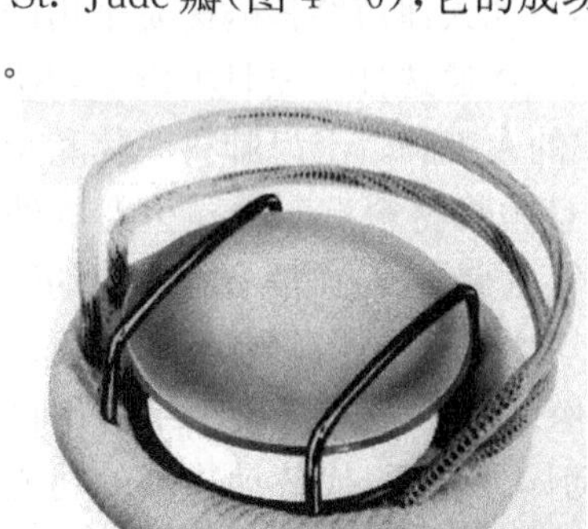

图4-5 Kay-Shiley MGCD单叶碟瓣

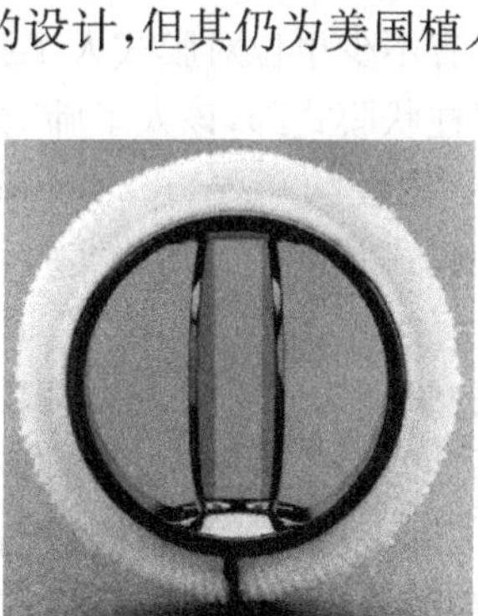

图4-6 St. Jude双叶碟瓣

4.1.3 人工肺(人工心肺机)

人工肺又称氧合器,可暂时性替代自然心脏与肺的功能,是一种重要的人工器官。人工心肺机主要包括血泵(心)和氧合器(肺)。研究表明,理想的人工肺应具备如下特点:材料柔软,能直接置入胸腔;血液灌注压强小于1.999 8 kPa(15 mmHg);有良好的血气交换功能;膜材料生物相容性好;每分钟提供超过200 mL的氧气和二氧化碳交换功能。大量的心血管直视手术直接促进了人工肺的临床需求,特别是在婴幼儿、病重、体衰患者的心脏直视手术中。

自1953年成功应用于心脏手术以来,人工肺的发展已经历了垂屏式、转碟式、鼓泡式、膜式等四个阶段。因其氧合性能有限、预充量大、操作复杂、安全性能低等原因,垂屏式、转碟式人工肺目前已经基本被淘汰。鼓泡式人工肺是直接将氧气通入血液中进行气体交换。气-血直接接触不仅对血液造成一定程度的损伤,同时还易发生气栓等危险,目前国外大多数国家都已停止使用这种人工肺。膜式人工肺则是根据人体生物肺泡气体交换原理,借助疏水性的带微孔的中空纤维膜来完成氧气和二氧化碳的交换,从而较好地避免了诸如蛋白变性、溶血发生、血小板耗竭、氧合性能有限、预充量大、消毒困难、操作繁琐等缺陷,具有气体交换能力高、血液破坏轻的优点,使用更安全,代表着目前人工肺的主流。

最早的膜式人工肺于20世纪80年代投放市场,以日本Terumo公司生产的Capioxm膜式人工肺最具有代表性。该膜式人工肺采用了1.6万～3万根内径200 μm的聚丙烯中空纤维作为氧合膜,管内和管外分别流经血液和气体。但由于血液在中空纤维内的流动往往需要较高的压力,从而导致对血细胞的破坏和血液层流,影响血气交换的效果。为了克服这一缺陷,各种新型的膜式肺不断出现,如Genenal Electric-Peirce肺、Travenol公司Modulung-Teflo(TMO)肺及Sci-Med公司的Kolobow肺等,其中以后两种最为常用。TMO肺是将微孔直径为3～5 μm的膜折叠成30层,与另外30层隔开分别用作血液通道及气体通道。Sei-Med公司的Kolobow膜式肺则与上述TMO肺相反,将无孔的增强型涤纶硅橡胶材料制成具有半透性的薄膜,然后将薄膜卷成筒形,形成血液与气体的通道。每片膜均可承受360 mmHg的压力,其交换面积为0.8～4.5 m^2。通常,用作膜式人工肺的膜材料主要由硅胶和微孔高分子材料(聚丙烯、聚砜等)制成。透气性能及血液相容性更好的薄膜仍是该领域的最大挑战。日本Mitsubishi Rayon中心的科学家,成功研制出一种有三层结构的由超薄、热塑嵌段聚氨酯致密层组成的膜材料,这种微孔聚氨酯的夹层结构可有效防止血浆的漏泄。由这种膜组成的人工肺,在10 h内,氧气和二氧化碳具有稳定的传递率,未发现任何血浆漏泄现象。

我国也有不少单位对膜式人工肺进行了成功的探索。如天津市结核病医院采用硅胶毛细管编织成双柱状膜式肺,该人工肺对水、血都具有良好的气体通透性。复旦大学成功研制出由外径250 μm、内径200 μm、长24 cm聚丙烯中空纤维组成的人工肺。上海肺科医院和新华医院先后对这种膜式肺进行了动物实验,获得成功。上海复旦生物材料有限公司生产的外走血型聚丙烯中空纤维膜式仿生人工肺,通过微孔纤维膜进行气血交换,对血液有形成分的破坏程度很小,产品的氧气传递速度、膜面积、补充量等主要指标均达到国外产品先进水平,可用于心脏手术体外循环时替代人肺。2003年西安交通大学第一医院心外科的科研小组运用自行研制的膜肺,在国际上首次运用双侧股动脉-股静脉无泵驱动体外循环,代替动物肺的功能完全成功,这一实验的成功填补了国内在该领域的空白。该产品将运用于临床,可在短期内解决病人的急性呼吸衰竭以及由此造成的并发症,为急性呼吸衰竭的疾病治疗带来希望。

经过数十年的发展,尽管人工肺,特别是膜式人工肺在结构和功能上取得了巨大的突破,但仍存在许多问题需要解决，真正植入型人工肺的研制是一项长期而艰难的工作。我们相信随着相关学科的不断发展，各种高新技术膜式人工肺（如滤膜式人工肺）将会不断推出，造福人类。

4.1.4 人工肝

肝脏是人体内最大的腺体器官和重要的分泌、排泄、生物转化及屏障器官。肝脏受到损害将引起肝功能衰竭，引发黄疸、低蛋白血症、高氨血症、出血、肾功能不全、代谢紊乱甚至昏迷等症状。急性肝功能衰竭（ALF）的临床死亡率一直高达80%以上。原位肝移植是临床治疗肝功能衰竭的有效手段，患者术后1年的存活率达70%，但由于有效的供体短缺，一半的肝功能衰竭患者在等待移植时死去。为此人工肝应运而生，成为研究的热点之一。

人工肝支持系统（artificial liver support system，ALSS）是基于肝细胞的强大再生能力，通过一系列体外的机械或生物装置，担负起暂时辅助或代替严重病变的肝脏功能，清除各种有害物质，补充生物活性物质，从而使肝细胞得以再生直至自体肝脏恢复或等待机会进行肝移植的治疗方法。迄今为止已研发出多种人工肝支持系统，主要分为非生物型、生物型及混合型。

非生物人工肝亦称物理型人工肝，是一种以机械被动去毒为主的治疗方法，包括血浆置换、血液和（或）血浆灌流、血液透析、血液过滤、分子吸附再循环系统等。已有的研究结果表明，这些方法能够在一定程度上降低肝功能衰竭患者有害毒性物质水平，但患者总体存活率并没有显著提高，而且存在进一步破坏凝血机制等副作用，不能完成肝脏的合成代谢转化等功能。为了更有效地替代肝脏的功能，研究者模拟人体肝组织的结构和功能，提出生物人工肝（bioartificial liver，BAL）的概念。生物人工肝的基本思想是将体外培养的肝细胞置于体外循环装置（生物反应器）中，病人的血液和（或）血浆通过半透膜或直接接触与反应器中的肝细胞进行物质交换，为肝功能衰竭病人提供代谢功能。通常，生物人工肝包括三个部分：①具有能够发挥正常人肝脏大部分功能的肝细胞；②将患者血液输送到肝细胞的传送系统；③生物反应器，使用生物人工肝的过程如正常机体血液流过肝脏一样，血液中的毒性物质被肝细胞摄取、代谢，同时营养物质由肝细胞合成、补充，是理想的人工肝支持与治疗模式。混合型人工肝是指将生物反应器与血液透析滤过、血浆置换、血液灌流等装置结合起来，建立体外循环。生物型与混合型人工肝不仅具有解毒功能，而且还具备部分合成和代谢功能，目前处于临床研究阶段。以下就研究较多的几种人工肝进行介绍。

1. 非生物型人工肝

非生物型人工肝方法是目前在临床上广泛使用并证明是有效的方法。主要包括血浆置换（PE）、血液灌流（BP）、血液滤过（BF）、血液透析（BD）、连续性血液透析滤过（CHDF）、分子吸附再循环系统（MARS）、血浆滤过透析（PDF）、血浆特异性胆红素吸附（PBA）等。其中以血浆置换的应用最多。血浆置换采用血浆分离器将患者血浆从全血中分离并弃去，同时代之以新鲜冷冻血浆或人血白蛋白等溶液。此方法在去除血液中胆红素、内毒素、细胞毒性因子等有害物质的同时，补充多种生物活性成分。成人一次置换3 000～3 500 mL血浆并适当补充部分白蛋白及其他液体，可使患者血清中的内毒素、胆红素、肿瘤坏死因子等有害物质迅速减少35%～60%，同时补充的凝血因子、补体、白蛋白、纤维蛋白等所需成分迅速在体内发挥作用。伴随血液中毒性物质的减少，临床症状也有较为明显的改善。血浆置换最常见的不良反应主要有：血浆过敏、血压下降、出血及局部血肿、灌流及分离器堵塞及异体血浆潜在的感染。胆红素等毒物吸附主要的不良反应有血小板及血浆白蛋白下降等。另一种常用和公认的非生物型肝支持技术是将分离器分离的血浆再经一特殊的吸附柱吸附去除部分胆红素等，然后回到患者体内。类似的吸附方法还有活性炭血氨和毒素吸附及直接血液灌流（吸附）等，不同点主要在于吸附柱性质及对目标吸附物的选择上。

由于肝功能衰竭时不仅肝脏解毒功能不全，其合成、分泌、转化功能也严重受损，而后者单纯以非生物型人工肝治疗则难以解决，而且由于在清除毒物的同时机体一些有用的成分如促肝细胞生长因子也被清除，因而非生物型人工肝的疗效是有限的。临床往往可根据病情选用上述方法单用或联合应用。肝衰竭伴有肝性脑病时，可选用 PE 联合 BP；伴有肾功能衰竭时，选用 CHDF 联合 PE 或 PDF；伴有高胆红素血症时，选用 PBA 联合 PDF；伴有水电解质紊乱时，选用 CHDF 联合 PE 或 MARS。有时可以同时给予三种以上方法联合应用。

2. 生物型人工肝——体外肝辅助装置（ELAD）

体外肝辅助装置（ELAD）（图 4－7）是由美国生命治疗公司研制的基于人体细胞的生物人工肝，是目前唯一在提高慢、急性肝衰竭患者生存率、改善其生活质量，并降低治疗费用等方面极具应用前景的治疗方式。该装置将具有正常功能的肝细胞放置于中空纤维管的外腔中，使用时将病人的血液直接通过中空纤维管内腔，透过中空纤维膜在外管腔和肝细胞直接接触，完成物质交换后经过一个孔径为 1 μm 的双层滤膜的细胞滤器循环回病人的血液中。ELAD 能够代谢毒素，合成多种人体正常肝脏能够合成的蛋白质，为严重肝衰竭患者提供重要的代谢和生存支持，能使病人过渡到肝移植或自身肝病得以恢复。

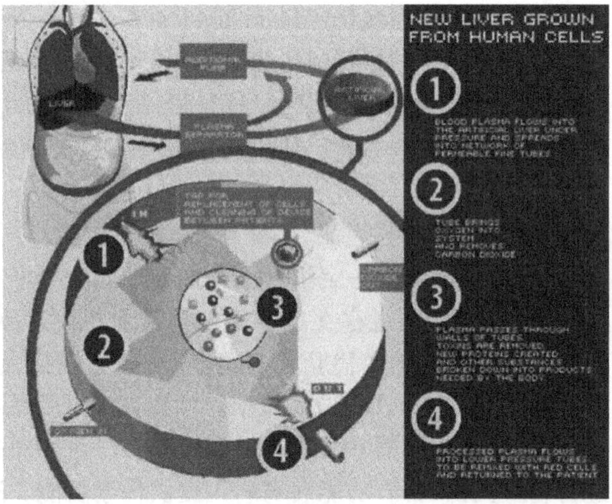

图 4－7 体外肝辅助装置（ELAD® System）

五个阶段的 ELAD 临床试验已经完成，共有 97 个患者接受了 ELAD 的治疗。尽管对危重病人治疗的数量不是很多，但产品耐受性良好。临床观察指标显示了治疗组和对照组的差别。参与临床试验的研究人员对 ELAD 治疗的潜力持非常乐观和肯定的态度。二期临床试验已经于 2008 年 8 月在美国及欧洲继续展开。

3. 生物型人工肝——肝支持系统（LSS）及模块型体外肝支持系统（MELS）

模块型体外肝支持系统（MELS）（图 4－8）是由 Sauer 教授等研制的肝支持系统（LSS）和清除白蛋白结合毒素的单通路白蛋白透析系统解毒模块结合而成的新型生物型人工肝。该系统的特点在于：以原代猪肝细胞和原代人肝细胞共同作为肝细胞源，以三束交织型中空纤维构成三维骨架制备而成的能够同时提高细胞氧供和物质交换的具有独特设计的生物反应器。

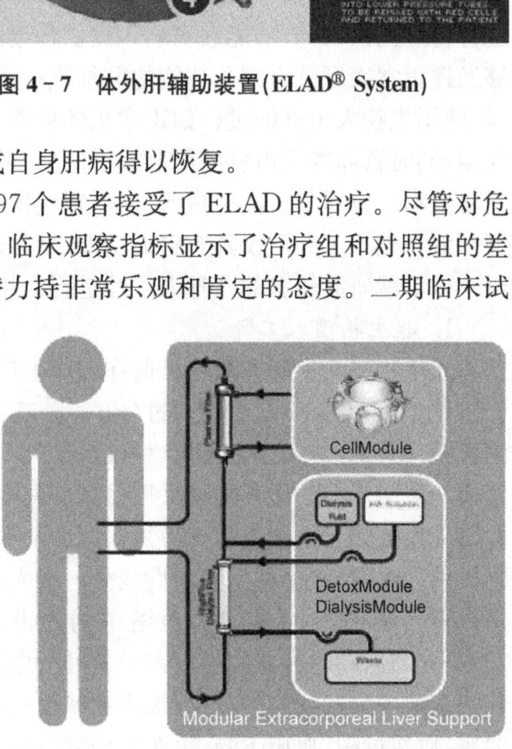

图 4－8 模块型体外肝支持系统

在以猪肝细胞为肝细胞源的Ⅰ期临床试验

中,8 例急性肝功能衰竭患者(其中 7 例女性)接受 LSS 治疗后成功地过渡到原位肝移植,移植 3 年存活率为 100%。在应用人肝细胞的 Ⅰ 期临床试验中,8 例病人采用 MELS 治疗后,6 例病人成功地过渡到肝移植而获得新生。

4. 生物型人工肝——AMC 生物人工肝

AMC 生物人工肝由荷兰阿姆斯特丹大学医学中心率先研制成功。如图 4-9 所示,该装置主要由螺旋形、三维、非编织聚酯纤维、高密度猪肝细胞与氧合器结合构成。生物反应器由纵向排列的用于气体交换的中空纤维管组成,管外腔基质中附着有数目大于 10^{10} 的猪肝细胞。病人的血液首先经过血浆分离器,分离后的血浆流经生物反应器,最后与血细胞汇合输回病人体内。血浆和肝细胞直接接触,可有效提高物质的传输效率,同时也利于肝细胞的供氧。

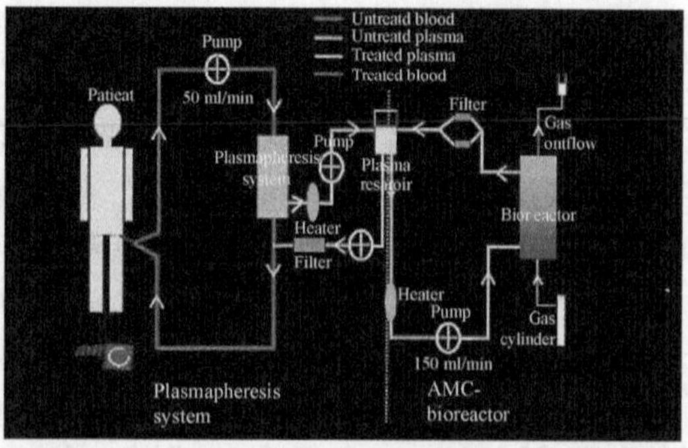

图 4-9　AMC-BAL 系统

在意大利进行的 Ⅰ 期临床实验中, 7 例昏迷程度Ⅲ或Ⅳ肝衰竭患者进行8~35 h的治疗后,6 例患者成功地过渡到原位肝移植。

5. 生物型人工肝-HepatAssist 生物人工肝系统

HepatAssist 生物人工肝系统是由美国洛杉矶 Cedars 医学中心的 Demetriou 博士等研发成功。该生物反应器主要包括由半透膜组成的孔径为0.15 μm中空纤维反应器,内含约 6×10^9 个冻存的猪肝细胞,细胞附着于微载体后放置在中空纤维管的外管腔中。病人的血液经血浆分离器后先经过含有活性炭的吸附器,然后流经氧合器,最后通过中空纤维反应器后和血细胞汇合输回病人体内。HepatAssist 生物人工肝系统目前已完成Ⅱ/Ⅲ期多中心、随机、对照临床试验,治疗效果显著。

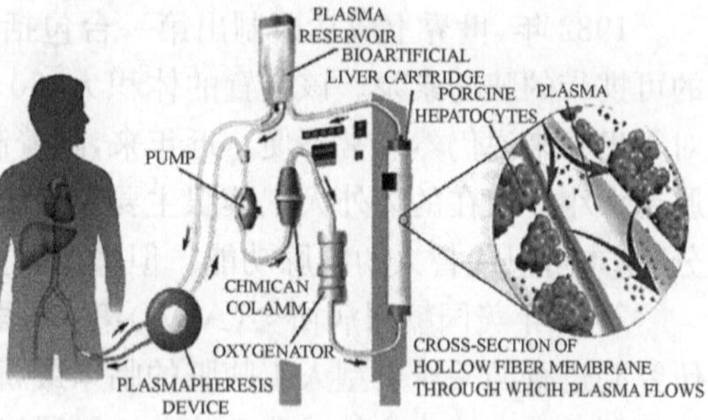

图 4-10　HepatAssist 生物人工肝系统

6. 混合生物人工肝

以高活性的材料为载体培养肝细胞,借助其活跃的生物学功能,最大可能地模拟正常肝脏的各种功能,同时结合血浆灌流、血浆转换等非生物型装置组成新型混合生物人工肝支持系统,能为重型肝炎等肝衰竭患者提供先进可靠的治疗手段。然而理想的细胞源和高效生物反应器是当前困扰人工肝发展的最大障碍。

我国在人工肝方面的研究始于 20 世纪 80 年代。1986 年,浙江大学医学院的李兰娟院士在国内率先开展了这方面的工作,最早应用血液滤过合并灌流技术治疗 3 例急性、亚急性重型肝炎患者,2 例存活。之后采用 ALSS 技术,即将血浆置换、血液灌流、血浆吸附、血液滤过等各种方法根据临床需要选择单用或组合应用,建立了一套较完整包括含活性炭的灌流器、膜型血浆成分分离器、特异性胆红素吸附器等多种方法组合的人工肝支持系统,探讨和明确了该治疗的适应证、禁忌证,解决了重型肝炎人工肝支持系统治疗中易出血、低血压等难题。之后又开展了生物人工肝用细胞源与混合型人工肝的研究,建立了四步灌流分离肝细胞的新方法,使新鲜分离的肝细胞活率和总数显著提高,开辟了为人工肝研究提供高质量肝细胞的新途径。

利用分子生物学方法,建立了国内第一株来源于正常人肝脏的永生化肝细胞系 HepLL,为人工肝治疗和细胞移植提供了安全有效的肝细胞源。国内还有北京佑安医院等单位在人工肝的研究与临床方面也取得了显著的成绩。

4.1.5 人工胰(胰岛素闭环泵系统)

1921 年,胰岛素的发现开启了胰岛素注射治疗糖尿病的方法。然而传统的注射方法会带来视网膜病变导致失明等诸多缺陷。人工胰脏(胰岛素泵)被证明是解决这一问题的最佳途径。该装置借助植入皮下的针头将一天所需的胰岛素 24 h 连续不断地输注,使患者体内的胰岛素浓度符合健康人的生理分泌模式,避免了糖尿病患者体内胰岛素浓度波动的现象,达到最佳的治疗效果。

1974 年,日本的西田健郎等设计出一种集检测、控制及操作系统于一体的第一代闭环人工胰岛素泵。但由于受当时制备技术的限制,胰岛素泵体积非常庞大。后来发展了葡萄糖生物传感器,使得设备的体积大大降低。1984 年,日本厚生省批准第二代胰岛素泵投入临床使用。1984 年,我国的王保华教授也研究成功"开环人工胰",并应用于糖尿病的治疗。到目前为止,研制的人工胰岛素泵主要包括便携式人工胰岛素泵和植入式人工胰腺。

1. 便携式人工胰岛素泵

1982 年,世界上成功研制出第一台包括微型血糖传感器和胰岛素/胰增血糖素注射插管的可携带的胰岛素泵。该装置的体积为150 mm×120 mm×60 mm,重500 g。但这样的尺寸对于患者来说仍然非常不便。近年来,随着制备技术的发展,胰岛素泵已经可以做到几个平方厘米大小。现在的体外人工胰腺主要包括动力部分、药物容器、导管、注射针和电源等几大部分,基本可以代替人的胰腺功能。但采用的开环控制仍难以精确模拟人的生理调节。

2009 年美国糖尿病协会(ADA)第 69 届科学研讨会发布了加利福尼亚州 Sansum 糖尿病研究院进行的关于新型人工胰脏的临床最新研究结果,显示由该中心和加利福尼亚州大学合作研制的由血糖生物传感器和胰岛注射器组成的便携式人工胰岛素系统对Ⅰ型糖尿病患者的治疗效果非常显著。这表明人工胰脏的研究又向前大大地迈进了一步。

2. 植入式人工胰腺

理想的植入式人工胰腺主要由三部分组成:用作胰岛素精确注射的泵、可实时监测血糖浓度并反馈给系统的血糖监测设备以及控制系统。但由于种种原因,到目前为止,还没有能够真正投入临床代替人胰腺功能的植入式人工胰腺产品。

2000 年,法国蒙彼利埃市大学医疗中心首次为一糖尿病患者成功地进行了人工胰腺植入术。所使用的人工胰腺主要由胰岛素泵和血糖监测仪两部分组成。与目前普遍使用的胰岛素泵一样,患者每隔三个月将一定量的胰岛素注射进储藏器,然后再由胰岛素泵将胰岛素适量泵入患者的腹腔。血糖监测仪的数值指示部分留在体外,长1 cm、直径3 mm的血糖监测仪则植入动脉,而探头部分则被植入患者颈部的颈静脉中,并由一根2 mm粗的导管连接至腔静脉。

4.1.6 人工肾

肾具有强大的根据机体需要调节水排泄的能力,以维持体液渗透浓度的稳定。人工肾是一种替代肾脏功能的透析治疗设备,主要用于治疗肾功能衰竭和尿毒症。目前的人工肾能部分替代真正的肾脏起作用。在人体外代替肾进行血液透析,需从病人动脉将血液引流出来,在中空纤维中向一侧流动,一种称为透析液的水溶液在中空纤维外向相反方向流动,血液中的小分子废物通过血液透析膜(中空纤维壁)进入透析液中。为了防止某些盐类等有用的物质随着废物离开血液,透析液中的酸碱度和渗透压应与血液中的基本相同。血液从患者臂部或腿部的血管通路流入人工肾,经过人工肾得到净化后,又流回静脉。患者的血液要流经人工肾许多次之后,才能除去大部分的小分子废物。20世纪40年代与60年代在人工肾与可进行反复透析的血管通路技术方面的突破,使肾功能衰竭疾病的治疗成为可能,现在已经成为全球数以百万计患者赖以维持生命的肾脏替代疗法。

人工肾最早的雏形出现于1913年,当时英国的阿黛尔用硝棉胶膜作为透析膜、生理盐水作为透析液为肾病患者进行透析。1937年萨尔海莫应用赛璐玢作为透析膜以后,人工肾的研究又进了一步。1943年荷兰医生科尔夫制成了第一个人工肾,首次以机器代替人体的重要器官。病人的血液流过过滤器,血液内的尿素等代谢废物通过胶膜渗滤到透析液中。它可以代替人体肾脏的功能,让损坏的肾脏得到康复。到了1960年,美国外科医生斯克里布纳发明了一种塑料连接器,可以永久装进病人前臂,连接动脉和静脉,与人工肾容易连接,不会损伤血管,这样就能够为病人长期进行血液透析治疗。目前临床使用的主要是透析型人工肾。

透析型人工肾主要由透析器及透析液供给装置和自动监护装置三个部分组成。其中,透析器是关键的器具,血液透析过程就在透析器中进行。临床使用过的透析器主要有三类:平板型、盘管型、空心纤维型,目前基本上使用的是由苯乙烯-丙烯腈共聚物注射成型的外壳与空心纤维透析膜构成空心纤维透析器。透析器的核心是一层半透膜,可允许低分子物质如电解质、葡萄糖、水及其他代谢废物(如尿素)等通过,血细胞、血浆蛋白、细菌、病毒等则不能通过。透析膜常用材料主要是纤维素和聚合物两大类。纤维素如铜氨纤维素、醋酸纤维素;聚合物如聚丙烯腈-丙烯磺酸盐共聚物、聚乙烯-乙烯醇共聚物、聚醚-聚碳酸酯共聚物等。

我国的人工肾及血液净化技术起步于20世纪50年代。1957年天津市泌尿外科研究所马腾骧教授在国内首先将人工肾透析治疗用于临床,开创了我国人工肾临床治疗急性肾功能衰竭的先河。经过50年的努力,根据2001年中华肾脏病学会公布的我国透析与肾移植登记报告,我国已有血液透析机4 967台,维持性血液透析病人41 755人。近年来透析设备与透析人数每年以11%的速度递增。我国自制的血液透析、血液滤过机,水处理系统以及各种膜材料的血液透析器、滤过器、血浆分离器、灌流器相继问世,已形成了年销售超过亿元的产业群体。同时,我国在血液净化与维持性血液透析治疗的临床研究工作方面也取得了显著的成绩。1983年南开大学与天津医科大学河东医院等单位将DNA抗原与四氮唑蓝共价结合固定在碳化树脂上,研制了吸附抗DNA抗体和DNA免疫复合物的免疫吸附柱。1996年第一军医大学南方医院成功地将肿瘤坏死因子-α(TNF-α)单克隆抗体固定在5 mol/L生物凝胶载体上制成特异性免疫吸附柱,给新西兰兔注射致死量LPS后1 h进行免疫吸附,结果6 h的存活率对照组为31.8%,治疗组为70.0%。他们还研究了连续性肾脏替代CRRT技术抢救复杂性急性肾衰竭的基本理论和临床应用,使APACHEⅡ积分超过29的危重病人存活率达25%(国际水平为22%~26%)。将AN69膜透析器连接在心脏手术体外循环的血液回路上吸附由体外循环产生的细胞因子,结果明显改善了体外循环术后全身炎症反应,减轻了肺、肾损害。他们对透析相关性淀粉样变的发病原因提出"原位修饰"学说,发现、克隆、表达了人关节滑膜细胞晚期糖基化终产物(AGE),已被载入8部国际经典教科书。由此可见,我国在血液净化设备的研制和提高长期透析病人生存率以及血液净化新技术应用等方面,已接近和达到国际先进水平。

今后人工肾的发展一方面为功能化,即不但具有透析功能,而且也应具有过滤和再吸收功能,另一方面为小型方便化,即体积小,能佩带甚至能体内植入。

4.2 组织工程型人工器官

随着生活水平和审美意识的提高,人们要求现代医学不仅能够将损伤或缺损恢复到损伤前的状态,而且内在的组成和结构都能完美地修复。为了实现这一梦想,现代组织工程技术及组织工程化人工器官便应运而生。组织工程学是应用生命科学和工程学的原理与方法,通过体外细胞培养技术构建组织/器官。它的提出、建立和发展向人们展示了人类有能力再造具有复杂组织结构和生理功能的器官,标志着医学将走出组织、器官移植的范畴,步入制造组织和器官的新时代。而且由于外源细胞的参与,因此对于某些难愈合损伤如大块组织损伤和缺损的修复与再造更具疗效。

尽管发展历史不足20年,强大的市场需求和诱人的前景,使得世界各国在组织工程领域都进行了大量的投入,得到了快速的发展。国内外已深入开展了骨、软骨、肌腱、皮肤等组织替代物的研制,部分产品已经进入临床应用阶段。

4.2.1 人工皮肤

皮肤是人体最大的器官,约占总体中的16%。皮肤由表皮、真皮和皮下组织构成(图4-11)。皮肤是人体与外界环境接触的屏障,不仅起着保护、分泌、代谢和感觉等作用,而且参与免疫反应和维持机体内环境的稳定。钝挫伤、挤压伤、切割伤、烧伤以及火器伤等均可引起皮肤创伤。据统计我国每年烧伤、烫伤病人达500万~1 000万例,仅严重烧伤病人就有近10万人次。随着社会生产建设和交通事业日益发达,创伤发生率呈明显上升的趋势。然而,严重创伤和大面积烧伤患者的皮源缺乏一直是临床亟待解决的难题。

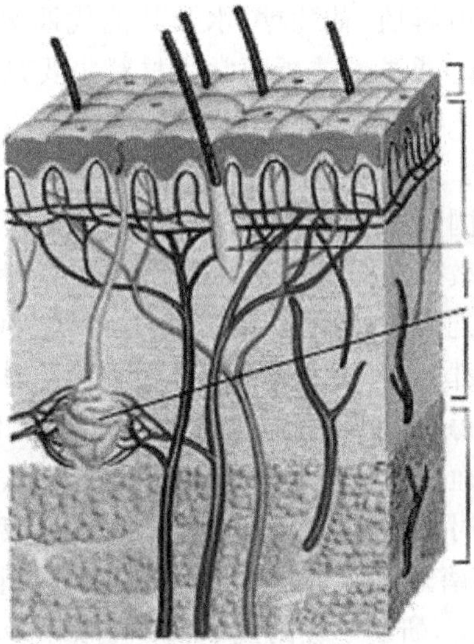

图4-11 皮肤组织结构示意图

为了克服自体皮肤和异体皮肤移植的缺陷,30多年来,研究者将目光从临时性的创伤敷料的研究逐步转化为含有细胞成分的永久性替代物活性皮肤、组织工程皮肤的研究。特别是近年来,随着组织工程学的建立和形成,组织工程化皮肤的研究和开发已成为生命科学领域的研究热点之一。自Rheinwald成功建立表皮细胞的培养方法以来,随着组织工程技术及工艺技术的提高,各种组织工程皮肤相继问世并先后应用于临床。目前比较成熟的产品主要有:Apligraf、Alloderm、Integra、Dermagraft、ActivSkin等。各种组织工程皮肤产品的主要性能如表4-1所示。根据结构和功能的不同,可将组织工程皮肤分为表皮替代物、真皮替代物和全皮替代物。以下就近年来在组织工程化皮肤方面的研究和临床应用进行介绍。

表4-1　组织工程皮肤产品

Trade Name	Schematic Representation	Layers	Cost	Cost per cm^2
Biobrane™ (Dow Hickam/Bertek Pharmaceuticals, Sugar Land, TX)		1. Silicone 2. Nylon Mesh 3. Collagen	5cm×5cm £12.00	£0.48
Transcyte® (Advanced Tissue Sciences, Inc. La Jolla, CA)		1. Silicone 2. Nylon Mesh 3. Collagen seeded with neonatal fibroblasts	13cm×9cm £921.15	£7.87
Apligraf® (Organogenesis Inc, Canton, MA and Novartis Pharmaceuticals Corporation, East Hanover, NJ)	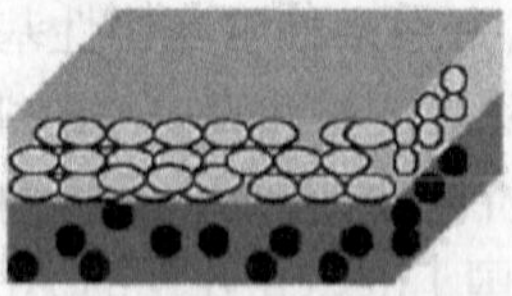	1. Neonatal keratinocytes 2. Collagen seeded with neonatal fibroblasts	7.5cm diam disc £626.00	£14.20
Dermagraft® (Advanced Tissue Sciences, Inc. La Jolla, CA)	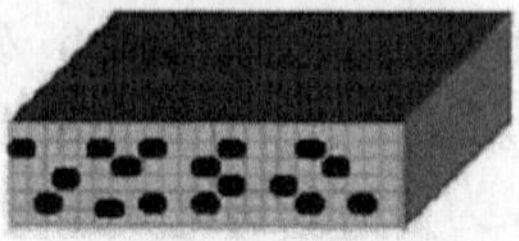	Polyglycolic acid (Dexon™) or polyglactin-910 (Vicryl™) seeded with neonatal fibroblasts	5cm×7.5cm £267.80	£7.14
Integra® (Integra Life Science Corporation, Plainsboro, NJ)		1. Silicone 2. Collagen and glycosaminoglycan	10cm×25cm £830.00	£3.32
Alloderm® (LifeCell, Woodlands, TX)		Acelluiar de-epithelialised cadaver dermis	4cm×12cm £283.00	£5.90
Epicel™ (Genzyme tissue repair corporation, Cambridge, MA)	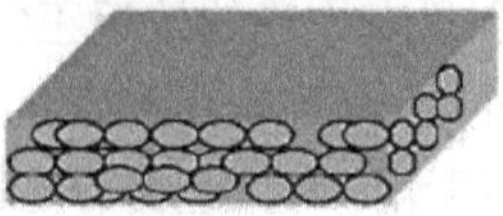	Cultured autologous keratinocytes	Not yet licensed in UK	
Laserskin™ (Fidia Advanced Biopolymers, Italy) also marketed as Vivoderm™ by ER Squibb & Sons Inc.	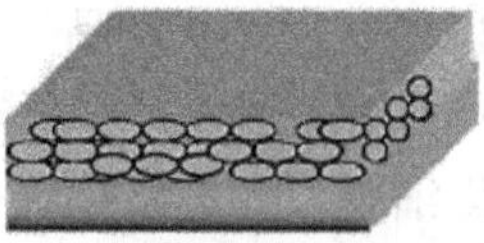	1. Cultured autologous keratinocytes 2. Hyaluronic acid with laser perforations	Not yet licensed in UK	
Cadaveric allograft (from not for profit skin banks)	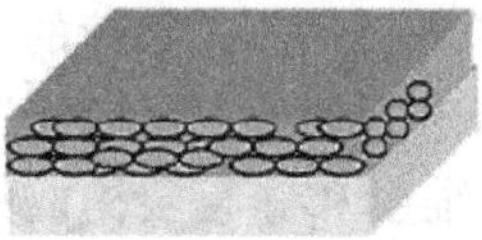	1. Cryopreserved in order to retain viability 2. Lyophilised 3. Glycerolised	Similar price for all three various sizes	£0.60

1. 表皮替代物

1975 年,Rheinwald 等以 3T3 成纤维细胞为滋养层成功地实现了人表皮细胞的培养。1981 年,O'Conner 首次将该方法应用于体外培养自体表皮细胞膜片。但长时间临床观察发现,采用该方法培养的表皮细胞膜片不仅脆性大、抗感染能力差、难以移植,而且由于真皮成分的缺少导致移植后的表皮易结痂收缩、不耐摩擦、与创面结合不稳固。为此,Horch 等将角质化细胞接种在胶原膜上,待细胞融合成单层后即进行移植,大大缩短了创面愈合周期,也减少了角质化细胞的体外培养时间。

2. 真皮替代物

为了克服表皮替代物的缺陷,真皮替代物的研制应运而生。真皮是皮肤的重要组成部分,不仅可增加创面愈合后的皮肤弹性、柔软性及机械耐磨性,而且可减少瘢痕的增生。到目前为止,研究开发的真皮替代物主要包括以下两大类,即天然真皮与人工合成真皮。天然真皮替代物主要以脱细胞真皮为主,包括胶原、弹性蛋白、蛋白多糖等不溶性基质成分。脱细胞真皮是将经酶消化、高渗盐浸泡处理的异体(种)皮,去除表皮层和真皮内的细胞成分后保留下来的胶原纤维等细胞外基质成分。脱细胞真皮具有低抗原性、诱导成纤维细胞长入、引导表皮细胞生长、不容易被降解、抗感染能力强等特性。由美国 LifeCell 开发的 Alloderm 为天然真皮替代物的代表产品。

人工合成真皮主要采用胶原- GAG(氨基葡聚糖,主要成分为 6 -硫酸软骨酸)、胶原凝胶、聚羟基乙酸(PGA)/聚乳酸(PLA)网、尼龙网作为真皮支架,结合成纤维细胞、表皮细胞培养而成的皮肤替代物。1991 年,Copper 等以 PGA 为材料制备支架并接种从新生儿包皮获取的成纤维细胞,成纤维细胞在支架上大量增殖并分泌多种包括胶原纤维连接蛋白、细胞外基质等在内的多种蛋白,最终形成由成纤维细胞、细胞外基质及材料构成的人工真皮(Dermagraft)。Dermagraft® 可用于慢性创面,通过促进维管组织的向内生长和上皮化促进创面的愈合,不能用于烧伤创面的闭合,但可用在全厚度皮肤损伤皮片移植物的下面替代失去的真皮。Chen 等采用 PLA/PGA 共聚物和胶原材料制成支架,进一步接种成纤维细胞,再将其植入裸鼠背后,2 周后形成真皮组织。真皮替代物的研制在一定程度弥补了表皮替代物的缺点,表现出了较好的应用前景。但同时它也存在明显的不足,如易导致水分丢失,移植后还要再进行二次表皮移植等。

3. 复合皮肤替代物

复合皮肤替代物是将表皮与真皮替代物结合起来构建的接近正常皮肤结构的一种皮肤替代物。复合皮肤替代物不仅具有皮肤的功能和外观,而且表皮和真皮基质成分相互影响,促进创面愈合,代表着目前人工皮肤研究的方向。1981 年,Bell 等成功地将表皮膜片、新生儿包皮细胞和真皮成纤维细胞共同培养在凝胶中形成复合皮肤移植物,成为复合皮肤替代物的标志。1997 年,美国 FDA 批准第一个商业化的组织工程化复合皮肤产品——Apligraft 正式上市,主要用于糖尿病足部和静脉溃疡的治疗。Apligraft 采用新生儿包皮异体成纤维细胞接种于牛胶原凝胶中形成细胞胶原凝胶,1 周后接种角质化细胞,待角质化细胞融合成片后进行气-液界面培养即可。Apligraft® 用于治疗慢性溃疡,促进慢性创面愈合。8 周内在 14 个中心使用 Apligraft® 治疗 240 名静脉溃疡患者,有效性是单纯使用压迫治疗的 3 倍。对 Apligraft® 用于网状半厚度皮肤移植物上的美容性和功能性结果进行评价,在色素沉着、柔韧性和血管分布方面与对照组有明显差别。Biobrane® 是由尼龙纤维层和硅膜层构成的双层生物合成膜敷料。涂有猪Ⅰ型胶原衍生多肽的尼龙纤维部分嵌入硅膜中,有利于纤维血管向内生长。进一步在涂有胶原衍生多肽的尼龙层中接种新生儿的成纤维细胞就构成了 Transcyte®。不含细胞的 Biobrane®只能用作临时覆盖,而 Transcyte®则可用于表皮烧伤。

我国首个具有完全自主知识产权的活性人造皮肤是由第四军医大学口腔医院金岩教授研制成功的。该产品按照组织工程的原理和方法,从人体的健康皮肤组织中获取表皮细胞和真皮成纤维细胞,然后经扩增后的表皮细胞、真皮成纤维细胞复合于牛胶原蛋白支架上,最终培养出具有生命活性的活体组织皮肤。这种人造皮肤不仅扩增速度快,可很快培养扩增出十倍、百倍或更大面积的患者所需的活性皮肤,而且临床应用简单,可以像"创可贴"那样使用方便。可用于各种皮肤创伤、烧伤、溃疡、外伤手术及皮肤整形等患者,成功率达 95%以上。这种"活性人造皮肤"已获得中国 SFDA 批准用于临床,标志着我国组织工程皮肤研究进入了产业化阶段。

组织工程化皮肤研究的最终目标是构建出功能、外形与自体皮肤相同或相似的永久性皮肤替代物。尽管目前已有不少具有与正常皮肤相似的结构及屏障功能的组织工程化皮肤应用于临床,但这些产品缺乏神经、血管、毛发等附属器结构。如何构建真正功能的组织工程化皮肤已经成为该领域的主要研究目标。

4.2.2 人工角膜

角膜病是仅次于白内障的引起眼盲的第二大原因。穿透性角膜移植术是目前临床治疗角膜病的主要方法,但对于重度干眼症、Stevens-Johnson 综合征、重度化学烧伤等的预后较差,且面临移植排斥、供体不足等问题。人工角膜的应用为这一问题的解决带来了福音。

角膜主要由三层细胞层组成:上皮层、基质层及内皮层。人工角膜是用基于特殊功能生物材料而制成的一种特殊装置。1817 年,Weber 等首次将水晶植入患者角膜,开创了人工角膜移植的新纪元。目前临床上应用的人工角膜基本上均是采用玻璃、高分子材料等制备而成的,但植入后常引起发炎、青光眼、血管化、后增殖膜等并发症,严重影响着治疗的效果。多数学者认为,真正意义的角膜替代物应该是组织工程化的人工角膜。近年来,研究者采取各种方法尝试将人或动物的角膜细胞从各个不同细胞层中分离出来并保持其活性,然后将其种植在由生物材料形成的支架上来重建角膜,并通过在培养介质中添加维生素 C、蛋白酶抑制剂等来保留健康角膜细胞的性能。目前,科学家已经能够在生物材料上种植角膜细胞,并重建与人的角膜非常相似的人工角膜。

组织工程化的人工角膜需要合适的种子细胞和载体支架,并且要有一定的培养技巧,种子细胞应能在支架上生长或成为与角膜有相同或相似结构及功能的人工器官。构建人工角膜常用的支架材料为胶原海绵、胶原凝胶、无血管的羊膜、脱细胞角膜基质等。如 Griffith 等用戊二醛交联胶原-硫酸软骨素基质,并复合合成聚合物制备的组织工程支架,不仅具有良好的透明性、韧性,而且还能缝合固定,可促进基质细胞向里生长、上皮细胞在其表面生长以及有功能的神经丛快速再生。Koizumi 等将兔角膜缘上皮细胞种植在羊膜基底膜上,对兔进行自体移植,术后 5 天即达到完全上皮化,未发现感染、出血、移植物脱落等,角膜保持透明。Espana 等用羊膜基底膜培养人角膜基质细胞,即使在高浓度血清的情况下,仍可连续传 6 代并保持其特有的树枝状形态,提示这种方法可用于制作角膜基质。张超等用酶消化脱细胞方法制备脱细胞猪角膜基质,植入兔角膜基质囊袋中,未发生急慢性免疫排斥反应,表现出良好的生物相容性。异种来源的脱细胞角膜基质虽然去除了许多蛋白质,但其结构蛋白仍可引起免疫反应,如对其交联不仅减少免疫反应,还能增强抗降解能力。

目前,组织工程化人工角膜已经完成动物实验,进入临床试验。如 Schwab 和 Isserof 尝试从患者的健康眼睛中获得角膜干细胞,并将其培养得到一层角膜细胞膜,然后将这层角膜细胞移植到羊膜基质表面。这些细胞在基质表面快速长成5～10层细胞厚度,从而得到了一个生物性能与人角膜相似的人工角膜。当将这些培养的人工角膜移植入患者眼中后,显著改善了患者的视力。同时,Tsai 博士也采用类似的方法,将患者自己的健康角膜细胞直接培养在羊膜上,得到了同样的结果。David H. Wang 及其同事在实验室里成功培养出了人角膜内皮细胞,并将培养出的角膜细胞移植到了动物眼中。实验室培养的角膜内皮细胞可以冻存备用,而且可无限诱导分裂。美国斯坦福大学眼科学专家和化学工程师合作成功研制了一种组织工程化人工角膜,该人工角膜的材料为一种由水凝胶交织形成的双层网状结构。该人工角膜外形为碟形,中央透明,周围密布微孔,置入眼内后,上皮细胞会渗入微孔并分泌胶原,从而使人工角膜与相邻的天然组织相连,然后人工角膜上可生长一层上皮细胞。通过动物实验验证人工角膜的生物相容性,长达 8 周的实验显示,动物对其耐受良好,角膜透明度仍能完好保持。

4.2.3 人工神经

理想的人工神经是以具有良好生物相容性和降解性的高分子材料为载体,结合有活性的细胞(雪旺细胞等)而形成的具有特定三维结构和生物活性的复合体。该复合体允许再生神经纤维生长到远侧神经残端,抑制神经瘤的形成和纤维瘢痕组织的长入,同时可保证远端产生的营养因子在神经缺损区聚集。到目前为止尚未发现能够完全符合上述要求的人工神经,但经过多年的探索,研究者在雪旺细胞培养、神经导管等方面开展了大量的工作,为人工神经的成功研制奠定了坚实的基础。

雪旺细胞是周围神经系统特有的胶质细胞,在周围神经损伤、再生与修复中起着接触引导、神经营养性和神经趋化性的作用,同时引导、促进轴突的再生及成熟。雪旺细胞在体外的快速扩增是人工神经制备过程的重要步骤。然而在体外条件下,雪旺细胞不仅生长缓慢,而且极易被纤维细胞污染。为此,学者们采用抗体吸附法、反复植块培养法、有丝分裂抑制剂或雪旺细胞增殖剂等方法来去除成纤维细胞,刺激雪旺细胞的增殖分裂。但上述过程操作复杂,而且药物对雪旺细胞表现出一定的毒性。近年来,人们利用华勒氏变性初期的损伤周围神经中雪旺细胞大量增殖而成纤维细胞较少的特点,借助神经体内变性法获得了大量高纯度的雪旺细胞。为了避免动物血清中的病毒对人体产生感染,沈尊理等建立了无血清的培养方法,同时在培养液中加入神经胶质生长因子(GGF)和碱性成纤维细胞生长因子(bFGF)等雪旺细胞增殖分裂剂,从而获得了大量高纯度的雪旺细胞。

神经导管是人工神经的重要组成部分,可作为神经再生的临时通道,促进神经生长。目前,用来制备神经导管的材料主要包括以下两类。①不可降解的硅胶、多聚四氟乙烯、乙烯醋酸乙烯共聚物等。如 Vasconcelos 等使用多聚四氟乙烯导管桥接兔 10 mm 面神经缺损。Stanec 等将膨体聚四氟乙烯制成神经导管用于临床上桥接 1.5～6.0 cm 的正中神经和尺神经缺损,患者恢复了部分感觉和运动功能。但这类材料不能降解,会产生一定的毒性并导致异物反应、阻碍神经生长或者压迫再生组织等,往往需二次手术取出。②可降解的聚乙醇酸、多聚左旋乳酸、聚羟基丁酸盐及其共聚物等。聚乳酸与聚己内酯的共聚物神经导管可以修复短距离的神经缺损。应用泡沫加工技术制成的聚乳酸/羟基乙酸共聚物导管,在种植雪旺细胞后表现出良好的促进、引导神经再生功能。Young 等用聚羟基丁酸盐导管成功桥接兔腓总神经 44 mm 缺损,神经功能恢复良好。

种子细胞在支架材料中的种植是成功构建神经导管组织工程的另一关键。通常，将雪旺细胞植入神经导管的方法有两种：一种是将纯化的雪旺细胞通过显微注射的方法植入神经导管。另一种是将神经导管置于雪旺细胞的培养体系中进行培养，雪旺细胞则迁移到神经导管内。但是研究发现，这两种方法植入的雪旺细胞在神经导管内的排列是无序的。近年来，Hadlock 等借助带泵的循环装置促使细胞悬液通过多通道聚合物导管，从而使雪旺细胞沿通道线性排列，且在材料表面紧密黏附，体内移植后取得了比较好的效果。黎志明等使用转壁式生物反应器模拟微重力条件下对雪旺细胞进行三维培养，在较短时间内将雪旺细胞均匀黏附到支架上。

尽管人工神经研究已取得一定进展，但人工神经受神经趋化和接触引导的限制，目前桥接的距离不能超过 30 mm，临床上仍面临长段缺损时神经修复的问题。

4.2.4 组织工程血管

组织工程血管(TE blood vessel，TEBV)是目前公认的替代人类病变血管的理想移植物。组织工程血管的最终目标是将患者本身的细胞经体外培养后种植于支架材料上，在较短的时间内构建同时具有内皮细胞和平滑肌细胞以及血管细胞外基质的新生血管。

组织工程血管应用于临床必须具有以下条件。①抗张裂强度与隐静脉相当，即1 700 (1 680±307) mmHg 左右；②有抗疲劳能力，即体外搏动负荷测试 30 天后直径不变，或变化与同种异体移植物相似；③具有完整内皮层。组织工程血管的构建方法很多，如动物蛋白凝胶支架细胞种植，可降解合成支架细胞种植，完全生物化组织片层组装，以胸、腹腔为生物反应器，管芯诱导等。

构建组织工程血管的关键是选择合适的支架材料、种子细胞和反应器。支架材料可以是生物天然血管去细胞基质后的胶原纤维、弹力纤维或血管细胞外基质，也可以是利用动物小肠黏膜下层(SIS)、心包膜、筋膜等制成的无细胞基质的管道支架材料。研究表明，添加细胞因子的 SIS 是目前公认的极具应用前景的去细胞基质材料。另外也可采用可降解高分子材料。种子细胞的来源为胚胎干细胞、成体干细胞(包括内皮祖细胞和间充质干细胞)等。为了进一步实现结构和功能上的接近，研究者试图根据血管外层、中间层和内层结构的不同设计支架材料，然后在支架的不同部位分别种植内皮细胞、平滑肌细胞和成纤维细胞。体外培养后，得到具有内皮细胞、平滑肌细胞和成纤维细胞融合的血管，该思路代表着组织工程血管的新方向。另外，研究发现在模拟人体搏动性血流的条件下进行培养，内皮细胞的排列更加整齐，可以提高最终血管的通畅率。搏动性流体通过对血管壁的机械刺激来影响内皮细胞的排列和功能状态，沿血管周径分布的压力则影响平滑肌细胞排列和功能状态。

加拿大魁北克 Laval 大学医院成功开发出一种能够承受高压力的人工血管。研究者首先在特定的塑料管上培养一层平滑肌细胞，然后将其浸在一个充满营养物质(如氨基酸)的培养器内增加细胞层的厚度，最后移植一层纤维母细胞。该项技术有望用于临床。美国乔治亚州工程技术学院设计了一种可同时克服内膜增生和动脉瘤的新型小口径血管移植物。为了降低免疫排斥反应，研究者采用酶和去污剂将猪的颈动脉处理成小碎片。为了降低血栓的形成，在血管移植物表面共价结合肝素。将经过细胞分离和肝素处理的血管移植物应用于狗的旁路手术中，2 个月后发现血管壁上覆盖着大量的内皮细胞。

组织工程血管是构成任何组织工程器官或系统不可或缺的部分，前景十分广阔。然而由于技术的限制，目前尚没有能够用于临床的组织工程血管。目前组织工程血管的研究热点主要集中在以下方面。①种子细胞，探寻新的可供利用的干细胞；②寻找胚胎干细胞及成体干细胞的高效分离和培养技术，减少患者等待的时间；③三维培养模拟环境的研究，即发展各种全面模拟人体血流动力学环境的生物反应器，探索剪切力对于内皮细胞生长的影响及其机制。

4.2.5 组织工程化人工膀胱

2006年，美国学者Atala等首次将形态和功能等都接近正常膀胱的组织工程膀胱应用于膀胱功能异常的儿童患者，代表着膀胱重建手术的"里程碑"。自此，组织工程膀胱在支架的选择、种子细胞获取及血管神经重建等方面得到普遍关注和快速发展。

采用天然的或人工合成的生物材料直接进行膀胱替代是膀胱组织工程早期的探索。所使用的生物材料包括天然材料和人工合成材料。小肠黏膜下组织(small intestine submucosa, SIS)和膀胱无细胞基质移植物(bladder acellular matrix graft, BAMG)是目前认为有应用前景的膀胱替代天然材料。目前，SIS已经商品化(OaSIS™)，广泛应用于临床。BAMG则因动物来源不同而表现出不同的性能。Sievert等研究发现同种BAMG修复效果优于异种BAMG。国内王涌泉等以同种BAMG修复兔膀胱缺损，8周后发现，修复后的膀胱容量、压力及顺应性与术前相比无明显差异。Brown等研究发现，在体外将BAMG与尿路上皮细胞(UROs)和膀胱平滑肌细胞(BSMCs)复合培养可有效提高BAMG的收缩性；此外，接种UROs可以增加BSMCs对BAMG的渗透性。用于人工膀胱的合成高分子材料主要包括PGA、PLA和聚乳酸-乙醇酸共聚物(PLGA)等。Lai等系统地评价了PGA与SIS接种BSMCs重建兔膀胱的效果，发现PGA组膀胱容量明显增加；而SIS组出现组织挛缩、膀胱平滑肌再生不良等现象。

UROs是人工膀胱构建过程中常用的种子细胞，但该细胞极易老化，直接影响其使用效果。针对这一难点，研究者采用3T3滋养层细胞培养法进行UROs的培养，结果显示，3T3滋养层细胞不仅能在体外促进UROs的活性，而且在体内亦能刺激宿主来源的UROs增殖。例如，Kurzroek等以小鼠3T3细胞为滋养层细胞成功进行原代UROs细胞的培养。Drewa等采用3T3细胞接种PGA修复大鼠膀胱缺损，发现接种3T3细胞的PGA修复组中央区域可形成5层以上的UROs，而单纯PGA修复组中央区域则无上皮形成。通过干细胞诱导分化获取人工膀胱种子细胞是近年来研究的又一热点。Zhang等采用犬骨髓基质干细胞接种SIS成功构建了膀胱组织，该组织在体外呈现出与膀胱平滑肌极为相似的钙离子依赖性和收缩性，同时表达平滑肌特异性标记物，植入体内后，10周出现平滑肌束。Chung等运用大鼠骨髓来源干细胞(MDSC)接种SIS修复大鼠膀胱缺损，也发现了类似的结果。

早期血管化被证明有利于组织工程膀胱的形成和缺损的修复，因而成为人工膀胱的又一个研究焦点。Youssif等将与血管内皮生长因子(VEGF)共同培养的BAMG植入体内修复大鼠膀胱缺损。结果发现，VEGF的负载可以促进膀胱平滑肌的再生，加速新生膀胱中血供和神经支配系统的形成。在保留血管和毛细血管网基质结构的SIS表面接种自体UROs和BSMCs可以促进早期血管化和血流灌注。Hattori等将胶原海绵植入猪体内与网膜镶嵌构建血管化材料，并以此血管化材料修复膀胱缺损。结果发现血管化的胶原材料可以从网膜获得良好的血供，构建膀胱组织顺应性良好，无漏尿等并发症出现。

近年来，组织工程膀胱的研究和应用基础研究取得了较大的进展，但现有方法在种子细胞的来源、新生膀胱的血管化和神经支配、成本等方面存在巨大挑战，难以获得广泛应用。这些也正是人工膀胱领域近期研究的热点。

参考文献

［1］ 王重庆.人工器官与材料，天津:天津科学技术出版社，1987.

［2］ Yukihiko Nosé，Hisashi Okubo. Artificial Organs. 2003，27(9)：765.

［3］ Ito A，Kawarnura H，Otsuka M，et a1. J Biomcd Mater Res，2002，60(2)：224.

［4］ Guo D，Xu K，Zhao X，et a1. Biomaterials，2005，26：4073.

［5］ Bigi A，Bracci B，Panzavolta S，et al. Biomaterials，2004，25：2893.

［6］ 张纪蔚. 中国实用外科杂志，2007，27:560.

［7］ 田鹏，陈剑秋. 透析与人工器官，2004，15 (3)：32.

［8］ 汪忠镐，李震. 中国普外基础与临床杂志，2006，13 (6)：625.

［9］ 兰学文，杨志. 医学综述，2006，12(6)：330.

［10］ 武文芳，吴兵. 中国医学装备，2008，5(3)：55.

［11］ 李莹，段婉茹，罗先武，等. 北京生物医学工程，2008，27(1)：100.

［12］ Nora Philbin，Michael Handrigan，et al. Resuscitation，2007，4：332.

［13］ Stephen C，Gale M D. J Surgical Research，2007，138：135.

［14］ 唐成左，樊庆福. 上海生物医学工程，2006，27(4)：247.

［15］ Garabed Eknoyon. 世界临床医学，2008，2(6)：454.

［16］ 陈佳佳，黄振平. 国际眼科杂志，2008，8(3)：561.

［17］ 陈灿，王志军. 组织工程与重建外科杂志，2008，4(3)：171.

［18］ Sawa Y. J Artif Organs，2009，12：1.

［19］ 邵春益，傅瑶，范先群. 国际眼科纵横，2007，31(1)：29.

［20］ 胡泉，李颖，周瑾，等. 生物医学工程研究，2009，28(1)：79.

［21］ 臧庆，王琪民. 国外医学(生物医学工程分册)，2005，28(2)：98.

［22］ 范立冬，肖南，张治刚，等. 医疗卫生装备，2008，29 (12)：28.

［23］ 宋鲁杰，徐月敏. 中华外科杂志，2007，45(24)：1724.

［24］ 胡玲玉，胡作军，王深明. 中国修复重建外科杂志，2008，22(12)：1501.

［25］ 严拓，敖宁建，覃百花，等. 中国组织工程研究与临床康复，2008，12(10)：1903.

［26］ Grifith M，Osborne R，Munger R. Science，1999，286(7)：2169.

［27］ 唐朝君，王贵学，危当恒，等. 中国医疗器械杂志，2005，29(6)：439.

［28］ 夏成勇. 中国动脉硬化杂志，2007，15(9)：718.

［29］ Heise M，Sclmaidmaier G，Husmann I. Eur Vasc Endovasc Surg，2006，32(4)：418.

［30］ 曹献英，杜晶晶. 中国实用医药，2009，4(1)：238.

［31］ 李鑫，舒畅. 中国组织工程研究与临床康复，2008，12(33)：6531.

［32］ Waymack P，Duff R G，Sabolinski M. Burns，2000，26：609.

［33］ Hansbrough J F，Cooper M L，Cohen R，et al. Surgery，1992，111：438.

［34］ Hansbrough J F，Morgan J，Greenleaf G，et al. Surgery，1994，115：633.

［35］ Cooper M L，Hansbrough J F，Spielvogel R L，et al. Biomaterials，1991，12：243.

［36］ Naughton G，Mansbridge J，Gentzkow G. Artif Organs，1997，21：1203.

［37］ Allenet B，Paree F，Lebrun T. Diabetes Metab，2000，26：125.

［38］ Hansbrough J F，Doré C，Hansbrough W B. J Burn Care Rehabil，1992，13：519.

［39］ 宋春辉，陈统一. 国外医学(骨科学分册)，2004，25(5)：262.

［40］ 沈尊理，张兆峰，侯明钟. 基础医学与临床，2001，21(6)：488.

第5章 生物力学与生物流体力学

力学是研究物体变形和运动的科学，生物学是研究生命的生长与衰亡的科学。生物力学是应用力学原理和方法对生物体中的力学问题进行定量研究的生物物理学分支，是研究力与生物体运动、生理、病理之间关系的学科，是力学与生物学和医学的交叉学科。研究涉及人体运动的最佳态式的探讨，人体的适应性与耐受性研究，人体各器官的功能及生长、衰退、病变、激活等现象的探索。本章主要介绍生物力学在生物医学工程领域的应用，着重讨论与生理学和医学有关的生物力学问题。

人们对生命运动的力学问题的研究至少可以追溯到古希腊亚里士多德时代。在现代科学的发展史上，伽利略、哈维等很多伟大的科学家都曾经在这个领域里留下了不朽的足迹。特别是到了20世纪，克劳、希尔等在微循环、肌肉能量和代谢等方面取得巨大的进展，并因此获得诺贝尔生理学奖或医学奖，这些为生物力学的系统研究打下了坚实的基础。到了20世纪60年代，一批工程科学家同生理学家合作，对力学、生物学和医学的有关问题进行共同研究，其中著名的美籍华人科学家冯元桢教授是生物力学的开创者和奠基人，在生物软组织本构关系、肺血流动力学规律以及生物组织器官生长和应力关系等方面取得了里程碑式的成果。与此同时，作为一门独立的学科，生物力学真正地兴起并得到广泛的关注。

生物力学的研究基础是能量守恒、动量守恒和质量守恒三大定律并加上描述物性的本构方程，研究的重点是生理学、医学有关的力学问题。根据研究对象，生物力学的研究可分为硬组织生物力学、软组织生物力学、循环系统动力学、呼吸系统动力学以及血液流变学。研究主要通过建立数学模型—求解数学模型—实验验证并修正—完整的数学模型等的途径来解决问题。具体的研究方法主要有以下几种。

(1) 分析生物的形态，用解剖学方法确定所研究对象结构的几何特征；

(2) 用材料力学的宏观与微观的方法，确定所研究对象(包括组织和材料等)的力学特性，确定过程的本构关系；

(3) 根据器官或系统的工作情况，建立合理的力学模型，推导相应的微分方程或微分-积分方程；

(4) 用解析方法或数值方法求解边界值，给出该方程的解析解、数值解或近似解等；

(5) 通过相应的生理实验及实验室的在体或离体实验，进一步验证上述方程，并进一步修正；

(6) 反复对比修正，以期得到有临床应用价值的方程或规律。

然而，由于生物组织器官乃至生物整体系统运动的复杂性，生物力学的问题远比大多数物理和工程问题复杂。例如，各种生物体的结构和工作环境千差万别，生物体的个体差异性很大，难以给出可靠的本构关系；难以得到理想的活组织的实验资料；力学问题难以着手分析等。这些均给生物力学的研究带来很大的困难。

5.1 硬组织生物力学

一般来讲,生物体可分为硬组织(如头发、指甲、骨骼和软骨等)和软组织(如血管、气管、肌肉和皮肤等)。硬组织生物力学(hard tissue biomechanics)是应用生物力学的原理和方法来解决硬组织研究中遇到的问题。众所皆知,硬组织系统是生物体在胚胎发育时期形成的具有不同形态和功能的骨骼肌肉系统。但是骨骼肌肉因其独特的生理代谢方式的不同而呈现一定的重塑性,即在个体生长过程中,骨骼肌肉会因不同的力学刺激而表现出一定的功能性适应。

近年来,硬组织特别是骨组织生物力学的相关研究在各学科领域迅速展开,包括从细胞的力学刺激响应到肢体的动作分析等均有涉及。生物力学包括组织工程、生物医用材料的应用、肌腱与韧带的修补、人工植入物以及显微组织的力学性质等。此外,许多跨学科的与骨科相关的研究议题也相继得到发展,如研究不同形态力学环境刺激下细胞生理变化及回应;一些新的研究方法包括以计算机模型(如有限元素模型)的模式模拟显微构造(如松质骨架构)的力学机制及一些相对长期的活体研究等也引入生物力学的研究过程中。

5.1.1 人体硬组织结构

骨是脊柱动物身体的重要组成部分。在神经系统的调节和各系统的配合下,对身体起着支持、保护和运动的作用。人体共有206块骨,可分为颅骨、躯干骨和四肢骨三部分。按形态可分为长骨、短骨、扁骨及不规则骨(图5-1)。图5-1中(a)为长骨(狗胫骨),(b)为短骨(狗跗骨),(c)为扁骨(狗肩胛骨),(d)为不规则骨(鹿腰椎骨)。这些形状不同的骨,是长期自然演变的结果,它们符合最优化原则,即用最少的结构材料来承受最大的外力,同时还具有良好的功能适应性。

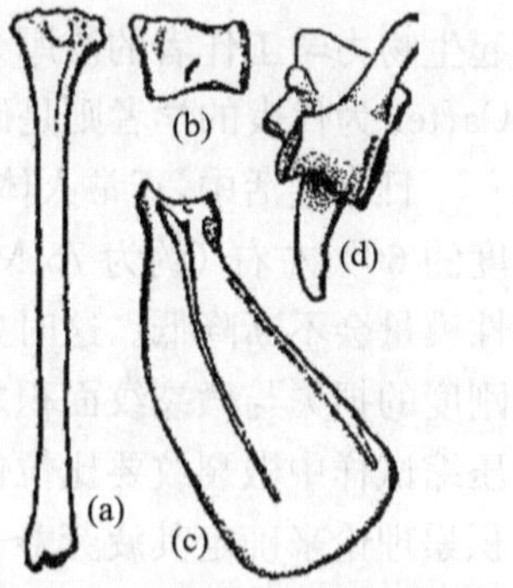

图5-1 生物体骨骼的结构类型

从化学组成来看,骨可看成是由大体上平行排列的胶原纤维充填以致密的磷酸钙而形成的复合材料,中间还含有水相及少量无定形黏多糖和蛋白质。根据结构层次,骨可以分为密质骨和松质骨,其结构上的区别肉眼就能分辨清楚。密质骨一般位于骨的外层,松质骨位于骨的内层。

骨是一种较硬的材料,其应力-应变关系与常用的工程材料非常相似,因此常用工程的方法对其在拉伸、压缩和剪切状态下的应力-应变及本构方程进行分析。然而,与其他工程材料不同的是,骨是人体有生命的器官,在骨中有血液循环,血液向骨组织输送血液和营养,同时带走代谢产物。应力对骨的改变、生长和吸收起着重要的调节作用,这对于健康和治疗是非常重要的。每一块骨都有一个适宜的应力范围,应力过高或过低都会使骨逐渐萎缩。以下就分别简单介绍密质骨和松质骨的力学特性。

5.1.2 密质骨的力学特性

密质骨的超微结构是胶原纤维增强的无机复合材料,呈现典型的非线性黏弹性性能,在拉伸和压缩试验中存在明显的滞后回线。在准静态的情况下,密质骨的应力-应变关系符合广义的胡克定律,即:

$$\sigma_i = C_{ij}\varepsilon_j \tag{5-1}$$

式中，σ_i和ε_j分别是应力张量和应变张量，共有 6 个分量，$i, j=1,2,\cdots,6$；C_{ij}是刚度矩阵。Cowin 等认为骨是各向异性材料，有 9 个独立的参数，所以上述关系可用矩阵表示为：

$$\begin{bmatrix}\sigma_{11}\\ \sigma_{22}\\ \sigma_{33}\\ \sigma_{12}\\ \sigma_{13}\\ \sigma_{23}\end{bmatrix}=\begin{bmatrix}C_{11} & C_{12} & C_{13} & & & \\ C_{12} & C_{22} & C_{23} & & & \\ C_{13} & C_{23} & C_{33} & & & \\ & & & C_{44} & & \\ & & & & C_{55} & \\ & & & & & C_{66}\end{bmatrix}\begin{bmatrix}\varepsilon_{11}\\ \varepsilon_{22}\\ \varepsilon_{33}\\ \varepsilon_{12}\\ \varepsilon_{13}\\ \varepsilon_{23}\end{bmatrix} \tag{5-2}$$

Katz、Reilly 和孙家驹等根据骨的解剖特征和各自的试验资料，认为可以把密质骨看做是横观各向同性材料，C_{ij}中只需 5 个独立的弹性常数，即式(5-2)中 $C_{11}=C_{22}$，$C_{13}=C_{23}=C_{55}=C_{66}$，其中 $C_{44}=(C_{11}-C_{12})/2$，且轴 3(即骨的长轴方向)是对称轴。严格地说，骨的正交各向异性的假设更接近实际情况，但在 Cowin 的试验资料中，横向平面内 C_{ij} 等数据的差别十分微小，两者不会导致根本性的差异，而且横观各向同性的假设使问题的计算和分析都容易得多。

密质骨常常受随时间变化的周期性载荷的作用，有关密质骨的疲劳、损伤特性的研究已引起生物力学工作者的浓厚兴趣。Biofield 和 Lakes 等用断裂力学的方法研究骨的断裂准则；以 Carter 为代表的学者则是研究骨的疲劳寿命以及相关的生理特征。

日常生活中，正常人体密质骨不会发现疲劳损伤。只有当密质骨内的应力达到其极限强度的 60%左右 (约为 75 MPa) 时，才会很快受损，主要表现为密质骨在应力疲劳试验中其弹性模量会不断降低。这时如果切开密质骨进行组织检查会发现内部出现一些微裂纹，骨试件刚度的损失与微裂纹面积之和呈线性关系，拉伸试样的微裂纹数要比压缩试样中显著得多，而压缩试样中微裂纹要比拉伸试样中的微裂纹普遍长。但是对于任何在体的骨组织，要用损伤积累理论来确定其疲劳寿命是相当困难的，这是因为在体组织是活组织，具有自修复的功能。

5.1.3 松质骨的力学特性

与密质骨的研究相比，对松质骨的力学特性的研究要少得多。这是因为研究松质骨在实验上有明显的难度，很难取得有准确形态和尺寸的、无加工损伤的松质骨试件，以致有关松质骨力学性能的报道和数据相当分散；松质骨的弹性模量与其表观密度或组织的多孔性有密切的关系。

1. 抗压性能

由于松质骨具有高度的不均匀性，松质骨弹性模量对不同解剖部位、加载方向、年龄等因素都很敏感。因此，在松质骨的压缩试验数据表 5-1 中，所列出的关于弹性模量和强度的数据变化很大。

表 5-1 人体松质骨的压缩力学性能

取材部位与作者	储存方法	试件形状	备注	模量或强度/MPa
胫骨近端				
Williams and Lewis (1982)	干燥脱脂	5～6 mm 立方体	再湿润，屈服前单轴应力	强度 1.5～6.7 模量 8～457

(续表)

取材部位与作者	储存方法	试件形状	备注	模量或强度/MPa
Goldstein 等(1983)	新鲜冷冻	7 mm(直径) 10 mm(长)	单轴应力	强度 1～13 模量 4～430
Hvid 和 Hansen (1985)	新鲜冷冻	5 mm 厚片	2.5 mm 针状压头	强度 13.8～116.4
Ciarclli 等(1986)	新鲜冷冻	8 mm 立方体	屈服前,单轴应力	强度 0.52～11 模量 5～552
股骨远端				
Pugb 等(1973)	新鲜冷冻	9.5 mm(直径) 5 mm(长)	单轴应力	模量 413～1516
Behrens 等(1974)	新鲜冷冻	5 mm 厚片	0.785 cm^2 压头	强度 2.25～66.2
Ducheyne 等(1977)	新鲜冷冻	5 mm(直径) 8 mm(长)	单轴应力,可变应变率	强度 0.98～22.5 模量 58.8～2 942
Ciarelli 等(1986)	新鲜冷冻	8 mm 立方体	屈服前,单轴应力	强度 0.56～18.6 模量 7.6～800
股骨近端				
Brown 和 Ferguson (1980)	新鲜冷冻	5 mm 立方体	屈服前,单轴应力	强度 0.45～15.6 模量 1 000～9 800
Hartens 等(1983)	新鲜冷冻	8 mm(直径) 10 mm(长)	单轴应力	强度 0.45～15.6 模量 58～2 248
Ciarelli 等(1986)	新鲜冷冻	8 mm 立方体	屈服前,单轴应力	强度 2.1～16.2 模量 49～572

Carter 和 Hayes (1977) 给出松质骨的弹性与压缩强度都与其表观密度(即包括髓脂的骨的质量除以试件体积所得的值)成比例,其表达式为:

$$E = 3\,790\varepsilon^{0.06}\rho^3 \tag{5-3}$$

$$\sigma = 68\varepsilon^{0.06}\rho^2 \tag{5-4}$$

式中,E 是弹性模量;ε 是应变率;ρ 是表观密度;σ 是压缩强度。

综合大多数研究者的结论,可归纳如下:骨骺部位松质骨的结构和强度符合 Wolff 定律。一般地,松质骨弹性模量与强度之间为线性关系,其中的系数随不同的研究方法而异,且呈现极高的相关性;松质骨的强度与应变率的 0.06 次方成比例;环境与试验条件(如温度、湿度以及储藏的条件等)对数据有很大影响。

2. 抗拉和抗剪性能

与压缩相比,松质骨的拉伸与剪切试验进行得非常少。由于松质骨的多孔性呈类网架结构,因此,研究者探讨了相关的研究方法学。Brown 和 Ferguson 用股骨头的松质骨做试验,他们认为取边长为 5 mm 的立方体试验,是满足连续性假设的最小尺寸。表 5-2 为松质骨的拉伸和压缩时的力学性能,可见其中抗拉强度较抗压强度高。

表 5-2 松质骨的强度、最大应变和单位体积吸收的能量(破坏性试验)

项目	压缩(平均值)	拉伸(平均值)
σ_u/MPa	2.22±1.42	2.54±1.18
ε_u/%	1.11±0.63	1.55±0.49
EA_u/(kj·m^{-3})	22.9±21.9	35.5±17.6

5.2 软组织生物力学

动物体内的组织大部分是软组织，主要包括皮肤、血管、肌肉、肌腱、韧带及各种器官等。按照承受力的方式不同可分为：主动软组织，即组织本身能够产生主动力做功；另一类为只能被动承受外力的被动软组织。软组织力学是生物力学的一个分支，它研究软组织的应力和变形的关系、生长与应力的关系、肌肉的收缩特性及软组织力学特性的变化与疾病的关系等。对这些问题的研究，有助于加深对生理、病理过程的认识，为临床医学提供力学依据。生物软组织虽然各有其组织构造、形状、生理功能等方面的特点，但都是由一些更基本的材料如弹性蛋白、胶原及其他结缔组织等构成的。下面针对软组织所共有的力学特性，以及具体的软组织即血管、皮肤、肌肉的力学特性进行简单的介绍。

5.2.1 血管的力学特性

心血管系统是一个以心脏为中心的力学系统。血液循环过程包含着血液流动、血细胞和血管的变形、血液和血管的相互作用等，其中均蕴藏着丰富的力学规律。同时，作为一种软组织，血管的应力-应变关系呈现典型非线性性质与滞后现象。已有的研究表明，力学因素在血管重建中的作用尤为重要。流体切应力和血管张应力能够调节心血管细胞成分，包括膜受体和整合素、信号蛋白激酶、生长因子和细胞因子等心血管活性物质的变化，从而参与血管重建过程。这些过程都与血栓形成、动脉粥样硬化和血管肥厚等心血管疾病有密切的关系，其中包含着许多生物力学和生物学基础问题。由此可见，血管的力学性能不仅是血液流动理论的基础，还与一些严重威胁人类健康的心血管病，如动脉粥样硬化等有直接的关系。

与其他生物软组织一样，对血管进行力学测试需首先对其预处理，确保每一循环的应力-应变关系能够一一对应。近些年来，随着相关技术的发展及大量的临床需要，对于血管力学特性的研究取得了很大的进展。例如，对人造血管和人造器官的优化设计必须详细了解血管的构造及其力学性质；又如在诊断和治疗过程中，分析脉搏波图形或其他循环系统参数时，需要对循环系统建立一个合乎实际的数学分析模型，这就要求对血管的力学特性有足够的了解。

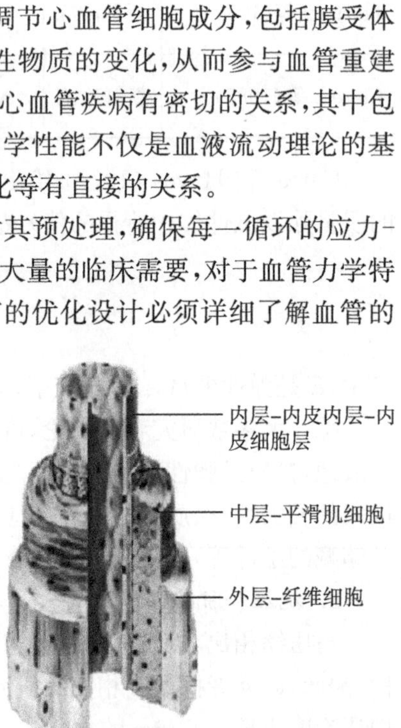

图 5-2 血管构造示意图

血管是一个同时承受血管内压力和管外结缔组织约束的中空管道(图 5-2)。血管壁可分为内层、外层和中层。内层靠近管腔的一层，表面为内皮，内皮下方有薄层结缔组织及少量弹性纤维。内膜非常光滑，便于血液在其中流动，如果内膜损伤，在局部就可能发生凝血而形成血栓。动脉粥样硬化时病变主要发生在此层。中层主要是由平滑肌、弹性纤维和胶原纤维组成的同心筒形结构，并由弹性纤维和胶原纤维将各层连接起来。研究发现,血管壁的力学性能主要取决于中层结构中的胶原纤维、弹性纤维和平滑肌的性质、含量及空间构型。外层为管壁最外面一层,主要由松散的结缔组织构成。较大的血管在外膜内含有小动、静脉,以营养血管壁。

整个血管系统除了毛细血管和动静脉分支以外,所有血管壁内部都含有丰富的弹性纤维。弹性纤维的应力-应变呈线性关系且满足胡克定律。与弹性纤维相比,胶原纤维要坚韧得多,其在整个血管壁的中膜和外膜内形成网状结构。通常,胶原纤维在血管壁内呈折叠状态,并以疏松的束状排列。因此,在一般膨胀水平下血管胶原纤维处于收缩状态,只有当血管扩张时,胶原纤维才逐步伸展。研究表明,在低应力下,弹性纤维和平滑肌细胞是主要的承载体;而在高应力下,则为胶原纤维。

血管壁是由软材料构成的,因此它具有软组织材料的一般力学特性:蠕变、松弛和滞后等黏弹性。动脉血管和静脉血管无太大区别,其应力-应变的关系均是非线性的,即血管壁不服从胡克定律。表 5-3 是人体各动脉管段所对应的弹性模量。从表 5-3 中可以看出,越远离心脏,动脉管壁的弹性模量越大,在近心主动脉处,其低弹性模量是与高的弹性纤维含量相关联的,而对于胸外血管,弹性纤维含量的差异不大,但所对应的弹性模量却有明显的不同。这主要是由于组织学结构的改变,因为血管壁的力学特性不但取决于不同纤维含量的百分比,而且还取决于所含组分的组织学结构。图 5-3 为不同狗静脉段的应力-应变关系比较。由此可见,即使同一个人,其不同部位的动脉管和静脉管段的力学特性也相差很大。

表 5-3　人体动脉管壁的弹性模量

动脉管段	弹性模量/MPa	
	11～20 岁组	36～52 岁组
颈动脉	0.8	1.1
胸主动脉	0.55	2.0
腹主动脉	1.0	1.2
髂动脉	2.9	0.7
股动脉	3.1	1.4

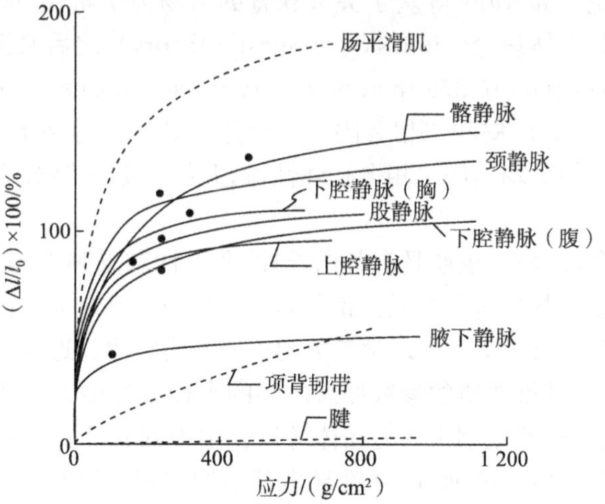

图 5-3　狗静脉的应力-应变关系比较

在生理状态下，与动脉相比，静脉内血压要低得多，此时的弹性模量很小，而且很大程度上依赖于管壁应力的大小。由于静脉弹性模量较小，内压又往往低于外压，静脉血管往往会失稳和塌陷，这正是静脉血流的许多异常现象产生的原因。另外，静脉中的平滑肌含量丰富，而平滑肌对神经、体液、药物和机械刺激都有响应。由于人体总血容量的75%以上都在静脉中，因此静脉对这些刺激的响应在生理学上是非常重要的。对狗的肠系膜内的微静脉的实验研究表明，在体内血压的作用下，微静脉的直径改变量可达300%以上。可见，微静脉极易扩张。

血管是明显的各向异性材料。根据弹性薄管壁在内外压力差 Δp 作用下的情况，其周向应力 σ_θ 和沿轴向应力 σ_x 的公式为：

$$\sigma_\theta = \frac{\Delta p \cdot R}{h} \tag{5-5}$$

$$\sigma_x = \frac{\Delta p \cdot R}{2h} \tag{5-6}$$

式中，R 为血管半径；h 为管壁厚度。由式(5-5)和式(5-6)可见，在相同的条件下，血管周向应力 σ_θ 为沿轴向应力 σ_x 的2倍。如果管壁的材料是各向同性的，则周向变形也应该是轴向变形的2倍。但实验表明，两个方向的变形量大致相同，也就是说，材料不是各向同性的，周向抗载荷能力比轴向强。血管的这一特性使它成为等强度的优化结构。

5.2.2 皮肤生物力学

皮肤是人体最大的软组织，其表面积约为1.5 m^2，占体重的8%。皮肤的主要功能是保护包容在其中的组织、分泌、排泄及吸收等。皮肤许多功能的实现有赖于其黏弹性、张力、抗压力等生物力学特性。由于皮肤覆盖于体表，比肌肉、血管等软组织更容易取样和试验，因此很早就成为生物力学研究的对象。研究皮肤的生物力学，从力学角度对其生理功能进行表述和诠释，可为临床皮肤移植、伤口处理以及皮肤替代材料的研制提供参考。由于皮肤结构和功能的特殊性，对其进行力学分析的边界条件和测试手段比工程力学更为复杂，测试手段必须随着其他学科如电子学、光学、计算机等技术的发展而发展。

就皮肤力学的理论而言，国内外学者开展了广泛的研究。早期关于皮肤生物力学的研究多借助弹性力学的理论。如Mow等基于关节软骨的生物力学特性，应用现代混合物理论建立了皮肤的二相多孔弹性体理论(biphasic poroelastic theory)，之后又提出了反映皮肤大变形特性的二相有限变形理论(finite deformation theory for soft tissues)。Oomens等则根据混合物理论建立了类似于Mow的皮肤二相有限变形理论。黄立独等在上述相关理论的基础上，将皮肤及皮下软组织模拟为均匀的二相多孔弹性体，并结合数学解析法和数值方法求解出皮肤层的生物力学响应。

从工程材料学的角度来看，皮肤具有各向异性、非线性和黏弹性等性质。为此，研究者试图采用不同的本构模型去描述这些性质。例如，基于Arruda-Boyce提出的超弹性本构定律的不可压缩性，Bischof等提出了基于生理学参数的皮肤本构定律。近年来出现了反映皮肤微结构的模型，该模型将表示纤维性质的参数加入已知的本构方程中。这些模型的参数通常具有一定的生理学意义，同时这些模型很容易在体外试验中得到验证。冯元桢等曾借助二维方法对皮肤的力学性质进行了深入的研究，并推导出其本构方程。Flynn利用已知的载荷和观测到的节点位移作类似于“有限元”的分析来确定样本材料的弹性性质，从而提出了测定薄片组织的非线性和各向异性的方法。

目前，超声波技术被广泛应用于皮肤力学的测量。Oka 等研制了一种便携式超声仪，该仪器通过测量皮肤表面的生物力学阻抗来获得其刚度三维图。Brienza 等采用装有超声波变频器的计算机辅助座位系统（computer-aided seating system，CASS）来分析臀部皮肤的生物力学行为，研究组织层厚度和变形、分界面压力响应等问题。

5.2.3　肌肉运动力学

肌肉被称作人体的发动机，它能在体温条件下把化学能转化为机械功或力。自 20 世纪 30 年代希尔等对肌肉的力学特性进行研究以来，肌电图和各种测力、测速仪器方法被相继应用至肌肉的力学特性研究中来，使肌肉的力学特性得到了较好的揭示，对运动生物力学的发展起到了广泛而积极的促进作用。肌肉力是实现人体和器械运动的主要力，其与自然界中各种力的结合产生了各种不同的人体和器械运动形式。因此，肌肉的功能和力学特性是人体和器械运动的基础，肌肉力学是运动生物力学研究的基础。

动物的肌肉包括骨骼肌、心肌和平滑肌三大类。它们的组织成分相同，收缩的生化机理相近，但在结构、功能和力学性质上却表现出显著的差别。骨骼肌是构成动物躯体的主要成分，也是机体运动的“发动机”，其运动直接受神经的控制。骨骼肌外面被一层较厚的结缔组织膜包裹着，其内部排列着许多肌束。肌束外部被一层由胶原纤维与弹性纤维混合而成的肌束膜所包裹，肌束膜中包含着无数条肌纤维，外部则被肌内膜的结缔组织膜所包裹。在神经脉冲、电脉冲或化学等外界刺激下，肌肉内部按特有的方式产生颤搐。连续的刺激产生一系列的颤搐，若刺激相随足够紧密，则邻近的颤搐力重叠成未融合的强直状态。刺激频率越高，强直收缩的平均力越大。通常，一块横纹肌对一次刺激产生一次收缩。除了神经调节因素外，肌肉本身的形态和结构，肌肉与骨之间的相对位置等对骨骼肌的运动也起很大的作用。

心肌是由心肌纤维构成的，主要分布在心脏的房、室壁上。它在形态和收缩原理上与骨骼肌很相似，但它也由于本身的特征和功能而具有不同于骨骼肌的运动之处：①心肌在动物的整个生命阶段一直处于收缩和舒张状态；②在正常情况下，心脏全部心肌细胞的收缩和松弛是同步的，心肌张弛的节律性很强，它不允许挛缩；③对心肌而言，其在松弛状态下的应力-应变关系也很重要，因此研究心肌的应力-应变关系，不仅要研究其在收缩状态下的状况，还要研究其在松弛状态下的情况。

平滑肌和骨骼肌不同，其运动不受自主神经控制。除心脏外，人体内脏器官和血管中的肌肉都是平滑肌，但在不同的器官里，平滑肌的组成、结构和力学性质有着显著的差异。加之平滑肌细胞比较小，因此对其力学性能的研究要复杂得多。

目前比较公认的肌肉收缩原理为：神经-肌肉接头处的兴奋传递与动作电位运动和肌丝滑动模型。以下就这两种模型进行简单的介绍。

1. *神经-肌肉接头处的兴奋传递与动作电位运动*

通常，当神经末梢处有动作电位传来时，大量囊泡靠近轴突膜的内侧面，并将囊泡中的乙酰胆碱释放到神经-肌肉接头间隙。通过接头间隙的乙酰胆碱分子到达终板膜表面并立即和该处的特殊受体相结合，引起受体蛋白质分子构型的改变，使终板膜对钠离子和钾离子通透性增加和膜去极化，产生终极电位。终板电位快速以电的形式影响终板膜周围的肌细胞膜，使其发生去极化反应。当这种去极化程度达到细胞膜的阈电位时，便触发一次向整个肌细胞传导的动作电位，完成神经-肌细胞之间的兴奋传递。一般一次神经冲动所引起的乙酰胆碱的释放量大约是引起肌细胞动作电位需要量的 4 倍，因此每一次神经冲动到达末梢都能引起一次肌肉兴奋和一次肌肉收缩。一旦肌肉的动作电位被产生,就会沿肌纤维传播下去。

2. 肌丝滑动模型

1954 年,H. Huxley 和 J. Hanson 等采用肌丝滑动模型来解释肌肉的收缩。该模型认为,肌肉收缩是由于肌动蛋白和肌球蛋白细丝之间的滑行实现的,滑行只引起某些带宽度的变化,而对细丝本身的长度没有显著的影响。

肌纤维收缩或伸长时,两种肌丝的长度均不改变。但收缩时通过相互间的滑行使重叠部分增加。此时,一旦缩短,整个肌肉的长度也因此变短。所有肌肉在静息时都是处于部分收缩的状态。当肌肉完全收缩时,比静息状态还要再缩短1/3~1/2。横桥间距约 45 nm,只相当于半个肌节长度的 5%。但是,骨骼肌和心肌主支收缩时可缩短 30%。所以整个横桥必须与原先接触的肌动蛋白脱离,然后在另一处再与另一肌动蛋白接触,这样重复5~6次。

20 世纪 30 年代,Hill 的经典性工作不仅为骨骼肌,而且为整个肌肉力学奠定了基础。Hill 用青蛙的缝匠肌进行了实验,两端夹紧,保持长度为 L_0,以足够高的频率和电压加电刺激,使其挛缩产生张力 T_0(肌肉氏度 L_0 的函数),然后将肌肉的一端松开,使其张力降为 T $(T<T_0)$,肌肉纤维以速度 v 缩短。Hill 不仅测定了 T、v 与 T_0 的关系,还测定了肌肉挛缩时产生的热量,以及维持挛缩状态所需的热量。他的实验原理及分析结果如下:按热力学第一定律

$$E = A + S + W \tag{5-7}$$

式中,E 是肌纤维单位时间内释放的能量;A 是单位时间内的维持热量;S 是收缩热;W 是所做功率,等于 $P \cdot v$。

当长度不变时,

$$E = A \tag{5-8}$$

当长度改变时,Hill 测量了 A 和 E,并得到经验方程

$$S + W = b(T_0 - T) \tag{5-9}$$

其中 b 为常数,进一步经验性地假设

$$S = av \tag{5-10}$$

式中,a 为常数,由此得

$$b(T_0 - T) = av + Tv \tag{5-11}$$

变换式(5-11)就得到了著名的 Hill 方程

$$(a + T)(v + b) = b(T_0 + a) \tag{5-12}$$

Hill 方程与其实验结果非常吻合。从力学观点来看,Hill 方程描述骨骼肌收缩时的张力-速度关系。显然,张力越大,缩短速度越小;反之亦然。这和黏弹性材料的性质完全不一样。Hill 方程仅给出了骨骼肌纤维长挛缩状态快速释放时的张力-缩短速度关系,这仅仅解释了肌肉力学特征的一个方面。在其他状态下肌肉的力学性质还要对 Hill 方程做进一步的改进。

5.3 呼吸系统动力学

呼吸系统包括鼻、咽、喉、气管、支气管和肺等器官。从鼻腔到肺内的肺泡,是连续而反复分支的管道系统。呼吸系统的管道可分为导气部和呼吸部。导气部从鼻腔开始一直到肺内的

终末细支气管，无气体交换功能，但具有保持气道畅通和净化吸入空气的重要作用。此外，鼻有嗅觉功能，鼻和喉等与发音有关。呼吸部是从肺内的呼吸性细支气管开始直至终端的肺泡。这部分管道都有肺泡，行使气体交换功能。呼吸系统是人体生命活动的重要组成部分，人与其他高等动物的细胞在新陈代谢过程中需要不断消耗氧气并产生二氧化碳，而机体的细胞、组织、器官在代谢过程中不能从外界直接摄取氧气和排出二氧化碳，必须依靠呼吸系统进行，并由血液循环运输。因此，呼吸机能与循环机能有着密切的关联。

1. 呼吸系统的静力学性质

肺与外界大气的气体交换过程，称为肺通气。肺通气是气体进出肺的过程。气体的流动和扩散有赖于压力差的推动，这是气流的动力，气体流动还需克服阻力。因此，肺通气功能是由通气的动力克服通气的阻力来实现的。

肺位于胸廓内，通过呼吸道与外界相通。胸廓扩大与缩小，肺亦随之张缩。肺扩张则肺容积增大而内压下降，肺缩小则肺容积减小而内压升高，形成了肺内压与大气压之间的压力差，从而驱动气体进(吸入)、出(呼出)肺。胸廓的扩大与缩小是由呼吸肌的舒缩所造成的。因此，肺泡气与大气之间的压力差是推动气体流动的直接动力，而呼吸肌的收缩则是实现肺通气的原动力。

肺通气动力包括呼吸运动和胸膜腔内压。呼吸运动是呼吸时呼吸肌收缩和舒张造成的胸廓和膈的运动。膈位于胸腔底部，呈穹隆状向上隆起，肌纤维从顶部中央的中心腱向四周呈辐射状排列。当膈收缩时，穹隆部下降，从而使胸腔上下径增大，肺亦随之扩张。由于胸腔呈圆锥形，下部面积比上部大得多，因此，膈稍下降，可使胸腔肺的容积显著增大。平静呼吸时，膈一般下降 1～2 cm，深呼吸时可下移 7～9 cm，膈收缩下降时，压迫腹腔内脏，使腹壁向外隆起，胸腔与肺的上下径增大；膈舒张上升时，腹壁与腹腔内脏恢复原位，胸腔与肺的上下径缩小。故膈为主要的吸气肌，受膈神经支配。

胸廓是由脊柱、肋骨、胸骨和肋间肌等构成的结构系统。肋骨从胸椎两侧斜向前下方，前端与胸骨相连。由于椎骨是相对固定的，肋骨前端移动，可使椎骨上下移动。肋间外肌向前下方斜行，故收缩时，肋骨前端与胸骨上举，并使肋弓外展(尤以下位肋骨外展较显著)，从而使胸腔前后、左右径增大，胸腔容积与肺容积增大。肋间外肌舒张时，则肋骨与胸骨恢复原位，胸腔容积与肺容积缩小。肋间内肌则相反向后下方斜行，当其收缩时，可使胸腔容积与肺容积更为缩小，所以肋间外肌为吸气肌，肋间内肌为呼气肌。它们受肋间神经支配。一般来讲，平静呼吸与用力呼吸时，呼吸肌的做功是不同的。平静呼吸主要是吸气肌有节律地收缩与舒张所造成。用力呼气时，除吸气肌群松弛外，肋间内肌和腹肌等呼吸肌群也参与收缩，使胸腔容积与肺容积更加缩小，肺内压比呼气时更高，呼出的气体更多。

肺与胸廓、膈在结构上并不相连，肺随胸廓扩大而扩张是由于胸膜腔内压是负压的缘故。胸内负压的形成，是由于胎儿出生后第一次吸气胸廓和肺张开之后，就不能回复到原来的最小状态，即使最强呼气时，肺泡也不可能完全被压缩。而且，出生后的发育期间，胸廓的生长比肺快。因此，肺总是处于被扩张状态，只是在呼气时被扩张的程度较小而已。另一方面，肺又是有弹性的组织，并与大气相通，当其被扩张时，总存在着回缩倾向。所以，正常时胸膜腔实际上受到两胸内负压的影响。胸膜腔负压的生理意义主要在于维持肺泡的扩张状态，并使肺能随胸廓的扩大而扩张。此外，它还有利于促进静脉血和淋巴液的回流。

肺通气的阻力有弹性阻力和非弹性阻力两种。正常时，弹性阻力约占总通气阻力的 70%。任何弹性物体，当受到外力作用时均可发生变形；同时，弹性体也会产生对抗变形的力，即回位力，这就是弹性阻力。胸廓和肺部是弹性体，因此，对呼吸运动都具有弹性阻力。肺弹性阻力与胸廓弹性阻力之和，即为呼吸总弹性阻力。肺弹性阻力来自两个方面：一是肺泡表面液层所形成的表面张力；二是肺弹性纤维的弹性回缩力。前者约占肺弹性阻力的 2/3，后者约占 1/3。这是由于肺泡表面掩盖着薄层液体，与肺泡内气体形成液-气界面。由于液体分子间的吸引力远大于液体与气体分子间的吸引力，因而液体表面有尽量缩小的倾向，称为表面张力。因为肺泡是半球状囊泡，所以肺泡液层的表面张力是使肺泡趋于缩小的力。肺泡表面还存在一种可降低肺泡液层表面张力的物质，称为肺泡表面活性物质。这种肺泡表面活性物质可以降低肺泡表面张力，减小吸气阻力，并且可以维持大小肺泡容积的相对稳定。

肺弹性回缩力是由于肺被扩张以后，肺组织收缩产生的一种力，这是构成肺弹性阻力的重要因素之一。肺气肿时，弹性纤维被破坏，弹性阻力减小，致使呼气后肺内残余气体增大。总之，肺弹性阻力(包括肺泡表面张力)有利于肺弹性回缩力。

此外，气体通过呼吸道时，气体分子间及气体分子与气道管壁会产生摩擦力，又称呼吸道阻力。当呼吸道狭窄时(如哮喘病时支气管痉挛)，呼吸道阻力显著增大，出现呼吸困难。呼吸越急促，气流速度越快，呼吸阻力也越大。气流速度过快还可造成呼吸道内更多的涡流，这也是使气道阻力增大的原因。

2. 气体在肺内的流动和扩散

气体的流动和扩散主要包括在气管系统中流进、流出以及在肺泡中的气体交换。

气体在气管系统中流进流出，其运动方式在气道不同的部位各有特征。一般来说，在呼吸道部分压力差和流量的关系用伯努利方程描述；接近呼吸区气体主要以扩散的方式运动；在肺泡壁处气体则通过膜渗透方式与血液进行气体交换。

气体在气道中随呼吸作用流动时，需要一定的压差来克服管道中的阻力。从鼻到肺泡整个的总压差只有几个毫米水柱。正常成年人在静息状态吸气时，气管、支气管系统的总压降还不到 0.1 kPa，由此可见，呼吸道中的气体流动阻力在静息状态时很小，这就非常有利于经常呼吸。其中，流动阻力又主要集中在上呼吸道部分。

肺泡是在末梢支气管后的某些气管壁膨胀形成的半球形。根据冯元桢等的观察和研究认为，肺泡就像一堆肥皂泡样，肺泡间的隔膜形成一个空间网络，两边均暴露在流通的空气中。当进行呼吸时，新鲜空气和陈肺气会在肺泡壁处进行交换，主要靠薄膜两侧 O_2 和 CO_2 的浓度差，以扩散方式完成的。例如在吸气过程中，由于从末梢支气管到肺泡处体积急剧增大，因此各气体分压和总压发生变化。

人的肺泡与血液间的隔膜厚度很小，仅 0.5μm 左右，而膜面积则为 50～100 m^2，因此对于扩散是非常理想的。若比较一下 O_2 和 CO_2 在肺泡中的扩散，可以看到，两者分子量相差不大，但溶解度却相差甚远，在肺泡的环境下，CO_2 的溶解度比 O_2 大得多，因而 CO_2 的扩散速度大约为 O_2 的 20 倍。

5.4 血液流变学概论

血液流动和变形是维持正常生理活动的重要条件。血液为典型的多组分、多相态、复杂的非牛顿流体，血液流变学主要揭示血液流动和变形的重要规律，是生物医学工程的重要组成部分。血液流变学为流变学的重要分支，是认识人体正常生理活动和病理活动的重要工具，也是血液流变学疗法的重要理论基础，对辅助临床诊断和预防医学具有重要的意义。这里主要介绍流变学方法论、典型血液流变特性、临床血液流变学和疗法等，旨在掌握血液流变学的基本规律和研究方法，为应用血液流变学观点解决生物医学中的问题奠定基础。

5.4.1　流变学方法论

流变学是研究物质流动和变形规律的学科，为化学、力学和工程学交叉学科。根据流变学的观点和方法研究不同体系形成了诸多分支学科，包括生物流变学、血液流变学、悬浮液流变学、化工流变学、石油流变学、高分子流变学、乳液流变学、电磁流变学、非牛顿流体流变学、地质流变学等，体现了流变学的方法论作用。血液流变学属于流变学的重要分支学科，掌握流变学的理论和方法，有利于深入认识血液流变特性和应用。

若在两平行平板中充满液体，横轴为 x 轴，纵轴为 y 轴。将下板固定不动，上板施加剪切力 F，使上板以速度 u_0 沿 x 轴匀速运动，可构成稳态简单剪切流场。由于两板之间的间隙很小，则两板间流体的速度分布近似为线性，速度梯度为 $\mathrm{d}u/\mathrm{d}y$。作用于单位面积流体上的剪切力称为剪切应力，记为 τ。

牛顿黏性定律指出，流体的剪切应力与速度梯度（或剪切速率）成正比，比例系数即为流体的黏度，如式(5-13)所示。

$$\tau=\eta\frac{\mathrm{d}u}{\mathrm{d}y}=\eta\dot{\gamma} \tag{5-13}$$

$$\dot{\gamma}=\frac{\mathrm{d}\gamma}{\mathrm{d}t} \tag{5-14}$$

式中，τ 为剪切应力，Pa；γ 为剪切应变，量纲为一；$\frac{\mathrm{d}u}{\mathrm{d}y}$ 为速度梯度；$\dot{\gamma}$ 为剪切速率，s^{-1}；η 为黏度，Pa·s。

凡满足牛顿黏性定律的流体，称为牛顿流体，例如低速流动的水、硅油和空气等。牛顿流体的黏度只是温度的函数，与速度梯度（或剪切速率）无关。一般液体的黏度随温度升高而减小，气体黏度随温度升高而增大。

凡不满足牛顿黏性定律的流体称为非牛顿流体，例如悬浮液、乳液、表面活性剂胶束溶液等。非牛顿流体的黏度一般随剪切速率和温度而变化。非牛顿流体的性质与牛顿流体有显著区别，具有剪切变稀、触变性、黏弹性、屈服应力等特殊性质。

5.4.2　非牛顿流体的特殊性质

1. 剪切变稀

若对流体施加不同的剪切速率，流体的稳态剪切黏度随剪切速率的增大而减小，则该流体具有剪切变稀性质，称为剪切变稀流体或拟塑性流体。大部分非牛顿流体具有剪切变稀特性，如高分子溶液、悬浮液、表面活性剂溶液等。

2. 剪切增稠

对材料施加不同的剪切速率，若材料的稳态剪切黏度随剪切速率的增大而增大，则该材料具有剪切增稠性质。具有剪切增稠特性的流体称为剪切增稠流体或胀塑性流体。少数非牛顿流体具有剪切增稠特性。

3. 屈服应力(yield stress)

若对材料施加剪切应力，在超过某一临界应力之前，材料保持不流动状态；只有当剪切应力超过该临界应力后，材料才能流动，这种材料表现出屈服应力现象，该临界剪切应力称为材料的屈服应力。一些浓悬浮液（如牙膏、石油等）通常具有屈服应力。

4. 黏弹性（viscoelasticity）

黏弹性是指材料既具有黏性，又具有弹性的性质。黏弹性材料是介于纯黏性流体和纯弹性固体之间的一类材料。例如悬浮液、食品凝胶、血液等。

黏弹性是材料重要的依时特性，体现出材料的记忆性。该类材料因为具有弹性而体现储存能量的特点，同时又因为其具有黏性而体现出消耗能量的特点。

黏弹性材料体现了自然辩证法的重要论断："一切差异都通过中间环节而过渡，一切对立都通过中间环节而融合。"

5. 触变性（thixotropy）

触变性是材料的另一个重要的依时特性，与黏弹性的概念不同，包括剪切触变性和温度触变性。触变性流体的表观黏度同时与剪切速率、剪切历史或受热历史相关。剪切触变性又分为正触变性（简称为触变性）和反触变性两种。

若对流体施加恒定的剪切速率，考察流体剪切应力或黏度随时间的变化。当流体剪切应力或黏度随时间单调下降，则该流体为正触变性流体；若流体的剪切应力或黏度随时间上升，则称为反触变性流体或震凝性流体（rheopex fluid）。大部分流体为正触变性流体，只有少数为反触变性流体。

触变性与材料（或流体）的结构变化速率密切相关，对材料施加剪切和温度变化均将直接导致材料结构的变化，表现在流变学的触变性指标上。

触变性的主要研究方法包括剪切滞后环和温度滞后环。剪切速率随时间按一定变化规律（如按三角波或梯形波）作用于材料上，考察材料内部应力随时间或剪切速率的变化关系，可得到剪切滞后环。如图 5－4 所示，当剪切速率按照三角波变化并作用于黏弹性流体上时，将得到滞后环。

图 5－4　一种黏弹性体系在三角波变化剪切速率作用下的滞后环

6. 温度滞后环

在恒定剪切速率下，将温度随时间按一定规律变化（如按三角波变化），考察材料黏度随温度的变化关系，得到温度滞后环。4 种半乳甘露聚糖（AG、GG、FG1LBG、FG2LBG）溶液的温度滞后环如图 5－5 所示。体系的黏度曲线在加热过程和冷却过程中不能重合，呈现复杂的温度滞后环，说明半乳甘露聚糖溶液具有复杂的内部结构。

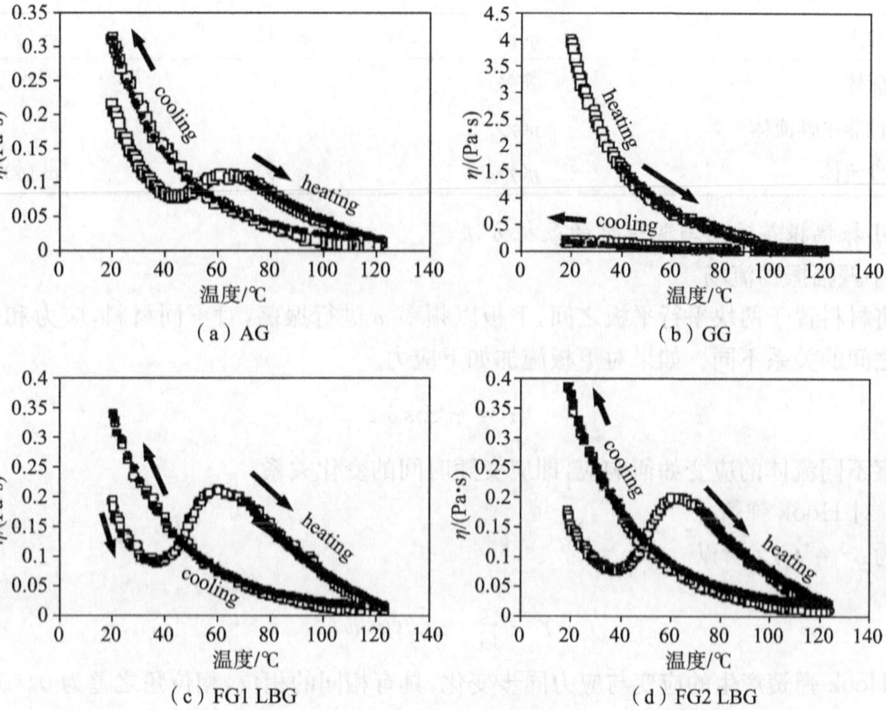

图 5-5　半乳甘露聚糖的温度滞后环

5.4.3　物质函数和黏弹性指标

如何获得材料的流变性指标如黏度、黏弹性指标、材料函数是流变测量学的主要内容，本节重点介绍在稳态剪切流场和小振幅振荡流场中可获得的流变学参数。

1. 物质函数(或材料函数)

在稳态简单剪切流场中，在直角坐标系下(x^1 轴为横轴、x^2 轴为纵轴和 x^3 轴为中间方向)，流体沿 x^1 轴流动，沿 x^2 轴和 x^3 轴不存在流动。通过对立方体流体微元的受力分析可知，立方体流体微元共受 9 个应力作用，即 τ_{11}、τ_{22}、τ_{33}、τ_{12}、τ_{21}、τ_{13}、τ_{31}、τ_{23} 和 τ_{32}。其中 τ_{11}、τ_{22}、τ_{33} 为法向应力；τ_{12}、τ_{21}、τ_{13}、τ_{31}、τ_{23} 和 τ_{32} 为剪切应力，剪切应力导致流体产生流动。

对牛顿流体只需要一个参数即黏度就可以描述其流变特性；而对非牛顿流体却需要三个参数即 $\eta(\dot{\gamma})$、$\varphi_1(\dot{\gamma})$、$\varphi_2(\dot{\gamma})$ 才能确定材料的应力状态，分别为

$$\begin{cases}\tau_{12}=\eta(\dot{\gamma})\dot{\gamma}\\ N_1=\tau_{11}-\tau_{22}=\varphi_1(\dot{\gamma})\dot{\gamma}^2\\ N_2=\tau_{22}-\tau_{33}=\varphi_2(\dot{\gamma})\dot{\gamma}^2\end{cases}\tag{5-15}$$

式中，N_1 为第一法向应力差，Pa；N_2 为第二法向应力差，Pa，与材料的弹性相关；$\eta(\dot{\gamma})$ 称为表观黏度；$\varphi_1(\dot{\gamma})$ 称为第一法向应力差系数；$\varphi_2(\dot{\gamma})$ 称为第二法向应力差系数，与材料的弹性相关，这三个参数由材料性质确定，称为材料函数或测黏函数。用材料函数对物质进行分类如表 5-4 所示。

表 5-4 不同物质的材料函数

材料种类	$\eta(\dot{\gamma})$	$\varphi_1(\dot{\gamma})$	$\varphi_2(\dot{\gamma})$
牛顿流体	常数	0	0
无弹性非牛顿流体	$\eta(\dot{\gamma})$	0	0
黏弹性流体	$\eta(\dot{\gamma})$	$\varphi_1(\dot{\gamma})$	$\varphi_2(\dot{\gamma})$

2. 小振幅振荡流场与黏弹性的表征方法

1) 小振幅振荡流场

若将材料置于两块平行平板之间，下板以频率 ω 进行振荡，对不同材料，应力和应变及剪切速率之间的关系不同。如果对下板施加如下应力

$$\tau = \tau_0 \cos \omega t \tag{5-16}$$

考察不同流体的应变如何响应，即应变随时间的变化关系。

(1) 对 Hook 弹簧

因为：$\tau = G\gamma$，所以

$$\gamma = \frac{\tau}{G} = \frac{\tau_0}{G}\cos \omega t \tag{5-17}$$

即 Hook 弹簧产生的应变与应力同步变化，具有相同的相位，相位角之差为 0。

(2) 对牛顿流体

根据牛顿黏性定律：

$$\tau = \mu\dot{\gamma} = \mu \frac{\mathrm{d}\gamma}{\mathrm{d}t} \tag{5-18}$$

所以：

$$\gamma = \int_0^t \dot{\gamma}\mathrm{d}t = \int_0^t \frac{\tau}{\mu}\mathrm{d}t = \int_0^t \frac{\tau_0}{\mu}\cos \omega t\,\mathrm{d}t = \frac{\tau_0}{\omega\mu}\cos\left(\omega t - \frac{\pi}{2}\right) \tag{5-19}$$

即对牛顿流体，产生的应变与应力具有不同的相位，相位角相差 $\frac{\pi}{2}$。

(3) 对黏弹性流体

由实验和分析可知，因为黏弹性流体界于纯弹性固体和纯黏性流体之间，所以，其产生的应变与应力不同步，相位角之差为 δ；显然 $0 \leqslant \delta \leqslant \frac{\pi}{2}$。应变为：

$$\gamma = \frac{\tau_0}{\mu}\cos(\omega t - \delta), 0 \leqslant \delta \leqslant \frac{\pi}{2} \tag{5-20}$$

当 $\delta = 0$ 时，对应 Hook 弹簧的应变响应，当 $\delta = \frac{\pi}{2}$ 时，对应牛顿流体的应变响应。Hook 弹簧和牛顿流体只是黏弹性流体的特例。因为 δ 越大，越倾向于牛顿流体，消耗的能量越强，所以 δ 可反映流体消耗能量的特征，称为损耗角。

纯刚性弹簧可储存全部的外加能量，一旦外力消除，则能量可全部释放出来，恢复到受力前状态；而纯黏性流体受外力作用后，即产生流动，将能量转化为动能，不能储存能量，即使外力消除，也不能回复到受力前的状态。

而对于黏弹性流体，同时具有流动特性（消耗能量）和弹性（储存能量），所以可以储存部分

外加能量，并产生部分流动；当外力消除后，由于储存的部分能量释放出来，使流体部分恢复，但不能完全恢复到受力前的初始状态。

2) 表征材料黏弹性的流变学指标

为描述黏弹性材料，下面介绍复模量、复黏度等概念，这些概念是分析黏弹性流体常用的指标。

若在小振幅振荡流场中施加复应力

$$\tau^* = \tau_0 e^{i\omega t} = \tau_0(\cos\omega t + i\sin\omega t) \tag{5-21}$$

则对黏弹性流体而言，产生的复应变为

$$\gamma^* = \gamma_0 e^{i(\omega t-\delta)} = \gamma_0[\cos(\omega t-\delta) + i\sin(\omega t-\delta)] \tag{5-22}$$

(1) 复模量 G^* (complex modulus) 的定义

$$G^* = \frac{\tau^*}{\gamma^*} = \frac{\tau_0 e^{i\omega t}}{\gamma_0 e^{i(\omega t-\delta)}} = \frac{\tau_0}{\gamma_0}e^{i\delta} = \frac{\tau_0}{\gamma_0}(\cos\delta + i\sin\delta) = G' + iG'' \tag{5-23}$$

定义：弹性模量

$$G' = \frac{\tau_0}{\gamma_0}\cos\delta \tag{5-24}$$

称为弹性模量(或储能模量，storage modulus)，表示材料的弹性对复模量的贡献。

$\delta=0$ 时，$G' = \frac{\tau_0}{\gamma_0}$ (最大值，对应 Hook 弹簧)

$\delta = \frac{\pi}{2}$ 时，$G'=0$ (对应牛顿流体)

定义：黏性模量

$$G'' = \frac{\tau_0}{\gamma_0}\sin\delta \tag{5-25}$$

称为黏性模量(或耗能模量，loss modulus)，表示材料的黏性对复模量的贡献。

$\delta=0$ 时，$G''=0$ (对应 Hook 弹簧)

$\delta = \frac{\pi}{2}$ 时，$G'' = \frac{\tau_0}{\gamma_0}$ (最大值，对应牛顿流体)

容易得出：黏性模量与弹性模量之比为

$$\tan\delta = \frac{G''}{G'} \tag{5-26}$$

当 $\tan\delta > 1$ 时，材料的黏性大于弹性，材料处于流动状态；

当 $\tan\delta = 1$ 时，材料的黏性等于弹性，材料处于即将流动的临界状态；

当 $\tan\delta < 1$ 时，材料的黏性小于弹性，材料处于不流动状态。

(2) 复黏度 η^* (complex viscosity)的定义

$$\eta^* = \frac{\tau^*}{\dot{\gamma}^*} = \frac{\tau_0 e^{i\omega t}}{\gamma_0 i\omega e^{-i\delta} e^{i\omega t}} = \frac{\tau_0 e^{i\delta}}{\gamma_0 i\omega} = \frac{\tau_0(\cos\delta + i\sin\delta)}{\gamma_0 i\omega}$$

$$= \frac{\tau_0}{\gamma_0\omega}(\sin\delta - i\cos\delta) = \eta' - i\eta''$$

式中：

$$\eta' = \frac{\tau_0}{\gamma_0 \omega}\sin\delta \tag{5-27}$$

称为动态黏度(dynamic viscosity)，表示材料的黏性对复黏度的贡献；

$$\eta'' = \frac{\tau_0}{\gamma_0 \omega}\cos\delta \tag{5-28}$$

称为虚黏度(image viscosity)，表示材料的弹性对复黏度的贡献。容易得出：动态黏度与虚黏度之比为

$$\tan\delta = \frac{\eta'}{\eta''} \tag{5-29}$$

特殊地，对纯刚性体，动态黏度为0；对纯黏性流体，虚黏度为0。

(3) 复柔量 J^* (complex compliance) 的定义

$$J^* = \frac{\gamma^*}{\tau^*} = \frac{\gamma_0 e^{i(\omega t-\delta)}}{\tau_0 e^{i\omega t}} = \frac{\gamma_0}{\tau_0}e^{-i\delta} = \frac{\gamma_0}{\tau_0}(\cos\delta - i\sin\delta) = J' - iJ''$$

式中

$$J' = \frac{\gamma_0}{\tau_0}\cos\delta \tag{5-30}$$

称为弹性柔量(或储能柔量，storage compliance)，表示材料的弹性对复柔量的贡献；

$$J'' = \frac{\gamma_0}{\tau_0}\sin\delta \tag{5-31}$$

称为黏性柔量(或耗能柔量，loss compliance)，表示材料的黏性对复柔量的贡献。容易得出：耗能柔量与储能柔量之比为 $\tan\delta$

$$\tan\delta = \frac{J'}{J''} \tag{5-32}$$

特殊地，对纯刚性体，耗能柔量为0；对纯黏性流体，储能柔量为0。

通过测定损耗角 δ，根据以上定义式，可以获得表征材料的黏弹性指标。

(4) 复模量、复黏度、复柔量之间的关系

容易证明，黏弹性指标之间的关系为

$$\begin{aligned}
&G^* = \frac{1}{J^*}, \quad \eta^* = \frac{G^*}{i\omega} \\
&\eta' = \frac{G''}{\omega}, \quad \eta'' = \frac{G'}{\omega} \\
&G' = \frac{J'}{J'^2 + J''^2}, \quad G'' = \frac{J''}{J'^2 + J''^2} \\
&J' = \frac{G'}{G'^2 + G''^2}, \quad J'' = \frac{G''}{G'^2 + G''^2}
\end{aligned} \tag{5-33}$$

5.4.4 广义牛顿流体本构方程

本构方程(constitutive equation)揭示材料受力和变形之间的本质规律，又称为流变状态

方程。牛顿黏性定律和胡克定律即为典型的本构方程。

非牛顿流体黏度随剪切速率变化的一般规律如图 5-6 所示。

在低剪切速率范围，黏度不随剪切速率而变化，类似牛顿流体，称为第一牛顿区；在中等剪切速率范围内，黏度随剪切速率的增加而减小，在双对数坐标中黏度与剪切速率呈线性关系，黏度随剪切速率的变化关系符合幂律关系，称为幂律区；在高剪切速率范围，黏度不随剪切速率而变化，类似牛顿流体，称为第二牛顿区。

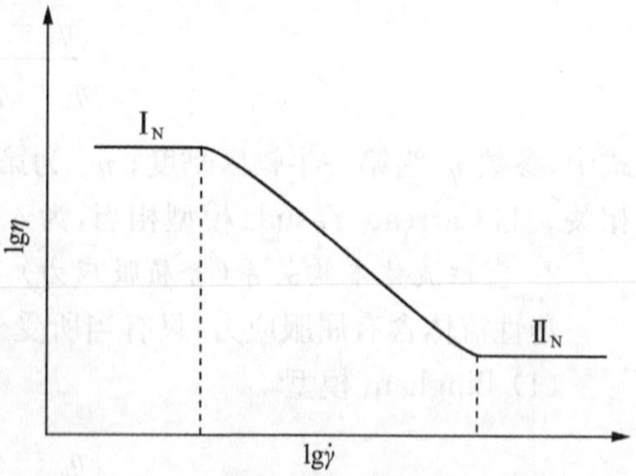

图 5-6　非牛顿流体黏度随剪切速率变化的一般规律

根据牛顿黏性定律

$$\tau = \mu \dot{\gamma} = \mu \frac{\mathrm{d}u}{\mathrm{d}y} \tag{5-34}$$

凡是流变状态方程的形式与牛顿黏性定律相似的流体称为广义牛顿流体。广义牛顿流体本构方程具有以下形式

$$\tau = \eta(\dot{\gamma})\,\dot{\gamma} \tag{5-35}$$

广义牛顿流体黏度随剪切速率的变化关系不符合牛顿黏性定律，为非牛顿流体。广义牛顿流体本构方程主要建立应力与形变速率之间的关系，揭示黏度随剪切速率的变化关系，主要用于黏度发挥重要作用的场合，如计算剪切流场中的速度分布、剪切应力分布、流动阻力，以及非牛顿流体在管道中的流动计算。广义牛顿流体本构方程可分为含屈服应力和不含屈服应力两类。

1. 不含屈服应力的广义牛顿流体本构方程

(1) 幂律模型 (Power's Law Model)

$$\tau = K\dot{\gamma}^n \quad 或 \quad \eta = \frac{\tau}{\dot{\gamma}} = K\dot{\gamma}^{n-1} = K'\dot{\gamma}^{n'} \tag{5-36}$$

式中，K 或 K' 称为稠度系数，反映材料黏性大小，因次为[$\mathrm{Pa \cdot s^n}$]；参数 n 与材料的性质相关，称为流型参数。当 $n>1$ 时，黏度随剪切速率的增加而增大，表现为剪切增稠特性，称为胀塑性流体；当 $n=1$ 时，黏度不随剪切速率变化，退化为牛顿流体；当 $0<n<1$ 时，黏度随剪切速率的增加减小，表现为剪切变稀特性，称为拟塑性流体(或假塑性流体)。

该模型在中等剪切速率范围内适用性很强，但不适用于低剪切速率和很高剪切速率的情况。该方程参数少，在非牛顿流体力学的计算中应用广泛。

(2) Carreau-Yasuda 模型

$$\frac{\eta_0 - \eta}{\eta_0 - \eta_\infty} = [1 + (\lambda\dot{\gamma})^2]^{\frac{n-1}{2}} \tag{5-37}$$

式中，参数 η_0 为第一牛顿区黏度；η_∞ 为第二牛顿区黏度；λ 具有时间因子，与材料的特性直接相关。该模型为 4 参数模型，可适用于描述整个剪切速率变化范围。

(3) Cross 模型

$$\frac{\eta_0-\eta}{\eta_0-\eta_\infty}=\frac{1}{1+(\lambda\dot{\gamma})^m} \tag{5-38}$$

式中，参数 η_0 为第一牛顿区黏度；η_∞ 为第二牛顿区黏度；λ 具有时间因子，与材料的特性直接相关。与 Carreau-Yasuda 模型相当，为 4 参数模型，可适用于描述整个剪切速率变化范围。

2. 塑性流体本构关系(含屈服应力)

塑性流体含有屈服应力，只有当所受外力大于屈服应力时，材料才会按一定规律流动。

(1) Bingham 模型

$$\begin{cases}\eta_p=\infty, & \tau\leqslant\tau_y\\ \tau=\tau_y+\eta_p\dot{\gamma}, & \tau\geqslant\tau_y\end{cases} \tag{5-39}$$

式中，η_p 为塑性黏度，模型参数；τ_y 为屈服应力。当材料所受剪切应力小于屈服应力时，材料不产生运动(黏度为无穷大)，一旦剪切应力大于屈服应力，材料产生的运动与牛顿流体一样。

(2) Herschel-Bulkley 模型(H－B模型)

$$\begin{cases}\eta_p=\infty, & \tau\leqslant\tau_y\\ \tau=\tau_y+K\dot{\gamma}^n, & \tau\geqslant\tau_y\end{cases} \tag{5-40}$$

当材料所受剪切应力小于屈服应力时，材料不产生运动(黏度为无穷大)，一旦剪切应力大于屈服应力，材料产生的运动符合幂律模型。克服了 Bingham 模型的缺点，大量用于处理塑性流体的流动行为。Bingham 模型是 H－B模型的特例。

(3) Casson 模型

$$\tau^{1/2}=\tau_c^{1/2}+(\eta_c\dot{\gamma})^{1/2}, \quad \tau\geqslant\tau_c \tag{5-41}$$

式中，η_c 为 Casson 黏度；τ_c 为 Casson 应力。

式(5－41)特别适用于描述生物流体悬浮液(如血液)、具有可变形颗粒的悬浮液(如油水乳液)等体系的流变行为。

5.4.5 线性黏弹性流体本构方程

对流体而言，最简单的本构方程为牛顿流体本构方程，该方程建立了流体所受的剪切应力与形变速率之间的关系式。对刚性固体而言，最简单的本构方程为胡克定律，该方程建立了材料所受的剪切应力与形变之间的关系式。线性黏弹性本构方程具有以下特点：①应力与应变之间的关系为线性常微分方程；②线性微分方程中的系数为常数，与黏度和刚性模量有关，而与剪切速率、剪切应变无关；③应力、应变对时间的导数仅仅为偏导数。

利用力学元件可对黏弹性流体进行力学比拟，建立相应的线性黏弹性本构方程，如 Maxwell 本构方程、Kelvin-Voigt 本构方程、Jeffreys 本构方程等。

1. Maxwell 流体本构方程

(1) 微分型 Maxwell 本构方程

将力学元件弹簧(符合胡克定律，杨氏模量为 G)和黏壶(符合牛顿黏性定律，黏度为 μ)串联起来，构成 Maxwell 力学比拟物理模型，如图 5－7 所示。将力 F 作用于模型上，产生的总形变为 D，黏壶和弹簧产生的形变分别为 D_1 和 D_2。

根据受力分析可知：

$$F=\mu\frac{\mathrm{d}D_1}{\mathrm{d}t},F=GD_2$$

$$D=D_1+D_2$$

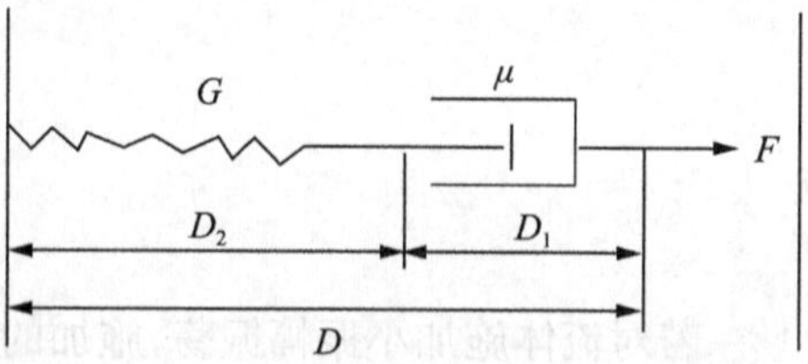

图 5-7　Maxwell 模型的力学比拟物理模型

因为：$\frac{\mathrm{d}D}{\mathrm{d}t}=\frac{\mathrm{d}D_1}{\mathrm{d}t}+\frac{\mathrm{d}D_2}{\mathrm{d}t}$，所以可得：

$$\frac{\mathrm{d}D}{\mathrm{d}t}=\left(\frac{F}{\mu}+\frac{1}{G}\frac{\mathrm{d}F}{\mathrm{d}t}\right)$$

$$\mu\frac{\mathrm{d}D}{\mathrm{d}t}=\left(F+\frac{\mu}{G}\frac{\mathrm{d}F}{\mathrm{d}t}\right)$$

按下列方法进行比拟：

$$\begin{cases}F\sim\tau\\ D\sim\gamma\\ \frac{\mathrm{d}D}{\mathrm{d}t}\sim\dot{\gamma}\end{cases}，并令：\mu=\eta,\lambda=\frac{\eta}{G}，可得$$

$$\begin{cases}\tau+\lambda\frac{\partial\tau}{\partial t}=\eta\dot{\gamma}\\ \lambda=\frac{\eta}{G}\end{cases}\tag{5-42}$$

式(5-42)即为 Maxwell 本构方程。参数 λ 为黏性与弹性之比，具有时间因子，称为松弛时间，与材料的特性直接相关。

若材料的受力状态满足 Maxwell 本构方程，则可称该材料为 Maxwell 流体。

(2) Maxwell 流体的力学性质分析

$$\begin{cases}\tau+\lambda\frac{\partial\tau}{\partial t}=\eta\dot{\gamma}\\ \lambda=\frac{\eta}{G}\end{cases}$$

对缓慢流动：$\frac{\partial\tau}{\partial t}\ll\tau$，则 Maxwell 本构方程可化简为：

$\tau=\eta\dot{\gamma}$，即成为牛顿黏性定律，Maxwell 流体近似为牛顿流体。

对急变流动：$\frac{\partial\tau}{\partial t}\gg\tau$，则 Maxwell 本构方程可化简为：

$$\frac{\partial\tau}{\partial t}=G\dot{\gamma},\quad\frac{\partial\tau}{\partial t}=G\frac{\partial\gamma}{\partial t}$$

进一步可得：

$$\tau=G\gamma$$

成为 Hook 固体。

当 $\frac{\partial\tau}{\partial t}$ 与 τ 相当时，为黏弹性流体。

(3) Maxwell 流体在动态小振幅振荡流场中的解

Maxwell 本构方程为：

$$\tau+\lambda\frac{\mathrm{d}\tau}{\mathrm{d}t}=\eta\dot{\gamma}$$

$$\lambda=\frac{\eta}{G}$$

若对流体施加小振幅振荡,施加的应变随时间的变化关系为:

$$\gamma(t)=\gamma_0\mathrm{e}^{i\omega t},\text{则}$$

应变速率为: $\dot{\gamma}(t)=\gamma_0 i\omega\mathrm{e}^{i\omega t}$

对黏弹性流体,应力为: $\tau(t)=\tau_0\mathrm{e}^{i(\omega t-\delta)}$

由定义可知: $\tau(t)=G^*\gamma(t)=(G'+iG'')\gamma_0\mathrm{e}^{i\omega t}$

$$\frac{\mathrm{d}\tau(t)}{\mathrm{d}t}=i\,\omega(G'+iG'')\gamma_0\mathrm{e}^{i\omega t}$$

代入 Maxwell 本构方程中,得到:

$$G'\gamma_0\mathrm{e}^{i\omega t}+i\,G''\gamma_0\mathrm{e}^{i\omega t}+i\,\omega\,\lambda G'\gamma_0\mathrm{e}^{i\omega t}-G''\omega\,\lambda\gamma_0\mathrm{e}^{i\omega t}=\eta\,i\omega\gamma_0\mathrm{e}^{i\omega t}$$

化简后可得: $G'+iG''+i\omega\lambda G'-G''\omega\lambda=\eta i\omega$

根据复数运算规则,等式两边实部应与实部相等,虚部与虚部相等,有:

$$\begin{cases}G'=G''\omega\,\lambda\\G''+\omega\,\lambda G'=\omega\,\eta\end{cases}$$

得到:
$$\begin{cases}G'=\dfrac{G\lambda^2\omega^2}{1+\lambda^2\omega^2}\\[2ex]G''=\dfrac{G\lambda\omega}{1+\lambda^2\omega^2}\end{cases}\tag{5-43}$$

以及复黏度:
$$\eta^*=\frac{G\lambda}{(1+\lambda^2\omega^2)^{1/2}}\tag{5-44}$$

2. Kelvin-Voigt 本构方程

将力学元件弹簧(符合胡克定律,杨氏模量为 G)和黏壶(符合牛顿黏性定律,黏度为 μ)并联起来,构成 Kelvin-Voigt 力学比拟物理模型,如图 5-8 所示。将力 F 作用于模型上,作用于黏壶和弹簧上的力分别为 F_1 和 F_2;产生的总形变为 D,黏壶和弹簧产生的形变分别为 D_1 和 D_2。

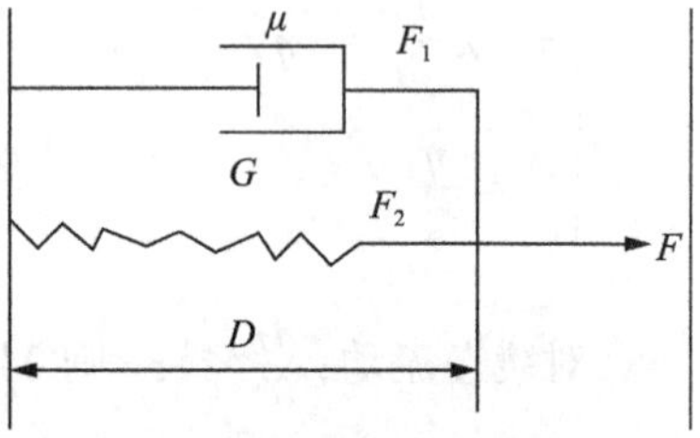

图 5-8 Kelvin-Voigt 模型的力学比拟物理模型

根据受力分析可知: $D=D_1=D_2$

$$F_1=\mu\frac{\mathrm{d}D}{\mathrm{d}t},F_2=GD$$

$$F=F_1+F_2$$

按下列方法进行比拟:

$$\begin{cases}F\sim\tau\\D\sim\gamma\\\dfrac{\mathrm{d}D}{\mathrm{d}t}\sim\dot{\gamma}\end{cases},\text{并令}:\mu=\eta,\lambda_\mathrm{k}=\frac{\eta}{G},\text{可得}:$$

$$\begin{cases}\tau=(\eta\dot{\gamma}+G\gamma)\\\lambda_\mathrm{k}=\dfrac{\eta}{G}\end{cases}\tag{5-45}$$

式(5-45)即为 Kelvin-Voigt 本构方程。参数 λ_k 具有时间因子，称为推迟时间，与材料的黏弹特性直接相关。

3. Jeffreys 本构方程及其力学响应

将力学元件弹簧(符合胡克定律，杨氏模量为 G)和黏壶(符合牛顿黏性定律，黏度分别为 μ_2)并联起来，再与黏壶 μ_1 串联构成 Jeffreys 力学比拟物理模型，如图 5-9 所示。将力 F 作用于模型上，作用于黏壶 μ_1 上的力为 F_1，作用于黏壶 μ_2 和弹簧并联体上的力为 F_2；产生的总形变为 D，黏壶 μ_1 产生的形变为 D_1，黏壶 μ_2 和弹簧产生的形变为 D_2。

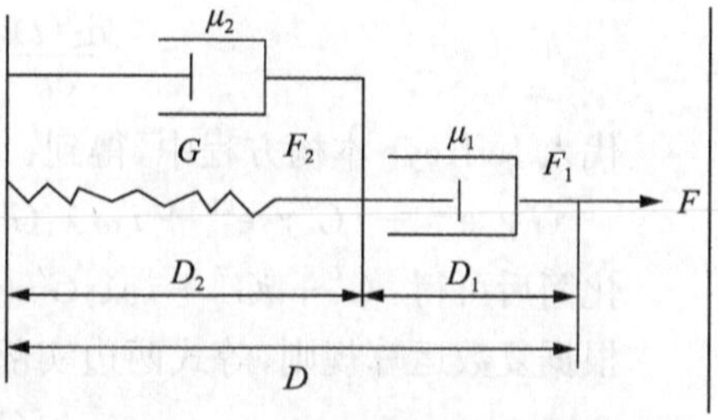

图 5-9　Jeffreys 模型的力学比拟物理模型

根据受力分析可知：

$$F = F_1 = F_2$$

$$F_1 = \mu_1 \frac{dD_1}{dt},\ F_2 = \mu_2 \frac{dD_2}{dt} + GD_2$$

$$D = D_1 + D_2$$

因为：$\dfrac{dD}{dt} = \dfrac{dD_1}{dt} + \dfrac{dD_2}{dt}$，可得：$\dfrac{dD}{dt} = \dfrac{F}{\mu_1} + \dfrac{F - GD_2}{\mu_2}$

$$D_2 = \frac{1}{G}\left(\frac{\mu_1 + \mu_2}{\mu_1} F - \mu_2 \frac{dD}{dt}\right)$$

则

$$\frac{dD}{dt} = \frac{dD_1}{dt} + \frac{dD_2}{dt} = \frac{F}{\mu_1} + \frac{1}{G}\frac{d}{dt}\left(\frac{\mu_1 + \mu_2}{\mu_1} F - \mu_2 \frac{dD}{dt}\right)$$

整理可得：

$$F + \left(\frac{\mu_1 + \mu_2}{G}\right)\frac{dF}{dt} = \mu_1\left(\frac{dD}{dt} + \frac{\mu_2}{G}\frac{d^2 D}{dt^2}\right)$$

按下列方法进行比拟：

$$\begin{cases} F \sim \tau \\ D \sim \gamma \\ \dfrac{dD}{dt} \sim \dot{\gamma} \end{cases}，并令：\mu_1 = \eta,\quad \lambda_1 = \frac{\mu_1 + \mu_2}{G},\quad \lambda_2 = \frac{\mu_2}{G}，可得：$$

$$\tau + \lambda_1 \frac{\partial \tau}{\partial t} = \eta\left(\dot{\gamma} + \lambda_2 \frac{\partial \dot{\gamma}}{\partial t}\right) \tag{5-46}$$

式(5-46)即为微分型 Jeffreys 本构方程，具有三个模型参数。参数 λ_1、λ_2 具有时间因子，与材料的黏弹特性直接相关。

$$\tau + \lambda_1 \frac{\partial \tau}{\partial t} = \eta\left(\dot{\gamma} + \lambda_2 \frac{\partial \dot{\gamma}}{\partial t}\right)$$

若对流体施加小振幅振荡，施加的应变随时间的变化关系为：

$\gamma(t) = \gamma_0 e^{i\omega t}$，则：

$\dot{\gamma}(t) = \gamma_0 i\omega e^{i\omega t}$，　$\dfrac{\partial \dot{\gamma}(t)}{\partial t} = -\gamma_0 \omega^2 e^{i\omega t}$

对黏弹性流体，应力为：

$\tau(t) = \tau_0 e^{i(\omega t - \delta)}$

由定义可知：

$$\tau(t) = G^* \gamma(t) = (G' + iG'')\gamma_0 e^{i\omega t}$$

$$\frac{d\tau(t)}{dt} = i\omega(G' + iG'')\gamma_0 e^{i\omega t}$$

代入 Jeffreys 本构方程中，得到：

$$G'\gamma_0 e^{i\omega t} + iG''\gamma_0 e^{i\omega t} + i\omega\lambda_1 G'\gamma_0 e^{i\omega t} - G''\omega\lambda_1\gamma_0 e^{i\omega t} = \eta i\omega\gamma_0 e^{i\omega t} - \eta\lambda_2\omega^2\gamma_0 e^{i\omega t}$$

化简后可得：$G' + iG'' + i\omega\lambda_1 G' - G''\omega\lambda_1 = \eta i\omega - \eta\lambda_2\omega^2$

根据复数运算规则，等式两边实部应与实部相等，虚部与虚部相等，有：

$$\begin{cases} G' = G''\omega\lambda_1 - \eta\lambda_2\omega^2 \\ G'' + \omega\lambda_1 G' = \omega\eta \end{cases}$$

得到：

$$\begin{cases} G' = \dfrac{\eta(\lambda_1 - \lambda_2)\omega^2}{1 + \lambda_1^2\omega^2} \\ G'' = \dfrac{\eta(1 + \lambda_1\lambda_2\omega^2)\omega}{1 + \lambda_1^2\omega^2} \end{cases} \tag{5-47}$$

式(5-47)即为 Jeffreys 本构方程在小振幅振荡流场中的解。

根据流体在小振幅振荡流场中的弹性模量、黏性模量随振荡频率 ω 的变化关系，结合线性黏弹性本构方程在小振幅振荡流场中的理论解，可分析流体的线性黏弹性本构关系。

4. 微分型线性黏弹性本构方程的通式

对牛顿黏性定律、胡克定律、Maxwell 本构方程、Kelvin-Voigt 本构方程、Jeffreys 本构方程等进行归纳，可获得通用的线性黏弹性本构方程，如式(5-48)所示。

$$\left(1 + \alpha_1\frac{\partial}{\partial t} + \alpha_2\frac{\partial^2}{\partial t^2} + \cdots + \alpha_n\frac{\partial^n}{\partial t^n}\right)\underset{\sim}{\tau} = \left(\beta_0 + \beta_1\frac{\partial}{\partial t} + \beta_2\frac{\partial^2}{\partial t^2} + \cdots + \beta_m\frac{\partial^m}{\partial t^m}\right)\underset{\sim}{\gamma} \tag{5-48}$$

式中，$n=m$ 或 $n=m-1$。

牛顿黏性定律、胡克定律、Maxwell 本构方程、Kelvin-Voigt 本构方程、Jeffreys 本构方程均为该方程的特例。例如：

(1) 当 $\alpha_i = 0, (i = 1, n)$，$\beta_1 \neq 0$，$\beta_j = 0 (j = 0, 2 \sim m)$ 时，可简化为：

$$\underset{\sim}{\tau} = \beta_1\frac{\partial}{\partial t}\underset{\sim}{\gamma} = \beta_1\underset{\sim}{\dot{\gamma}} \tag{5-49}$$

即牛顿黏性定律。

(2) 当 $\alpha_i = 0 (i = 1, n)$，$\beta_0 \neq 0$，$\beta_j = 0 (j = 1 \sim m)$ 时，可简化为：

$$\underset{\sim}{\tau} = \beta_0\underset{\sim}{\gamma} \tag{5-50}$$

即胡克定律。

(3) 当 $\alpha_1 \neq 0, \alpha_i = 0 (i = 0, 2 \sim n)$，$\beta_1 \neq 0$，$\beta_j = 0, (j = 0, 2 \sim m)$ 时，可简化为：

$$\underset{\sim}{\tau} + \alpha_1\frac{\partial}{\partial t}\underset{\sim}{\tau} = \beta_1\underset{\sim}{\dot{\gamma}} \tag{5-51}$$

即 Maxwell 本构方程。

(4) 当 $\alpha_1 \neq 0, \alpha_i = 0(i = 0, 2 \sim n)$，$\beta_1 \neq 0$，$\beta_2 \neq 0$，$\beta_j = 0(j = 0, 3 \sim m)$ 时，可简化为：

$$\underset{\sim}{\tau} + \alpha_1 \frac{\partial}{\partial t} \underset{\sim}{\tau} = \left(\beta_1 \dot{\underset{\sim}{\gamma}} + \beta_2 \frac{\partial}{\partial t} \dot{\underset{\sim}{\gamma}}\right) \tag{5-52}$$

即 Jeffreys 本构方程。

需要指出的是，线性黏弹性本构方程只适合于小变形场合，不适合于大的形变(如流动)场合，因为在力学比拟过程中未考虑材料的流动。要揭示材料在大变形条件下的受力和变形之间的规律需要非线性黏弹性本构方程。

5.4.6　非线性黏弹性流体本构方程

1. 本构方程建立的原则

建立本构方程需要满足坐标不变性原理、决定性原理、客观性原理、衰减记忆原理和一致性原理。

(1) 坐标不变性原理

由于本构方程是材料固有力学性质的描述，与坐标系的种类无关。用张量书写本构方程可满足该原理。例如，在球坐标系和直角坐标系中描写的刚性弹簧的本构方程应均为胡克定律。

(2) 决定性原理

材料或流体微元现在时刻的受力状态与全部的受力历史相关。即过去决定现在，流体具有一定的记忆性，当前的应力状态是由材料的受力历史决定的。

(3) 客观性原理

由于本构方程是材料固有力学性质的描述，因而本构方程不依赖于空间的绝对运动。本构方程与观察者的任何运动均无关。任何叠加的刚性运动均不能影响材料的力学响应。本构方程与坐标系的运动无关。

(4) 衰减记忆原理：越遥远的过去，对现在的受力状态影响越小。

(5) 一致性原理：本构方程必须与热力学原理保持一致。

2. 建立本构方程的一般步骤

(1) 先选取一个动坐标系，该坐标系随流体微元一起运动，建立张量形式的本构方程，以满足坐标不变性原理；

(2) 由于所有物理量的测量必须在固定坐标系中进行，所以必须将在动坐标系中得到的本构方程转化到固定坐标系中，才可以应用。

以下介绍构造本构方程常用的几种动坐标系。

3. 几种动坐标系及其时间导数

(1) Lagrange(拉格朗日)坐标系和随体导数

设 F 为固定坐标系，如果动坐标系嵌入流体微元中，相对于固定坐标系 F，随流体微元以速度 V 进行平移，则该动坐标系称为 Lagrange(拉格朗日)坐标系。物理量 A 在 Lagrange 坐标系中的普通时间微分，变换到固定坐标系时，对应的是 F 坐标系中的物质导数(或随体导数) $\frac{\bar{\mathrm{D}}A}{\bar{\mathrm{D}}t}$。

$$\frac{\bar{D}A}{\bar{D}t}=\frac{\partial A}{\partial t}+V_k\frac{\partial A}{\partial x^k}=\frac{\partial A}{\partial t}+V_1\frac{\partial A}{\partial x^1}+V_2\frac{\partial A}{\partial x^2}+V_3\frac{\partial A}{\partial x^3} \tag{5-53}$$

式中，k 分别取 1,2,3，并求和；右式中的第二项为动坐标系相对于固定坐标系的平移运动。

(2) 共转坐标系和共转导数(Jaumann 导数)

设 F 为固定坐标系，如果动坐标系嵌入流体微元中，相对于固定坐标系 F，不仅随流体微元以速度 V 进行平移，而且随流体微元进行旋转，则该动坐标系称为共转坐标系。物理量在共转坐标系中的普通时间微分，变换到固定坐标系 F 时，对应的是 F 坐标系中的共转导数(或 Jaumann 导数)。对应力张量 $\underset{\sim}{\tau}$ 的共转导数为：

$$\begin{aligned}\frac{D\underset{\sim}{\tau}}{Dt}&=\frac{\partial\underset{\sim}{\tau}}{\partial t}+V_k\frac{\partial\underset{\sim}{\tau}}{\partial x^k}+\frac{1}{2}[(\underset{\sim}{\omega}\cdot\underset{\sim}{\tau})-(\underset{\sim}{\tau}\cdot\underset{\sim}{\omega})]\\&=\frac{\bar{D}\underset{\sim}{\tau}}{\bar{D}t}+\frac{1}{2}[(\underset{\sim}{\omega}\cdot\underset{\sim}{\tau})-(\underset{\sim}{\tau}\cdot\underset{\sim}{\omega})]\end{aligned} \tag{5-54}$$

式中，右式中的第二项为动坐标系相对于固定坐标系的平移运动，第三项为动坐标系相对于固定坐标系的旋转运动。

$\underset{\sim}{\tau}$ 为应力张量对应于矩阵：$\underset{\sim}{\tau}=\begin{bmatrix}\tau_{11}&\tau_{12}&\tau_{13}\\\tau_{21}&\tau_{22}&\tau_{23}\\\tau_{31}&\tau_{32}&\tau_{33}\end{bmatrix}$ (5-55)

$\underset{\sim}{\omega}$ 为涡量，定义为：$\underset{\sim}{\omega}=\omega_{ij}=\left(\frac{\partial V_j}{\partial x^i}-\frac{\partial V_i}{\partial x^j}\right)=\nabla V-(\nabla V)^T$ (5-56)

式中，$i,j=1,2,3$；∇V 为流场中的速度梯度，对应于矩阵，如式(5-57)所示；$(\nabla V)^T$ 为 ∇V 的转置矩阵。

$$\nabla V=\begin{bmatrix}\frac{\partial V_1}{\partial x^1}&\frac{\partial V_2}{\partial x^1}&\frac{\partial V_3}{\partial x^1}\\\frac{\partial V_1}{\partial x^2}&\frac{\partial V_2}{\partial x^2}&\frac{\partial V_3}{\partial x^2}\\\frac{\partial V_1}{\partial x^3}&\frac{\partial V_2}{\partial x^3}&\frac{\partial V_3}{\partial x^3}\end{bmatrix} \tag{5-57}$$

当流场的速度分布确定后，则涡量即可确定。

4. 简单稳态剪切流场中的形变速率张量和涡量

在简单稳态剪切流场中，速度分布为：

$$\begin{cases}V_1=\dot{\gamma}x^2\\V_2=V_3=0\end{cases} \tag{5-58}$$

则速度梯度和它的转置矩阵为：

$$\nabla V=\begin{bmatrix}0&0&0\\1&0&0\\0&0&0\end{bmatrix}\dot{\gamma},\ (\nabla V)^{\mathrm{T}}=\begin{bmatrix}0&1&0\\0&0&0\\0&0&0\end{bmatrix}\dot{\gamma} \tag{5-59}$$

形变速率张量为：

$$\underset{\sim}{\dot{\gamma}} = \dot{\gamma}_{ij} = \left(\frac{\partial V_j}{\partial x^i} + \frac{\partial V_i}{\partial x^j}\right) = \nabla V + (\nabla V)^{\mathrm{T}} = \begin{bmatrix} 0 & 1 & 0 \\ 1 & 0 & 0 \\ 0 & 0 & 0 \end{bmatrix} \dot{\gamma} \tag{5-60}$$

涡量张量为：

$$\underset{\sim}{\omega} = \omega_{ij} = \left(\frac{\partial V_j}{\partial x^i} - \frac{\partial V_i}{\partial x^j}\right) = \nabla V - (\nabla V)^{\mathrm{T}} = \begin{bmatrix} 0 & -1 & 0 \\ 1 & 0 & 0 \\ 0 & 0 & 0 \end{bmatrix} \dot{\gamma} \tag{5-61}$$

所以一旦流场的速度分布确定后，形变速率张量和涡量均可确定。这两个物理量是由非线性黏弹性本构方程求解物质函数经常使用的物理量。

5. 非线性本构方程的建立

用力学比拟法，将力学元件放在流体微元上进行比拟，得到线性黏弹性本构方程；然后将其变换到固定坐标系中，可以得到符合客观性和坐标不变性原理的本构方程。

对线性黏弹性本构方程进行修正，将线性黏弹性本构方程中的普通时间微商用共形变导数或共转导数代替，可得到非线性黏弹性本构方程，用于描述大形变下材料的流变状态。典型的非线性本构方程如下。

(1) ZFD 模型

用 Jaumann 导数将 Maxwell 本构方程改写成

$$\underset{\sim}{\tau} + \lambda_1 \frac{\mathrm{D}\underset{\sim}{\tau}}{\mathrm{D}t} = \eta_0 \underset{\sim}{\dot{\gamma}}$$

$$\lambda_1 = \frac{\eta_0}{G} \tag{5-62}$$

又称为共转 Maxwell 模型。

在简单稳态剪切流场(或测黏流场)中，速度分布为

$$\begin{cases} V_1 = \dot{\gamma} x_2 \\ V_2 = V_3 = 0 \end{cases}$$

可以证明，共转 Maxwell 模型在测黏流场中的解(即材料函数表达式)为

$$\begin{cases} \eta(\dot{\gamma}) = \eta_0 \dfrac{1}{1 + (\lambda_1 \dot{\gamma})^2} \\ \varphi_1(\dot{\gamma}) = 2\eta_0 \dfrac{\lambda_1}{1 + (\lambda_1 \dot{\gamma})^2} \\ \varphi_2(\dot{\gamma}) = -\eta_0 \dfrac{\lambda_1}{1 + (\lambda_1 \dot{\gamma})^2} = -\dfrac{\varphi_1}{2} \end{cases} \tag{5-63}$$

(2) 共转 Jeffreys 模型

将共形变导数引入 Jeffreys 模型，可得到如下共形变 Jeffreys 模型。

$$\underset{\sim}{\tau} + \lambda_1 \frac{\mathrm{D}\underset{\sim}{\tau}}{\mathrm{D}t} = \eta_0 \left(\underset{\sim}{\dot{\gamma}} + \lambda_2 \frac{\mathrm{D}\underset{\sim}{\dot{\gamma}}}{\mathrm{D}t}\right) \tag{5-64}$$

如果 $\lambda_2 = 0$，则共转 Jeffreys 模型退化为 ZFD 模型(即共转 Maxwell 模型)。

可以证明，共转 Jeffreys 模型在测黏流场中的解(即材料函数表达式)为：

$$\begin{cases}\eta(\dot{\gamma})=\eta_0\dfrac{1+\lambda_1\lambda_2\dot{\gamma}^2}{1+(\lambda_1\dot{\gamma})^2}\\ \varphi_1(\dot{\gamma})=2\eta_0\dfrac{(\lambda_1-\lambda_2)}{1+(\lambda_1\dot{\gamma})^2}\\ \varphi_2(\dot{\gamma})=-\eta_0\dfrac{(\lambda_1-\lambda_2)}{1+(\lambda_1\dot{\gamma})^2}=-\dfrac{\varphi_1}{2}\end{cases} \tag{5-65}$$

根据材料的表观黏度、第一、第二法向应力差系数随剪切速率的变化关系，结合非线性本构方程所预测材料函数的理论解，可以筛选本方程，揭示材料受力和变形之间的规律性。

5.4.7 血液流变特性

血液主要由血浆和有形成分组成。血浆约占血液体积的 55%，在血浆中蛋白质约占 7%，水约占 91%，其他无机物和有机物约占 1%。血浆中蛋白质包括血浆白蛋白、球蛋白、纤维蛋白原和脂蛋白等。

血液的有形成分包括红细胞、白细胞和血小板。其中，红细胞约占 95%，白细胞约占 0.13%，血小板约占 4.9%。红细胞具有双凹面结构，通常具有良好的变形性，在形变过程中不需要增加细胞膜的表面积。血液的有形成分悬浮于血浆中，形成具有可变形颗粒的悬浮液体系，为典型的非牛顿流体，体现出复杂的流变特性，包括剪切变稀、触变性和黏弹性等。

1. *血液黏度和血沉方程 K 值*

表征血液黏度可分为全血表观黏度、相对黏度、增比黏度和还原黏度。

因血液为非牛顿流体，全血黏度随剪切速率而变化，通常用表观黏度来表示全血黏度，如式(5-66)所示。

表观黏度(apparent viscosity)：

$$\eta_b=\frac{\tau}{\dot{\gamma}} \tag{5-66}$$

相对黏度(relative viscosity)：溶液黏度 η 与溶剂黏度 η_0 之比，如式(5-67)所示。对血液而言，η 为全血黏度，η_0 为血浆黏度。

$$\eta_r=\frac{\eta}{\eta_0} \tag{5-67}$$

增比黏度(specific viscosity)：$\eta_{sp}=\dfrac{\eta-\eta_0}{\eta_0}=\eta_r-1$ (5-68)

还原黏度(reduced viscosity)：$\eta_{rv}=\dfrac{\eta_{sp}}{H}$ (5-69)

式中，H 为红细胞压积，即红细胞的体积占全血体积的百分比。

血沉速率(ESR)与红细胞压积 H 之间存在如下关系：

$$ESR=-K[\ln H+(1-H)] \tag{5-70}$$

式(5-70)称为血沉方程。式中，K 为血沉方程 K 值；ESR 为血沉速率，mm/h。

2. *血液黏度的影响因素*

影响血液黏度的因素十分复杂，与血液的组成、外部环境影响密切相关，包括有形成分的数量和性质、血浆的组成、红细胞压积、红细胞变形性和聚集性、温度、酸碱度、渗透压、剪切速率、血管管径和管壁效应、抗凝剂种类和浓度等。

由于血浆主要由水、无机盐和少量蛋白质组成，研究表明，血浆黏度随剪切速率变化不明显，通常将血浆近似视为牛顿流体，正常血浆黏度约为 1.2 mPa·s。而血液的有形组分、红细胞变形性和聚集性、红细胞压积对血液黏度的影响则十分明显。

需要说明的是，血管管径对血液黏度的影响比较特殊，当管径小于 300 μm 时，血黏度随管径的减小而降低，称为 Fahreaus-Lindquist 效应。

另外，剪切速率对血液黏度影响明显，随剪切速率的增大，血液表观黏度减小，体现出典型的剪切变稀性质。由于血管壁处的剪切速率远大于血管中心的剪切速率，血细胞在血管中流动时，主要集中在血管中心流动，而血管壁附近的血细胞较少，呈现出向轴流动效应。

此外，抗凝剂对血液黏度测定也会产生明显影响。柠檬酸盐、草酸盐可引起红细胞收缩，影响黏度结果，而肝素不影响红细胞的大小和形状。

3. *血液剪切变稀特性和本构方程表征*

血浆可近似认为牛顿流体。血液的有形成分（包括红细胞、白细胞和血小板）悬浮于血浆中。在低剪切速率下，在血浆纤维蛋白原等作用下，红细胞可聚集为缗钱体的网络结构，表现黏弹性和屈服应力；随着剪切速率的增大，缗钱体的网络结构逐渐解离成为缗钱状红细胞聚集体和红细胞单体；当剪切进一步增大，红细胞产生变形，表现出剪切变稀特性；当剪切速率大于 200 s^{-1}时，血液黏度变化较小，近似为牛顿流体。

血液的稳态剪切黏度随剪切速率的变化曲线，可由 Casson 模型描述，如式(5-71)所示。

$$\tau^{1/2} = \tau_c^{1/2} + (\eta_c \dot{\gamma})^{1/2} \tag{5-71}$$

式中，τ_c 为卡森屈服应力(Casson yield stress)；η_c 为卡森黏度(Casson viscosity)。

典型正常人血液黏度随剪切速率的变化关系，以及用 Casson 方程表征的模型参数分别如表 5-5、表 5-6 所示。正常人群无高血压、冠心病、脑血管疾病等；年龄在 45 岁到 55 岁，平均年龄 50 岁；H 为红细胞压积。

表 5-5　血液黏度随剪切速率的变化关系(男)

No	剪切速率/s^{-1}								卡森黏度/(mPa·s)	卡森屈服应力	R	H/%
	2.5	5	10	20	40	60	80	100				
1	22.50	15.00	10.94	9.06	7.81	7.24	6.91	6.78	4.8	0.136	0.999	55
2	32.50	21.25	15.63	12.50	9.53	9.38	8.87	8.44	5.8	0.248	0.999	44
3	22.50	15.00	12.81	10.16	8.59	7.97	7.62	7.19	5.4	0.143	0.999	47
4	21.00	15.19	11.56	9.70	8.20	7.53	7.20	7.00	5.2	0.131	0.999	49
5	21.25	15.94	12.81	10.70	9.22	8.47	8.09	7.78	6.0	0.125	0.999	50
6	23.75	18.75	14.69	11.72	9.84	9.01	8.63	8.13	6.1	0.172	0.999	45
7	21.25	16.88	12.81	10.55	9.06	8.28	7.81	7.50	5.7	0.144	0.999	45
8	20.63	14.69	11.56	9.53	8.13	7.50	7.07	6.88	5.1	0.129	0.999	50
9	18.75	14.06	11.41	9.53	8.20	7.55	7.17	6.94	5.4	0.109	0.999	44
10	23.75	17.50	13.59	10.78	9.14	8.33	7.93	7.56	5.5	0.170	0.999	50
Mean	21.68	15.91	12.35	10.04	8.84	7.84	7.46	7.20	5.4	0.144	0.999	47
SD	4.02	2.40	1.58	1.12	0.79	0.73	0.67	0.64	0.4	0.046	0.000	3.4

表 5-6 血液黏度随剪切速率的变化关系(女)

No	剪切速率/s^{-1}								卡森黏度/(mPa·s)	卡森屈服应力	R	H/%
	2.5	5	10	20	40	60	80	100				
1	21.25	15.31	11.72	9.38	7.81	7.29	6.84	6.59	4.8	0.151	0.999	41
2	15.00	10.94	8.57	7.66	6.64	6.15	5.86	5.66	4.5	0.077	0.999	42
3	16.88	13.13	10.47	8.75	7.58	7.03	6.88	6.69	5.2	0.087	0.999	44
4	10.63	8.63	7.34	6.25	5.59	5.29	5.10	5.00	4.1	0.042	0.999	38
5	13.75	10.63	8.81	7.58	6.76	6.41	6.17	6.03	4.9	0.055	0.999	40
6	10.63	8.13	6.88	6.09	5.66	5.44	5.39	5.34	4.6	0.025	0.999	36
7	10.63	8.44	7.19	6.28	5.70	5.42	5.33	5.30	4.5	0.031	0.999	38
8	10.62	8.43	7.18	6.32	5.50	5.20	4.94	4.81	4.0	0.046	0.999	37
9	16.25	13.13	10.00	8.44	7.42	7.03	6.72	6.63	5.2	0.080	0.999	46
10	11.88	9.38	8.06	7.00	6.45	6.13	5.94	5.81	4.9	0.037	0.999	38
Mean	14.15	10.89	8.87	7.56	6.66	6.27	6.04	5.89	4.7	0.066	0.999	40
SD	3.07	2.18	1.44	1.05	0.79	0.71	0.65	0.61	0.4	0.032	0.0001	2.9

由表 5-5、表 5-6 可知，正常血液样本的黏度均随剪切速率的增大而减小，具有明显的剪切变稀特性。用 Casson 方程表征血液黏度随剪切速率的变化关系，获得的线性相关系数 R 非常接近于 1，证明 Casson 方程能够确切表征血液剪切变稀特性。典型血液剪切变稀曲线和 Casson 方程描述结果如图 5-10 所示。从图 5-10 中可见，Casson 方程的模型计算值和实验值几乎完全一致，说明 Casson 方程是表征血液流变特性的确切本构方程。

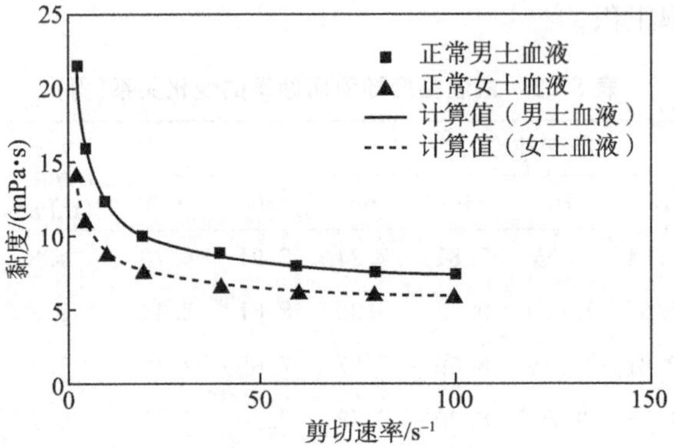

图 5-10 Casson 方程描述典型血液黏度随剪切速率变化曲线

4. 血液的黏弹性与触变性及其表征

1) 触变性流体的典型特征

触变性揭示的是材料的黏度随时间的变化关系。触变性流体具有如下典型特征。

(1) 从静止的物料开始剪切或从低到高改变物料的剪切速率时，黏度随时间降低。

(2) 剪切停止后或从高到低改变物料的剪切速率时，黏度随时间恢复。

(3) 保持剪切速率不变直到应力达到恒定值，可得到平衡流变曲线。

(4) 反复循环剪切可得到滞后环。

(5) 无限重复循环剪切可得到平衡滞后环。

以上 5 种触变性特征现象从不同的方面反映了触变体的流变行为。

触变性是含结构材料重要而复杂的依时特性。材料受到剪切后，材料内部结构逐渐破坏，当剪切除去后，材料的结构逐渐形成；由于材料结构破坏速率和结构形成速率不同，产生滞后环。当结构形成速率大于结构破坏速率时，材料表现为黏度上升，反之则黏度下降；当两者处于动态平衡状态时，溶液表现为平衡黏度。

对血液而言，研究表明，当剪切速率小于 0.1 s^{-1}时，红细胞 RBC 聚集形成缗钱体和网络结构，具有黏弹性。当剪切速率介于 0.1～10 s^{-1}时，RBC 聚集形成缗钱体和网络结构逐渐解离成 RBC 单体，血液表现触变性。因此，血液为同时体现黏弹性和触变性的复杂流体，通过“8”字形血液滞后环可以清楚地认识到血液为黏弹-触变性流体。

2) 血液滞后环

如图 5-11 所示，在较低剪切速率范围内，剪切速率按三角波变化获得的血液滞后环，上行线的应力小于下行线的应力，这是黏弹性流体所特有的滞后环，称为血液的黏弹环。

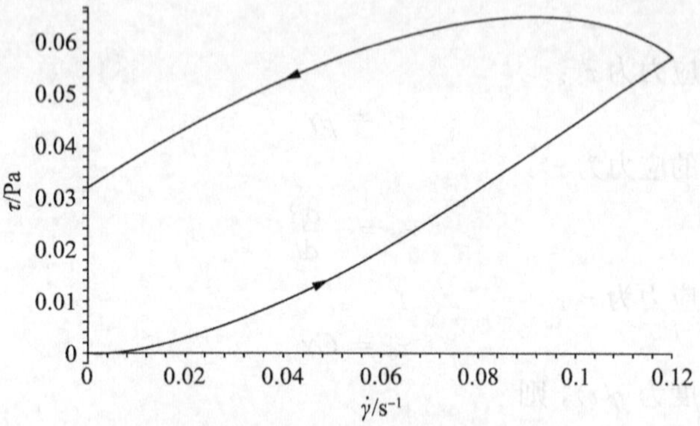

图 5-11　血液的黏弹环

黏弹环的大小与血细胞的网络结构强度密切相关，黏弹环越大，说明血细胞网络结构越强，红细胞的聚集性越强，不利于血液的正常流动。

在一定剪切速率范围内，剪切速率随时间按三角波变化作用于血液上，考察血液的剪切应力随剪切速率的变化关系，得到典型的“8”字形血液滞后环，如图 5-12 所示。该类滞后环中，剪切应力的上行线与下行线相交，而且下行线应力未回到 0 点，形成“8”字形滞后环。当剪切速率低于相交点处的剪切速率时，上行线应力小于下行线应力，构成黏弹环，体现出黏弹性；当剪切速率大于相交点处的剪切速率时，上行线应力大于下行线应力，构成正触变环，体现出触变性，因此血液为黏弹触变性流体。

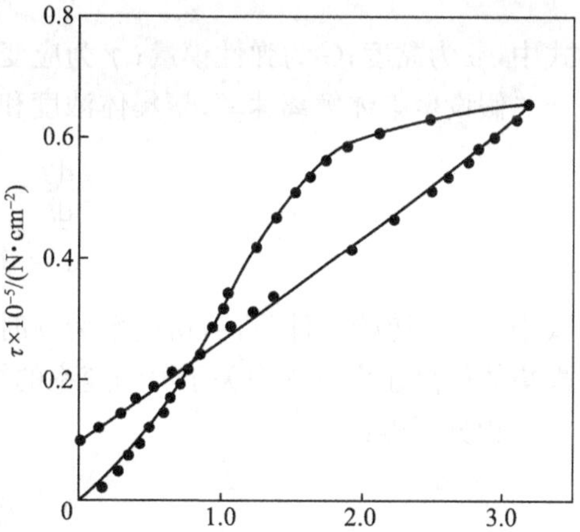

图 5-12　“8”字形血液滞后环

“8”字形血液滞后环与红细胞的聚集性、解离过程密切相关，是研究血液样本动态流变特性的重要方法，与血液样本种类和不同疾病密切相关。

3）黏弹-触变性流体滞后环的表征

为了描述血液的滞后环行为，科研人员提出了各种不同的触变模型。其中具有代表性的是 Huang 方程和 5 参数黏弹-触变性流体本构方程等。5 参数黏弹-触变性流体本构方程如式(5-72)所示，可表征同时含黏弹环和正触变环的滞后环。

$$\tau = G\gamma + \mu\dot{\gamma} + C_1 B\dot{\gamma}^n \exp\left(-C_1\int_0^t \dot{\gamma}^n \mathrm{d}t\right) \tag{5-72}$$

对无弹性的触变性流体，存在聚集体和单体之间的相互转化过程。当剪切应力作用于该流体时，聚集体结构逐渐解离为单体；当剪切应力消除时，单体将相互作用形成聚集体。由于聚集体结构破坏速率和恢复速率不一致，才表现出触变性。

假设体系中聚集体的浓度为 β，剪切应力和聚集体解离速率之间的关系可表示为：

$$\tau = -\xi \frac{\mathrm{d}\beta}{\mathrm{d}t}$$

式中，ξ 为触变系数。

当剪切应力作用于流体上时，产生的剪切速率为 $\dot{\gamma}$。该应力分别引起黏性流动、弹性变形和聚集体的解离。

引起黏性流动的应力为 τ_1：

$$\tau_1 = \mu\dot{\gamma}$$

引起聚集体解离的应力为 τ_2：

$$\tau_2 = -\frac{\mathrm{d}\beta}{\mathrm{d}t}$$

引起弹性变形的应力为 τ_3：

$$\tau_3 = G\gamma$$

若流体的表观黏度为 $\eta(t)$，则

$$\tau = \eta(t)\dot{\gamma} = \mu\dot{\gamma} - \xi\frac{\mathrm{d}\beta}{\mathrm{d}t} + G\gamma \tag{5-73}$$

即

$$\tau = \eta(t)\dot{\gamma} = \mu\dot{\gamma} - \xi\frac{\mathrm{d}\beta}{\mathrm{d}t} + G\int_0^t \dot{\gamma}\mathrm{d}t \tag{5-74}$$

式中，μ 为黏度；G 为弹性模量；γ 为应变。

假设聚集体解离速率、聚集体浓度和剪切速率之间的关系满足以下动力学方程：

$$\frac{\mathrm{d}\beta}{\mathrm{d}t} = -C_1\beta\dot{\gamma}^n,\quad \dot{\gamma} > 0 \tag{5-75}$$

$$\beta = \beta_e,\quad \dot{\gamma} = 0,\ t = 0 \tag{5-76}$$

式中，β_e 为初始条件下，剪切速率为 0 时聚集体的平衡浓度；C_1 为聚集体解离速率常数；n 为聚集体解离速率方程中关于剪切速率的级数。

积分可得：

$$\beta = \beta_e \exp\left(-C_1\int_0^t \dot{\gamma}^n \mathrm{d}t\right) \tag{5-77}$$

代入可得：

$$\tau = \eta(t) = \mu\dot{\gamma} + G\int_0^t \dot{\gamma}\mathrm{d}t + C_1 B\dot{\gamma}^n \exp\left(-C_1\int_0^t \dot{\gamma}^n \mathrm{d}t\right) \tag{5-78}$$

式中，$B=\xi\beta_e$，为初始条件下体系中聚集体浓度与触变系数之积。

式(5-78)即为 5 参数黏弹-触变性流体本构方程，可用于描述同时具有黏弹性和触变性流体的滞后环。

将式(5-78)等号右边的第二项用屈服应力 τ_y 替换，可得描述含屈服应力的触变环方程，即 Huang 方程，如式(5-79)所示。

$$\tau=\tau_y+\mu\dot{\gamma}+C_1B\dot{\gamma}^n\exp\left(-C_1\int_0^t\dot{\gamma}^n\mathrm{d}t\right) \tag{5-79}$$

5 参数黏弹-触变性流体本构方程表征三角波剪切速率变化得到的滞后环方程推导如下。

(1) 当剪切速率按等腰三角波变化作用于流体上时，即：

$$\begin{cases}\dot{\gamma}=Kt & (0\leqslant t\leqslant t_1)\\ \dot{\gamma}=K(2t_1-t) & (t_1\leqslant t\leqslant 2t_1)\\ \dot{\gamma}_{\max}=Kt_1\end{cases} \tag{5-80}$$

式中，K 为剪切速率上升速率常数；$\dot{\gamma}_{\max}$ 为最大剪切速率；t_1 为剪切速率从 0 达到最大剪切速率所用的时间。

将式(5-80)代入 5 参数黏弹-触变性流体本构方程，对上行线可得：

$$\tau=\mu\dot{\gamma}+C_1B\dot{\gamma}^n\exp\left[-\frac{C_1\dot{\gamma}^{n+1}}{K(n+1)}\right]+\frac{G\dot{\gamma}^2}{2K}\quad(0\leqslant t\leqslant t_1) \tag{5-81}$$

对下行线可得：

$$\tau=\mu\dot{\gamma}+C_1B\dot{\gamma}^n\exp\left[\frac{-C_1}{K(n+1)}(2\dot{\gamma}_{\max}^{n+1}-\dot{\gamma}^{n+1})\right]+\frac{G}{2K}(2\dot{\gamma}_{\max}^2-\dot{\gamma}^2)\quad(t_1<t\leqslant 2t_1) \tag{5-82}$$

当剪切速率 $\dot{\gamma}=0$ 时，对上行线：　$\tau=0$

对下行线：　$\tau=GKt_1^2$　(5-83)

用式(5-78)～式(5-83)可描述黏弹触变性流体经三角波剪切后得到的滞后环。

图 5-13、图 5-14 分别示出了用 Huang 方程和用 5 参数黏弹-触变性本构方程描述滞后环的情况，点为计算值，线为实验值。由图 5-14 可知，与 Huang 方程相比，5 参数黏弹-触变性本构方程可完整地描述血液的"8"字形滞后环。

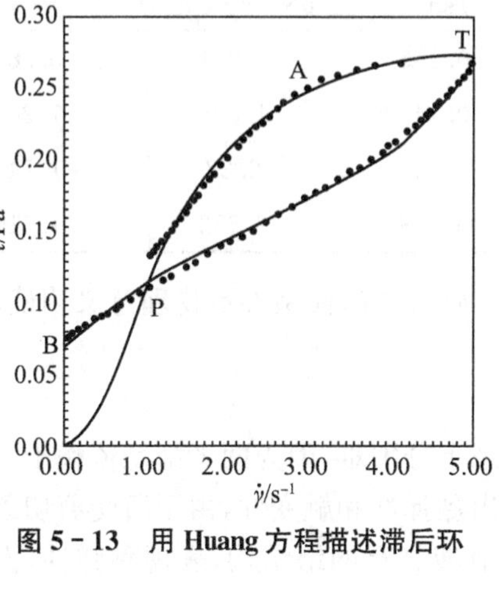

图 5-13　用 Huang 方程描述滞后环

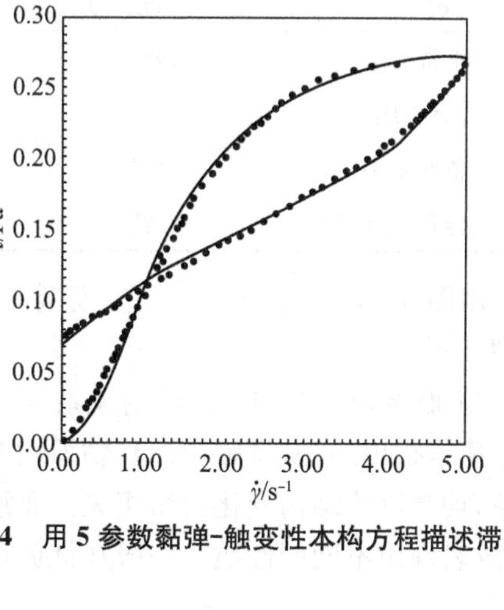

图 5-14　用 5 参数黏弹-触变性本构方程描述滞后环

用5参数黏弹-触变性本构方程描述正常血液、冠心病(CHD)、急性卒中(IS)和严重异常急性卒中(serious abnormal IS)血液样本的滞后环如图5－15所示,模型参数如表5－7所示。

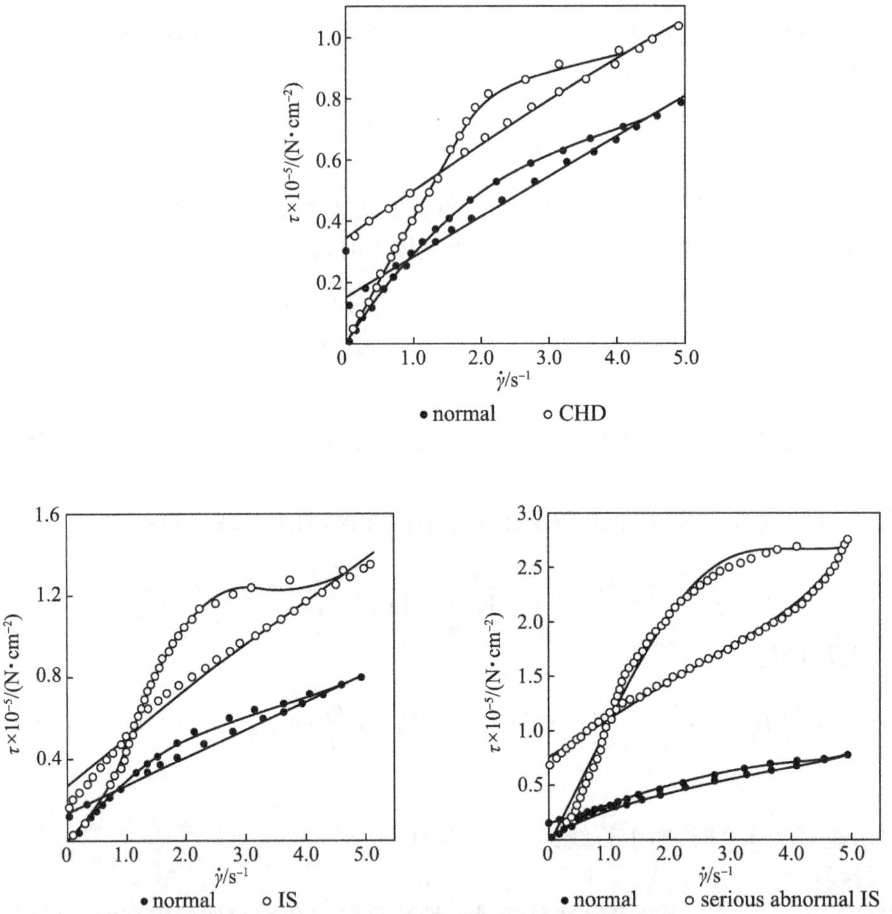

图5－15 正常血液与心脑血管疾病血液滞后环比较

表5－7 5参数黏弹-触变性本构方程描述不同血液滞后环的模型参数

样本	$G\times10^8$ /(N·cm^{-2})	μ/(mPa·s)	C_1 /sn^{-1}	$B\times10^5$ /(N·s·cm^{-2})	n
正常血液	3.80	0.140	0.166	1.081	0.984
冠心病	8.54	0.169	0.142	1.894	1.267
急性卒中	6.411	0.242	0.109	2.22	1.743
严重异常急性卒中	18.22	0.372	0.088	7.652	1.316

由图5－15和表5－7可知,模型计算值和实验值吻合良好,模型参数物理意义明确,结果合理。

4) 血液触变性与黏弹性的关系

值得指出的是,将触变性和黏弹性严格地区分开来十分困难,因为两者都是依赖于时间的现象,均与流体结构变化密切相关。血液可同时体现出黏弹性和触变性,由于所受剪切条件不同,故表现出不同的性质。一般在低剪切速率范围内血液具有网络结构,表现黏弹性,而在中等剪切速率以上表现触变性。血液表现出“8”字形滞后环所需剪切速率的大小与血液样本有关，至今仍是一个研究热点和难点。

5.4.8　临床血液流变学

临床血液流变学(clinical hemorheology)是运用血液流变学理论和方法研究解决临床医学中与血液流变学相关的病因、症状、诊断、预防和治疗等问题的分支学科。内容涉及考察疾病发展过程中的血液流变状态，揭示临床疾病与血液流变特性之间关系，运用血液流变学方法对疾病进行诊断和治疗，研究和改善血液流变学特性的药物和方法等。其中，最重要的一个领域是研究高黏滞血症的相关问题，包括心脑血管疾病、高血脂症、糖尿病、动脉粥样硬化等。中医的活血化淤理论即与血液流变学原理一致。

临床中多种疾病均与血液流变学指标异常有关，本节选取典型脑血管疾病治疗前后、下肢深静脉血栓患者、高脂血症患者和抑郁症患者血液流变学指标的变化，说明血液流变学在临床中的应用。

表 5-8 和表 5-9 分别示出了脑梗死患者治疗前后血液流变学指标与对照组的变化。由表 5-8 和表 5-9 可见，脑梗死患者的全血黏度、红细胞压积、红细胞变形指数、红细胞聚集指数、纤维蛋白原和血浆黏度均明显高于对照组；经药物治疗后上述相关血液流变指标均有明显改善。通过血流变指标研究，可以辅助评价治疗效果。

表 5-8　脑梗死患者(男)血液流变学治疗前后的变化

指标	对照组	治疗前	治疗后
全血黏度(150 s^{-1})/(mPa·s)	4.26±0.39	5.03±0.86*	4.41±0.51
全血黏度(10 s^{-1})/(mPa·s)	8.22±1.33	11.44±1.39*	9.64±1.12*
红细胞压积/%	43.48±3.16	46.70±5.63*	42.41±4.24*
红细胞变形指数	0.72±0.06	0.44±0.03*	0.65±0.04**
红细胞聚集指数	2.47±0.52	3.20±0.62*	2.74±0.79**
纤维蛋白原/(g/L)	2.48±0.30	2.81±0.57*	2.22±0.28*
血浆黏度/(mPa·s)	1.37±0.17	1.76±3.60*	1.53±0.42

注：* $P<0.05$，** $P<0.01$。

表 5-9　脑梗死患者(女)血液流变学治疗前后的变化

指标	对照组	治疗前	治疗后
全血黏度(150 s^{-1})/(mPa·s)	4.26±0.39	4.23±1.23	3.91±1.26
全血黏度(10 s^{-1})/(mPa·s)	8.22±1.33	8.42±1.33*	7.23±1.09*
红细胞压积/%	43.48±3.16	40.87±6.61*	39.82±5.34*
红细胞变形指数	0.72±0.06	0.42±0.04*	0.74±0.04*
红细胞聚集指数	2.47±0.52	3.16±0.62*	2.74±0.79*
纤维蛋白原/(g/L)	2.48±0.30	3.31±1.12*	2.98±0.81*
血浆黏度/(mPa·s)	1.37±0.17	1.52±0.37*	1.38±0.06*

注：* $P<0.05$。

下肢深静脉血栓(DVT)由于其严重的致死并发症——肺栓塞,以及遗留的慢性静脉功能不全综合征而在临床上日益受到重视。其发病机制与血液淤滞、静脉内壁损害和血液高凝三大因素密切相关。表 5-10 示出了下肢深静脉血栓患者与正常组对比血液流变学指标的异常情况。

表 5-10　下肢深静脉血栓患者血液流变学指标变化

指标	下肢深静脉血栓组 (n=40)	对照组 (n=50)
全血黏度(200 s^{-1})/(mPa·s)	3.45±0.13*	3.73±0.36
全血黏度(30 s^{-1})/(mPa·s)	4.76±0.25*	5.17±0.55
全血黏度(5 s^{-1})/(mPa·s)	7.21±1.93*	9.46±1.41
全血黏度(1 s^{-1})/(mPa·s)	16.52±1.38*	22.93±3.77
血浆黏度/(mPa·s)	1.32±0.13*	1.66±0.47
血沉/(mm/h)	8.42±3.94	24.5±19.2
红细胞刚性指数	3.36±0.72	3.44±0.94
红细胞聚集指数	4.26±0.55*	6.72±1.81
血沉方程 K 值	59.20±19.68*	108.54±49.72
纤维蛋白原/(g/L)	2.99±1.02*	3.19±0.87

注:* P<0.01。

由表 5-10 可见,下肢深静脉血栓患者的全血黏度、血浆黏度、血沉、全血低切还原黏度、血沉方程 K 值、红细胞聚集指数及全血低切相对黏度与正常组对照比较,均有显著性(P<0.01)差异,说明下肢深静脉血栓与血液流变学有密切关系。

高脂血症、高血黏度是引发心脑血管疾病的危险因素,伴随血液流变学指标的异常。表 5-11 示出了高血脂症血液流变学指标与脂蛋白的变化。

表 5-11　高血脂症血液流变学指标与脂蛋白的变化

指 标	对照组 (男) n=50	高血脂组 (男) n=680	对照组 (女) n=50	高血脂组 (女) n=320
全血黏度(150 s^{-1})/(mPa·s)	4.47±0.34	7.20±0.85*	3.75±0.33	6.1±0.84*
全血黏度(50 s^{-1})/(mPa·s)	5.68±0.41	8.22±0.5*	5.03±0.39	7.8±0.62*
全血黏度(1 s^{-1})/(mPa·s)	9.42±0.80	14.87±1.53*	8.76±0.81	12.55±0.87*
血浆黏度/(mPa·s)	1.36±0.04	1.73±0.08*	1.34±0.06	1.64±0.08*
红细胞压积/%	45±1.58	49±1.13*	32±1.79	47±1.23*
血沉/(mm/h)	11.23±3.11	24.49±1.74*	17.7±1.95	25.8±1.29*
纤维蛋白原/(g/L)	2.8±0.52	4.77±0.39*	2.6±0.39	4.61±0.33*
总胆固醇/(mmol/L)	4.35±1.01	7.94±0.45*	4.16±1.15	6.78±0.59*
甘油三酯/(mmol/L)	1.55±0.14	3.84±0.73*	1.14±0.19	2.67±0.23*
高密度胆固醇/(mmol/L)	1.29±0.07	1.07±0.03*	1.32±0.02	1.13±0.04*
低密度胆固醇/(mmol/L)	2.9±0.13	3.97±0.33*	2.76±0.11	3.84±0.30*

注:* P<0.005。

由表 5 - 11 可见，高脂血症患者组与对照组相比，血液流变学指标与血脂均有显著差异。相关分析表明，高脂血症患者血清总胆固醇、血清甘油三酯、血清低密度脂蛋白胆固醇、血清总胆固醇、纤维蛋白原与血浆黏度成正相关；红细胞压积与全血黏度成正相关。

抑郁症的发生往往与慢性或急性情绪应激密切相关，而在应激状态下，机体常出现血液黏滞诸因素的升高并因此干扰有效的组织灌注，甚至造成局部脑循环缺血改变。认为精神因素（应激状态）可引起高黏滞综合征，原因可能与体内儿茶酚胺等介质含量有关。Zadar 和 Dintenfass 对精神分裂症及其他精神疾病患者的血液流变学指标做了对照研究，发现焦虑、抑郁症、神经症和精神分裂症患者的血液流变学指标有所改变，提出了精神血液流变学（psychohemarheology）。Dintanfass 等强调应激因素的作用不可忽视。

表 5 - 12 示出了抑郁症患者血液流变学指标的异常变化。抑郁症患者 38 例，男 11 例，女 27 例；年龄 25～59 岁，平均(45.2±12.9)岁；病程 6 个月到 25 个月，平均(10.2±7.1)月；Hamilton 抑郁量表(24 项评分)24～49 分，平均(33.8±6.5)分。对照组为 210 例正常人员中抽取年龄性别相当的 69 例，男性 30 例，女性 39 例，男性年龄(33.4±7.8)岁，女性年龄(35.6±8.2)岁。

表 5 - 12　抑郁症血液流变学指标变化

指 标	对照组（男）	抑郁症组（男）	对照组（女）	抑郁症组（女）
全血黏度(200 s^{-1})/(mPa·s)	4.34±0.45	5.66±0.57*	3.68±0.46	4.53±0.61*
全血黏度(3 s^{-1})/(mPa·s)	11.55±1.69	14.86±1.88*	9.05±1.19	11.01±1.58*
血浆黏度/(mPa·s)	1.33±0.17	1.69±0.31*	1.30±0.29	1.53±0.34*
血沉/(mm/h)	13.5±7.1	13.7±7.4	15.8±9.8	16.3±9.7
红细胞压积/%	46.58±4.11	50.27±5.63*	39.96±3.54	44.36±4.57*
高切还原黏度/(mPa·s)	4.36±0.83	5.37±1.04*	3.97±1.72	5.22±1.81*
低切还原黏度/(mPa·s)	16.22±2.72	18.64±2.67*	13.28±2.98	15.74±3.69*
红细胞刚性指数	0.75±0.32	0.99±0.41*	0.77±0.35	0.97±0.37*
红细胞聚集指数	8.19±1.49	9.81±1.63*	6.46±1.23	7.98±1.24*
纤维蛋白原/(g/L)	3.46±0.74	4.99±0.69*	3.02±0.65	4.24±0.75*
血小板聚集性	41.6±9.7	55.6±18.3*	42.3±10.2	53.4±18.1*

注：* $P<0.05$。

由表 5 - 12 可知，抑郁症患者的高剪切全血黏度、低剪切全血黏度、血浆黏度、红细胞压积、高切还原黏度、低切还原黏度、红细胞刚性指数和聚集指数、纤维蛋白原、血小板聚集性等相关流变学指标明显异常。

由于喜怒忧思悲恐惊等情感直接影响五脏六腑的正常运行，情绪对血液的活性产生显著影响，表现为血液流变性的异常。

血液为复杂的黏弹触变性非牛顿生物流体。血液的黏弹性、触变性、剪切变稀特性与其聚集性、变形性、血浆组成、健康状况、病症和外部条件密切相关。血液流变学是一种认识人体正常生理和病理活动、评价药物和治疗效果的重要工具。随着血液流变学向细胞流变学、药物流变学、血液流变学疗法、动态血液流变检测等方向的发展，血液流变学必将在预防医学、临床辅助诊断、心脑血管疾病的临床血液流变治疗等方面发挥重要和积极的作用。

参考文献

[1] 唐国俊. 流变学进展. 广州:华南理工大学出版社,1993.

[2] 江体乾. 流变学进展. 上海:华东理工大学出版社,1990.

[3] 金日光. 流变学进展. 北京:化学工业出版社,1996.

[4] 杨挺青. 流变学进展. 武汉:华中科技大学出版社,1999.

[5] 李文阳. 流变学进展. 北京:中国科学技术出版社,2002.

[6] 江体乾. 工业流变学. 北京:化学工业出版社,1996.

[7] Ait-Kadi A, Dealy J M, James D F, et al. Proceedings Ⅶ International Congress on Rheology. Quebec City: Chemical Engineering Department Laval University, 1996.

[8] Uhlherr P H T. Ⅹth International Congress on Rheology. Sydney: Monash University Printing Service, 1988.

[9] Bird R B, Armstrong R C, Hassager O. Dynamics of Polymeric Liquids. New York: John Wiley & Sons, Inc. , 1977.

[10] Edwards D A, Brenner H, Wasan D T. Interfacial Transport Process and Rheology. Butterworth-Heinemann, a Division of Reed Publishing(USA) Inc. ,1991.

[11] Laba D. Rheology of Cosmetic and Toiletries, Marcel Dekker, Inc. Newyork, 1993.

[12] Huang C R, Hrong S S. Viscoelastic-Thixotropy of Blood. Clinical Hemorheology, 1995, 15(1): 25.

[13] Huang C R. Chem Eng J, 1972, 3: 100.

[14] 丁坦法思 L. 血液流变学在诊断及预防医学中的应用. 廖福龙,翁维良,译. 北京:科学出版社,1991.

[15] 方波,江体乾. 华东理工大学学报,1998,24(4):393.

[16] Fang B, Jiang T Q. Chinese J Chem Eng, 1998, 6(3): 264.

[17] 方波,金浩,江体乾. 血液滞后环本构方程研究(Ⅰ)——同时体现黏弹性和触变性的滞后环本构方程. 第五届全国流变学会议论文集,1996,104.

[18] 方波,江体乾. 医用生物力学,1997,12(3):129.

[19] 方波,江体乾. 中国生物医学工程学报, 1999,18(4):451.

[20] 方波,宋道云,江体乾. 流变学进展, 1999,42.

[21] 范椿,罗哲明,汪建敏,等. 流变学进展. 上海:华东理工大学出版社,1990.

[22] Mewis J. Thixotropy—A General Review. J Non-Newtonian Fluid Mech, 1979, 6: 1.

[23] 王鸿儒. 血液流变学. 北京:北京医科大学、中国协和医科大学联合出版社,1997.

[24] 冈小天[日]. 心血管血液流变学. 康振黄,陈君楷,译. 北京:计量出版社,1984.

[25] 赵春亭,赵子文. 临床血液流变学. 北京:人民卫生出版社,1997.

[26] Robert G O. A New Microstructure-based Constitutive Model for Human Blood. J. Non-Newtonian Fluid Mech, 2006, 140(1-3): 57.

[27] Shi Y D. Horizons in Bemorheology (Part Ⅰ). Shanghai Scientific and Technological Literature Publishing House, 1990.

[28] Shi Y D. Horizons in Hemorheology (Part Ⅱ). Shanghai Scientific and Technological Literature Publishing House, 1992.

[29] Shi Y D. Horizons in Hemorheology (Part Ⅲ). Shanghai Scientific and Technological Literature Publishing House, 1997.

[30] Shi Y D, Artmann G, Lechner H. Proceedings of International Conference on Medical Biorheology. Shanghai: Shanghai Jiaotong University Press, 1993.

[31] 刘剑刚,史大卓. 中国血液流变学杂志,2004,14(1):133.

[32] 刘剑刚,史大卓. 流变学进展. 北京:中国科学出版社,2002.
[33] 刘剑刚,史大卓. 流变学进展. 济南:山东大学出版社,2006.
[34] 杨东晓,杨春晓,姚惠. 中国血液流变学杂志,2006, 16(1):75.
[35] 邵坤宁,耿月萍. 中国血液流变学杂志,2006,16(1):79.
[36] 刘景泉,王淑萍,苏海,等. 中国医学理论与实践,2005,15(2):1815.
[37] 张国英. 江苏大学学报(医学版),2006,16(1):59.
[38] Kok M S, Hill S E, Mitchell J R. Food Hydrocolloids,1999, 13: 535.
[39] 郑诚功. 骨科生物力学研究的发展与现状. 医用生物力学, 2007, 22(4): 326.
[40] 杨桂通,等. 生物力学. 重庆:重庆出版社, 2000.
[41] 冯元桢. 生物力学. 北京:科学出版社,1983.
[42] 冯元桢. 生物力学——运动, 流动, 应力和生长. 成都:四川教育出版社,1993.
[43] 杨桂通. 组织与器官力学,力学、环境与人. 北京:科学出版社,1991.
[44] 汤文成,蔡传宝. 东南大学学报,2006,36(3):463.
[45] Brienza D M, Chung K C, Brubaker C E, et al. Rehabilitation Engineering, IEEE Transactions, 1996, 4(2):103.
[46] 方波. 化工流变学概论. 北京:中国纺织出版社,2010.

第6章 生物医学传感器

传感技术是当代科学技术发展的一个重要标志，它与生物信息学、生物芯片、生物控制论、仿生学、生物计算机等学科都处于生命科学和信息科学的交叉区域，是发展生物技术和医学必不可少的一种先进的检测与监控装置。传感技术与通信技术、计算机技术并称为现代信息产业的三大支柱。进入21世纪以来，随着探索领域和空间的拓展，人类需要获得的电子信息种类日益增加，信息传递的速度不断加快，信息处理能力不断增强，因此要求与此相对应的信息采集技术——传感技术必须跟上信息化发展的需要。正是在这样一种背景下，传感技术得到了快速的发展，在化工、生物、医学和航天等领域得到了广泛的应用。

对疾病进行治疗前，首先需要获得人体从系统到器官、组织、细胞和分子等各个层次的生理、病理信息，建立在生命科学和信息科学之上的生物医学传感器就是获取人体各种生理和病理生物信息并将其转换成易于测量和处理的信号的器件，是生物医学信号检测的关键技术。生物医学传感器的研究属于应用基础性研究，它对促进生理量、生化量、生物量和各种生命现象检测方法的进展，对推动生命科学各领域的研究，以及对新型诊断、治疗方法与人体功能辅助器械的发展都具有十分重要的作用。生物医学传感器不仅为基础医学研究及临床诊断提供了一种快速、简便的新型方法，而且因为其专一、灵敏、响应快等优点，在军事医学方面也具有广阔的应用前景。

6.1 生物医学传感器概述

6.1.1 生物医学传感器的定义与组成

对于传感器的描述有多种。我国国家标准(GB 7665—87)对“传感器通用术语”定义为“传感器是能感受规定的被测量并按一定规律将其转换为有用信号的器件或装置”。各行各业和人们日常生活中所遇到的信号绝大部分是非电量的，对于这些非电量信号，即使能检测出来也难以放大、处理和传输。因此，传感器通常用于检测这些非电量信号并将其转变成便于计算机或电子仪器接收和处理的电信号。换言之，感受被测量，并将被测量转换为易于测量、传输和处理的信号的装置或器件称为传感器。此处的“有用信号”是指易于测量、传输、处理的电信号，因此，传感器又可定义为“对应于特定被测量提供有效电信号输出的器件”(美国测量协会)。传感器还被称为变换器、换能器或探测器。

传感器通常由直接相应于被测量的敏感器件和产生可信号输出的转换元件以及相应的电子线路组成(图 6-1)。有些传感器中敏感器件和转换器件是合为一体的。为了降低干扰信号和噪声的强度，提高传感器的信号，需要配置放大器、滤波器以及其他一些模拟电路。在有些情况下，这些电路的一部分是和传感器部件直接相邻的，成形后的信号被转换成数字信号，并输入微处理器。

图 6-1　传感器的组成

生物医学传感器(biomedical sensor)是指能将生物体的不同生命信息转换为可生物测量和医学仪器可用的器件或装置。生物传感器包括两个关键组成部件:其一为来自生物体分子、组织或细胞的分子辨认组件,用于传感器信号的接收或产生;其二为电化学或光学检测元件(如电流、电位测量电极、离子敏场效应晶体管、压电晶体等)。由于生物医学传感器是帮助医生把定性的感觉转变为定量测量,因此设计和使用过程必须考虑生物体的结构和生理功能。

6.1.2　生物医学传感器的分类

和其他传感器一样,生物医学传感器的工作原理各异,检测对象门类繁多,可以根据不同观点对其进行分类。

1. 按传感器的变换原理分类

按传感器变换原理可将生物医学传感器分为三类:①利用物理性质和物理效应进行变换的物理传感器;②利用化学效应进行变换的化学传感器;③利用生物效应进行变换的生物传感器。

物理传感器开发较早,技术上比较成熟。用于测量血压、体温、心音、脉搏、呼吸、血流量、血黏度、生物组织对辐射的吸收、反射或散射以及生物磁场等。这些生理量均属于物理量,设计传感器时基于这些非电量的物理效应,目前物理传感器已经实用化。

化学传感器是利用功能性膜或者特殊物质对特定成分的选择作用将被测物质筛选出来,再利用电化学装置将其转化为电学量的传感器。化学传感器研制过程中面临的两个重要挑战为灵敏度和选择性。化学传感器主要用于测量人体体液(血液、尿液、脑脊液等)中离子(Ca^{2+}、K^{+}、Na^{+}、Mg^{2+}、Li^{+}、Cl^{-} 等)的成分或浓度、pH 值、氧分压及葡萄糖浓度等。这些被测量均属于化学量,不过这些被测物质的分子量一般都不太大。目前不少化学传感器已达到实用水平。

生物传感器是以固定化生物活性物质(蛋白质、微生物、DNA 及生物膜等)作敏感元件为特征的传感器,于 1962 年被 Clark 和 Lyons 首先提出。经过几十年的研究、开发,已形成一个独立的门类,而且还在飞速地发展,它以具有分子识别作用的生物体成分(酶、抗体、抗原、激素)或生物体本身(细胞、细胞器、组织)作为敏感元件,具有很强的特异性和高度的敏感性,能有选择地与被测物质起作用。可以说,生物传感器是具有生物识别能力的化学传感器。

2. 按信号变换特征分类

按信号变换特征,传感器可分为结构型和物性型两大类。结构型传感器是依靠传感器结构参数的变化实现信号变换的。例如,电容式传感器依靠极板间距变化引起电容量变化,电感式传感器依靠衔铁或铁芯位移引起自感或互感的变化。结构型也称为参量变换型。物性型传感器则是依靠传感元件材料本身物理性质的变化来实现信号变换的。例如,热电偶测温是利用某些材料的热电效应;压电式测力传感器是利用了石英等材料的压电效应等。物性型又常称为发电型。

3. 按敏感材料分类

这种分类方法是按照制备传感器的材料进行分类的,如半导体传感器、陶瓷传感器、光导纤维传感器、高分子材料传感器和金属传感器等。

4. 按输出信号分类

传感器的输出信号有模拟信号和数字信号两种，由此可将传感器分为模拟式传感器和数字式传感器。

模拟式传感器实行模拟变换。其输出输入之间依照一定的定律或效应实现一一对应的关系，其准确度受变换过程中产生的静态或动态误差所支配。

数字式传感器实行数字变换。它相应于被测量的大小，使离散的有限个状态(分别用适当的符号表示)与之相对应，其变换准确度相对较高。数字式传感器大多用于测量线位移和角位移，又多称之为编码器。

输出频率信号的传感器，虽然其输出不是数字信号，但在接受信号的设备上设置计数器也能变换为数字信号，因此通常也称之为数字式传感器。

6.1.3 传感器的特性

传感器作为输入信号和输出信号的变换器，输出-输入特性是其外部特性，但却是由其内部参数决定的，不同的传感器有不同的内部参数。传感器的输出-输入关系特性是传感器的基本特性。传感器的各种性能指标都是根据传感器输出和输入的对应关系进行描述的。传感器的输入量可以分为静态量与动态量两大类。静态量是指固定状态的信号或变化极其缓慢的信号(准静态量)，而动态量通常是指周期信号、瞬变信号或随即信号。无论对动态量或静态量，传感器输出量都应准确反映测量量的变化，其关键决定于传感器的静态特性和动态特性。

无论是静态还是动态，输出和输入的关系均需用一定的数学表达式，衡量静态特性的重要指标是线性度、灵敏度、迟滞和重复性等。

传感器输出-输入之间的关系可分为线性特性和非线性特性。传感器的线性度是指传感器输出与输入之间关系的线性程度。从传感器的性能看，希望其具有理想的输出-输入关系。

描述传感器静态特性的函数关系式为：

$$Y = f(x)$$

但实际遇到的传感器大多为非线性，若不考虑迟滞、蠕变效应，上式可用下列方程表示

$$Y = C_0 + C_1 x + C_2 x^2 + \cdots\cdots + C_n x^n$$

若零偏 C_0 被校准(即 $C_0=0$，对应零输入，有零输出)，且忽略非线性项，则有

$$Y = C_1 x$$

描述传感器动态特性的函数关系式为：

$$F_1[y^{(n)}, y^{(n-1)}, \cdots., y^{(1)}, y] = f_2[x^{(m)}, x^{(m-1)}, \cdots, x^{(1)}, x]$$

式中，上标(n)和(m)等代表求导的次数。

实际上，传感器的静态特性是其动态特性的一个特例，可以考虑用统一的特性指标描述。

灵敏度是指传感器的输出量增量 Δy 与引起输出量 Δy 的输入量增量 Δx 的比值，即

$$S=\Delta y/\Delta x$$

对于线性传感器，它的灵敏度就是它的静态特性的斜率，即 $S=y/x$ 为常数，而非线性传感器的灵敏度为一变量，用 $S=\mathrm{d}y/\mathrm{d}x$ 表示。

迟滞是指传感器在正(输入量增大)反(输入量减小)行程期间输出-输入特性曲线不重合的现象。即对于相同大小的输入信号,传感器正反行程的输出信号不等。这种现象主要由传感器敏感元件材料的物理性质和机械零部件的缺陷所造成的,例如弹性敏感元件的弹性滞后、运动部件摩擦、传动机构的间隙、紧固件松动等。

重复性是指当输入量按同一方向做全量程连续多次变化时,传感器的特性曲线不一致的程度。重复性误差属于随机误差,常用标准偏差表示,也可用正反行程中的最大偏差表示。

传感器的动态特性是指当输入量随时间变化时输出量的响应特性。当被测量和输出量均是时间的函数时,则传感器的关系要用动态特性来表示。一个动态特性好的传感器,其输出和输入具有相同的时间函数,而输出与输入间的差异就是所谓的动态误差。

传感器是一种物理系统,要确定其动态特性,首先应先建立其数学模型。传感器的数学模型常用以下三种:时域表示方法-微分方程;复频域表示方法-传递函数;频域表示方法-频率响应函数。

6.1.4　生物医学传感器的发展及应用

早期的医学传感器主要以物理型和化学型为主,而生物类医学传感器的发展则相对较晚。纵观整个生物医学传感器的发展,可以将其分为三个阶段。1962 年,Clark 和 Lyon 提出酶电极的概念,这标志着第一代生物传感器的诞生。20 世纪 70 年代,YSI 公司开始生物传感器的商品化开发与生产,并于 1979 年将血糖测试用酶电极正式投入市场。1988 年,Medisense 公司以第一代酶电极为基础,成功地开发出笔型(pen)及信用卡型(companion) 便携式小型生物传感器,成为生物传感器行业的盟主。以抗体或受体蛋白为分子识别组件的第二代生物传感器的研究开始于 80 年代中期,其换能器选用场效半导体(FET)、光纤(FOS)、压晶体管(PZ)、表面声波器(SA)等。尽管已经过多年的研究,然而第二代生物传感器的相关技术尚未完全成熟。目前市场上可以看到的只有瑞典的 BIAcore 与 BIAlite 两种产品。第三代生物传感器定位则更具携带式、自动化与实时测定功能。

现代微电子技术的快速发展也带动了生物传感器,具有代表性的是基于 MEMS (microelectromechanical system) 的生物微传感技术。生物微传感器的制备技术主要基于包括硅基微加工技术,如硅微电子平面加工技术、体微加工技术和表面微加工技术、X 射线光刻和深紫外光刻(LIGA)、能束加工技术、超精密加工技术以及集成组装技术在内的 MEMS 制作技术。目前,基于 MEMS 工艺的生物微传感器的研究已经有许多报道,其中以酶传感器的研究最为成熟,DNA 和免疫传感器的研究在不断深入。

生物医学传感器的主要用途包括以下几方面。

(1) 提供临床诊断和病情分析的重要依据。如提供血压、心音、呼吸等参数,血糖、尿液、血液等各种体液的生化信息以及酶活性、蛋白质等生化指标,便于临床医生进行疾病的诊断。

(2) 监护仪器。连续测定某些生理参数,监护这些参数是否处于规定的范围内,以便了解病人的复原过程,或在异常时及时报警。例如,对一个做过心内手术的病人,在手术后头几天内,往往在其身体上要安置体温、脉搏、动脉压、静脉压、呼吸、心电等一系列传感器,用监护仪连续观察这些参数的变化。目前世界上最小的超敏感触觉传感器尺寸为直径 1～10 μm、长 300～500 μm,它除了能感知微小的压力和温度变化外,还可感知"拧"、"摩擦"等,可被安装在医疗机器人、导管、内窥镜等手术器械的顶端,协助医生判断器官表面发生的变化及肿瘤的位置等。

(3) 控制。所谓控制,就是利用检测到的生理参数,控制人体的生理工程。在用同步呼吸器抢救病人时,需要换能器检测病人的呼吸信号,以此来控制呼吸器的动作与人体呼吸同步。

生物传感器技术在军事医学领域中也有广泛应用。自 1980 年以来,美军将生物传感器列入国防关键技术研究计划。2000 年,美军已成功研制出可检测土拉弗菌、蓖麻素、肉毒素和葡萄球菌肠毒素 B 等生物战剂的生物传感器。

6.2 物理传感器

物理传感器是基于物理性质和物理效应,把被检测的物理量转化为便于处理的能量形式的信号的装置。它能精确测量生物体内反映生命特征的各种医学量,如位移(血管内外径,胸廓变化等)、速度(血流、排尿、分泌液等)、加速度(心音、呼吸音、血管音等)、压力(血压、眼压、心内压等)和流量(血流量、呼吸流量等)等。

目前,主要的物理型生物医学传感器包括光导纤维传感器、光电式传感器、电阻式传感器、电磁式传感器和热电偶式传感器等。这里我们就选择几种常用的生物医用物理传感器进行介绍。

6.2.1 光导纤维传感器

光导纤维是一种利用光在玻璃和塑料纤维中的反射原理制备而成的光传导工具,一般由无数条光纤有序排列组成的光纤束芯和包层组成。光导纤维传感器则是基于光纤技术与光学原理,将被测量的生物体信息转换为可利用信号输出的装置。独特的结构和性能及方便性使光纤传感器在医学应用领域里广泛应用。其中较为成熟的当数压力传感器。压力传感器中以液晶为受力原件,光纤则为光线导入或导出载体,通过检测光通量的改变来实现压力检测。使用过程中,入射光线借导入光纤传递到液晶上,与生物体接触后因外力作用发生反射,导出光纤维将经液晶面反射出的光线导出到探测器。探测器将导出光能转变成电能,从而得到与待测力相对应的电压或电流。实际应用中,常采用薄膜片代替液晶,现在使用的血压、心内压检测仪多为薄膜片式传感器。测量过程中,只需将传感器插入血管中,就可快速测出血压值,同时还可检测血管内血液的其他参数,如果将传感器插入心腔内就可测出心内压。该传感器的最大特征是抗电磁波的干扰能力强。

6.2.2 电阻式传感器

电阻式传感器,是一种基于电阻应变效应公式[$\Delta R \cdot R^{-1}=(1+2\sigma)\cdot \Delta l \cdot l^{-1}+\Delta\rho \cdot \rho^{-1}$,其中 σ 为泊松系数,l 为长度,R 为电阻,ρ 为电阻率,Δl、ΔR、$\Delta\rho$ 分别为长度、电阻和电阻率的变化量],把生物体内生理参数的非电量变化,如加速度(n)、位移(s)等转换为电阻变化的传感器。这种传感器通常包括弹性原件、电阻应变片及附件。一般来讲,当弹性原件受力长度改变了 Δl,其上面的电阻应变片也相应变形,最后可导致电阻的变化 ΔR,从而可以从应变电阻器件的电阻相对变化量推断外力的大小,这正是测量生物体内压力及呼吸数据的依据。

6.2.3 热电偶式传感器

热电偶式传感器测量时可以不需外加电源,可直接驱动动圈式仪表直接与被测对象接触,不受中间介质的影响,测量精度高。测热电偶的测温原理基于热电效应。将两种不同材料的导体 A 和 B 串接成一个闭合回路，当两个接点 T 和 T_0 的温度不同时，如果 $T>T_0$ 在回路中就会产生热电动势，并在回路中有一定大小的电流，此种现象称为热电效应。

热电偶式传感器是临床体温测定常用的仪器。体表温度的测量过程虽然看起来很简单，但却有着复杂的测量机理。体表温度是由局部的血流量、下层组织的导热情况和表皮的散热情况等多种因素决定的，因此测量皮肤温度要考虑到多方面的影响因素。热电偶传感器被较多地应用到温度测量中，通常有杆状热电偶传感器和薄膜热电偶传感器。由于热电偶的尺寸非常小，精度比较高的可做到微米级别，所以能够比较精确地测量出某一点处的温度，加上后期的分析统计，能够得出比较全面的分析结果。这是传统的水银温度计所不能比拟的。

6.3　化学传感器

化学传感器是基于化学原理的、以化学物质成分为检测对象的一类传感器。化学传感器主要是利用敏感材料与被测物质中的离子、分子或生物物质相互接触而产生的电极电位变化、表面化学反应或引起的材料表面电势变化，并将这些反应或变化直接或间接地转换为电信号。化学传感器主要由两部分组成：识别系统，传导或转换系统。识别系统将待测物的某一化学参数(常常是浓度)与传导系统连接起来。它主要具有两种功能：选择性地与待测物质发生作用，并将所测得的化学参数转化成传导系统可以产生响应的信号。分子识别系统是决定整个化学传感器的关键因素。因此，化学传感器研究的主要问题就是分子识别系统的选择，以及如何将分子识别系统与合适的传导系统相连续。化学传感器的传导系统接受识别系统响应信号，并通过电极、光纤或质量敏感元件将响应信号以电压、电流或光强度等的变化形式传送到电子系统进行放大或进行转换输出，最终使识别系统的响应信号转变为人们所能用作分析的信号，检测出样品中待测物的量。

生命的基本活动是生命物质与其周围环境不断进行的新陈代谢。为了了解生命活动过程，有众多生化参数需要检测。例如，人体血液一些重要的生化指标有 pH 值、氧分压、二氧化碳分压、血细胞比容、血红蛋白总数、血氧饱和度；血液中的电解质如钠、钾、钙、氯等离子；此外还有各种代谢产物如葡萄糖、肌酐、尿素等。传统检验方法从血样采集到得出完整的化验报告一般需要 30 min 或更长的时间，所提供的只是病员血液生化指标的一个历史值，这显然不适于病员护理及手术监测的需要。目前国内外一些医院中病人的血样检验已开始转向非集中式的临床测试。例如，用于手术室实时监视病人的血气和血中电解质状况；用于透析中心，以跟踪监测血中尿酸及其他血液参数小型的、经济的血液生化分析仪，甚至可以放置在医生办公室或病人家中。这些检测手段的实现，主要依赖于化学传感器的进步。而化学传感器也因其迅速、可靠、方便以及可无创、连续、自动化检测、易于实现微型化等特点，更加广泛地应用于医学研究及临床之中。

化学传感器按照其化学反应原理可分为离子选择型(电化学)传感器、离子传感器、气体传感器等。其中离子选择型(电化学)的应用最为广泛，以下对其研究与临床应用进行简单的介绍。

电化学传感器的基本原理是将一种具有专一功能性的敏感膜(材料)制作成敏感元件，能够与溶液(体液)中某种特定的离子产生选择性响应的传感器。它由敏感膜、内导体系和电极腔体等部件组成。所谓响应是指敏感膜在溶液中与特定离子接触后产生的膜电位值随着溶液中离子浓度的变化而变化。若这种变化符合 Nernst 公式，则这种响应被称为 Nernst 响应。

膜电极是电化学传感器的关键和核心。1975年国际纯化学与应用化学协会(IUPAC)根据膜电极响应机理、膜的结构、组分将电化学传感器膜分为晶体(膜)电极、非晶体(膜)电极、场效应半导体传感器以及敏化离子电极。晶体(膜)电极包括均相膜电极和非均相膜电极。非晶体(膜)电极有硬质电极和流动载体电极等。均相膜电极材料由一种纯固体材料单晶或者单种化合物或几种化合物均匀混合压片制成。如Ag/AgCl电极、氟电极等。非均相膜电极除了均相膜电极中的活性物质外,还含有混合惰性载体,如聚氯乙烯、硅橡胶、石蜡等。非晶体(膜)电极是由一种含有离子型物质或不带电荷的支撑体组成。这种支撑体是多孔性的微孔膜或者无孔膜。这类电极的膜电位是由于膜相中存在着离子交换物质而引起的。其中,硬质电极(刚性基质电极)的敏感膜是由无孔的离子交换型玻璃薄片材料组成的。二流动载体电极的活性物质是将一种带有电荷或不带电荷的离子交换剂溶于适宜的有机溶剂中,并由一种惰性支撑物为骨架制成的敏感膜。该类膜能够响应液体中特定离子浓度的变化。根据离子所带的电荷可以分为正电荷流动载体电极(如季铵盐或过渡元素金属阳离子与中性有机化合物形成的配位阳离子等)、负电荷流动载体电极(如磷酸酯配合剂或四氯对苯硼酸盐阴离子等)和中性电荷流动载体电极(由一种脂溶性的能够与某些阳离子选择性形成络合的中性载体,如抗菌素、莫能菌素或其他配合剂)。场效应半导体电极是将电活性材料溅射、涂覆或者真空蒸发于金属-氧化物-半导体场效应管的绝缘栅表面,在一定条件下对溶液中特定离子产生Nernst响应,如SiO_2或Si_3N_4上沉积AgCl等。

电化学传感器在临床上被广泛用于NO、CO_2等气体以及血清中K^+、Na^+、Ca^{2+}等离子的测定。NO是帮助机体抵抗心血管疾病、糖尿病及其他疾病的信号分子,在人体内广泛分布,如动脉、神经等。NO分子非常小,十分活泼,半衰期短。因此,NO含量的准确测定对临床疾病诊断具有非常重要的意义。目前,应用于临床NO测定的电化学传感器可分为直接型和间接型传感器。早期用于生物体系的NO传感器基本均为直接型检测,主要包括以下两种:一种是Shibuki等将铂丝(长170 μm)插入0.3 mmol/L HCl和30 mmol/L NaCl的溶液内制备而成;另外一种是Zhang等采用NO选择性气体透过膜及阳离子交换剂Nation修饰碳纤维电极制备而成的传感器。2001年,这种传感器首次被用于老鼠肾脏中NO的检测。间接检测型NO传感器是基于聚合物的催化作用原理制备而成的。其中以Malinski等制备的聚镍-四甲基卟啉(NiTMHPP)/Nation双层复合膜修饰碳纤维电极为代表。该传感器响应时间快(<10 ms),灵敏度高(检测限达10 nmol/L),选择性好。目前已成功用于猪动脉单个内皮细胞中NO释放的检测。目前,基于金属卟啉类修饰电极的NO传感器发展迅速,已经实现商品化,成为生物医学中应用最广泛的一类NO传感器。

临床上血清锂的测量常采用离子选择电极法。锂选择性电极的载体主要包括冠醚、开链酰胺、1,10-邻菲洛啉衍生物等。1998年,申双龙等以1,2-二甲基-9-冠-3和乙基-9-冠-3的中性载体制作了PVC膜锂电极。电极线性范围为$(0.1\sim5.2)\times10^{-5}$ mol/L,检测下限低于常规的测试方法。仲敬荣等基于中性载体PVC研制的膜锂离子电极,电极线性范围为$(0.1\sim1.3)\times10^{-5}$ mmol/L,平均响应斜率为53.0 mV,重现性好,电位标准差1.03 mV。陈林俊等将IMS-972离子选择电极分析仪直接测定血清锂离子浓度,结果表明,IMS-972离子选择电极法测定血清锂离子浓度灵敏度为0.1 mmol/L,批内偏差为4.45%,平均回收率为96.7%。离子选择电极法可准确、灵敏、快速、特异地测定血清锂离子浓度。

6.4 生物传感器

生物传感器是以固定化生物活性物质(如酶、蛋白质、微生物、DNA及生物膜等)为敏感元件,并与适当的物理或化学换能器结合而成的一种分析检测装置。1962年,Clark以离子选择性电极为基础发展了具有酶分子识别功能的酶电极。1967年,Updike和Hicks首次将葡萄糖氧化酶(GOD)固定在Clark氧电极表面,成功制备了葡萄糖传感器,从而揭开了有机物无试剂分析的序幕。继之又出现了微生物传感器、免疫传感器、细胞传感器和组织切片传感器。20世纪70年代末至80年代,又出现了热敏电阻型和生物化学发光式生物传感器。这些生物传感器的出现改变了传统破坏试样的生化检验方法,而且可直接分析、反复使用,便于操作。目前已经发展到活体内测定、多指标测定以及联机在线测定。检测对象也已涉及近百种常见的生物化学物质,使许多过去极难进行的检测变得容易,因而在医学基础研究、临床诊断、环境医学以及发酵、食品、化工和环保等方面得到广泛的应用。

敏感元件(也称生物敏感膜)是生物传感器的关键部分,它直接决定了传感器的功能和质量。现代生命科学研究表明,许多生命现象无不和生物膜上物质的信息感受与物质的交换传输有关,分子识别是生物体内极其重要的基本过程。在生物体系中存在着大量的有特定识别功能的生物活性物质,如酶、抗原和抗体以及各种受体,它们具有高度的特异性(即选择性)和敏感性,因而被广泛应用于生物传感器研究之中。生物传感器有许多种分类方式:根据生物活性物质的类别,生物传感器可以分为酶传感器、免疫传感器、DNA传感器、组织传感器和微生物传感器等;根据检测原理,生物传感器可分为光学生物传感器、电化学生物传感器及压电生物传感器。

6.4.1 酶传感器

酶传感器是20世纪60年代最早发展起来的一类生物传感器。酶传感器是以固定化酶作为敏感元件的生物传感器,酶电极是酶传感器的一种。酶电极是由固定化酶与电化学电极(离子选择电极、气敏电极、氧化还原电极等)复合而成的,因而具有酶的分子识别功能和选择催化功能,又有电化学电极响应快、操作简便、样品用量少等特点。

1. 酶催化反应

酶是生物体产生的具有催化能力的蛋白质,它能催化特定分子的化学反应。酶不仅能够识别特定的分子,而且能够促进分子的转化。酶作为一种生物催化剂,与一般催化剂相比,具有高度的特异性,一种酶只能作用于某一种或一类物质(称为底物,即被催化作用的物质),酶的催化效率极高,每分钟每个酶分子转换$10^3 \sim 10^6$个底物分子,其效率是其他催化剂的$10^7 \sim 10^{13}$倍,其催化过程是一种化学放大(化学放大是指物质通过催化作用产生大量的产物),具有噪声低、放大倍数高的特点。由于酶是蛋白质,在高温、强碱环境中会失活,故酶催化一般在温和条件下进行。

2. 酶的固定化

由于酶是水溶性的物质,不能直接用于传感器,必须事先将其固定于适当的载体形成酶膜。酶的固定化技术很大程度上决定了酶传感器的性能。与游离酶相比,固定化酶具有一系列的优点:①热稳定性高;②可重复使用;③反应后不需要进行催化物质与反应物质的分离。

酶的固定化是指利用化学或物理的手段将游离的酶定位于限定的空间区域并使其保持活

性且可反复使用的一种基本技术。

(1) 吸附法。吸附法操作简单、易于在许多材料上进行。吸附法是一种较为温和的蛋白质固定方法,能有效地保留蛋白质活性。但由于酶负载量较低,所以吸附法灵敏度低,同时吸附一般是可逆过程,因而随着时间的延长,解吸也会使灵敏度降低。

(2) 共价固定法。共价固定法是将酶与聚合物载体用共价键结合的固定化方法,此法的优点是酶与载体的结合较为牢固,酶不易脱落。通常用的载体有纤维素及其衍生物、多孔玻璃、石墨等;制得的酶膜有脲酶多孔玻璃膜、尼龙网酶膜。但由于反应条件较为剧烈,制备的酶电极灵敏度较低,某些共价固定法稳定性也并不突出。

(3) 包埋法。包埋法是将酶包埋于格子内,格子的结构可以防止蛋白质渗出,但是底物仍能渗入格子内与酶相接触。该方法较为简便,酶分子仅仅是被包埋起来,而未参加化学反应。包埋法可以保留大量的活性酶,因而电极的响应较高,但包埋膜通常很脆弱,易于破裂而使酶渗漏,这样会降低装置的灵敏度和精确性。

(4) 交联法。交联法是指借助双官能团试剂使蛋白质结合到惰性载体上或蛋白质分子彼此交联成网状结构。

3. 信号转换器

酶电极中的信号转换器主要为电化学电极、离子敏场效应晶体管型信号转换器、热敏电阻型信号转换器、压电晶体型信号转换器、光纤化学型信号转换器、表面等离子体共振型信号转换器。其基本原理为:电化学电极作为转换器是基于化学反应与电荷变化密切相关,将待测物质以适当形式置于电化学反应池时,测量其电化学性质变化可实现物质含量的测定;离子敏场效应晶体管型信号转换器是基于生物反应过程产生的物质可以影响场效应晶体管的栅极电压,控制沟道区漏电流的相应变化设计出的生物传感器;热敏电阻生物传感器是基于生化反应过程中焓值的变化,借助于热敏电阻,可根据对系统温度变化的测量实现试样中待测成分的测定;压电晶体型信号转换器是将生物敏感元件固定在石英晶体上,基于石英晶体的压电效应可达到检测痕量物质的变化;光纤生物传感器信号转换器主要由光纤和生物敏感膜组成,借助外界信号对光的强度、波长、频率、相位、偏振态等光学性质的调制来检测体系中物质含量的变化。

常见的酶传感器是将酶膜设置在转换电极附近,被测物质在酶膜上发生催化反应后,生成电极活性物质,由电极测定反应中生成或消耗的电极活性物质,并将其转换为电信号。根据电极的输出信号方式,酶电极可分为电流型和电位型两类。电流型是从与催化反应有关物质的电极反应所得到的电流来确定反应物质浓度。一般有氧电极、燃料电池型电极等。电位型通过测量敏感膜电位来确定与催化反应有关的各种离子浓度,一般采用 NH_3 电极、CO_2 电极、H_2 电极等。

传统酶电极多以分子氧作为生物氧化-还原反应的电子受体,现以典型的葡萄糖酶电极说明其原理。葡萄糖酶电极敏感膜为葡萄糖氧化酶,它固定在聚合物支撑物上,其转换电极为阴极式氧电极,其阴极上覆盖一层透氧聚四氰乙烯膜。当酶电极插入被测葡萄糖溶液中时,溶液中的葡萄糖因葡萄糖氧化酶催化作用而被氧化,此过程中将消耗氧气,生成 H_2O_2,此时在氧电极附近的氧气量由于酶促反应而减少,相应使氧电极的还原电流减小,通过测量电流值的变化即可确定葡萄糖浓度。然而在环境缺氧或者氧含量较低时,难以检测。故研究者发展了介体取代 O_2/H_2O_2 在酶反应和电极间进行电子传递的介体酶电极。将葡萄糖氧化酶(GOD)固定在石墨电极上,以水不溶性二茂铁单羧酸为介体,在电极对葡萄糖的响应过中,二茂铁离子作为介导的氧化剂,并在酶反应与电极过程间迅速传递电子。介体酶电极仅用较低工作电压(0.22 V)即可使介体氧化,有利于减少其他较低氧化-还原电势物质的干扰。由于二茂铁离子不与氧反应,故传感器对氧不敏感,故可在缺氧或氧浓度易变的场合下生成为水不溶性物质,可直接限制在电极表面,不必将介体投放到样品溶液中。介体电极稳定性尚不及其他酶电极,因此应用中常作为一次性传感器使用。

近年来,还发展了利用酶本身在反应过程中的荧光变化而获得底物浓度的光化学敏感传感器,以及利用酶的选择性吸附的质量敏感性器件(压电晶体、声表面波器件)。在这些传感器中直接利用了酶本身分子识别功能,并将识别与传导合二为一,有较好的发展前途。此外,多功能酶传感器、检测难溶于水的酶传感器等正在研究之中。随着基因工程的发展,有可能开发出更便宜的、性能更佳的酶生物传感器。表 6-1 列出了一些常用酶生物传感器的特性。

表 6-1 常用酶生物传感器的特性

传感器	酶膜	固定方法	电化学器件	稳定性/d	响应时间/min	测量范围/(mg·L^{-1})
葡萄糖	葡萄糖氧化物酶	共价法	O_2 电极	100	$\frac{1}{6}$	1~5×10^2
半乳糖	葡萄糖氧化物酶	吸附法	铂电极	20~40	—	10~10^3
儿茶酚	儿茶酚 1,2 氧化酶	交联法	O_2 电极	30	$\frac{1}{2}$	5~2×10^3
丙酮酸	丙酮酸氧化物酶	吸附法	O_2 电极	10	2	10~10^3
尿酸	尿酸酶	交联法	O_2 电极	120	$\frac{1}{2}$	10~10^3
L-氨基酸	L-氨基酸氧化物酶	共价法	氨气体电极	70	—	5×10^7
D-氨基酸	D-氨基酸氧化物酶	包埋法	铵离子电极	30	1	5~10^2
L-谷氨酰酸	谷氨酸酶	吸附法	铵离子电极	2	1	10~10^4
L-谷氨酸	谷氨酸盐脱氧酶	吸附法	铵离子电极	2	1	10~10^4
L-天门冬氨酸	天门冬酰胺酶	包埋法	铵离子电极	30	1	5~10^3
L-酪氨酸	L-酪氨酸羟化酶	吸附法	CO_2 气体电极	20	1~2	10~10^4
L-乙氨酸	L-乙氨酸羟基酶胺氧化物酶	交联法	O_2 电极	—	1~2	10^3~10^4
L-精氨酸	L-精氨酸羟化酶氧化物酶	交联法	O_2 电极	—	1~2	10^3~10^4
L-苯基丙氨酸	L-苯基丙氨酸氨酶	—	氨气体电极	—	10	5~10^2
L-蛋氨酸	L-蛋氨酸氨酶	交联法	氨气体电极	90	1~2	1~10^3
胆甾醇	胆甾醇酯酶	共价法	铂电极	30	3	10~5×10^3

6.4.2 微生物传感器

为了解决酶源的不足,并提高生物传感器的寿命,降低成本,人们发展了微生物和组织及细胞器传感器,为生物传感器的应用开辟了新的途径。微生物传感器是仅次于酶传感器的实用传感器。

微生物传感器是酶电极的衍生型电极,其结构和工作原理类似酶电极,主要差异由所采用的生物活性物质的性质决定。生物作为敏感膜材料与底物作用时一般有两种情况(图 6-2):①对好氧性微生物,在与底物作用的同时,其细胞的呼吸活性提高,耗氧量增大。用氧电极或

CO 电极测定其呼吸活性，便可求出底物浓度。此类传感器为呼吸活性测定型。②对厌氧性微生物，其微生物同化被测有机物后，将生成各种代谢产物。如 O_2、H_2、H^+、甲酸等，可利用相应的离子选择电极的代谢产物浓度，进而测定底物浓度，这一类传感器为代谢物质测定型传感器。

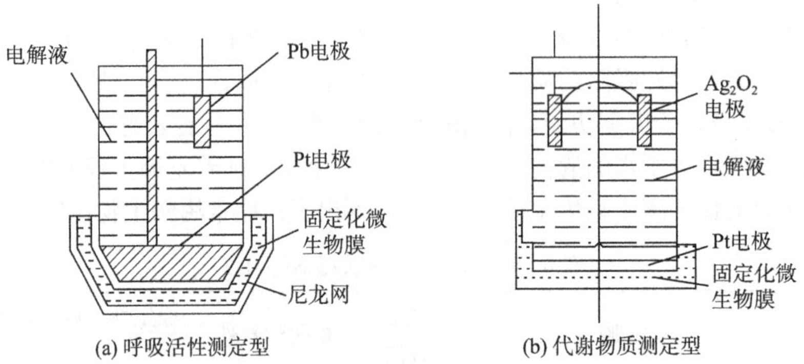

图 6-2 微生物传感器结构示意图

通常微生物对各种有机物有同化作用，因此选择性差是传统微生物传感器存在的主要问题。单一地利用这些微生物不可能构成选择性优良的传感器。应选择对检测物有特异性的微生物，或将微生物与酶结合起来构成复合膜，并改良电极，才能改善微生物传感器的选择性。例如，利用固定化肌氨酸酶或尿素，随后固定化硝化细菌，与氧电极结合构成测定肌氨酐和尿素的混合生物传感器，已应用于临床肾功能分析之中。表 6-2 列出了一些常用微生物传感器的性能。

表 6-2 常用微生物传感器性能

传感器	微生物	固定方法	电化学器件	稳定性 /d	响应时间 /min	测量范围 /(mg·L^{-1})
葡萄糖	P. Fluorescens	包埋法	O_2电极	14 以上	10	5～20
脂化糖	B. Lactofermentem	吸附法	O_2电极	20	10	20～200
甲 醇	未固定菌	吸附法	O_2电极	30	10	5～20
乙 醇	T. Brassicae	吸附法	O_2电极	30	10	5～30
醋 酸	T. Brassicae	吸附法	O_2电极	20	10	10～100
蚁 酸	C. Butyricum	包埋法	燃料电池	30	30	1～300
谷酰胺酸	E. Coli	吸附法	CO_2电极	20	5	10～800
己氨酸	E. Coli	吸附法	CO_2电极	14 以上	5	10～100
谷氨酸	S. Flara	吸附法	氨气电极	14 以上	5	20～1000
精氨酸	S. Faecium	吸附法	氨气电极	20	1	10～170
天门冬胺	B. Cadavaris	吸附法	氨气电极	10	5	5×10^{-9}～90
制霉菌素	硝化菌	吸附法	O_2电极	—	60	1～800
烃 酸	S. Cerevisiae	包埋法	pH 电极	30	60	10^{-2}～5
维生素 B_1	L. Arabinosus	—	燃料电池	60	360	10^{-3}～10^{-2}
头孢霉菌素	L. Fermenti	包埋法	pH 电极	7 以上	10	10^{-2}～500

6.4.3 免疫传感器

酶和微生物传感器主要以低分子有机化合物作为测定对象，对高分子有机化合物识别能力不佳。利用抗体对抗原的识别和结合功能，可构成对蛋白质、多糖类等高分子有高选择性的免疫传感器。免疫传感器以抗体对抗原免疫反应为基础，主要包括直接和间接型免疫传感器。

直接免疫电极也称非标记免疫传感器，即过程不需用任何标记物。检测的基本过程如图6-3所示。检测过程是基于蛋白质分子（抗原或抗体）表面携带的大量电荷。当带电的抗原、抗体结合时会产生若干电化学或电学变化参数（如介电常数、电导率、膜电位、离子通透性、离子浓度等）的变化，只要检测其中一种参数的变化，便可测得免疫反应的发生。非标记免疫传感器是使抗原、抗体复合体在受体表面形成，并将随之产生的物理变化转换为电信号。传感器按测定方法分两种：一种是把抗体（或抗原）固定在膜表面成为受体，测定免疫反应前后的膜电位变化；另一种是把抗体（或抗原）固定在金属电极表面成为受体，然后测定伴随免疫反应引起的电极电位变化。敏感膜一般用共价键法固定化。非标记免疫电极的特点是不需额外试剂、仪器要求简单、操作容易、响应快，缺点是灵敏度较低、样品需要量较大、非特异件吸附造成假阳性结果等。

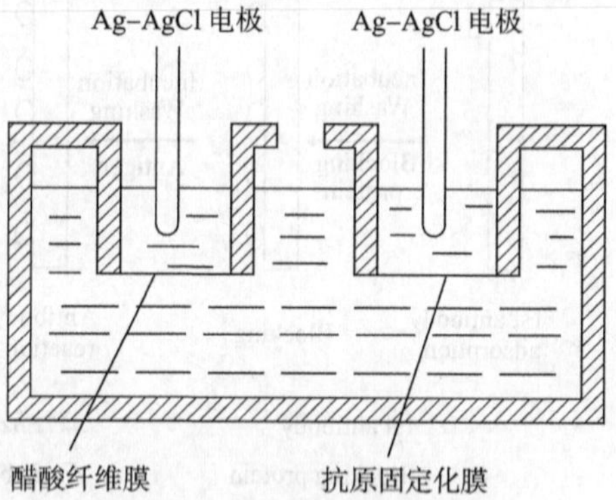

图6-3 免疫传感器原理示意图

间接免疫传感器也称标记免疫传感器。检测前，事先以酶、红细胞、放射性同位素、稳定的游离基、金属、脂质体及噬菌体等对抗原进行标记。该检测方法是基于抗原-抗体之间的竞争吸附。当一定量的标记抗原和等物质的量的抗体发生反应，抗原将全部与抗体结合而形成复合体；取与上述相同量的标记抗原和抗体，同时加入被测非标记抗原。由于标记抗原和非标记抗原与抗体之间的竞争反应导致标记抗原量发生改变（减少或增加），据此可推断非标记抗原量（即被测对象）。

采用具有化学放大作用的酶作标记物组成的标记酶免疫传感器具有较高灵敏度。由于酶是非放射性的，且部分产品已实用化，可望逐步代替放射免疫测定法。此类传感器的工作原理主要有竞争法和夹心法。

竞争法是在基于测定对象（抗原）与酶标记抗原（酶共价结合在抗原上形成的复合体）在固定化抗体表面的竞争吸附原理而进行的，即在含有测定对象（抗原）试液中，加入一定量的酶标记抗原。标记抗原和非标记抗原（校测对象）在抗体膜表面上竞争并形成抗原、抗体复合体，然后洗涤抗体膜，除去游离抗原。如果采用过氧化氢酶作为标记酶，则将洗涤后的传感器浸入过氧化氢溶液中，结合在抗体膜表面上的过氧化氢酶将催化 H_2O_2 分解生成 O_2，生成的 O_2 由过氧电极测定，进而可求得结合在膜上的标记酶量。若使标记酶抗原量保持一定，当标记抗原量（被测对象）增加时，则结合在抗体膜上的酶标记抗原量将减少，O_2 的还原电流也减小。目前利用这种传感器已能够测定人血清白蛋白（HAS）。

夹心法使用了双抗竞争法，原理与竞争法相似。其过程为：将特异性抗体与固相载体联结，形成固相抗体。洗涤除去未结合的抗体及杂质，加受检标本，保温反应，标本中的抗原与固相抗体结合，形成固相抗原抗体复合物。洗涤除去其他未结合物质，加酶标抗体，保温反应，固相免疫复合物上的抗原与酶标抗体结合。彻底洗涤未结合的酶标抗体，此时固相载体上带有的酶量与标本中受检抗原的量相关。根据检测方法可分为酶催化法(图 6 - 4)和电化学法。酶催化法(enzyme-linked immunosorbent assay, ELISA)即通过加底物显色,固相上的酶催化底物成为有色产物,通过比色,测知标本中抗原的量。电化学则采用传统的氧电极进行测试。酶免疫传感器测定具有选择性强、灵敏度高、响应快、无污染等特点。

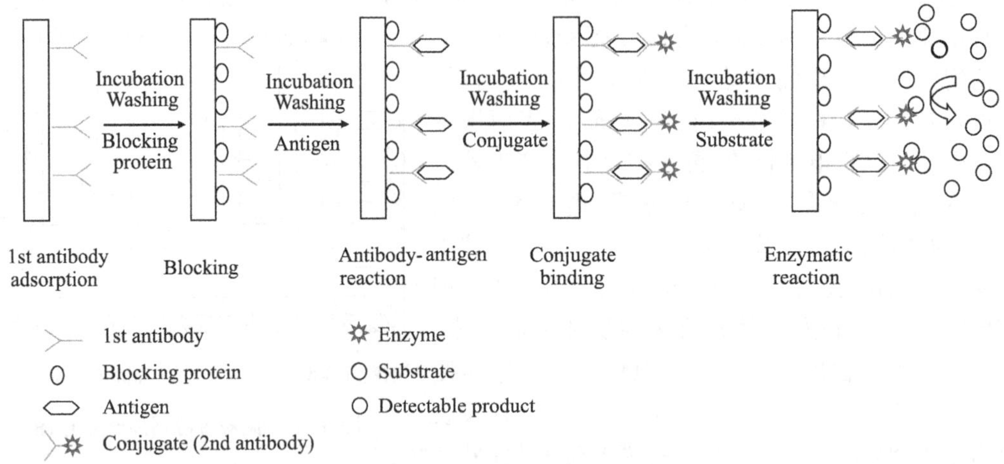

图 6 - 4 酶免疫传感器的原理(夹心法)

抗体的固定及其免疫活性是免疫传感器的关键和核心。研究者发现抗体的构象是影响免疫分析灵敏度的一个重要因素。根据抗体在基体表面的作用位点可以将其分为以下三种:"end-on"(F_c 端固定在材料表面,F_{ab}端朝向外侧),"head-on"(F_{ab}端固定在材料表面,F_c端朝向外侧)和"side-on"(F_c 端和 F_{ab}端中的一侧在材料表面,而 F_{ab}端中的另一侧则朝外)(图 6 - 5)。已有的研究结果表明,基体材料表面的电荷、亲水性等对抗体的构象有着直接的影响。同时,研究者还发现,某些物质,如蛋白质 A 和蛋白质 G 分子可通过选择性地结合抗体 F_c 端,实现抗体构象的可控固定。这些研究结果表明,通过对基体表面性能的调控或者采用适当的固定方法,抗体构象是可以得到控制的。

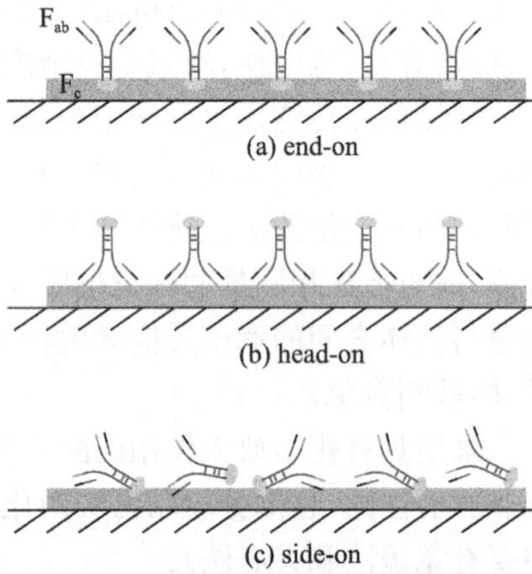

图 6 - 5 抗体在材料表面的不同构象

标记免疫传感器与非标记免疫传感器相比,在目前更具实用性,特别是酶免疫传感器已经在临床分析上广泛应用于测定 IgG、hCG 等,检测极限可达 $10^{-12} \sim 10^{-9}$ g/mL。这类传感器所需样品很少,一般只要数微升等,灵敏度高,选择性好,可作为常规方法使用。

另外,免疫传感器在实际应用中的一个重要问题是免疫电极的再生。免疫电极在进行一次测定后,需要使电极表面的配合物解离才能反复使用。一般说来,抗原、抗体反应的亲和常数大于解离常数,配合物的解离速度远小于配合物的形成速度,可以通过改变溶液的 pH 值或离子强度来促进离解。还可用盐酸胍、尿素等蛋白质变性剂这一类强烈手段,但应注意不得使敏感膜失活。免疫电极敏感膜再生是难度较大的实用技术,且由于膜再生是免疫电极可重复使用的前提,故也在一定程度上限制了免疫传感器的应用。目前临床使用的多数免疫生物传感器均是一次性的。

生物医学传感器的应用十分广泛。特别是近年来，随着生物医学传感器的不断发展和成熟，生物传感器在临床诊断和治疗中的应用领域不断扩大。主要的应用如表6-3所示。

表6-3 生物传感器在生物医学中的应用

传感器类型	应用实例
酶传感器	酶活性检测、尿素、尿酸、血糖、胆固醇、有机碱农药、酚的监测
微生物传感器	BOD快速监测、环境中致突变物质的筛选、乳酸、乙酸、抗生素、发酵过程的监测
免疫传感器	探测抗原抗体反应、梅毒血清学反应、血型判定、多种血清学诊断、妊娠诊断、超微量激素TSH等监测
酶免疫传感器	可具有酶传感器、免疫传感器等功能，可用作酶活性监测、组织抗体抗原反应
组织切片传感器	

6.5 纳米生物传感器

纳米生物传感器是纳米技术向生物传感器渗透的产物，为传统生物传感器所无法解决的问题提供了新的手段。纳米材料优异的理化特性，使得生物传感器的灵敏度、检测限和响应范围等性能得到较大的提高。目前，用于生物传感器的纳米材料主要包括纳米颗粒、纳米纤维和纳米膜等。

6.5.1 纳米颗粒的应用

纳米颗粒在电学、光学、催化、磁性材料、生物技术、药物输送等领域应用广泛。其中，生物传感器被认为是纳米颗粒最有前途的应用领域之一。以下按照生物传感器中活性物质的种类简单介绍纳米颗粒在传感器领域的应用。

1. 酶传感器

近年来，纳米颗粒材料的飞速发展极大地促进了酶传感器的发展，多种纳米酶生物传感器不断出现。研究表明，将纳米颗粒(特别是纳米金、银、钯、氧化硅等)应用于酶传感器，可大大提高传感器的灵敏度，缩短电流响应时间，增强抗干扰能力等。如Xu等发现采用纳米金修饰的丝网印刷的碳电极表面，可显著改善山葵过氧化酶H_2O_2生物传感器的电催化性能、电流响应和检出限量。Willner研究表明，将金纳米粒子与黄素腺嘌呤二核苷酸(FAD)和GOD相连，可将天然酶与其底物氧之间的电子传递速率提高7倍，且该传感器在测定葡萄糖时不受溶解氧浓度和还原性物质抗坏血酸的干扰。孟宪伟等以Au、Ag等纳米颗粒和聚乙烯醇缩丁醛等构成复合固定酶膜基质制得葡萄糖生物传感器，使传感器的信噪比提高了32倍。金利通等以掺杂有中性红SiO_2纳米颗粒与葡萄糖氧化酶、黄嘌呤氧化酶、乳酸氧化酶和L-谷氨酸氧化酶结合制备出酶生物传感器阵列。高新义等用纳米银颗粒和壳聚糖膜作为复合固酶基质制备了能够抗尿酸、坏血酸干扰的葡萄糖生物传感器。J. Manso等采用纳米金修饰电极制备出了用于食物中葡萄糖检测的安培型双酶体系生物传感器。

2. DNA传感器

纳米粒子良好的光学和电学性质，加上其优异的生物相容性，使其成为DNA生物传感器的理想材料。研究表明，将纳米颗粒引入DNA传感器，可显著提高DNA的固载量，增强和放大电化学检测信号，提高检测的灵敏度和可靠性。该类传感器可用于测定DNA序列、DNA

突变等的检测。C. A. Mirkin小组以胶乳微球和纳米金粒子为探针，开发了一种简单、有效的DNA序列检测方法。Willner则以磁性纳米粒子为载体和放大的模板，利用化学发光技术实现了对目标DNA分子的分离和检测。J. Nam和C. S. Thaton等研制了一种利用磁性纳米粒子的生物传感器来检验DNA的方法。S. F. Liu在金电极上直接沉积纳米金，发现DNA的固定与杂交量大大提高，灵敏度显著改善。W. Lu等采用纳米金颗粒修饰DNA探针，实现了对非互补碱基对的识别和DNA的定量检测。

另外，可以通过在DNA表面覆盖纳米金属颗粒合成导电DNA链来提高传感器的性能。例如，Rakitin等将锌、镍、钴等纳米粒子插入DNA的双螺旋中心得到导电DNA电线。基于此金属化DNA线的高选择性，研究者成功开发出用于遗传畸变检测的生物传感器。这种DNA生物传感器还可以用于毒品、蛋白质等的鉴别以及抗肿瘤药物的筛选。

3. 免疫传感器

免疫分析是基于抗原与抗体之间的特定作用来测量抗体的目的。利用纳米铁、纳米金的非特异性吸附作用小、电子密度大等特点，可以改善免疫传感器的性能。程琼等发现固定在纳米磁性高分子微球表面的乙肝抗体可检测出血清中乙肝表面抗原。A. P. Fan等分别将一级抗体和二级抗体固定在磁珠和纳米Au上形成含有多抗的复合物来测定人免疫血球蛋白G的含量。贺秀兰等采用聚乙烯醇缩丁醛薄膜把乙肝表面抗体和L-半胱氨酸的双官能团修饰的双层纳米金固定在玻碳电极上，得到了高灵敏度的免疫传感器。Lin等基于CdSe/ZnS纳米颗粒标记物制备出反应快、成本低的免疫电化学传感器。Limoges等利用纳米金粒子标记抗体，借助抗体-抗原的作用将金纳米粒子组装到电极表面，间接检测抗体的浓度。

4. 其他

以磁性纳米粒子为生物标记材料，结合分子识别技术，可以实现对细菌、病毒等样品的检测和分离。例如，J. Richardson等将抗病毒抗体偶联到磁性纳米粒子表面，借助抗原-抗体的特异性识别作用实现对病毒的检测。R. Weissleder则利用高分子和生物分子共同修饰的Fe_2O_3粒子实现体内细胞高效率检测。H. Gu等利用功能化修饰的磁性纳米颗粒实现了对低浓度细菌的检测。

此外，半导体纳米材料如CdS、CdTe、PbS、ZnS量子点被广泛用于生物分子的标记。通常，通过抗原-抗体或生物素-亲和素等特异作用将标记有量子点的生物分子组装到传感器表面后，借助量子点特定的溶出伏安响应可实现对物质的定量检测。Wang等利用CdS量子点标记多糖，从而借多糖与金电极表面的凝集素之间的特异性作用实现对未标记多糖浓度的定量检测。S. Pathak等采用CdSe/ZnS纳米粒子作为量子点标记寡聚核苷酸探针进行染色体异常或突变的研究，发现采用该法制备的探针不仅稳定性好，对抗体、蛋白质或DNA等的活性无影响，而且荧光量子产率高。

6.5.2 纳米管/线的应用

1. 纳米管

由于具有良好的表面化学性能和电学性能，碳纳米管被证明可显著提高生物传感器的灵敏度，加快反应速度并降低检测限量。为此，研究者基于碳纳米管制备了各种不同类型的传感器。K. Aihara等制备了用于微量气体和生物分子灵敏检测的微波碳纳米管电磁共振生物传感器。金利通等利用SnO_2功能化碳纳米管制备出抗干扰性能强、线性范围宽和灵敏度高的尿酸传感器。麦智彬等结合多壁碳纳米管、壳聚糖、辣根过氧化物酶等制备出具有良好的稳定性、工作寿命和明显增敏效应的 H_2O_2 生物传感器。D. Odaci 等基于碳纳米管修饰碳糊电极制备了适于酒中葡萄糖测定的吡喃糖氧化酶传感器。Gorski 等将葡萄糖脱氢酶固定于具有良好的成膜性和对尼克酰胺腺嘌呤二核苷酸(NADH)催化氧化能力的碳纳米管-壳聚糖复合物上制备的传感器,实现对 5～300 μmol/L 的葡萄糖进行定量检测。陈洪渊等采用一步电沉积法将壳聚糖包裹的多壁碳纳米管固定在玻碳电极表面构建的生物传感器,可同时催化 O_2 和 H_2O_2 的反应,实现对底物的定量检测。S. Sotimpoulou 等则开发出了碳纳米管阵列生物传感器。

2. 纳米线

基于硅纳米线良好的光学性能和自然的氧化层,研究者已经成功制备出高灵敏、无标记和实时检测的生物传感器及其阵列,用于检测 pH 值、葡萄糖、细胞和 DNA 等参数。例如,Y. Cui 等利用胺和羟基修饰的掺硼硅纳米导线制成纳米 pH 计。F. Patolsky 等利用纳米线直接、实时地从样本中检测到单个流行性感冒病毒 A 颗粒。W. Wang 等发现在酪氨酸蛋白激酶的介导下,硅纳米线场效应晶体管装置能高度敏感、直接检测到 ATP 与 AP 的小分子阻断剂。W. W. Chen 等以硅纳米线作为电子输运体成功制备了用于痕量葡萄糖检测的安培生物传感器。G. J. Zhang 等利用脱氧硅纳米线制得可用于戊糖核酸-脱氧核糖核酸杂交测量的高灵敏传感器,其检测限可达到 10 fmol/L,同时,还可识别非互补序列。

3. 纳米光纤

与其他类型的传感器相比,纳米光纤生物传感器具有体积小、灵敏度高、不受电磁场干扰、不需要参比器件等突出的优点。R. Kopelman 等最早采用荧光光纤纳米传感器来检测微环境中的 pH 值,紧接着又研制出局部生物性包埋的探针传感器。T. V. Dinh 等成功研制出可用于苯并[α]芘检测的纳米光纤免疫传感器。K. H. Ghanb 等利用聚吡咯纳米纤维修饰电极制备出一种线性范围大(0.05～1.0 mol/L)、检测限量低(0.02 mol/L)的新型电化学 DNA 传感器。L. W. Martlla 等利用纳米碳纤维制得具有检测范围宽、稳定性强、重复利用率高、响应时间短等优点的电流型酶传感器。

6.5.3 纳米薄膜的应用

纳米多孔硅膜有高比表面积,可以通过增加敏感分子的数量来提高传感器的灵敏度。目前的研究多集中于在多孔硅的表面固定抗体、DNA 等敏感分子来构建新型的免疫标记生物传感器。这种纳米薄膜传感器便于加工和大规模生产。D. J. Maxwell 等利用纳米银超薄膜产生的表面增强拉曼光谱(surface-enhanced Raman scattering,sERs)实现对指纹信息和生物大分子,如腺嘌呤和抗生素阿莫西林等的检测。R. Fu 等利用 TiO_2 和过氧化酶复合膜修饰的导电玻璃电极构建了响应快速、稳定性强的 H_2O_2 传感器。X. L. Luo 等利用聚苯胺纳米薄膜包裹硅颗粒的核-壳结构,有效地提高了辣根过氧化酶的吸附性,同时增大了电极的活性区域。M. C. Jesus 等采用静电自组装技术,制备出了具有高度敏感性和稳定性的生物纳米超薄膜类光纤葡萄糖传感器。

此外,许多生物分子如肌红蛋白(Mb)、血红蛋白(Hb)、细胞色素 C (Cyt C)、辣根过氧化物酶(HRP)等在电极上的直接电化学也可以通过金属或金属氧化物纳米粒子及碳纳米管的传导作用进行。鞠烷先等将一种二氧化锆的杂化复合膜和 Mb 共同固定在石墨电极表面,复合膜的存在加速了电极和 Mb 之间的电子传递,使得此传感器可以在无媒介体的情况下催化还原过氧化氢,取得了良好的效果。李根喜等利用巯基 DNA 将金纳米粒子层层组装在金电极上,再固定Cyt C。金纳米粒子起到了在Cyt C与电极之间传递电子的作用,可观察到Cyt C的直接电化学;在一定范围内,随着组装金纳米粒子层数的增多,Cyt C的电化学响应电流增大。

随着纳米技术的融入,使生物传感器这一领域更加充满活力。新型纳米生物传感器的各项性能指标(如线性检测范围、响应时间、稳定性和检测限等)都有所改善。但仍存在许多技术难题和挑战。如纳米材料的生物相容性和功能性仍需进一步改进;需对纳米传感器进行长期的在体评估;由于原子空间排列问题,纳米颗粒还不能修饰生物大分子等问题有待解决。可以确信,开发高性能和高灵敏的第三代无电子媒介体纳米传感器将成为可能。

6.6 生物芯片

如前所述,常规的传感器仅有一个传感探头,因而无法有效地识别某一组目标物质,更无法对其中各个组分给出选择性响应;同时人们发现生物体感觉器官不仅精巧而且具有奇特功能,它能从复杂的目标物质中准确地区分出每种成分。近年来,随着"人类基因组工作草图"的完成,纳米生物技术和纳米微加工技术的出现,人们从仿生传感器的思路出发,通过发展传感器阵列来解决人类面临的困惑。

目前用于分析核酸领域如 DNA 和免疫反应、受体结合的非核酸领域的生物芯片位于传感器研究的最前沿。生物芯片是指以预先设计的方式将大量的生物信息密码(寡核苷酸、cDNA、基因组 DNA、蛋白质等)以一系列有序的点阵排列并固定在玻片、硅片等固相载体上组成的密集分子的微点阵列。芯片点阵中的每一个单元微点都是一个传感器的探头。生物芯片种类很多,有蛋白芯片、基因芯片、组织芯片等。目前,蛋白芯片、基因芯片和芯片实验室作为生物芯片的代表,已开始产业化。

6.6.1 生物芯片的制作和信号检测

生物芯片是通过平面微细加工技术,在固体芯片表面构建微流体分析单元和系统,以实现对细胞、蛋白质、核酸以及其他生物化学组分准确、快速、大信息量的检测。生物芯片制作和检测过程的关键主要包括:芯片的构建、样品的制备、生物分子反应和信号的检测。

1. 芯片的构建

一个理想的载体允许探针与目标分子能牢固地杂交结合在其表面。到目前为止,可用作芯片的载体主要包括膜载体和载玻片载体。通常选择经过特殊处理的硅片、玻璃片、瓷片或聚丙烯膜、尼龙膜等作为载体。根据不同的探针分子,SCHOTT 公司提供了一系列具有不同表面功能基团如—NHS、—NH_2等的载体,如 Nexterion® Slide H(图 6-6)。

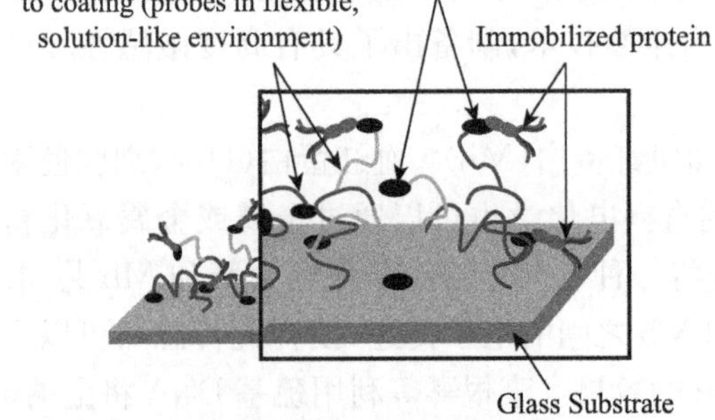

图 6-6 Nexterion® Slide H 芯片载体

芯片的制备方法主要包括:原位合成法(in-situ synthesis)和合成后交联法(post-synthetic attachment)或称点样法两大类。前者直接采用光导化学合成或照相平版印刷技术在载体表面原位合成探针分子。后者则先合成蛋白或基因分子探针,然后由阵列复制器(arraying and replicating device,ARD)或阵列、电脑控制的点样仪,准确、快速地点样于带正电荷的尼龙膜或硅片等相应位置上,最后采用紫外线或者戊二醛交联固定即可得到理想的芯片。

2. 样品制备

除少数特殊样品外,生物样品往往是大量生物分子的混合体,不能直接与芯片反应,分析前必须进行生物预处理。通常,在点样前,检测的试样要采用合适的缓冲液溶解,并要力求具有较高的纯度和完好的生物活性。制作基因芯片时,从血液或活组织中获取的DNA或mRNA样品首先要进行扩增以提高反应灵敏度,PCR扩增过程中样品的标记方法有荧光标记法、生物素标记法、同位素标记法等。

3. 生物分子反应

生物分子反应是生物芯片检测的关键一步。一般来说,芯片分子杂交反应的特点是探针固化、样品荧光标记,杂交反应需要30 min。样品DNA与探针DNA互补杂交反应条件要从探针的类型和长度、芯片的应用来选择和优化。检测分析是借助放射自显影或激光共聚焦显微镜检测基因芯片杂交信号强弱和分布,并由计算机软件处理分析得到基因图谱。对于荧光标记的蛋白质芯片,用激光共聚焦显微镜进行扫描,然后通过计算机分析出每个点的平均荧光密度;对于酶标记的蛋白质芯片,显色后用CCD照相机进行拍摄,将信号通过计算机处理得到每个点的灰度。目前,荧光检测法仍然是最常用的方法,但质谱法、化学发光法、光导纤维法等更灵敏、快速的方法发展迅猛,有取代荧光法的趋势。

6.6.2 基因芯片(DNA微阵列)

1953年Watson和Crick发现生物遗传分子DNA的双螺旋结构,建立了生物遗传基因的分子机理,由此建立的基因诊断是通过直接探测基因的存在状态或缺陷对疾病做出诊断的方法。基因芯片技术是20世纪90年代中期快速发展起来的基于分子生物学的高新技术。它将上万根探针分子以阵列的形式固定于一张厘米见方的基板上,用以俘获样品中的靶分子。通过荧光、化学发光或质谱分析读取每个位点的信息。1991年美国Affymetrix公司的Fodor等运用照相平版印刷、计算机、激光共聚焦扫描、分子生物学技术等用到原位合成法合成寡核苷酸,成功研制了世界上第一块DNA芯片,开创了基因芯片的新纪元。

基因芯片包括寡核苷酸芯片和cDAN芯片两种,它们是生物芯片中研究最早、最为成熟且目前应用最为广泛的产品。基因芯片的理论基础是杂交测序,是基于DNA双螺旋原理,即DNA的碱基配对和序列互补原理,而发展的核酸链间分子杂交的技术。靶标样品核酸与探针之间发生选择性反应或结合,结合或反应在相同条件下进行,反应双方中一方固定在芯片上,而另一方则在标记后通过流路或加样至芯片上,芯片杂交过程中,固定在芯片上的往往是成千上万的探针,而与之杂交的是经过标记(同位素或荧光)的样品核酸,此靶标样品往往需先经过PCR扩增或克隆或逆转录(mRNA)。同位素或荧光标记则在扩增或逆转录过程中进行,标记的靶标与固定探针在经过试验确定的严谨条件下进行分子杂交。反应结果用同位素法、化学荧光法、化学发光法或酶标法显示,然后用精密的扫描仪或CCD摄像技术记录。基因芯片的主要特点是芯片上集成成千上万的密集排列的分子微阵列,能够在短时间内分析大量的生物分子，单个实验中能对成千上万个指定指标同步平行检测，能在短时间内采集到大量的信息，效率是传统检测手段的成百上千倍。

基因芯片是生物芯片研究中最先实现商品化的产品，目前市场上出现的生物芯片大多数是基因芯片，比较成熟的产品有检测基因突变和细胞内基因表达水平的 DNA 微阵列芯片。Affymetrix 公司是目前最大和最早成立的基因芯片厂商，用原位合成法制作了一系列不同长度寡核苷酸探针阵列芯片。芯片上的每一个基因是由 25～85 mer(monomerie unit，单体单位)长度各异的寡核苷酸探针组成，其中一个是完全匹配(PM)的，另一个是中间有一个核苷酸错误匹配(MM)探针，芯片上的每一个基因都构成一个小方阵。现在 Affymetrix 公司已有下列商品化的基因芯片：①U95 系列人类基因组芯片，涵盖 UniGene 数据库中 60 000 种人类基因及 EST 片段；②人类 SNP 图谱分析芯片，该芯片包含 22 条人类常染色体及 X 染色体上的 1 500 种 SNP 基因分型；③人类健康检测系列芯片，用于帮助癌症检查及药物代谢各基因的作用等。基因芯片的应用涉及领域较多，以下就其在生物医学方面的应用进行简单的介绍。

(1) 基因型和表达分析。在进化过程中，同一物种不同群体和个体之间存在着不同的基因型，利用基因芯片可以对基因型和形状之间的关系进行研究。现在对细菌、霉菌、哺乳动物等都进行过系统的研究，并有不少制好的基因芯片实现商品化。研究表明，肿瘤的形成与癌基因、抑癌基因及 DNA 错配修复基因等密切相关，人类 60%的恶性肿瘤与 P53 抑癌基因的突变有关。Affymetrix 公司根据这一理论成功研制了用于检测 P53 基因所有编码区错义突变和单碱基缺失突变的 P53 基因芯片，该生物芯片已经成功用于肾细胞癌、肺癌、鼻咽癌、前列腺癌、肿瘤原癌等基因和抑癌基因的检测。W. H. Wen 等制备了卵巢癌 TP53 基因的突变检测芯片，该芯片检测准确率高达 94%，特异性为 100%。采用 Afymetrix 公司研制的 DNA 芯片检测出了 HIV - 1RNA 的 167 种特征序列，该结果可用于跟踪检测艾滋病病毒耐药性和相关基因型的突变，以及监控病人在治疗中的反映。吴海等以 HBVHVC 高度保守的片段为探针成功制作了乙、丙型肝炎病毒双检基因芯片。

(2) 疾病的诊断。随着血友病、地中海贫血、杜氏肌营养不良、异常血红蛋白病、苯酮尿症等疾病的致病基因的确定，基因芯片可用于识别易患疾病个体的基因倾向性。通过比较正常人的 DNA 与芯片杂交标准图谱和患者 DNA 与芯片杂交图谱的细微差异可得到病变的 DNA 信息，进行疾病的预防监控、护理及早期治疗。金钢等利用基因芯片进行胰腺癌相关基因的筛选。J. Han 等利用基因芯片研究了 HBV 感染的人肝细胞的选择性转录调控机制，该研究开辟了基因芯片在感染性疾病诊断中的应用。

(3) 药物筛选。如何分离和鉴定药物的有效成分是目前中药产业和传统西药开发存在的重要障碍，基因芯片为解决这一问题提供了有效的手段。该技术能够大规模地筛选，通用性强，并能够从基因水平解释药物的作用机理，即可以利用基因芯片分析药物作用前后不同组织、器官基因表达的变化。另外，可利用 RNA、单链 DNA 有很大柔顺性的特点，形成复杂的空间结构，有利于与靶分子的结合，可将核酸库中的 RNA 和单链 DNA 固定在芯片上，然后与靶蛋白孵育，形成蛋白质- RNA 或蛋白质- DNA 复合物，用以筛选特异的药物蛋白或者核酸。生物芯片技术使得药物筛选、靶基因鉴别和新药测试的速度大大加快，成本大大降低。

6.6.3 蛋白芯片

由于人体内真正行使功能的是蛋白质，因此随着人类基因组测序的完成，研究不同细胞或组织表达的全部蛋白质数据库的构建与细胞在不同状态的蛋白质表达差异成为研究热点。

蛋白质芯片又称为蛋白质阵列或蛋白质微阵列，它是将大量的蛋白质或蛋白质检测探针、蛋白质检测试剂等以预先设制的方式固定在玻片、硅片及纤维膜等固定载体上组成密集的阵列，从而能够高通量地测定蛋白质的生物活性、蛋白质与分子、细胞的相互作用以及蛋白质的定性和定量检测。1998年，美国Lueking等把作为探针的蛋白质分子高密度地固定在聚双氟乙烯膜上，成功开发出世界上第一块蛋白质芯片，实现对10 pg微量蛋白质的准确检测，自此蛋白质芯片技术得到了快速的发展。蛋白质芯片的最大特点在于：能够快速并且定量分析大量的蛋白质，使用过程相对简单，只需对少量血样标本进行沉降分离和标记后，即可直接加于芯片上进行分析，蛋白质芯片所需试剂少、检测结果准确率高等。

目前常用的蛋白质芯片可分为两种。第一种蛋白质芯片的原理与基因芯片原理基本相同，但它利用的不是碱基配对而是抗体与抗原的特异性结合。在芯片上固定抗体形成蛋白质微阵列，然后由这些固定的抗体识别并结合细胞表面的相应蛋白质，实现对细胞表面蛋白质的识别和检测。例如，应用于血细胞分析的免疫芯片就是将抗体固定在芯片表面制备而成的。第二种蛋白质芯片就是微型化凝胶电泳板。首先在电场作用下通过芯片上的微孔道实现待测蛋白的分离，然后再经质谱仪来检测蛋白质的分子量及种类。近来随着酶蛋白质芯片技术的不断发展，为DNA-蛋白质或不同类型的蛋白质-蛋白质互相反应的研究提供重要手段。以下对蛋白质芯片的主要用途进行介绍。

(1) 生物标记物的检测。蛋白质芯片可直接用于细胞表面的表型分析，这些表型指纹的研究不仅可以用于疾病的诊断，而且可以用于免疫药物的研究开发。对于疾病的诊断来讲，同时得到一组表型指纹比单一的表型检测要准确得多，因此，蛋白质阵列在疾病的检测方面有着重要的应用。如Larissa等采用DotScan抗体芯片快速检测白血病和淋巴瘤细胞表面的免疫表型，该芯片表面固定82种不同的抗体，结果发现该技术可以快速检测和分离出B-或T-白血病和淋巴瘤细胞。根据蛋白芯片检测到的细胞表面的抗原表达，可以进行免疫靶向药物的设计和构建。如美国俄亥俄州立大学J. Lee研究小组将蛋白芯片用于白血病患者血液中细胞表面的表型分析，然后根据分析得到了抗原表达及其含量直接应用于所制备的纳米微球表面构建个性化的纳米药物输送体系，目前该研究正在进行相关的动物实验和临床试验。

(2) 疾病的诊断。采用高灵敏度的蛋白质芯片技术探索发现可用于癌症等疾病早期诊断和监测治疗新的肿瘤标记物，目前已成为临床医学研究的热门。如通过比较某一疾病病变组织与非病变组织蛋白质表达谱的不同，可以用于新肿瘤标志物发现。Gray采用一种含有60个CD抗体的微阵列对常规的白血病人和非常规的白血病进行分析，获得新的疾病标记物和抗原。Ciphergen Biosystem公司的研究小组应用蛋白质芯片研究了健康个体和不同发病阶段癌症病人的血清样品，短期内获得了前列腺癌的6种潜在标记物。Rosty等同样利用蛋白质芯片对胰腺癌患者的胰液和其他胰腺疾病患者的胰液进行了比较，检测并识别出肝癌-小肠-胰腺/胰腺炎的相关蛋白Ⅰ(HIP/PAP-Ⅰ)，从而通过对胰液中HIP/PAP-Ⅰ的检测来进行胰腺癌的诊断。在临床诊断方面，我国科学家已研制出丙型肝炎蛋白质芯片和肿瘤标志物联合检测蛋白质芯片，该芯片获得中国SFDA颁发的生物制品一类新药证书。

(3) 药物筛选、测试与新药研发是蛋白质芯片的又一重要用途。通过对疾病相关蛋白质的检测可以发现新的诊断标志物或蛋白质类药物。正常与疾病组织的蛋白质表达谱是蛋白质组学的重要内容，在药物研发中区分和确定这些蛋白质的作用是发现新的诊断和治疗药物的第一步。采用“译码器”策略，应用芯片可在基因水平上寻找药物靶标；应用芯片可查找药物的毒性或副作用，进行毒理学研究。目前生物学研究中客观存在的瓶颈是缺少快速测知各种有机物化学性质以发现是否含有有益或有害成分的方法。科学家们早就知道，各种植物或动物都能产生独特的化学物质，这种化学微量物质有的可能像青霉素一样会成为神奇的药物。据估计，地球上大约有100万种有机物。从古到今，其中已被用作药物的只有几万种。直到现在，我们每年也只能发现很少几种蛋白质或分子，而生物芯片的开发应用有可能使这个数据增几倍。美国Purdue大学最近开发的新型生物芯片使我们有了高科技的石蕊试纸，它能告诉我们特定性质的分子出现及其浓度。利用这类生物芯片还可能揭示更多的自然界奥秘。另外，Zhu等利用酵母蛋白质芯片对酵母蛋白质的活性进行全分析，发现了新的钙调蛋白结合蛋白和磷脂结合蛋白。他们还应用该蛋白质芯片观察了蛋白与药物之间的相互作用，并测定了后转录修饰。

6.6.4 组织芯片

组织芯片采用与基因芯片和蛋白质芯片完全不同的设计策略。基因芯片和蛋白质芯片是为检测统一样本中的不同成分而设计的，而组织芯片则是针对不同样品中的同一成分设计的。也就是说，组织芯片表面固定的是同一种组织。1998年，Kononen等首次报道了组织芯片技术，它是将几十个到几百个直径为0.6 mm的小组织样本以微阵列的形式包埋于同一块20 mm×45 mm的石蜡块上，然后进行切片，用于同一实验指标的检测。用此蜡块可对十几个甚至几十个组织进行DNA、RNA或者蛋白水平的原位组织学分析。用组织芯片只需一次就可以进行普通实验几十次的重复实验操作，可大大提高分析的速度。

组织芯片的制作包括如下步骤：①根据需要将组织按照不同的种类或顺序设计组织样品的顺序；②将载样蜡块进行打孔，孔径的大小应与供体组织钻孔孔径大小一致；③对供体组织HE切片进行形态学观察并在供体蜡块上准确标记所需要的靶点；④利用钻孔仪钻取靶点组织，并转移至载样蜡块相应的孔位。组织芯片的检测技术包括免疫组化（immunohistochemistry, IHC）、原位杂交（in situ hybrisation, ISH）、荧光原位杂交（fluorescent in situ hybrisation, FISH）等各种整片组织切片上分子检测技术，其中免疫组化技术最为常见。供体组织的固定时间和方法对实验的敏感性和特异性有较大的影响。实验结果通常在光学显微镜下进行处理，每小时可处理成百个数据点，也可以获取图像资料后使用软件进行分析。

组织芯片技术可以快速表征采用cDNA芯片技术鉴定的不同表达基因的流行和预测意义，以及在癌症发展和恶化过程中所包含的基因。在鉴定染色体扩增的靶基因及研究推断的肿瘤抑制基因表达谱方面，组织芯片也非常有用。组织芯片技术可以将数百个甚至上千个不同个体的临床组织标本按照预先设计的顺序排列在一张载体上进行分析研究，可以与DNA、RNA、蛋白质、抗体等技术相结合，与传统的病理、组织化学等相结合，在基因、基因转录和相关表达产物生物学功能三个水平上进行研究，这对于基因和蛋白相关疾病的诊断、治疗以及药物的筛选有着重要的意义。

6.6.5 芯片实验室

芯片实验室是借助微细加工工艺制作的微滤器、微反应器、微泵、微阀门、微电极等将芯片制备、样品处理、靶分子和探针分子杂交/亲和，以及信号检测、分析等集中于一体的一种微型化、无污染、全功能的“实验室”，是高度集成化的便携式生物分析系统。该系统可大大缩短检测和分析时间，节省实验材料，适用于从核酸、蛋白质直至无机小分子的各种不同类型的分子的反应、分离和检测。它的最终目标是将复杂的生化分析过程全部集成在一块芯片上完成，实现生物分析过程自动化、连续化和微缩化。芯片实验室最重要的用途是遗传分析，在蛋白质组学、医学诊断分析、致病菌识别等方面都会有很高的应用价值及巨大的市场。

到目前为止，芯片实验室已成功地对短寡核苷酸片段、ΦX174/HaeⅢDNA 限制性片段、RNA 核糖体等进行了分离和分析。如 Hofmann 等以 Cy5 标记肽，在 7 cm×200 μm×10 μm 的通道内，在 5 min 内完成了对短寡核苷酸的分析，最大峰容量为 30～40 个峰。另外，在药物分析和筛选方面，以激光诱导荧光为检测器可快速分离药物、药物与抗体的复合物并进行定量分析。经过多年的发展，芯片实验室正在向商品化发展。目前已经有数家公司包括：Caliper Technologies、Orchid BioSciences 和 Cyrano Sciences 等已经推出了第一代芯片实验室。不过，芯片实验室的发展还在样品的预处理和信息处理两个方面存在着突出的问题。

如前所述，由于具有选择性强、灵敏度高、响应快、无污染等特点，酶免疫分析过程被广泛用于生物监测和临床分析，然而过程最大的缺陷是分析过程步骤多，难以重复，实验工作量大。为此，美国俄亥俄州立大学的 J. Lee 领导的研究小组试图研制酶免疫分析的芯片实验室。研究包括：①芯片的设计与制备；②芯片表面改性；③抗体的高活性固定；④检测与分析等。

研究者以聚合物聚甲基丙烯酸甲酯（PMMA）为基质材料，设计可同时进行 24/48 个试样分析的重复单元（图 6－7），每个重复单元包括加样口（loading hole）、阀门（capillary valve）、容器（reservoir）、废液容器（waste reservoir）、检测处（detection area）以及各种流道。PMMA 圆片的制备采用热压工艺。为了提高分析效率，在每一个重复单元中设计了 3 个分支。分析时，事先采用特制的加样器将试样和试剂（试样、酶标二抗、反应试剂、PBS 等）依次加入不同容器，然而在不同的转速和离心力下，不同容器中的液体依次通过流道到达检测处进行作用，完成酶联免疫检测过程。

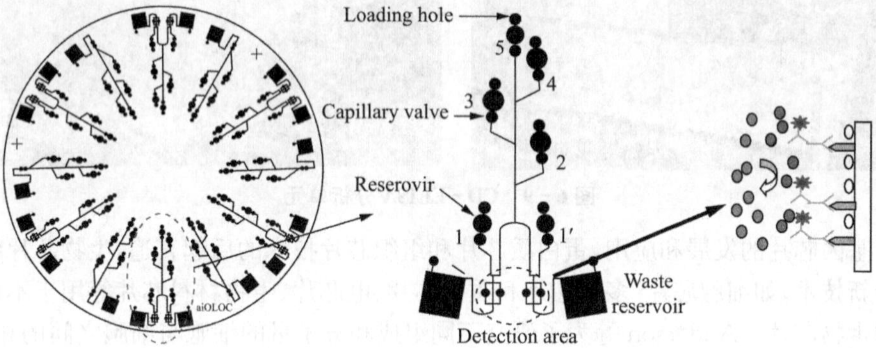

图 6－7　CD－ELISA 的示意图

为了改善阀门对液体的截流功能，研究小组通过 CYTOP 和聚苯胺纳米纤维的协同作用来提高阀门的疏水性，使其在 PBS 预处理后的接触角仍高达 165°，因而即使在高的离心力下仍能够控制液体的流出（图 6－8）。从图 6－8 中可以看出，改性前，阀门无法截流液体，而经过 CYTOP 或者 CYTOP/聚苯胺纳米纤维改性后，阀门可以很好地截流液体。特别是经过 CYTOP/聚苯胺纳米纤维复合改性后，即使当转速高达 1 000 r/min 时，仍然能够很好地起到控制液体的作用。

为了提高抗体的生物活性，研究小组采用等离子体、聚乙烯亚胺（polyethyleneimine，PEI）对检测部位的表面进行处理，并采用酪氨酸酶和蛋白质 A 技术来控制抗体的构象，结果使抗体的活性提高了 100 倍。尽管检测表面积仅为传统 48 孔板的 6.19%，但达到了同样的分析

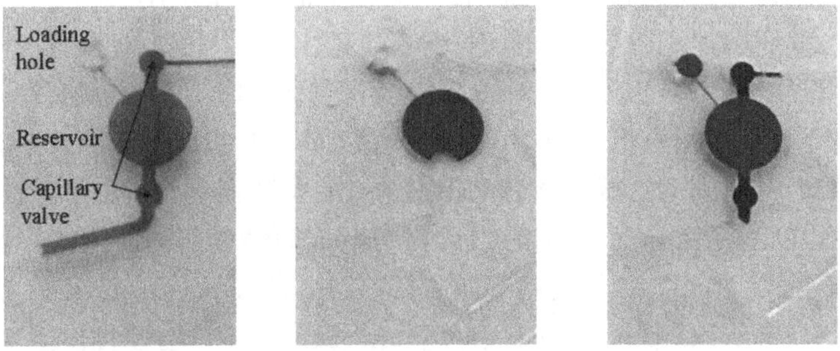

(a) 改性前　　(b) CYTOP改性　　(c) CYTOP和聚苯胺改性

图 6-8　不同改性方法对阀门功能的影响

精度。

根据 CD-ELISA 芯片实验室的原理和工作特点，研究小组基于 PMT 原理设计了连续旋转的紫外检测仪(图 6-9)，可以很方便地读出试样反应产物的吸光度。

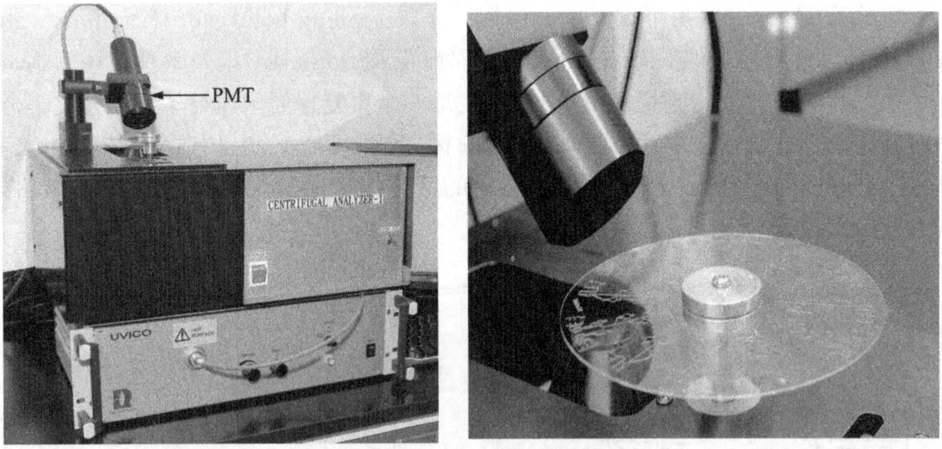

图 6-9　CD-ELISA 分析单元

随着基因芯片的发展和应用，蛋白质芯片和组织芯片技术的后起直追，生物芯片中出现了新品种和新技术，如细胞芯片、多肽芯片和质谱芯片、电芯片、生物材料芯片等用于不同研究领域的新型生物芯片。Anderson 等为了研究不同组成和分子量的细胞与细胞之间的相互作用，采用原位聚合和交联法在载体表面构建由 25 种单体构成的 576 种高分子材料组成的生物材料芯片，并以内皮细胞和成骨细胞为模型，分别研究了细胞在芯片表面不同材料表面的黏附、增殖和分化情况。这一思路为系统研究生物材料与细胞之间的相互作用提供了新的方案。

6.7　新型生物医学传感器的研究展望

21 世纪是生命科学的世纪，特别是人类基因组计划的实施大大加速了生物学、医学、卫生、食物等相关学科的发展，给当前生物传感器的研究提供了前所未有的发展机遇。从当前高新技术的发展趋势来看，传感器技术的发展方向主要体现在以下几个方面。

(1) 生物医学传感器相关的基础研究，即探索和发展生物医学传感器所需要的新技术和新原理。这主要包括以下四点。①向量子化拓展。目前，量子化技术正在不断地向生物医学传感器领域渗透和延伸。例如:基于核磁共振吸收的磁传感器、利用约瑟夫逊效应的 SQOTO 磁传感器和热噪声温度计,基于原子力显微镜的微探针超灵敏传感器以及利用光子滞后效应的红外传感器等。②向集成化、微型化发展。随着半导体及相关制备技术的发展,现在已经完全能够把敏感元件与信号处理以及电源部分构建在同一个基片上,从而实现检测及信号处理一体化。近些年发展起来的微电子封装技术、光电技术和一次性芯片等大大提高了生物芯片的制备和封装技术。③向可遥控、无创伤方向发展。遥控技术与传感器的结合形成了新型的可遥控传感器。通过改变敏感元件或检测原理来实现无创检测也成为现代临床诊断研究的重点领域。④向多参数、多功能化发展。多参数传感器是一种体积小而功能多的探测系统,可借助敏感元件中不同的物理结构或化学物质及其不同的表征方式,用单独一个传感器系统来同时测量多种参数,实现多种传感器的功能。

(2) 与现代电子、计算机、网络等技术相结合,实现生物医学传感器的智能化。智能化可以大大地提高传感器的功能,在医学中有着广泛的应用。现阶段医疗检查诊断中,很多仪器都开始应用智能传感器。

(3) 加快传感器在临床上的推广应用。生物医学传感器的发展和广泛使用,必将推动现代临床医学的更快发展,为临床提供更加方便和科学的检测手段。可以预见,在不久的将来,新型的生物传感器微系统将在疾病诊断、生物信息学和基因检测分析等方面广泛应用。

参考文献

[1] 彭承琳. 生物医学传感器原理及应用. 北京:高等教育出版社,2000.
[2] 杨宝清. 现代传感器技术基础. 北京:中国铁道出版社,2001.
[3] 陈德池. 传感器及其应用. 北京:中国铁道出版社,1993.
[4] 张福学,等. 传感器敏感元器件大全. 北京:电子工业出版社,1990.
[5] 阿勒斯. 多传感器技术及其应用. 王磊,等译. 北京:国防工业出版社,2001.
[6] 高志贤,李小强. 纳米生物医药,北京:化学工业出版社,2007.
[7] Cai H,Wang Y Q,He P G,et al. Anal Chem Acta,2002,469:165.
[8] Brabec V. Electrochem. Acta, 2000,45:2929.
[9] Napier M E,Mikulecky K,Scaboo K,et al. Clin Chem, 2000,46: 207.
[10] 黄智伟,黄琛. 传感器技术, 2001,20(1):4.
[11] 吴乃虎. 基因工程原理. 北京:高等教育出版社,1989.
[12] 夏西泉,曹毅. 重庆职业技术学院学报, 2008, 17(1):149.
[13] 杭建金,汪庆华,吴向阳,等. 医疗卫生装备, 2007, 28(1):40.
[14] 姜利英,姚斐斐,任景英,等. 传感器与微系统, 2009, 28(5):4.
[15] 陈晓霞,易洪潮,王颖,等. 现代科学仪器,2006,6:17.
[16] 黄德培,裴学熠,吴正平,等. 化学传感器原理及在临床医学中的应用. 上海: 华东理工大学出版社,2003.
[17] Chen S F, Liu L Y, Zhou J,et al. Langmuir,2003, 19:2859.
[18] 扎热木·萨迪克,都颖,徐静娟,等. 分析科学学报, 2009,25(2):217.
[19] Haab B B. Molecular & Cellular Proteomics, 2005, 4:377.
[20] Haab B B. Proteomics, 2003, 3: 2116.
[21] Larissa B, Huang P, Chrisp J S, et al. J Immuno Meth 2005,305:10.
[22] 吴明煜,郭晓红,等. 科学技术与工程, 2005, 5(7): 421.

[23] Stephen P A, Foddor, et al. Nature, 1993, 364(4):555.
[24] Bodovitz S, Joos T, Bachmann. J Drug Delivery Target, 2005, 10(4): 283.
[25] Kazuto T, Hiroyuki K, Yoshiharu, et al. Cytometry Part A, 2007, 71A: 961.
[26] Lee M Y, Kumar R A, Sumitra M. PNAS, 2008, 105 (1):59.
[27] Song S P, Li B, Wang L H, et al. Mol BioSyst, 2007, 3: 151.
[28] He H Y, Yuan Y, Wang W, et al. Biomicrofluidics, 2009, 3(2): 022401.
[29] Ramachandran N, Hainsworth E, Bhullar B, et al. Science, 2004, 305 (5680): 86.
[30] 崔振玲，黄静，等.生物学通报，2002，37(7):5.
[31] 马立人，蒋中华，生物芯片. 北京:化学工业出版社，2001.
[32] 杨承谕，于丽萍，承训. 中国动物检疫杂志，2003，20(1):39.
[33] Dalton R, Abbott A. Nature, 1999, 402(6763):718.
[34] 常胜合，舒海燕，李滨.生物信息学，2005，3(1):31.
[35] Templin M F. Comb Chem High Throughput Screen, 2004, 7: 223.
[36] Stegmaier K. Nat Genet, 2004, 36: 257.
[37] Phizicky E. Nature, 2003, 422: 208.
[38] 孟宪伟，冉均国，苟立，等. 材料科学与工艺，2004，12(2):163.
[39] 高新义，黄晓东，李绍中，等.饮料工业，2007(1):30.
[40] Manso J, Mena M L, Sedeno P Y, et al. J Anal Biochem, 2008, 375(2):345.
[41] Liu S F, Li Y F, Li J R, et al. Biosens Bioeleclmn, 2005, 21(5):789.
[42] 程琼，彭图治，刘爱丽，等. 化学学报，2004，62(24):2447.
[43] 贺秀兰，袁若，柴雅琴，等. 分析试验室，2006，25(9):1.
[44] Lin Y Y, Wang J, Liu G D, et al. Biosens Bioelector, 2008, 23(11):1659.
[45] Sotimpoulou S, Chaniotakis N A. Anal Bioanal Chem, 2003, 375(1):103.
[46] 唐婷，彭图治，时巧翠，等. 化学学报，2005，63(22):2042.
[47] 麦智彬，谭学才，邹小勇，等. 分析化学，2006，34(6):801.
[48] Drouvalakis K A, Bangsaruntip S, Hueber W, et al. Biosens Bioelecton, 2008, 23(10):1413.
[49] Wang W U, Chen C, Lin K H, et al. PNAS, 2005, 102(9):3208.
[50] Chen W W, Yao H, Tang C H, et al. Appl Phys Lett, 2006, (88):213104.
[51] Aravarnudhan S, Kumar A, Mohapatra S, et al. Biosens Bioelecton, 2007, 22(9-10):2289.
[52] Jesus M C, Anai S, Francisco J A, et al. Sens Actuators B: Chemical, 2008, 131(2):633.
[53] Yuan Y, He H Y, Lee L J. Biotech Bioeng, 2009, 102(3):891.

第7章 纳米生物医学工程

纳米生物医学工程是纳米科技的重要应用领域之一，是纳米科技向生物医学工程领域渗透的产物。纳米生物医用材料尽管研究的历史不长，但发展速度较快，呈现出旺盛的生命力。这不仅因为纳米生物材料所依托的纳米技术、生物技术和材料技术等相关领域的研究日益完善，同时由于生物体系中的生物大分子是自然界中现存的分子机器，通过对生物大分子的研究和利用，将会有助于纳米技术本身的发展，因此，纳米生物医学体现了纳米技术的核心思想和最终目标。

纳米生物医学的研究主要分为两个方面的内容：①利用新兴的纳米技术解决生物学和医学方面的重要科学问题和关键技术难题；②借鉴生物学原理和生物分子材料进行人工分子器件、纳米生物材料、纳米药物等的设计与制造，即“分子仿生”。

与生物系统直接或间接的结合是生物材料区别于其他材料最基本的特征，也就是说生物材料必须通过直接或间接参与生命活动才能发挥其作用。细胞是组成生命的基本单元，生物材料与细胞之间的相互作用是其实现功能的基础和核心。纳米生物材料(包括零维纳米粒子和三维纳米结构材料)特殊的尺寸决定了其与细胞之间的相互作用完全不同于常规生物材料。对零维纳米粒子来讲，其粒径小于动物细胞(5～50 μm)，但与生物体重要蛋白(～nm)、核酸(～nm)相当，这就使得材料进入细胞成为可能，不仅材料本身可对动物体内蛋白质和遗传物质的合成产生影响，进而干扰细胞本身的正常分化和代谢，而且也可以携带药物/基因进入细胞内发挥治疗作用。对于特殊的纳米表/界面和微观结构材料而言，其独特的纳米结构直接影响其与细胞/组织之间的相互作用。

本节将从纳米药物输送、无机纳米粒子、纳米涂层、纳米管、纳米介孔等角度阐述纳米生物材料的制备、改性和性能及其在疾病早期诊断、检测及治疗等前沿领域的应用。

7.1 纳米药物输送体系

药物以“零释放”选择性地到达病变部位，然后按需精确控释或缓释作用于靶组织或细胞，可以在满足疗效的前提下减少药物使用剂量、减轻毒性反应、提高疗效、延长药物作用时间是生物医药领域最终追求的目标。从方法上讲，药物的可控释放一般可分为时间控制和分布控制两种。药物的时间控制释放体系(图 7-1)是采用合适的固载和包埋技术，使药物在较长的时间内按照一定的速率持续不断地释放出来。从图 7-1 中可以看出，传统的 1 天内 4 次的给药方式，药物在体内的浓度波动很大，导致药物发挥治疗作用的时间非常有限，不仅造成大量的药物浪费，而且会对正常组织产生毒性。而采用药物控制释放体系基本上可以保持药物浓度在有效治疗范围内，长期、持续地发挥治疗效果，不仅可以避免多次给药的麻烦，而且可大大提高药物的作用效果。因此，从这个角度来讲，药物时间控制释放体系在临床上有很大的意义。

药物的分布控制释放体系的目标是通过借助药物的物理性质或靶标分子来控制药物在体内的分布。这种释放体系的设计力求克服传统给药方式对正常组织和器官造成的毒副作用以及药物分子无法通过血脑屏障而到达病灶部位的缺陷。图 7-2 说明了这种给药方式的作用，即在病灶部位，药物浓度持续在治疗范围内，而在身体的其他部位，药物浓度则远低于致毒水平。

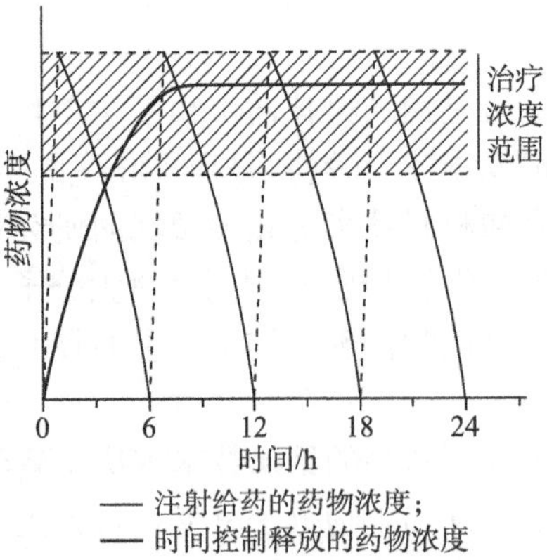

图 7-1 药物时间控制释放示意图

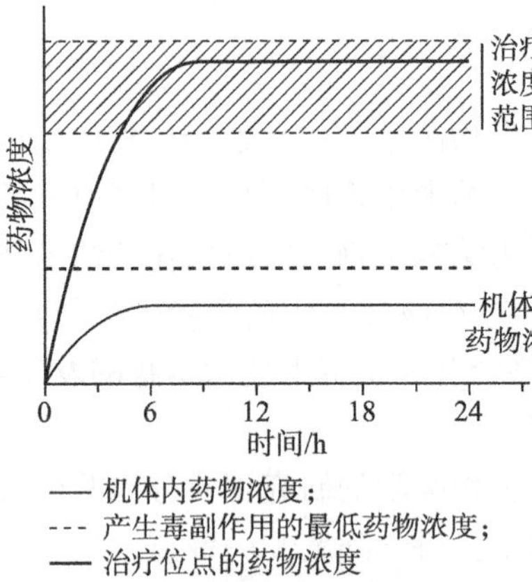

图 7-2 药物分布控制释放体系

纳米技术作为一门跨学科的新兴技术，近年来为药物的控制释放提供了新的思路和技术。特别是随着人们对纳米颗粒的制备工艺、理化性质、机体内的生物学行为的深入研究和新型纳米材料的不断涌现，为药物控释提供了更多手段。理想的纳米载药系统应具备以下基本特性：①载体材料可生物降解、低毒性；②较高的载药量、包封率，以及适当的粒径、粒形和表面电荷；③适宜的制备及纯化方法；④较长的体内循环时间；⑤理想的靶向性。纳米控释系统中药物的释放，可以通过囊壁渗透、扩散，也可以借助基质本身的降解而将药物释放出来。

7.1.1 纳米药物控释系统的载体材料

纳米控释系统是指直径在 10～500 nm、通过溶解、包裹或者吸附、附着等负载药物、生物活性因子等的固状胶态粒子，主要包括纳米粒子(nanoparticales)和纳米胶囊(nanocapsules)。常用的纳米药物控释系统的载体材料包括：金属和无机非金属化合物，如金、铁、二氧化硅等；生物降解性高分子物质，如聚乳酸、聚交酯、聚氨基酸、树状大分子、壳聚糖、明胶等；生物性高分子物质，如蛋白质、磷脂、胆固醇等。图 7-3 给出了常见的纳米药物输送系统的示意图。

1. 无机(陶瓷)纳米粒子

无机(陶瓷)纳米粒子为载体负载药物/生物分子是近年来出现的新型药物输送体系，具有潜在的应用价值。无机纳米粒子(如氧化硅、氧化铝、氧化钛等)有许多优点，如制备过程简单，容易实现过程的可控制备；材料稳定性好，能够有效地保护所包裹

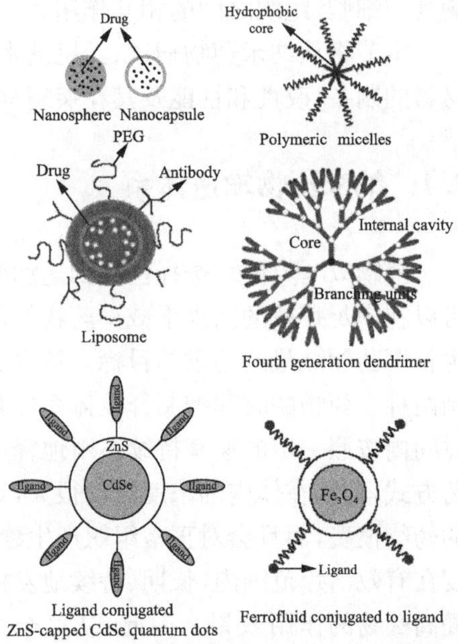

图 7-3 不同纳米药物输送系统的示意图

分子(酶、药物等);材料生物相容性好,而且材料表面容易修饰不同的功能基团,能结合多种单克隆抗体或配体,容易实现靶向。其中,以纳米氧化硅和纳米氧化铁最受关注。

Roy 等通过 TEOS 水解合成了有机修饰的二氧化硅基纳米粒子(直径约 30 nm),进一步包埋憎水的光敏化抗癌药物于非极化的胶束核得到单分散的球形载药纳米粒子。体外研究显示肿瘤细胞能主动摄取载药纳米粒子进入胞液。用合适波长的光辐照包埋在纳米粒子的光敏化药物,导致单氧产生,从而显著杀伤肿瘤细胞。独特的功能使得磁性氧化铁纳米粒子在药物/蛋白的可控释放方面有重要的应用。通过键合适当的抗体,可以标记特殊的分子、细胞群和微生物。已开发出磁免疫检测技术,把抗体结合到靶分子或致病组织,采用灵敏的磁强计可直接探测磁标记的靶。磁流体是氧化铁磁性纳米粒子环绕一层聚合物层的胶体溶液。磁流体的粒子很小,在液体中的行为不像悬浮液而更像溶液。在磁流体粒子的聚合物层外包覆亲和分子,如抗体可从血液或其他流体和组织样品中捕获细胞和其他生物目标物。

2. 可生物降解的聚合物纳米粒子

由于具有良好的生物相容性、生物降解性、对药物/蛋白的保护作用和可控释放性及低的巨噬细胞识别和清除率,可生物降解的聚合物纳米粒子是目前公认的最具应用前景的药物输送载体。经过多年的研究,可用作纳米药物载体的生物降解性高分子包括聚乳酸、丙交酯-己内酯共聚物、乙交酯-丙交酯共聚物、丙交酯-聚醚共聚物、己内酯-聚醚共聚物等脂肪族聚酯。药物溶解、包埋、吸附、黏附或包被在纳米基质中。制备方法不同往往导致制得的纳米粒子、纳米球或纳米胶囊具有不同的性质和药物缓释特征。可降解聚合物作为基质材料的最大优势在于:不仅可以作为载体包裹药物并控制其释放,而且在人体环境下可自行降解,在体内代谢的最终产物是 CO_2 和 H_2O,中间产物乳酸也是体内正常糖代谢产物,因而生物相容性好,不在重要器官内聚积,是理想的药物载体。

3. 聚合物胶束

聚合物胶束是以兼具亲水链和疏水链的两亲性聚合物分子链有序排列而形成的近似球形的结构。当聚合物在水中的浓度超过临界胶束浓度(CMC)时,其疏水端就自动聚集在一起,形成聚合物胶束。相比传统的表面活性剂胶束,聚合物胶束具有以下优点:①在生理溶液中热稳定性更好,低的临界胶束浓度使得聚合物胶束在体内更稳定,不会被迅速分解;②胶束在纳米范围内有相当窄的尺寸分布,有核壳的结构,疏水段把外部水隔离;③胶束体系可用于不溶于水的药物输送体系;④药物能被胶束的疏水核隔开,外面的亲水层能在水相中稳定分散,可用于静脉注射;⑤载药聚合物胶束在体内的分布主要由尺寸和表面性质决定,聚合物胶束因其小尺寸和不易被 RES 摄取的亲水性壳,静脉注射后具有较长的循环时间,更有利于药物在肿瘤等病灶区域积累。聚合物胶束在癌组织的积累是由于增加的血管渗透性和削弱的淋巴腺排出。当聚合物胶束表面结合靶向性配体(如抗体),其药物输送潜力大大增强。Torchilin 等制成了抗肿瘤的抗体连接的聚合物胶束(免疫胶束)包封了非水溶性的药物紫杉醇于胶束的疏水核中。他们发现这种免疫胶束能被体外各种肿瘤细胞有效地识别和结合,与非靶向的胶束比较,免疫胶束能输送更高的药物浓度到小鼠的肿瘤部位。

4. 脂质体

第一个引入脂质体的是 1969 年 Weismann 研究组。从此,脂质体被广泛用作生物学、生物化学和医学的工具。脂质体是很小的人造球形囊泡,它可由自然的、非毒性的磷脂和胆固醇制成。由于它的尺寸、疏水亲水特征以及生物相容性,脂质体是最有希望的药物输送体系。脂质体的性质随其组成、尺寸、表面电荷和制备方法的不同而变化,因此可按其尺寸、双层数目分为三类：小单层囊泡(SUV)是由单脂质层环绕而成，直径在 25～50 nm；大单层囊泡(LUV)是多相的囊泡群，类似于 SUV，也是由单脂质层环绕而成；多层囊泡(MLV)是由多个脂质层组成，彼此之间由水溶液层隔开。此外，可选择双层组分以确定“刚性”(或“流动性”)及双层的电荷。例如，带长酰基链的饱和磷脂二棕榈酰磷脂酰胆碱形成一个刚性的、不渗透的双层结构，而不饱和的卵磷脂(来源于自然的鸡蛋或大豆卵磷脂)给出更多的渗透性和不太稳定的双层。带正电或负电的脂质的引入提供了脂质体表面电荷。药物由脂质体携带相比药物在溶液中，其动力学性质有显著的改变，它们也有效地减轻了体系的毒性，阻止了包封的药物注入靶组织后过早地被降解。脂质体表面能够很方便地连接上聚乙二醇(PEG)进行修饰，得到熟知的隐形脂质体，从而延长它们在血流中的循环时间。另外，脂质体还可连接抗体或配体增强靶向特异性药物治疗。

5. *树状大分子*

树状大分子(dendrimers)是一种通过支化基元(如多功能基单体)多次重复反应得到的具有树枝状高度支化结构的大分子。它具有非常规整、精致的结构，且分子的体积、形状及功能基都可以通过单体和反应次数精确控制，其分子由内部的核心、内部的多个支化官能团和外部的表面基团三部分组成。分子最外层的表面基团与外层的支化官能团相连，每一个同心支化官能团作为繁衍代，每一个繁衍代上都有支化点。典型的树枝状大分子一般为球形，也有椭球形和圆锥形等。这种分子的尺寸突破了传统有机小分子的界限，达到中、大分子交界的范围，是一种由单分子组成的新型纳米级分子材料。

树状大分子最早于 20 世纪 80 年代初由美国化学家 Tomalia 博士成功合成。合成的步骤决定其精确的代数(generations，G)与体积。合成方法主要有发散法和收敛法两种，发散法是以一个起始分子[如氨(NH_3)、乙二胺、丙胺等]经逐级聚合反应向四周放射状生长，最终形成树枝状结构。每循环反应一次聚合物上就增加一层，即一代，记作 G_0～G_{10} 等。随着代数增加表面胺基团数和直径均增加，同时分子质量呈指数规律增大。这种制备方法的核心分子直接决定了整个树状大分子及其表面电荷的密度，如以乙二胺为核心的树状大分子有 4 个起始臂，而以 NH_3 为核心的仅 3 个起始臂。另一种制备方法是收敛法，主要包括两个步骤：首先是通过一系列小分枝的反复偶合生成树枝状结构，然后锚定一个核心分子产生一个由多个树枝状结构组成的树状大分子。

聚酰胺-胺(PAMAM)是目前研究最多的一种树状大分子，该家族与人体的许多重要蛋白质和生物大分子极为相似，如 G_3NH_3、G_4NH_3 及 G_5NH_3 的大小和形状就和胰岛素(3.0 nm)、细胞色素 C(4.0 nm)及血红蛋白(5.5 nm)的接近，而 G_5NH_3、G_6NH_3 的直径相当于细胞脂质双层膜。G_7～G_{10} PAMAM 与 DNA 形成的复合物稳定，类似于 DNA 与组蛋白形成的稳定复合物。

7.1.2 纳米控释药物的制备方法

纳米载药控释系统是由载体材料和负载药物组成的，此系统的建立必须满足特定的释药速度，因此，其制备方法也有其特殊性。

1. *乳液法*

乳液法是借助乳液制备纳米药物的方法。通常利用表面活性剂的乳化和分散作用，加上外力的剪切作用形成小液滴，在液滴表面或内部发生反应成核得到小颗粒，也有利用两性高分子聚合物在乳液中自组装成核的。具体方法有乳液聚合法、乳液自组装成核法、乳化交联法及膜乳化法等。

乳液聚合是制备纳米微球常用的方法，既可以适用于连续的水相，也可适用于连续的有机相。典型的在连续的水相中乳液聚合的制备方法如下：首先，单体溶于水相进入乳化剂胶束，形成有乳化剂分子稳定的单体液滴，然后通过引发剂或高能辐射在水相中引发聚合。聚甲基丙烯酸甲酯、聚烷基异氰酸酯、聚丙烯酸类共聚物微包囊均可通过此方法制得。对于以有机相作为连续相的乳液聚合过程由于使用大量的有机溶剂和有毒的表面活性剂而使应用受到限制。乳液聚合过程的成核机理主要是乳胶粒成核与齐聚物成核，是一种非连续成核过程，即在乳胶粒生长阶段，胶粒数目不变，粒径不断长大。乳液聚合所得颗粒一般在 100 nm 到几个微米不等，且粒径分布不均匀。

乳液自组装成核是将两亲性聚合物溶解在有机溶剂里，加入水形成乳液，采用减压蒸馏或溶剂扩散法除去有机溶剂，两亲性聚合物高分子自组装形成具有核壳结构的类胶束纳米聚集体。聚合物亲油段形成聚集体内核，亲水段在水相形成亲水性外壳。Elhasi 等制备了聚环氧乙烷-聚酯两嵌段共聚物，通过调节影响核的嵌段结构、聚合物分子量，以及两亲性药物胺碘酮(AMI)到聚合物中的比例，能自组装形成稳定的聚合物药物胶束，增大 AMI 的可溶性，减少其溶血活性。

膜乳化/界面聚合法是一种特殊的界面聚合法，它先用纳米孔薄膜制备均匀的乳液，再加入引发剂，进行界面聚合。膜乳化法不仅是获得高质量单分散稳定乳液的一种简单有效的方法，也是制备单分散功能性微球和微囊的有效手段。Ito 等采用 Shirasu 多孔玻璃(SPG)膜乳化技术制备了亲水性药物单分散 PLGA 微球。微球的尺寸可通过改变使用的 SPG 膜的孔径在微米尺度变化。添加少量的 PEG 作为共分散剂可提高产率、单分散性、载药率和药物释放速率。Cheng 等采用 SPG 膜乳化技术制备了单分散聚(*N*-异丙基丙烯酰胺)(PNIPAM)微球和空心胶囊。他们首先采用 SPG 膜乳化形成单分散的含单体的 W/O 乳液，然后，在低于 PNIPAM 临界溶解温度下用紫外光辐照引发聚合。制备的 PNIPAM 微球和中空微胶囊有良好的单分散性和优异的热响应性。图 7-4 给出了采用 SPG 膜乳化技术和紫外辐照聚合原位制备 PNIPAM 微球(A)和 W/O 界面制备微胶囊(B)的示意图。

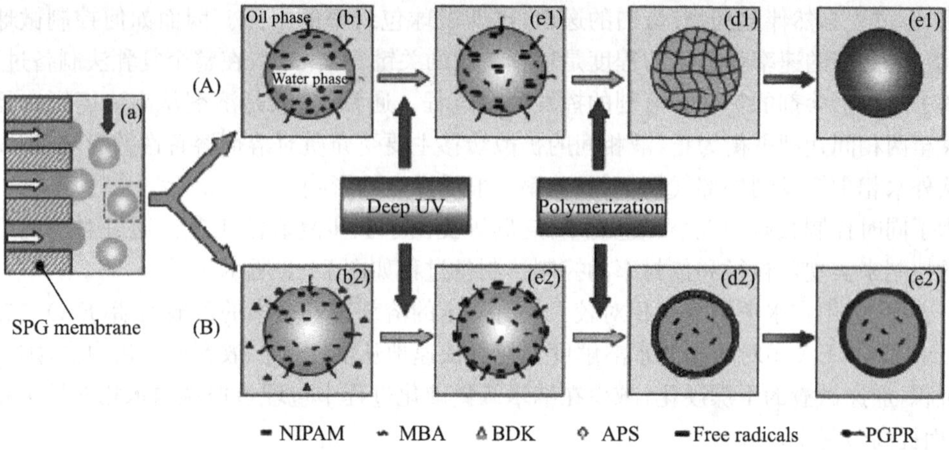

图 7-4　采用 SPG 膜乳化技术和紫外辐照聚合原位制备 PNIPAM 微球(A)和 W/O 界面制备微胶囊(B)的示意图

2. 微乳液法

微乳液和乳液虽然都是油相和水相形成的分散体系，但两者之间存在根本性差异。微乳液是热力学稳定的透明或半透明分散体系，可以自发形成或在轻微外力作用下形成。而乳液则是热力学不稳定的，静置一段时间就会自动分层。微乳液可以形成纳米数量级的“反应器”，且反应条件非常温和，通过改变微乳液的配方、外部条件等可以形成水包油、油包水、双连续相等微乳液相，改变“反应器”的形状（球状、棒状、层状等）和大小，可得到不同纳米结构和大小的产物。微乳液法可同时增溶大量的水和油，从而可以使水溶性物质和油溶性物质充分地混合，大大地提高反应效率。通常微乳液法包括水包油（O/W）和油包水（W/O）两种类型。Sahiner 等采用微乳液聚合法制备了聚（丙烯腈- *N* -异丙基丙烯）共聚物的核壳型水凝胶纳米粒子。在合适的反应条件下可得到尺寸在 50～150 nm 的单分散性纳米粒子。复合粒子疏水的核主要由聚丙烯腈组成，很容易通过氰基转化为相应的酰胺肟基取得高亲水性，因此很容易调节复合纳米粒子疏水/亲水平衡。其壳的热敏特性可用于控释模型药物普萘洛尔（PPL），当核材料胺肟化后，纳米粒药物加载/释放能力几乎可增加 2 倍。

3. 复乳法

W/O/W 复乳法是制备水溶性化合物、蛋白质和肽类等药物纳米微球最常用的方法。复乳法的主要过程是：首先，将药物的水溶液加入聚合物的有机溶液中，在强搅拌条件下形成 W/O 乳液。然后将 W/O 乳液加入含有稳定剂的外水相中，在搅拌条件下，形成 W/O/W 复乳液。随着溶剂的蒸发，纳米载药微囊形成并分散于水介质中。由于避免了聚合法的单体与包囊物的直接接触，所以不会出现由于单体残留而引起毒性，也不必担心单体与蛋白类药物发生反应而使之变性，且制备过程较温和，因此，对易变性、失活的蛋白类药物（如血红蛋白、酶制剂等）尤为合适。然而，由于所包埋的药物/蛋白质可溶于水，因此采用该法所得到的微球包封率低。根据 Chang 等报道的采用 PLA 和 PLGA 等载体材料制备的血红蛋白微囊中，在粒径合理的情况下，其包封率均低于 47%。而对于通常的制备工艺，小粒径同高的包封率是一对矛盾，缩小粒径尤其是控制在纳米尺寸范围的粒子往往难以获得高的包封率。

在传统复乳法工艺过程中，药物/蛋白溶解在内水相，聚合物材料溶解在有机溶剂中，因而微球在初乳过程中已经形成，在后续的分散和复乳化过程中，微球表面不断硬化，微球粒径得到控制，但过程必然伴随药物/蛋白的逸出，也即微球包封率的下降。因而如何控制微球表面硬化（溶剂挥发）的速率和剪切的程度是过程控制的关键。实际上，在整个复乳法制备过程中，溶剂的去除包括溶剂的扩散和溶剂的挥发两个过程。通常，扩散是溶剂从高浓度区向低浓度区转移至两相间达到平衡为止，液相间的扩散转移主要受介质对溶剂溶解性的影响，挥发则是溶剂从外水相中挥发到外部气相空间，速率一般受沸点的影响。

为了同时控制微球的大小和包封率，赵健等提出了五步复乳法工艺。通过对溶剂组成和挥发的控制来实现对粒径和包封率的控制。制备过程如图 7 - 5 所示。

一方面，选用在水中溶解度相对较大且有一定的溶剂挥发速率的乙酸乙酯（EA）与二氯甲烷（DCM）混合，EA 相对较高的水溶解度会使其快速地从油相中扩散到外水相中去，加快聚合物的沉积，加速微囊的干燥硬化，减少在纳米微囊硬化过程中包埋蛋白从内水相向外水相的扩散，从而提高包封率。

另一方面，通过将复乳化步骤分为两步进行，通过外水相加入的量和时间来控制液滴的固化过程。对于改进了的复乳化步骤叙述如下：复乳化Ⅰ（$W_1/O/W_2$）是将初乳液分散于第一部分外水相中乳化形成复乳液，由于减小了外水相的体积使其对扩散出来的溶剂的溶解能力减

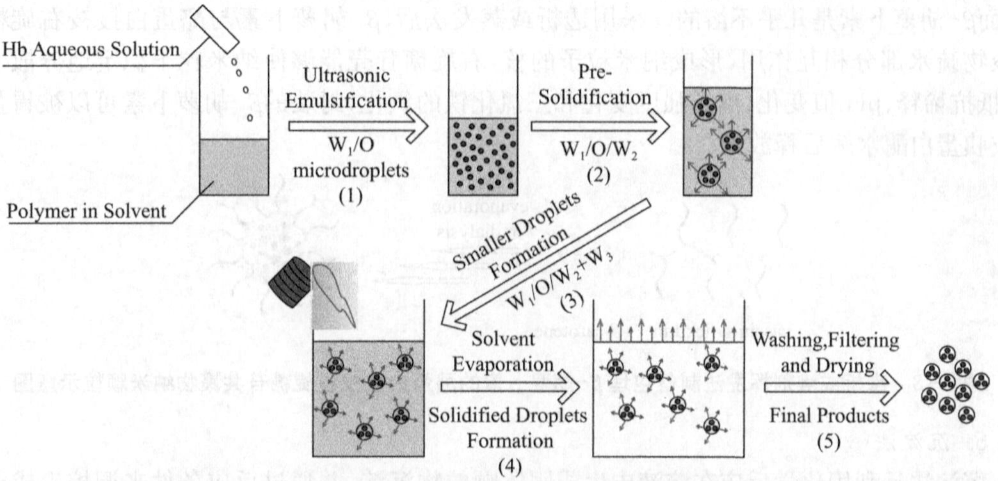

图 7-5　复乳化 & 溶剂扩散/挥发法制备纳米微囊的工艺流程

［在此法中，步骤(1)、(2)和(5)同经典的复乳化 & 溶剂扩散/挥发法的①，②和 ③ 步相对应。但第②步复乳化被分为了两步，分别是：第一步复乳化和第二步复乳化］

弱，从而使得更多的溶剂保留在液滴中。复乳化Ⅱ（$W_1/O/W_3$）和预固化阶段，将复乳液（$W_1/O/W_2$）在另一部分外水相中继续强力乳化，形成更小的复乳化液滴。在这个阶段，由于此前的复乳化Ⅰ控制了溶剂的存留量，液滴保留液体状态，液态的微乳液滴在进一步强力分散成纳米尺寸的液滴时，由于液体的表面张力使得分散后的液滴倾向于形成完整的球形复乳液滴。反之，若高剪切分散时溶剂的扩散得不到有效的控制，过快的溶剂扩散，使得过早固化的大粒子在高剪切力的作用下容易形成无规则的碎片，并破坏聚合物包膜层漏出已包埋的药物而降低包封率。

采用此工艺制备的纳米微球的形貌、粒径和包封率分别如图 7-6 和图 7-7 所示。从电镜照片中可以看出，微囊呈球形，有较清晰的轮廓，表面光滑，且包封率也高达 95.7%。

图 7-6　纳米微囊的 SEM 和 TEM 图片

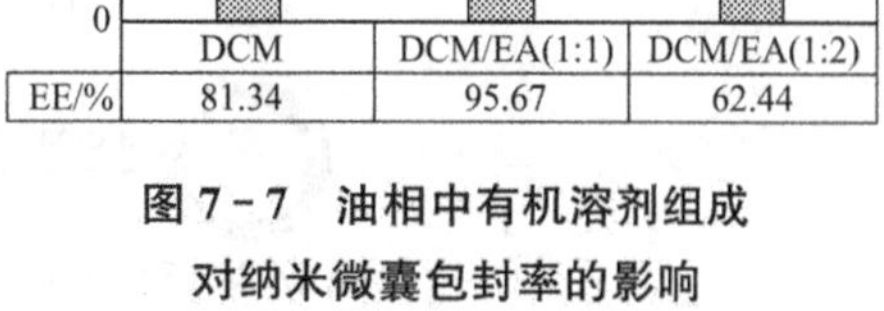

图 7-7　油相中有机溶剂组成对纳米微囊包封率的影响

4. 渗析及溶剂挥发法

采用油（或水）溶解药物或载体，然后将所得溶液加入水（或油）中分散、蒸发或渗析除去有机溶剂，药物或载体因溶解度的急剧降低而快速聚集成核形成纳米粒子。Pan 等用渗析或溶剂挥发法制备了包埋β-胡萝卜素的酪蛋白接枝右旋糖苷共聚物纳米颗粒（图 7-8）。他们首先采用梅氏（Maillard）反应合成酪蛋白接枝右旋糖苷共聚物。该共聚物分子易溶于中性水溶液，而β-胡萝卜素是几乎不溶的。采用透析或蒸发法后，β-胡萝卜素与酪蛋白接枝右旋糖苷共聚物疏水部分相互作用，形成纳米粒子的核，右旋糖苷壳能够使纳米粒子稳定地分散于水中，抵抗稀释、pH 值变化、离子强度变化和三氯化铁的氧化，封装的β-胡萝卜素可以被胃蛋白酶或胰蛋白酶水解后释放。

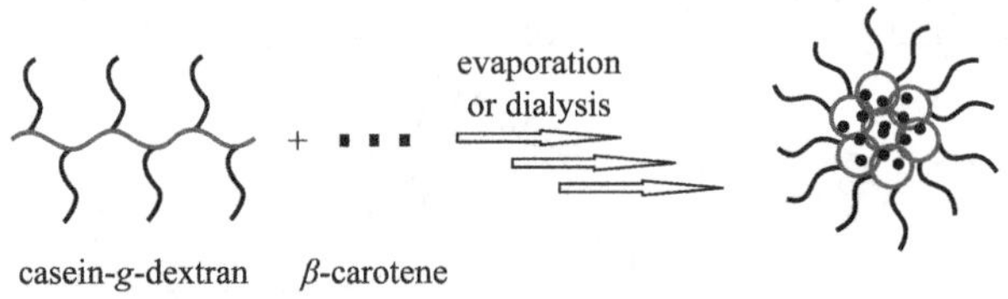

图 7-8 渗析或溶剂挥发法制备包埋β-胡萝卜素的酪蛋白接枝右旋糖苷共聚物纳米颗粒示意图

5. *沉淀法*

沉淀法是利用化学反应在溶液中生成固体颗粒物沉淀，并通过反应条件来调控生成沉淀的粒径和包封率。Dhumal 等采用超声沉淀法制备了非晶纳米头孢呋辛酯(CA)药物，大大提高了不良水溶性药物 CA 的口服生物利用度。研究发现，没有沉淀产生会导致大量非晶物团聚，粒子分布变宽，而在超声作用下，由于瞬间过饱和与成核，粒子分布和产量得到改善。Wistar 大鼠实验显示超声沉淀的 CA 由于增加了粒子的比表面积，减少了扩散路径，提高了可溶性，因此，增强了口服 CA 药物的溶出速率和生物利用度。

6. *层层自组装法*

层层自组装法(Layer-by-layer self-assembly，LBL)是一种主要以静电引力为驱动力的自组装技术。它是以带电胶粒为模板，通过 LBL 技术交替吸附聚电解质/聚电解质或聚电解质/纳米粒子多层膜，制备出核-壳式复合微球；然后，通过煅烧或化学溶剂除去中心模板，得到空腔微球或胶囊(图 7-9)。层层静电自组装制备的聚电解质胶囊的壁具有一定的空隙，调节溶

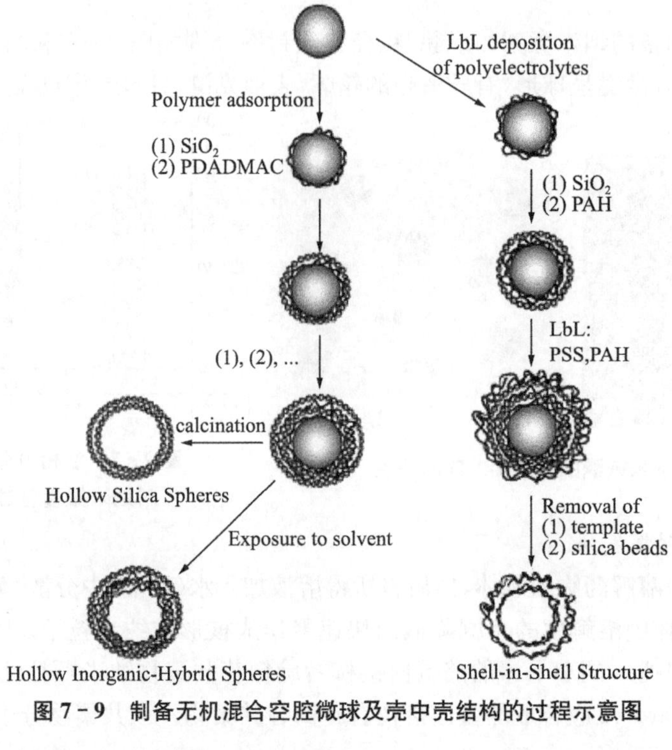

图 7-9 制备无机混合空腔微球及壳中壳结构的过程示意图

液的 pH 值和 NaCl 的浓度，可在一定程度上调控壁的“开”与“合”。利用这一特性，可将药物、蛋白质等活性物质封装在胶囊内部，实现活性分子的微胶囊化，因而在药物的传送领域有着广泛的潜在应用。

在 LBL 组装过程中，模板的选择至关重要。目前常用的模板有弱交联的三聚氰胺甲醛(MF)胶乳、有机和无机的晶体、二氧化硅粒子、聚苯乙烯(PS)胶乳、金属纳米粒子、纳米棒以及生物模板(图 7-10)。表 7-1 列出了最常用的模板及它们的性质。

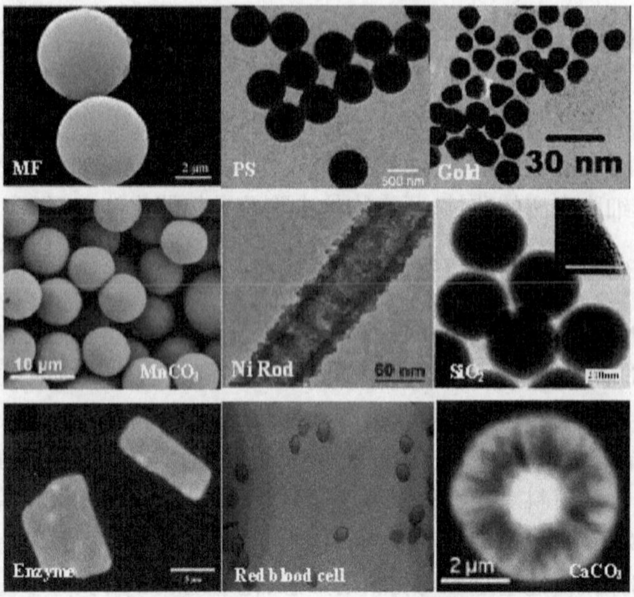

图 7-10　LBL 过程常用的模板

表 7-1　用于 LBL 自组装的模板

Parameter	Melamine formalde-hyde	Polystyrene latex	Silica	Erythrocytes	$CdCO_3$, $MnCO_3$, $CaCO_3$	PLA/PLGA
Size/μm	0.3～10	0.1～5	0.03～100	5.5～7.5	3～8	0.2～20
shape	spherical	spherical	spherical	discocytes	crytalline, porous	spherical
monodispersity	excellent	excellent	good～excel-lent	good	medium	low
commercial availability	+	+	+	+	−	+/−
price	very high	medium	low	low	−	low
problems upon dissolu-tion	mechanical stress; residues	mechanical stress; residues	aggregation	chemical stress; wall destruction	no stress	residues

PS 和 MF 的胶粒是常用的有机物模板。Caruso 小组还在 PS(210～640 nm)外组装了许多粒径在 3～100 nm、形状各异的纳米无机颗粒(球形或片状)，如 ZrO_2、TiO_2、SiO_2、Fe_3O_4 以及镧的纳米粒子，通过这些复合微球来调控最终微球的空腔大小和形状。以 MF 微球为中心的组装的复合层的组成几乎完全相同，均是由聚阳/聚阴交替组成，一般聚阳为聚二烯丙基二甲基氯化铵(PDDA)或聚丙烯基盐酸盐(PAH)，而聚阴为聚苯乙烯磺酸钠(PSS)。组装后用

稀 HCl 将中心的 MF 溶解，制备出空腔聚电解质胶囊。以无机物为核膜板的主要是 Au、SiO_2、$CaCO_3$ 和 $MnCO_3$ 的颗粒。Zhu 等以 SiO_2 为核膜板，用纳米的 Fe_3O_4 组装在外层，构成磁性微球，可用于生物磁分离。用 PDDA 和 PSS 交替组装在小于 200 nm 的 SiO_2 微球表面，通过 HF 溶去 SiO_2 内核，得到空腔胶囊，可用于载药。以生物大分子为核模板的常见的是用戊二醛固定的血红细胞。以它为中心的组装与以 MF 微球为中心的情况非常类似，均是在其外组装上聚电解质复合层，然后分别用 NaClO 和酸溶液溶解去除中心，从而制备聚电解质胶囊。

层层自组装技术用以组装多层膜的驱动力除了静电力之外，还有氢键、DNA 杂化和疏水相互作用。目前，又把点击化学技术结合到组装中。采用 LBL 技术制出的聚电解质空腔胶囊，能够保持原模板的形貌，囊膜有一定的渗透性，提供了负载其他化学物质的空间，因此，可用于包括如药物及化妆品的控制释放、光敏材料、作为敏感试剂（如酶和蛋白质）的保护性试剂、药物/基因输送、细胞和酶的移植、污染物的去除及异相催化等方面。

7.1.3 纳米药物输送体系控释性能和控释途径

根据材料本身的物性，作为纳米药物控制释放载体可分为非降解型和可生物降解型药物输送体系。多年来的研究发现，可生物降解的材料大多都含有能够水解的化学键，如聚酯类、聚酸酐类、聚酰胺类及糖类等。对于非降解型药物载体而言，其对药物的可控释放是通过材料表面和本体的微观结构（孔径大小、孔隙率等）来实现的；而对于可生物降解药物载体，除了材料的微观结构以外，这些材料对药物的缓释、控释作用还可借其在体液环境下化学键的水解来实现。以聚乳酸为例，其水解过程极其复杂，主要包括四个过程：吸水、酯键的断裂、可溶性齐聚物的扩散和碎片的溶解，这些过程与材料的形态、化学组成、结构、分子量、材料尺寸、材料中反应化合物的分布、降解环境等诸多因素密切相关。总之，化学组成、分子量、微观结构等均会在一定程度上影响材料的水解性能，产生不同的缓释特性。通常，药物的释放速度也会随着载体中药物含量的减少而减小，因此很难保持药物的恒量释放，而生物降解性高分子材料则可以解决这一问题。因为当可降解高分子材料进入体内后，材料的结构会随着降解的进行而变得疏松，促进药物的扩散和溶解，弥补因总含药量减少所引起的药物释放速度的减小，实现药物的长期、恒速释放。

一般来说，药物的释放机理大致可分为以下三种。第一种机理是扩散释放机理。这种扩散主要是因浓度差引起的。当载体内的药物浓度高于机体内的药物浓度时，药物就会不断地从载体内向机体内扩散。初期，由于载体和机体内的药物浓度差较大，药物的扩散释放速度也就较快。之后，随着药物的不断释放，载体内的药物浓度不断下降，而机体内药物浓度逐渐增加，于是载体和机体内的药物浓度差不断下降，药物的释放速度相应减慢。因此，这种释放机理呈现典型的“先快后慢”模式，对所有的药物载体均适用。第二种是材料降解机理，即药物被包埋在可生物降解材料内。在体内环境下，材料不断降解导致其微观结构的变化，药物便不断地从载体中释放出来。在这种情况下，药物的释放速度直接取决于载体材料的降解速率。通常，材料的降解速率与周围的缓释介质和环境条件密切相关，如酶的存在可加快材料的降解、pH 值的大小可影响材料的降解等，因此这些外在的条件也直接影响着药物的释放速度。当条件适当时，则完全可以实现药物的恒速释放，避免突释现象。第三种释放机理是响应性控制释放。如 pH 敏感型水凝胶和温度敏感型水凝胶药物释放体系的释放机理就属于这一类。通常，当机体处于病变状态时常常发出一些特殊的信号，如骨折、炎症和肿瘤部位的 pH 会降至

5.0～6.0、肿瘤部位的温度会略高于正常组织等。pH敏感型水凝胶药物释放体系正是基于人体正常组织和病变组织的pH差异而设计的。这一类药物控制释放体系有时也被称为智能型药物控制释放体系。

7.1.4 纳米微粒靶向药物制剂

作为靶向控释载体的纳米药物微球，按照其靶向体系的不同导向可分为被动靶向控释体系和主动靶向控释体系。

1. 被动靶向药物载体系统

众所周知，正常组织中的微血管内皮间隙致密、结构完整，大分子和脂质颗粒不易透过血管壁，而实体瘤组织中血管丰富、血管壁间隙较宽、结构完整性差，淋巴回流缺失，造成大分子类物质和脂质颗粒具有选择性、高通透性和滞留性，这种现象被称作实体瘤组织的高通透性和滞留效应，简称EPR效应(enhanced permeability and retention effect)。被动靶向正是基于实体瘤组织和正常组织这一病理结构而提出的。

被动靶向的纳米药物载体一般是借载体的大小、微观结构、疏水性、表面电荷等物理因素实现靶向，其真正的靶位是细胞内的溶酶体系统。一般来说，作为异物的载药纳米粒子进入循环系统后，抗体、蛋白、调理素等迅速吸附，紧接着被网状内皮系统(RES)所识别而发生“内吞”或“融合”，被动地分布于RES相对集中的肝、脾、淋巴等部位。研究表明，纳米粒子的被动靶向性与其粒径大小和表面电荷密切相关。粒径大于7 μm的微粒常被肺毛细血管机械地截留，被单核白细胞摄取而进入肺组织或肺气泡；粒径为2～7 μm的微粒在体内被毛细血管网摄取后，主要积集于肝、脾等部位；粒径介于0.1～0.2 μm的粒子，则会立刻被RES的巨噬细胞内吞而转运到肝枯否氏细胞的溶酶体中；粒径小于50 nm的颗粒极易穿过肝脏内皮或淋巴系统到达骨髓。因此从这个角度来看，可直接通过药物微球的大小来调控其在体内的分布，实现药物的被动靶向性控制。对于表面电荷来讲，研究表明，表面电荷越接近中性，越有利于躲避巨噬细胞的吞噬，提高被动靶向性。例如，徐锋等研究比较了不同表面电荷的载血红蛋白基纳米微囊在体内的循环时间，结果发现，表面电位绝对值较低的纳米微囊在血液循环中具有较长的半停留时间。表面呈负电性的纳米微囊更容易分布于肝脏及脾脏，而表面呈正电性的微囊在肺部的富集量相对较高。

基于上述研究结果，研究者采用物理的、化学的或者两者结合的方法来改变载药粒子表面的Zeta电位、亲/疏水性等性质来延长粒子的循环时间，增强药物在病灶靶部位的富集，使所载药物能更好地实现高效、低毒的治疗效果。目前被动靶向药物载体纳米粒子的研究主要集中于：载体材料的筛选，并设计新型的生物相容性好的高分子材料；建立纳米粒子传输体系体内过程的数学模型，探讨药物动力学规律；对纳米粒子表面修饰，提高其靶向性和靶向能力；制备工艺的优化，增加载药量。

2. 主动靶向药物载体系统

生物主动靶向性也是抗肿瘤纳米载药系统研究的重要内容。在细胞恶变时，造成大量在质与量上均不同于正常细胞的蛋白的表达，从而在肿瘤细胞表面形成特异性抗原和受体。针对这些特异性抗原和受体，制备出相应的特异抗体或配体，以这些特异抗体或配体对纳米粒表面进行修饰，利用特殊的抗原-抗体、受体-配体作用促使纳米粒在特定部位的聚集进行肿瘤靶向治疗。如Debotton等用化学偶联法将单克隆抗体偶联到活性聚乙二醇聚酯纳米粒子(NPs)表面，对负载紫杉醇棕榈酸酯(PCPL)的免疫纳米粒子的体外细胞培养的研究表明，免疫的 NPs 与 PC-3 和 CAPAN-1 细胞系孵育显示良好的结合力和摄取结果(图 7-11)。对比静脉注射小鼠中 PCPL 溶液的值,PCPL 纳米粒子和免疫纳米粒子均显示 $t_{1/2}$、C_{max}和 AUC 值显著增加,而 PCPL 纳米粒子和 PCPL 免疫纳米粒子之间的 C_{max}和 AUC 值无显著差异。然而,免疫纳米粒子比纳米粒子更少集中在肝脏与脾脏。免疫纳米粒子的药代动力学行为明显不同于裸的单克隆抗体。单克隆抗体偶联到纳米粒子上后,失去了其固有的分子药代动力学特征。比较 PCPL 溶液和纳米粒子,免疫纳米粒子引起了显著的抗肿瘤活性,虽然肿瘤的生长未被完全抑制。

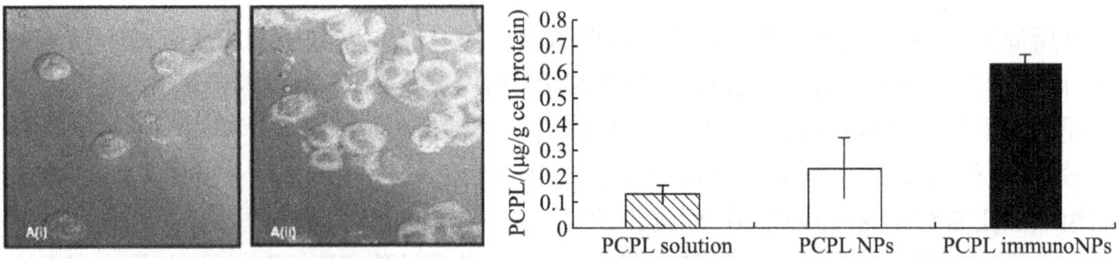

(a) PC-3细胞摄取的共焦显微镜照片

(b) PC-3细胞对PCPL溶液、PCPL纳米粒子和PCPL免疫纳米粒子摄取PCPL的量

图 7-11

此外,基于受体与其配体的特异性识别和结合,研究者设计出不同的靶向药物载体系统。这类受体包括细胞表面标识物,如糖、外源凝聚素等,被广泛用作靶向药物载体的作用位点。糖基化交联物,特别是天然糖蛋白及化学修饰的糖基大分子被广泛用作通过受体介导的胞吞作用的主动靶向的配体。研究发现,含有半乳糖及甘露糖残基的大分子可分别被肝细胞及巨噬细胞所摄取。特别是肝细胞表面的无唾液的糖蛋白受体,由于亲和力高,与配体内部的结合速度快,是目前备受广泛关注的靶向给药受体。Yukiko 等直接采用半乳糖(Gal)修饰聚-L-谷氨酸(PLGA)纳米粒子,发现静脉注射后,未经半乳糖修饰的 PLGA 迅速从血浆中清除,主要被非实质肝细胞所摄取,并积聚于肾、尿液内。而经半乳糖修饰的 Gal-PLGA 纳米粒子则主要被肝实质细胞摄取,而且残基为 16 或大于 16 的半乳糖衍生物修饰的纳米微粒被肝摄取更多。

3. 物理靶向药物载体系统

物理靶向是指借助磁场、电场、温度和 pH 值等物理因素把药物导向病变部位的方法。其中,利用磁性实现纳米药物的靶向定位磁性纳米粒子,是近年来物理靶向的研究热点。其基本原理是采用一定的方法将药物和磁性物质(如 Fe_3O_4 或 $\gamma-Fe_2O_3$ 等)共包裹或分散于纳米粒子中,纳米粒子进入体内后,利用外加磁场进行磁性导航,使磁性纳米粒子定向移至病变部位,药物从载体中释放,产生靶向的、高效低毒的治疗目的,同时避免了被网状内皮系统的巨噬细胞所吞噬。其中,纳米磁性抗癌药物成为新一代靶向给药系统的典型代表得到广泛关注。

Chertok 等将氧化铁纳米粒子作为药物载体静脉注射到大鼠后,用核磁共振(MR)观察体内的磁向定位结果。在 0.4 T 的磁场强度下(实验组)作用 30 min,MR 记录从 1~3 h,结果显示,加磁场是不加磁场(对照组)的 5 倍,选择性靶向的神经胶质瘤处是正常脑组织的 3.6 倍。图 7-12 给出了用 MRI 探测的纳米粒子积聚动力学。

此外,某些聚合物对环境刺激的物理化学反应也被用于药物载体系统的靶向定位。如利用肿瘤病变部位的体温比正常组织高而设计开发的温度导向纳米药物制剂。Ashutosh 等研

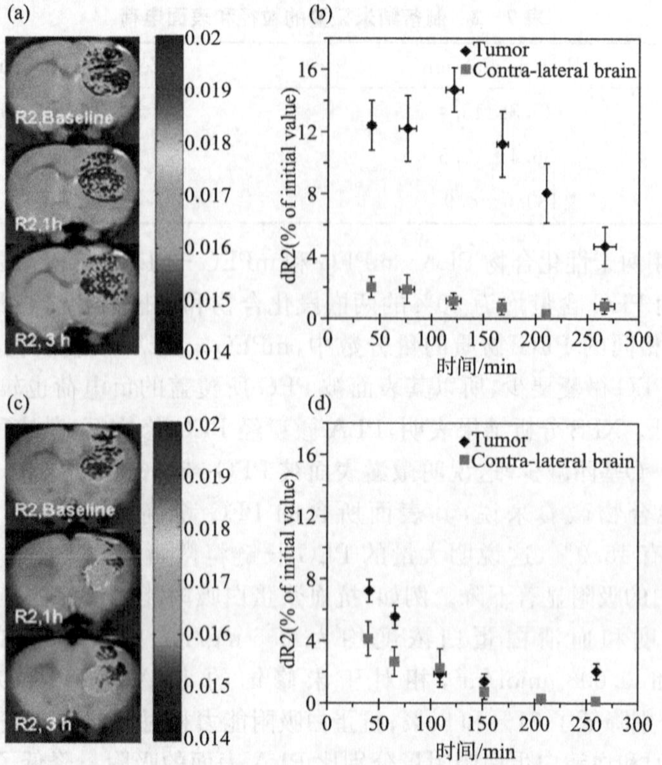

图 7-12　采用 MRI 探测纳米粒子积聚动力学

(a、b)靶向组;(c、d)非靶向组

究比较了温度敏感的两种药物载体:聚缩氨酸和聚异丙基丙烯酰胺-丙烯酰胺共聚物。结果发现,聚缩氨酸的溶解转变温度在 37℃附近。进一步的肿瘤移植裸鼠实验表明:与普通药物微球相比,1 h 后,癌细胞中热敏感聚合物药物微球的数量增加 2 倍,且毒性与游离阿霉素相当。聚异丙基丙烯酰胺-丙烯酰胺共聚物的研究也有着相似的结果。另外,通常癌变组织部位组织间液的 pH 值比正常组织低,当药物与载体之间以酸性降解的化学键相结合时,在癌细胞外弱酸性的液体环境中,药物微球可以释放出活性药物,从而可以实现 pH 值介导的纳米药物靶向制剂。

7.1.5　长循环纳米微球的构建

由于血浆蛋白的调理和网状内皮细胞的吞噬作用,纳米微球一旦进入血液循环,会迅速被体内网状内皮系统识别、捕获而从体循环中被清除掉,从而极大地影响其在病灶靶位的富集以及治疗效果。因此,体内循环时间是影响纳米微囊治疗效果的主要因素之一。通过对纳米粒表面进行修饰构建长循环纳米粒是制备高效、长效纳米微囊药物输送体系的关键手段之一。下面介绍从壳材的 PEG 化修饰、表面电位,以及水溶性糖蛋白等不同的角度调控纳米微球表面的亲水性和电荷,延长纳米微球的血液循环时间。

1. PEG 化聚合物化学结构的影响

Shan 等以聚乳酸 PLA 为基质,制备相同 PEG 物质的量分数(30%)、相同 PEG 分子量(5 kDa)的 PEG-PLA 二嵌段(PEL)和三嵌段共聚物(PELE)。在此基础上制备纳米微球,分析不同聚合物结构对微囊表面亲水性、电荷及表面化学结构组成等物理化学性能以及循环时间的影响(表 7-2)。

表 7-2 制备纳米微囊的粒径和表面电荷

Samples	Particle size/nm	Zeta potential/mV
PLA	145.3±13.4	−37.67±0.51
PEL	136.4±12.5	−13.8±2.18
PELE	139.5±4.9	−2.23±0.34

结果发现，采用两亲性化合物 PLA - mPEG 和 mPEG - PLA - mPEG 制备的微球具有较小的粒径。而采用 PEG 含量均为 30%的两嵌段化合物和三嵌段化合物具有相近的粒径分布。然而，即使在相同的 PEG 物质的量分数中，mPEG - PLA 微囊表面所含的 PEG 量较 mPEG - PLA - mPEG 微囊要少，所以其表面被 PEG 所覆盖的负电荷也较 PELE 微囊要少，导致 Zeta 电位较低。XPS 分析结果表明，PLA 微囊经 PEG 修饰后，其表面的 C—O 基团增多，相应的 O—C ═O基团减少，这说明微囊表面被 PEG 亲水链段所包覆。尤其值得注意的是，对于三嵌段聚合物微囊来说，其表面所含的 PEG 量高达 63.7%，而裸露于表面的 O—C ═O 基团只有 15.9%，这说明大量的 PEG 长链将微囊包裹。同时，经 PEG 修饰后，PLA 共聚物对蛋白的吸附显著下降。例如，抗血浆蛋白吸附能力最好的是三嵌段共聚物，其在纤维蛋白原浓度和血清白蛋白浓度均为 0.5 mg/mL 的溶液中的吸附量分别为 0.009 μmol/m^2 和 0.008 μmol/m^2，相对于未修饰的 PLA 表面的 0.029 μmol/m^2 和 0.060 μmol/m^2 分别降低了 71%和 85%；抗蛋白吸附能力相对较弱的两嵌段共聚物 mPEG - PLA，其纤维蛋白原和血清白蛋白吸附量分别比 PLA 表面的吸附量降低了 65%和 25%。另外，需要指出的是，尽管两种 PEG 修饰的聚合物都有明显的抗血浆蛋白吸附的能力，但是对于不同分子量大小的蛋白其抗吸附能力模式不尽相同：对于高分子量的牛血清纤维蛋白原，两嵌段和三嵌段共聚物的抗吸附能力很接近，其表面吸附的蛋白量分别是 0.010 μmol/m^2 和 0.009 μmol/m^2；而对于低分子量的牛血清白蛋白，两者抗吸附能力相差很大，分别为 0.045 μmol/m^2 和 0.000 9 μmol/m^2，这可能与聚合物结构有关。进一步通过体外细胞培养实验考察了巨噬细胞对不同种类纳米微囊的吞噬情况(图 7-13)。培养 30 min 后，PLA 微囊的吞噬量高达 70.4%。当在 PLA 链段的一端引入 PEG 后，其躲避吞噬的能力有所提高，总吞噬量下降了近 30%。三嵌段聚合物 mPEG - PLA - mPEG 所制备的微囊躲避吞噬效果最明显，只有 15.6%，仅仅是原 PLA 微囊被吞噬量的 22%。

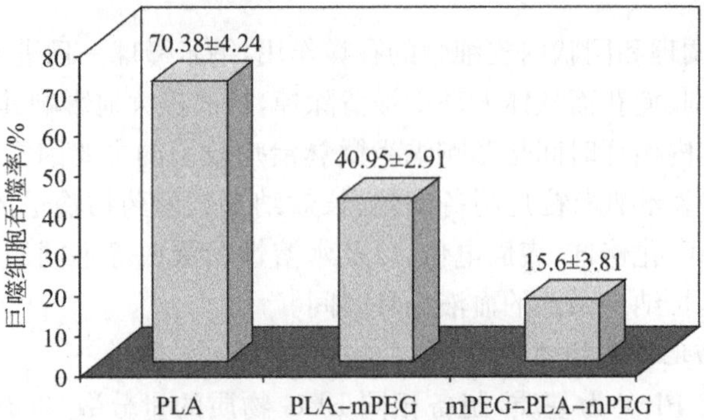

图 7-13 巨噬细胞对纳米微囊的吞噬量比较(培养 30 min)

由此可见，即使在 PEG/PLA 摩尔分数、PEG 分子量完全相同的条件下，三嵌段共聚物的亲水性高于两嵌段共聚物，mPEG - PLA - mPEG 微囊具有接近中性的表面电位（−2.23 mV），而 mPEG - PLA 微囊的表面电荷为−13.8 mV。三嵌段共聚物微囊表面所含有的 PEG 链段密度较高，对血浆中大分子和小分子蛋白均具有很强的抗吸附能力，能够更加有效地躲避巨噬细胞的识别和吞噬，进而较大程度地延长微囊在血液中的半停留时间（10 h）。而两嵌段共聚物微囊表面所含有的 PEG 链段密度远小于三嵌段共聚物 mPEG - PLA - mPEG 微囊的 PEG 密度，仅能抑制血浆中大分子蛋白的吸附，所以仅仅只能在一定程度上延长微囊的血液半衰期（3.5 h）。

2. *表面电荷对纳米聚合物微球循环时间的影响*

纳米微囊的表面电荷影响到其与体内物质如调理素等的静电作用力。由于体内的环境较为复杂，经典胶体科学中的扩散双电层理论很难描述纳米微囊与体内物质的吸引和排斥作用。一般而言，表面带负电荷的纳米粒往往相对于正电荷或中性表面的纳米粒在体内更易被清除，中性表面最有利于延长纳米粒在体内的循环时间。

Xu 等采用可降解高聚物 mPEG - PLA - mPEG 作为壳材，用复乳/溶剂挥发法制备载牛血红蛋白的纳米微囊，并通过十六烷基三甲基溴化铵（CTAB）及十二烷基硫酸钠（SDS）调控微球的表面电位。未经修饰的纳米微球（S1）的表面电位为−20 eV 左右，经 CTAB（S2）和 SDS 修饰（S3）后，纳米微球的表面电位分别为+5.0 eV 和−36.0 eV 左右。体外细胞吞噬实验结果显示，CTAB 修饰的纳米微球可以有效地躲避巨噬细胞的吞噬。不同表面电位的微囊 S1，S2 和 S3 在血液中的半停留时间分别为 1.2 h、11.0 h 及 0.35 h（图 7 - 14），其中表面电位较低的 S2 样品的血液中半停留时间最长，是 S1 的 9 倍，是 S3 的 30 倍。显然纳米微囊的表面电位是影响其在血液中的循环时间的重要因素之一。

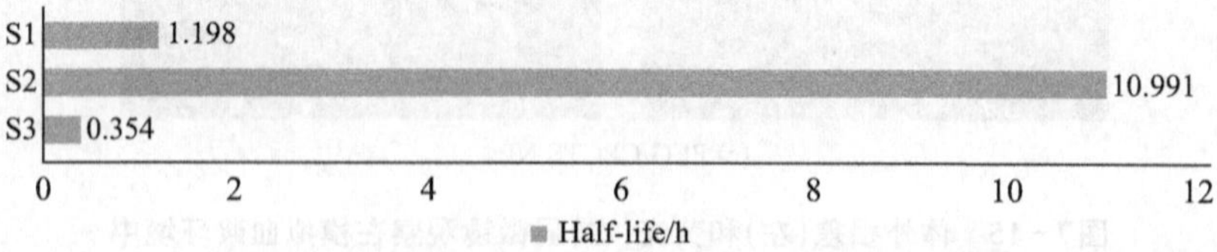

图 7 - 14　不同表面电位纳米微囊的体内半停留时间

3. *水溶性壳聚糖与 PEG 分子协同修饰的研究*

肝素、葡聚糖等多糖类物质已被证明可以延长纳米粒在体内的血液循环时间和减少巨噬细胞的吞噬。壳聚糖作为一种重要的多糖，因其优良的生物相容性、生物可降解性、安全无毒和价格低廉等特点在生物学领域有不少的应用。然而其较低的水溶性限制了其在药物载体领域的广泛应用。Sheng 等提出了一种新颖的聚乙二醇和水溶性壳聚糖协同表面修饰的方法，即聚乙二醇先共价键结合于聚合物壳材 PLA 上，水溶性壳聚糖（WSC）后物理吸附于微囊表面，能更进一步延长可降解聚合物纳米微囊的血液停留时间，同时提高其在生理环境中的稳定性。实验选择了两种水溶性壳聚糖：带正电的部分脱乙酰化的壳聚糖（PDC）（50%左右脱乙酰度）和带负电的羧丙酰化壳聚糖（CPCTS）。

采用体外细胞实验考察了巨噬细胞对纳米微球的吞噬情况（图 7 - 15），分别采用 PEG/PDC、PEG/CPCTS 协同表面修饰的纳米微囊和对照组 PEG/PVA 纳米微囊与巨噬细胞共培养，其相差和荧光照片表明，在相同的培养条件下，巨噬细胞显示出的荧光强度由强到弱依次为：PEG/PVA 对照组＞PEG/CPCTS 组＞PEG/PDC 组。由此可见，PEG 与 WSC（PDC

或 CPCTS)协同表面修饰能有效地降低巨噬细胞的吞噬,且 PEG/PDC 组合的修饰效果最佳。

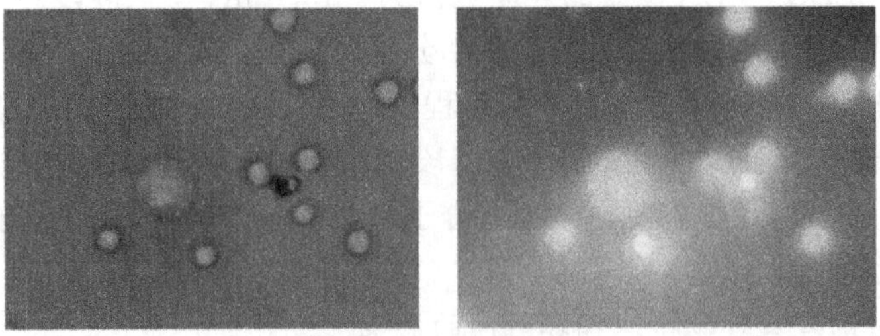

(a) PEG/PVA NPs

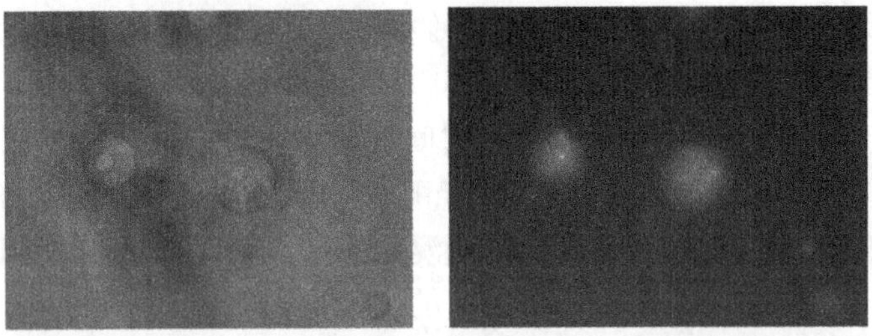

(b) PEG/PDC NPs

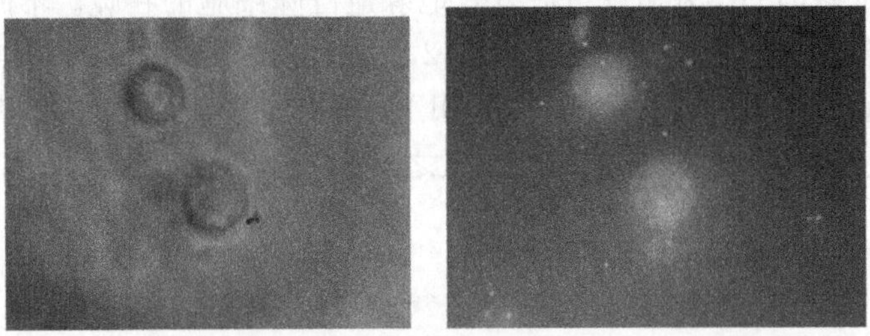

(c) PEG/CPCTS NPs

图7-15 体外相差(左)和荧光(右)显微镜观察在模拟血浆环境中鼠腹腔巨噬细胞对各种表面修饰纳米微囊的吞噬情况

通过动物实验发现,PEG、PDC 或 CPCTS 单独修饰的纳米微囊在血液中被快速清除,静脉给药后 3 h 在血液中的残留量分别为 15.5%、29.8% 和 25.6%。当采用 PEG/PDC 或 PEG/CPCTS 协同表面修饰,纳米微囊在血液中的停留时间大大延长。PEG/PDC 组的血液半停留时间为 63.5 h,是 PEG 组的 302 倍,是 PDC 组的 96 倍。相比之下,PEG/CPCTS 组的血液半停留时间为 7.1 h,对照组 PEG/PVA 的血液半停留时间为 1.1 h(图 7-16)。

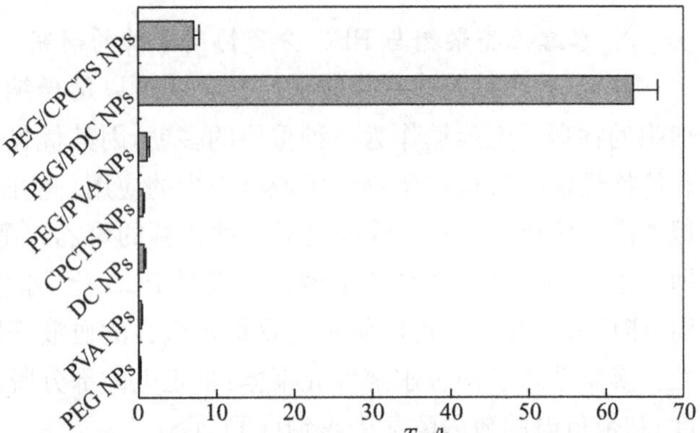

图 7-16 各种表面修饰纳米微囊的血液半停留时间

同时,研究发现纳米微囊在体内的主要富集脏器依次为肝脏、肾脏、脑部、脾脏、肺部和心脏,其中在肝脏的富集最为明显。相比于 PEG/PVA 对照组,PEG/PDC 组在肝脏和肾脏的富集量显著降低，在肺部和心脏中变化不大。值得注意的是，两种纳米微囊在肝脏的分布方式不同。对于PEG/PDC组，静注5 min后富集量达到最高值为8.5%，随后是逐步的清除。而对于PEG/PVA对照组，静注15 min内肝脏的富集量迅速增加到24.5%，随后开始降低。在静注15 min时，PEG/PDC组在肝脏的富集量为PEG/PVA对照组的30%。肝脏中巨噬细胞(枯否氏细胞)对PEG/PDC组吞噬的减弱与微囊在血液中前15 min的滞留具有一定的相关性。此外，PEG/PDC组在肾脏的富集量为PEG/PVA对照组的61%，PEG/PDC组在脾脏的富集量为PEG/PVA对照组的1.39倍。

7.2 无机纳米粒子及其在生物医学领域的应用

无机纳米粒子是研究最早、应用最广泛的一类纳米生物材料。迄今被研究过的无机纳米颗粒有纳米金、纳米二氧化硅、纳米氧化铁、纳米羟基磷灰石等。

7.2.1 纳米羟基磷灰石

羟基磷灰石(hydroxyapatite，HAP)是动物与人体骨骼的主要无机成分，具有良好的生物活性和生物相容性。20世纪80年代中期以来，对羟基磷灰石有了比较深入的认识。大量研究表明：羟基磷灰石的许多特性是与其比表面积、粒径大小、粒径分布以及烧结活性等相关的。纳米羟基磷灰石所表现出的一系列独特的性能，已引起国内外许多学者广泛关注和极大的兴趣，对其制备方法及应用的研究也成为生物医学领域中一个非常重要的课题。目前对纳米羟基磷灰石的应用研究，主要集中在硬组织修复材料、药物/基因载体及抗肿瘤活性等方面。

1. 硬组织修复材料

人体骨骼是纳米HAP在有序排列的胶原纤维簇通道方向上生长形成的连续三维立体结构。因此，从仿生的角度来看，纳米HAP是构建骨修复材料的理想基质。特别是由有机高分子构成的连续相和弥散于基质中的纳米HAP晶粒所组成的纳米HAP-高分子复合材料，通过对天然硬组织的模仿，成功地解决了常规HAP生物陶瓷抗弯强度低、脆性大、在生理环境下抗疲劳性不高等临床应用中遇到的问题，因此在硬组织修复领域有着广阔的应用前景。W. Bonfield等研究人员成功地制备出了高分子量的聚乙烯与纳米HAP的复合材料。尽管HAP在复合材料中分布均匀，但两相之间无化学键合，力学性能仍不理想。崔福斋等采用仿生沉淀法制得纳米HAP/胶原骨修复材料，植入新西兰大耳白兔骨髓腔中后发现，植入体的界面层可发生溶解-沉积的动态快速更新过程，巨噬细胞可在种植体表面或深入种植体内通过吞噬和胞外降解吸收该植入材料，材料表面及内部被吸收后伴随有新骨的沉积，植入体与骨组织可形成化学键合。天津市口腔医院曾对制备的纳米HAP/胶原复合骨材料进行修复家兔颅颌面实验性贯通型骨缺损研究，结果发现纳米级HAP结晶均匀沉积于胶原蛋白上，便于被机体组织和细胞识别与利用。Shinomiya等通过动物实验研究了载有骨形态发生蛋白(rhBMP-2)的纳米HAP/胶原复合材料的性能，结果表明，载有rhBMP-2的HAP/胶原复合材料具有较高的骨诱导性，加速了骨重塑过程，将其植入承重部位，能够有效缩短骨整合时间。李玉宝等通过共沉淀法、常压共熔法等多种方法获得了高纳米HAP含量和分散均匀的纳米HAP/聚酰胺复合材料，结果表明，复合材料的两相间有化学键形成，材料的性能，尤其是抗压、抗弯强度和弹性模量与人体皮质骨接近；动物实验结果显示，纳米HAP/聚酰胺66复合材料具有良好的生物相容性和生物活性，是一种较为理想的骨修复材料。

2. 药物/基因载体

近年来，国内外不少学者都曾对羟基磷灰石作为药物/基因载体的可行性进行了大量的研究。1993年，Aoki等将羟基磷灰石纳米微晶用作药物载体，对其吸附和释放药物的性能进行了细致的研究。纳米羟基磷灰石采用湿法合成，粒子大小为40 nm×15 nm×10 nm，配成一定浓度的悬浮液，吸附抗癌药物阿霉素。进一步的体外动物细胞培养实验证明，羟基磷灰石溶液对阿霉素的最大吸附量为0.2 mg/mg；阿霉素和阿霉素-羟基磷灰石对癌细胞均有抑制作用，但阿霉素-羟基磷灰石的抑制作用明显强于阿霉素。加纳诚介等也研究了羟基磷灰石纳米微晶对各种苷化抗生素类药物的吸附和脱附性能。结果表明：羟基磷灰石纳米微晶具有较理想的药物吸附-脱附性能，可有效地控制药物的释放速率。K. Jntema等采用共沉淀法将蛋白类药物包裹于纳米HAP晶粒中获得了具有缓释功能的药物释放体系。体外缓释实验结果表明：药物的释放速率由HAP的溶解过程控制，pH值由5.9增加到6.9，HAP的溶解速度降低了4倍，药物的释放速率也降低了4倍。

作为一种新型的非病毒型基因载体，纳米HAP不仅有效地克服了病毒型载体诱导宿主的免疫反应、潜在的致癌性、装载容量有限、代价高等缺点，而且解决了病毒型载体转染率低的问题。Zhu等的研究结果显示，当pH值为2和7时，纳米HAP对绿荧光蛋白EGFP－N1质粒DNA表现出强的吸附性能，携带EGFP－N1质粒DNA的HAP纳米粒子被靶细胞摄入后主要分布在肝、肾和脑的细胞质中，而在细胞核中的含量相对较少。Mitra等研究表明，纳米HAP可以与DNA形成比较牢固的结合，提高靶细胞对DNA的吞噬和吞饮，控制基因的释放，避免溶菌酶对DNA分子的破坏，实现较高的转染效率。

3. 抗肿瘤活性

纳米羟基磷灰石抗肿瘤活性的研究始于20世纪90年代，国内外对其研究报道相对较少。1993年Aoki等将纳米羟基磷灰石微晶作为抗癌药物的载体，在进行体外细胞培养的实验中发现，用作空白对照的羟基磷灰石对Ca－9癌细胞的增殖也有明显的抑制作用，但对正常细胞增殖基本无影响。同时还发现，羟基磷灰石对癌细胞增殖的抑制效应需要一定的时间才可以表现出来，培养液的pH值发生变化，大量纳米HAP进入细胞内部，引起细胞空胞变形，导致细胞大量死亡。

夏清华等的研究也表明，经纳米HAP处理的W－256癌肉瘤细胞，其形态和结构也发生了类似的变化。在进一步对HAP微晶的抗癌机理进行探索的过程中发现，纳米HAP微晶对W－256癌肉瘤细胞的DNA含量及细胞周期有一定的影响，对G_1期和S期的细胞最具杀伤力，同时纳米HAP微晶还可以阻止癌细胞的增殖分化，使G_2期细胞积累，阻止G_2—M期的进程。

Yuan等以Hep G2为肝肿瘤模型，正常肝细胞L－02为对照，研究了不同粒径的纳米HAP对细胞的作用。研究发现：纳米HAP可特异性地抑制肝癌细胞Hep G2生长，诱导细胞发生凋亡，而对正常L－02细胞的生长基本没有影响；纳米HAP抑制肝癌细胞的活性具有浓度和时间相关性。同时，纳米HAP抗肝癌细胞活性及其对肿瘤细胞的诱导凋亡显著依赖于HAP的粒径，45 nm的HAP抑癌活性最高，26 nm和78 nm的活性明显降低，而175 nm的HAP基本无抑制作用(图7－17)。

7.2.2　纳米量子点

1. 纳米量子点生物检测技术

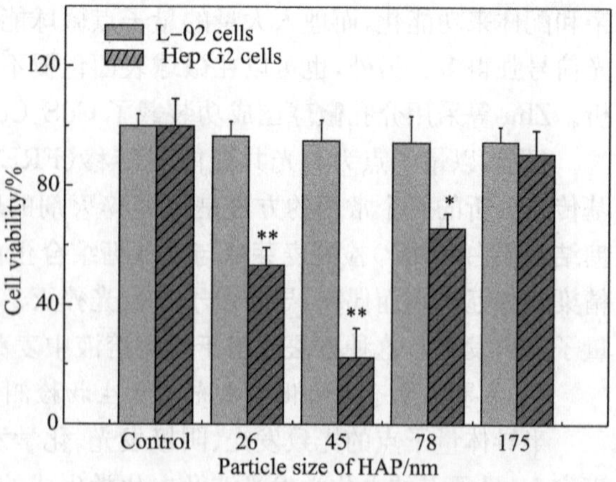

图 7-17　纳米 HAP 对细胞的毒性

半导体纳米粒子或量子点(QDs)具有独特的光物理性质，作为生物检测的光学标记，有着显著的优点。典型的半导体量子点拥有高的荧光量子产额、稳定的抗光漂白，以及尺寸控制的发光性质。量子点有效的荧光和稳定性在用作光学标记时可改善灵敏度，延长寿命。量子点的尺寸可控发光功能是量子点作为光学标记最主要的优点，相同材料、不同尺寸的粒子可以作为荧光标记对不同分析物进行平行的多元分析。另外，不像分子荧光团那样激发区域窄，半导体量子点有宽的吸收带。这一性质允许在一共同的波长下激发各种尺寸的量子点，不同量子点的荧光一起平行地成像。近年来，合成半导体量子点有效的方法，以及用功能化覆盖单层或薄膜进行化学修饰量子点表面得到了很大发展，大大地推动了纳米量子点在生物检测方面的应用。

2. 半导体量子点作为光学标记用于生物分析

功能化的半导体量子点已作为荧光标签用于大量的生物识别中，如免疫分析的蛋白检测[图 7-18(a)]或核酸分析[图 7-18(b)]。例如，硒化镉/硫化锌量子点被亲和素基团功能化能用于生物素化抗体的荧光标记，而这些标记的抗体可用于检测蛋白质的毒素(葡萄球菌肠毒素 B 和霍乱毒素)。同样，硒化镉/硫化锌量子点结合适当的抗体，适用于多元夹心的荧光免疫分析，通过使用不同大小的量子点，可同时检测不同的毒素[霍乱毒素(CT)，蓖麻毒素，志贺样毒素 1(SLT)和葡萄球菌肠毒素 B(SEB)]。

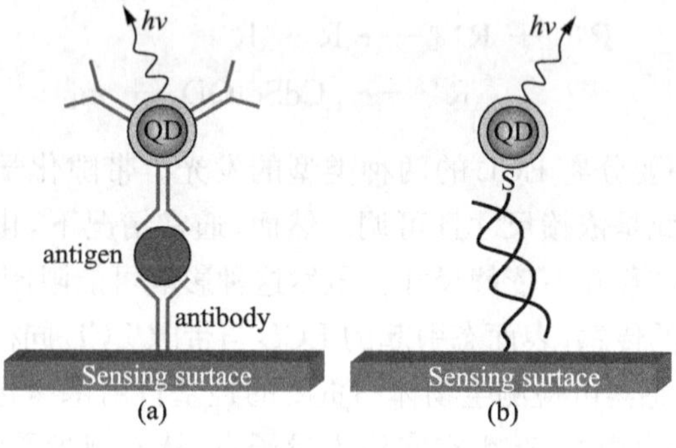

图 7-18　用抗体功能化量子点荧光分析抗原(a)和用核酸功能化量子点荧光分析 DNA (b)

此外，在微检测装置中量子点可被用来检测 miRNA。链菌亲和素偶联的量子点被用作目标物 3′端生物素化的 miRNA 标记，与相应的互补 DNA 探针杂交固定在玻璃片上。由此产生的从标记 miRNA 的量子点发出的荧光作为读出信号。结果显示，采用该法分析 miRNA 的检出限约为 0.4 fmol 和检测动态范围 156～20 000 pmol/L。该法已被用于检测水稻 11 个 miRNA 目标物。

近年来，研究者通过将量子点附着于微球或包埋于聚合物微球的手段来增强信号和实现多路分析。含量子点的微球比功能化的个体量子点有更多的优点。单个量子点只能用有限的亲和配体来功能化,而埋入大量的量子点微球能够使荧光信号比个体荧光量子点能发射的荧光信号强得多。另外,也可以在微球表面包覆不同种类或不同大小的量子点,同时实现多路分析。Zhu 等采用介孔微球已成功装载了 CdS、CdSe 和 ZnS 等多种半导体量子点。

目前,以量子点为荧光共振能量转移(FRET)的施主的各种传感方案已被关注。FRET 基传感分析的一个常用的方法是束缚猝灭剂的取代。例如,用 CdSe/ZnS 量子点连接到麦芽糖结合蛋白(MBP)检测麦芽糖与麦芽糖结合蛋白的混合组成的结合度。这些粒子与 β-环糊精染料相互作用而偶联,导致量子点发光猝灭。添加麦芽糖取代蛋白质上染料标记的糖,导致量子点再发光。这种方法能用于检测溶液中麦芽糖的竞争性量子点基传感器。

3. 半导体量子点的化学发光用于生物检测

半导体量子点的光致发光、阴极发光、化学发光(CL)和电化学发光(ECL)已经被观察到。事实上,量子点的电化学发光涉及电化学生成的纳米晶的种类和共反应物之间的电子转移,这表明量子点可用作 ECL 传感器。ECL 分析的主要优点是没有任何非特异性吸附的光激发引起的背景信号。过氧化氢是一种重要的生物共反应物,量子点的 ECL 对于它是敏感的。例如,在石蜡浸渍石墨电极上的硒化镉纳米粒子薄膜在过氧化氢存在时,加一电压(−1.2 V)能产生 ECL。产生的化学发光与溶液中过氧化氢的浓度有关。检测限为小于 1 μmol/L,具有高重复性(在 10 μmol/L H_2O_2 时的相对标准偏差为 1.18%)。

在存在量子点和过氧化氢时电化学产生的化学发光的可能机制可用式(7-1)~式(7-5)描述。量子点的电化学还原产生自由基负离子带电物质与 H_2O_2 反应,形成羟基自由基作为氧化剂。伴随着量子点由羟基自由基产生的氧化,生成了自由阴离子量子点物质。随后自由基阴离子与自由基阳离子再复合产生受激量子点,作为一系列暗反应的结果发光。

$$\text{CdSe QDs} + e^- \longrightarrow R^{\cdot -} \quad R = [\text{CdSe QD}] \tag{7-1}$$

$$R^{\cdot -} + H_2O_2 \longrightarrow R + OH^{\cdot} + OH^- \tag{7-2}$$

$$R + OH^{\cdot} \longrightarrow OH^- + R^{\cdot +} \tag{7-3}$$

$$R^{\cdot -} + R^{\cdot +} \longrightarrow R + R^* \tag{7-4}$$

$$R^* \longrightarrow [\text{CdSe QD}] + h\nu \tag{7-5}$$

重要的是在量子点中要分离 ECL 的两种类型的发光。带隙化学发光有一个发光光谱与光致发光光谱相匹配,因此是依赖尺寸且可调。然而,通常情况下,化学发光源于表面态。在这种情况下,发光光谱将红移并不依赖尺寸。虽然这种影响可能限制多通道技术的应用,对一般传感方案,如过氧化氢的传感,表面态引起的 ECL 与带隙 ECL 同样有效和敏感。基于上述电化学发光机制,ECL 传感器可检测生物体中重要的羟基自由基净化剂(如谷胱甘肽)。按照式(7-3)通过猝灭的羟基自由基,减少空穴注入量子点,从而减少受激量子点的产生。此外,对于过氧化氢,溶解氧也是一个按以下途径的 ECL 的共反应物[式(7-6)]:

$$O_2 + 2\,R^{\cdot -} + 2\,H^+ \longrightarrow 2\,R^* + 2\,H_2O_2 \tag{7-6}$$

与相同浓度的过氧化氢溶液比较,溶解氧是一个更有效率的产生 ECL 的共反应物。

4. 半导体量子点用于光电化学生物分析

半导体量子点的光激发除了导致发光特性外,光生电子和空穴也可使电传递到电极表面。局限于电极表面的光激发的量子点可以实现电极表面的直接传递,即通过导带电子注入电极,或由导带电子连续出射到溶解于电解质溶液的电子受体,同时电极电子转移到价带空穴。这两条路线分别导致光阳极电流或光阴极电流的产生。

在电极表面自组装的 CdS 纳米粒子及光电流生成被用于作为 DNA 机器操作的一个读出方法(图 7-19)。系统由一个 DNA 片段 29 组成,包括一识别序列(Ⅰ)、一个由双链结构形成产生的切口序列(Ⅱ)和一报道序列(Ⅲ)。基于(29)与分析物(30)的杂交,在聚合酶/dNTPs 和切口酶 Nb. BbvC Ⅰ存在时,DNA 机器被激活,这是片断的复制及随后双链分裂的反映。该切割过程促使片段进一步复制和核酸(31)转移。转移的产物(31)然后与修饰电极的核酸(32)相互作用与产物(31)在 3′端互补,同时核酸 33 功能化的 CdS 纳米粒子与产物 31 在 5′端互补。这种相互作用导致硫化镉纳米粒子在电极上的自组装并产生光电流[图 7-19(b)]。

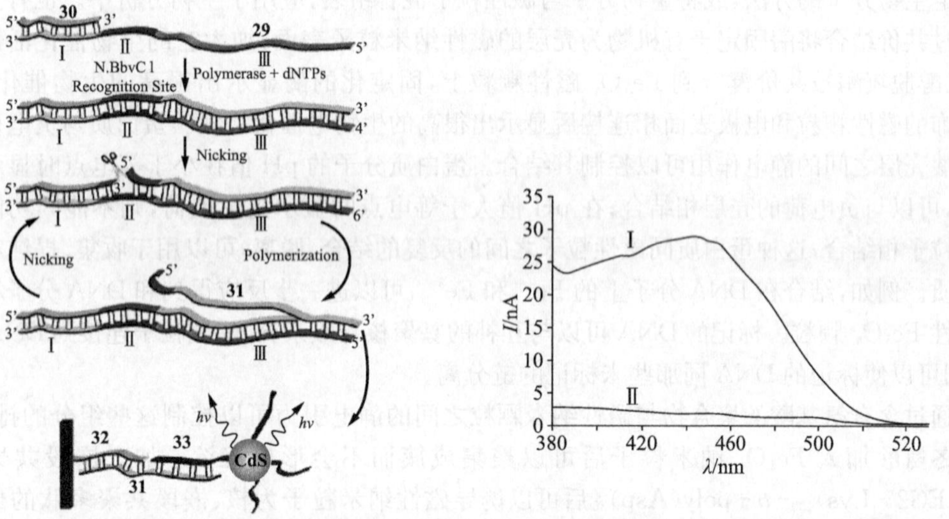

(a) 用生成序列31的DNA机器放大分析靶DNA 30　　(b) 实验光电流的观察(Ⅰ)缺乏和(Ⅱ)存在靶DNA

图 7-19　用 DNA 机器的光电化学读出核酸的敏感性

酶或氧化还原活性蛋白质与半导体量子点连接,由此产生的光电流被用来测定酶的活性,并进一步发展成为新的生物传感器。细胞色素 C 介导的生物催化转变被偶合到硫化镉纳米粒子上,由此产生的光电流方向由细胞色素 C 介体的氧化态控制。硫化镉纳米粒子用二硫醇连接剂固定在金电极上,含巯基嘧啶元连在半导体纳米粒子上,作为促进元在细胞色素 C 与纳米粒子间实现电传递。还原性细胞色素 C 的存在,乳酸被乳酸脱氢酶(LDH)的光电催化氧化,产生一阳极光电流。纳米粒子的光激发导致导带电子出射进入电极,并伴随还原性细胞色素 C 被价带空穴氧化。由此产生氧化性的细胞色素 C 随后调停 LDH 生物催化乳酸的氧化。同样,细胞色素 C 在其氧化状态时被用于增强生物电催化,在硝酸还原酶(NR)存在时,使硝酸盐还原为亚硝酸盐,从而产生一阴极光电流。导带电子到氧化态细胞色素 C 的转移被从电极到纳米粒子的价带空穴的电子转移补偿。

细胞色素 C 介导的生物催化还原硝酸盐到亚硝酸盐,在电极电位与标准电位偏差为 0 V 时能形成阴极光电流。由各种不同底物浓度叠加的生物催化产生的光电流显示半导体纳米粒子的光电化学功能化能用于开发生物催化转换的传感器。

7.2.3　纳米磁性粒子及其在生物医学中的应用

磁性粒子已被广泛用于药物、基因、放射性药品等的磁靶向、磁共振成像、诊断、免疫测定、

RNA 和 DNA 的提纯、基因克隆以及细胞分离和提纯等。这些磁性颗粒基本上都是以磁性氧化铁为核、有机物质为壳(通常是核外聚合物壳层),进一步结合生物物质(如细胞、核酸、蛋白质)。生物材料和磁性核周围的有机层键合的效率可以用各种技术来分析,例如带有激光诱导荧光探测的毛细管电泳。生物功能化的磁颗粒聚合物在浓缩、分离、再生、机械移动以及靶向生物等方面都有很多重要的应用。

1. 生物分子功能化的磁性粒子的合成

磁性颗粒的核通常是 Fe_3O_4 或者 $\gamma-Fe_2O_3$,外面有机壳层的修饰包括有机聚合物的吸附或者是与有功能作用的有机硅烷通过共价键结合。目前已经报道了多种在有机官能团壳层表面固定生物分子的方法,或将生物分子与磁性粒子混合组装,应用于生物分析中。也有文献报道通过共价结合将酶固定于有机物为壳层的磁性纳米粒子表面,加大它的生物催化活性。例如,乙醇脱氢酶被共价键合到 Fe_3O_4 磁性颗粒上,固定化的酶显示出很高的生物催化活性。酶修饰的磁性颗粒和电极表面相连接后显示出很高的生物电催化活性。蛋白质与负电荷的聚丙烯酸壳层之间的静电作用可以控制其结合。蛋白质分子的 pH 值在小于等电点时显示出正电荷,可以与负电荷的壳层相结合;在 pH 值大于等电点时显示出负电荷,则不能同功能化的磁性粒子相结合,这种蛋白质同磁性粒子之间的反复的结合/脱离,可以用于收集、提纯和运输蛋白质。例如,结合在 DNA 分子上的 Fe^{2+} 和 Fe^{3+},可以进一步反应得到和 DNA 分子相结合的磁性 Fe_3O_4 颗粒。标记的 DNA 可以与互补的寡聚核苷酸杂交,磁性粒子连接到 DNA 分子上,则可以使标记的 DNA 同那些未标记的链分离。

通过含有氨基酸的聚合物与磁性纳米颗粒之间的静电引力可以控制这些组分的排列,如聚天冬氨酸加入 Fe_3O_4 纳米粒子后可以聚集成簇而不会形成沉淀。加入嵌段共聚多肽 poly(EG2 - Lys)$_{100}$ - *b* - poly(Asp)$_{30}$后可以诱导磁性纳米粒子为核、嵌段共聚多肽的聚天冬氨酸为末端的通过静电作用形成胶束的可控排列。

2. 表面功能化磁性粒子在细胞/蛋白质分离和免疫传感器上的应用

细胞分离是生物细胞学研究中一项十分重要的技术,高效的细胞分离技术在临床诊断上有广泛的应用。传统的细胞分离技术主要采用离心法,利用密度梯度原理进行分离,时间长、效果差。随着合成磁性微球的发展,可以将磁性纳米粒子共聚到高分子微球中,并在微球表面偶联上抗体或抗原,形成功能化的免疫磁性微球。这种免疫磁性微球在分离细胞方面已经获得了快速的发展,动物实验、临床试验已获成功。其中最重要的是选择一种生物活性剂或者其他配体活性物质(如抗体、荧光物质、外源凝结素等),根据细胞表面糖链的差异,使其仅对特定细胞有亲和力,从而达到分离、分类以及对其种类、数量分布进行研究的目的。

通常免疫磁性细胞分离过程有直接法和间接法。直接法就是首先将亲和配基(即抗体)连接到磁性微球上形成表面结合单克隆抗体的免疫磁性微球(immunomagnetic microspheres, IMMS)。结合在磁性微球表面的抗体能够特异性地与靶细胞结合并使之具有磁性。在外磁场的作用下,结合物可以与其他杂质分离,从而实现靶细胞的分离和纯化。间接法则是先将自由亲和配基(抗体)与细胞共培养,未与抗体结合的细胞被洗掉,而抗体-靶细胞复合物则通过标记有另一配基(即二抗)的免疫磁性微球捕获。磁性微球分离细胞的过程如图 7 - 20 所示。Friedl 等应用多克隆 anti - Fab 抗体修饰的磁性微球成功地对人体 CD4、CD8、CD19、CD34 等细胞进行了分离,分离效率达 99.9 %以上。

通常采用传统的方法往往难以对蛋白质进行高纯度分离且保持其天然活性,而采用免疫磁性微球上的单克隆抗体则可以解决这一问题。用免疫磁性微球分离细胞溶菌液中的蛋白

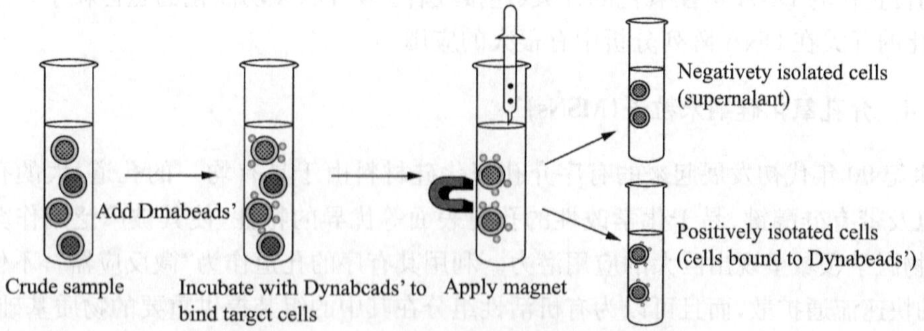

图7-20　磁性微球分离细胞的过程示意图

质，不仅不需要预先处理，而且非特异性结合也较少。在此基础上发展起来的金属螯合磁珠亲和纯化是一种新型的纯化重组蛋白的方法。其过程为：首先在磁珠表面共价键合次氮基三乙酸，然后加入 Ni^{2+} 形成螯合亲和磁珠纯化组氨酸标记的多肽。利用低浓度咪唑可将螯合的肽洗脱。这种磁性螯合载体为含量低、疏水、不稳定的重组蛋白和多肽的纯化提供了新的思路。

含有抗原-抗体功能基团的磁性粒子已经在很多免疫测定中得到应用。大多数情况下，功能化的磁性粒子可以用于分离、浓缩敏感材料以及在分析测试结束后调换敏感界面。粒子本身的磁性质也可以用于生物敏感的检测，如腺病毒(ADV)和抗 ADV 的磁性纳米粒子交联后产生一个聚集体，ADV 磁性纳米粒子自组装的形成情况可用水的弛豫时间 T_2 的改变来检测。在 10 μL25%的蛋白质溶液里极限情况下可以检测五个这样的病毒粒子。

3. 寡聚核苷酸功能化的磁性颗粒在核酸分离纯化和 DNA 分析方面的应用

核酸作为遗传信息的携带者和基因表达的物质基础，是现代生物学、医学研究中的重要课题之一。除了在生物体的生长、发育和繁殖等生命活动中具有重要作用外，核酸与生命的异常情况，如肿瘤发生、放射损伤、遗传疾病等也有密切关系。而高纯度核酸的分离提取是进行核酸结构与功能以及基因工程、蛋白质工程研究的前提和基础。

超顺磁性微球(亦称磁珠)也是分离、纯化和分析核酸的重要手段。其中，基于生物素-链霉亲和素特异性结合而设计的链霉亲和素-磁珠被广泛用于 DNA/RNA、转录因子，限制性内切酶，复制蛋白等的提取、分离。在基因表达的研究中，结合免疫磁性细胞分离和基于磁珠分离后进行逆转录(reverse transcription)及聚合酶链反应(polymerase chain reaction, RT-PCR)扩增，是一种强有力的手段。利用 Oligo(dT)25 修饰的磁性微球可短时间内从单核细胞、T-淋巴细胞和 B-淋巴细胞中提取出 mRNA。该过程不仅免除了总 RNA 纯化、柱色谱处理、过滤、有机溶剂提取、醇沉淀等过程，而且酶的下游应用也不会因为磁珠的存在而受到抑制。Oligo(dT)25 磁性微球还可定量提取 mRNA，使得高通量 mRNA 提取成为可能。改性后的磁珠也可以对血液、骨髓中的癌细胞进行检测或进行单核细胞制备。此外，磁珠还可从动、植物组织中分离 mRNA，比如从肝、脾以及果蝇中均成功提取 mRNA。研究者利用这些磁珠从动、植物细胞和组织等复杂样品中提取的 mRNA 构建 cDNA 文库。Fang 和 Otto 等报道用 96 孔板和 384 孔板磁分离可同时进行 96 或 384 个样品的提取。

将 DNA 分析物和磁性颗粒连接，分离提纯后，可进行 DNA 的电化学分析。采用核酸修饰的磁性粒子可以控制 DNA 的可逆氧化过程。链霉亲和素功能化的磁性粒子和含有生物素探针的核酸结合后，与 DNA 序列互补杂化。两个表面有图案的碳电极作为工作电极，功能化磁性粒子在电极左右两边空间沉淀下来，计时电位实验显示磁场可以控制 DNA 的氧化。改变磁铁的位置作为 DNA 可控氧化的开关(连接或者去除 DNA 功能化的磁性粒子),这个可控 DNA 氧化的开关在 DNA 阵列分析中有很大的应用。

7.2.4 介孔氧化硅纳米粒子(MSNs)

20 世纪 90 年代初发展起来的有序介孔氧化硅材料由于具有均一的孔道、大的孔容和比表面积以及带有硅醇键、易于化学改性的孔道表面等优异的特性,使其被广泛用作药物的载体,在生物医学领域呈现出巨大的应用潜力。利用其有序的孔道作为"微反应器",不仅可以实现物质的快速流通扩散,而且可以为有机活性组分在其中的组装提供重要的物质基础。

同时,由于具有规整的介孔结构,MSNs 表面的孔道很容易利用纳米颗粒或枝状化合物在孔道口封盖,实现孔道中的药物分子输运过程中的零级释放,而在外场的物理或化学刺激下,又可实现孔道的完全打开从而对客体分子全部释放。基于这样的理念,设计了利用具有光化学、电化学、离子浓度等特性控制的"开关"分子修饰介孔材料的空口后达到对客体分子的"按需"释放或控制客体分子释放到指定部位。

2003 年 Fujikawa 等在 Nature 上发表报道在 MCM - 41 的空口嫁接光响应的香豆素分子后得到了光化学控制的分子门,通过用波长大于 350 nm 的光激发会使香豆素分子间形成环丁烯从而使空口封闭,而用具有更高能量的 250 nm 的光激发则由于使键断裂恢复到单体而使空口打开。另外有不同的课题组将对 pH 敏感的官能团或分子嫁接到介孔材料的孔口,通过利用 pH 值的改变来实现介孔孔口的打开和闭合。Shi 等通过在介孔空心球的外表面层层自组装包裹多层聚电解质,利用它们对 pH 值或离子浓度的变化的响应实现了对装载药物分子的响应释放。最近,研究人员还陆续开发了多种新型的介孔基刺激-响应控制释放系统。Lin 等最近证实,利用苯溴酸修饰过的纳米介孔氧化硅颗粒可以作为一个对多糖响应的密码控制-释放体系用于对胰岛素和 c - AMP 的高效控制释放。Pedro Amoros 等成功地设计了介孔氧化硅基酶响应控制系统,他们首先利用乳糖作为"守门员"对介孔纳米颗粒的表面进行修饰,然后再利用 D-半乳糖将配糖键断裂,即可实现对封装在孔道内客体分子的控制释放。中国科学院上海硅酸盐研究所在贯彻孔道高水热稳定性介孔空心结构的合成、药物装载、药物从介孔空心球内的缓释性能及其调控、药物从介孔空心球内的环境响应控制释放等方面取得了重要进展。此外,在高分散均匀磁性内核/介孔层复合结构的设计合成,以及这种复合结构的药物装载和磁场靶向输送等方面,也取得了明显的进展。

另外,纳米介孔氧化硅还可以用于新型的止血剂。针对沸石分子筛止血剂临床应用过程存在的强放热和难以降解的缺陷,华东理工大学以沸石分子筛的结构为目标,合成出不同的微观结构和降解性能的纳米介孔硅基干凝胶材料,平均孔径为 2.5~3 nm、平均比表面积为 10~1 000 m^2/g。进一步的体内外止血实验结果表明,所制备的纳米介孔硅基干凝胶材料可以缩短凝血时间,加速凝血进程,大幅度缩短内源性和外源性凝血时间。以云南白药和沸石为对比,利用兔耳缘静脉、脾脏、肝脏以及断腿止血模型进行的体内实验结果表明,纳米硅基干凝胶具有良好的止血功效,其止血性能优于对照组。同时,以十六烷基三乙基溴化铵模板法制备出具有规整结构的含钙、银纳米介孔硅基干凝胶材料,该材料的孔大小为 3.2 nm,比表面积高达 919 m^2/g,具有较好的生物降解性。体外止血实验结果显示,该材料能够显著地促进凝血、激活内外性凝血酶原以及血小板的黏附。股动脉和肝脏模型显示,材料呈现出理想的止血效果,与空白组相比,实验组的动物的死亡率明显下降。

7.3 纳米表/界面及纳米涂层

7.3.1 纳米表/界面对细胞行为和组织的影响

相对于微米尺度，纳米尺度的表/界面与机体内细胞生长的自然环境更为相似，对于在分子和细胞水平上控制材料与细胞间的相互作用并引发特异性细胞反应有着重要作用。纳米尺度下材料的表/界面特征对成骨细胞的黏附、增殖和成骨，进而对植入材料与周围骨组织的整合及植入体的稳定性有着重要的影响。如磷酸钙纳米涂层可促进成骨细胞向纳米涂层表面移行，加快纳米涂层周围的新骨形成，并有效地促使骨组织向孔内生长，形成骨与植入体界面的骨结合。植入材料表面纳米涂层的物理特性如颗粒直径、颗粒之间的孔径是影响成骨细胞增殖等生理功能的主要因素。Sato 等研究表明，钛植入体表面纳米 HA 涂层特异性吸附的不同蛋白与成骨细胞膜整联蛋白之间的相互作用可以刺激成骨细胞矿化，且钛表面纳米 HA 涂层对成骨细胞黏附、增殖和成骨作用均有所增强。

另外，研究显示多孔结构的纳米涂层有利于组织的愈合。经过多孔纳米化的钛合金的弹性模量明显下降，与皮质骨弹性模量更接近，从而减小了钛合金因弹性模量远大于皮质骨而引起的应力遮挡，而且其硬度也有一定增强。同时，多孔的纳米涂层可以有效地促进成骨细胞黏附、增殖和成骨矿化能力，加速植入体与周围组织的骨整合。Hu 等用电化学方法在钛合金表面制备了均匀有序的巢状微孔形态结构的多孔纳米 HA 涂层。体外试验表明，这种纳-微米双重结构表面有良好的生物相容性和生物活性，对成骨细胞有着很高的亲和力，可促进其黏附和增殖。

7.3.2 纳米表/界面对蛋白的影响

除了细胞外，纳米尺度的表/界面结构对蛋白的微观结构和活性也有重要的影响。研究发现，小粒径、大曲率的表/界面有利于蛋白二级结构和活性的维持。而 Dordick 等发现纳米氧化硅(4～30 nm)对细胞色素 C 的微观结构无明显影响，但对其热力学稳定性(尿素存在下的解折叠)和活性有显著影响。Roach 等研究表明，牛血清白蛋白在粒径小于 30 nm 的氧化硅表面上具有更完整的微观结构和更高的活性，而分子量较大的纤维蛋白原则更适合固定在曲率相对较小的材料表面(大于 30 nm)。与此同时，人们研究发现，与平整的表面相比，具有独特纳米管状结构的单壁碳纳米管可以显著提高大豆过氧化酶在高温和有机溶剂条件下的稳定性。

7.3.3 纳米涂层

由于具有优良的力学性能和耐腐蚀性，金属(如不锈钢、钛及其合金等)被广泛用作生物材料。然而，由于金属材料在组成上与人体组织成分相距甚远，在体内呈生物惰性，不仅骨再生能力差，且与周围组织结合强度不佳。同时在体液中由于金属腐蚀产生的有害离子、在肌体组织中产生腐蚀等问题，使金属-骨界面不能稳定结合，并对人体组织器官和生理代谢产生不良影响，限制了纯金属材料作为生物材料的广泛应用。于是在保持金属材料力学性能基础上的表面涂层改性技术便应运而生，通过在金属植入体表面喷涂生物活性陶瓷涂层，新生骨与涂层直接形成化学键相结合而达到界面的稳定，并可防止金属材料在体内的腐蚀。

生物涂层的制备方法较多，有等离子喷涂、爆炸喷涂、离子体注入、激光烧蚀、化学腐蚀、电化学、气相沉积、旋涂法和液相中分子自组装等，其中等离子喷涂是目前应用最为广泛的一种涂层制备方法。利用等离子喷涂制备纳米生物涂层,可以大幅度提高金属材料的生物相容性和与组织间的结合强度。过程的关键是解决纳米生物涂层和基体热膨胀系数不一致的问题,以及结晶度提高(可增强涂层的稳定性)和生物相容性降低的问题。

纳米 HAP 具有与人体硬组织无机成分相似的结构,因而目前已成为首选的涂层材料。中国科学院上海硅酸盐研究所等采用等离子喷涂方法在金属植入体表面喷涂纳米 HAP 涂层方面开展了大量的工作,并使之成为一项标准技术。黄立业等采用电化学沉积-水热合成法在钛金属表面制备了纳米针状 HAP 涂层,发现经处理后材料在生理盐水中有较好的化学稳定性和抗溶解性,浸泡 12 个月后化学成分和形态未发生变化。T. Li 等采用浸渍的方法在钛金属的表面涂上一层 HAP 纳米晶,作为狗股骨移植材料,实验结果表明,经涂层的材料与组织的结合强度比未经涂层的材料高出两倍。国外已制备出含有 ZrO 的纳米 HAP 复合材料,其硬度、韧性等综合性能可达到甚至超过致密骨骼相应性能。通过调节 ZrO 含量,可使该纳米复合人工骨材料具有优良的生物相容性。使用 Dip-coating 技术在钛金属表面装配纳米 HAP 涂层。然后在真空气氛下 500℃烧结,由于原子间跨边界扩散能在界面形成 $CaTi_xO_y$ 化合物,因此涂层与基体间结合强度大为增加,体内植入试验表明 7 天的界面接合强度较常规等离子喷涂 HAP 涂层高 2.5～3 倍。纳米 HAP 涂层可克服常规等离子 HAP 涂层的脱落分层或成分复杂的缺点。黄立业等成功地用电化学沉积-水热合成法在 Ti 金属表面制备了纳米针状 HAP 涂层,发现经处理后材料的生物相容性得到了很大的提高。L. Tuantuan 等用浸渍涂层的方法在钛金属表面涂上羟基磷灰石纳米晶,作为狗股骨移植材料,实验结果表明,经涂层的材料与人体组织的结合强度比未经涂层的材料高出两倍。D. M. Li 等采用溶胶-凝胶法在 316L 不锈钢表面沉积纳米羟基磷灰石涂层,然后在 400℃下短时间烧结得到了与基体结合强度达到 44 MPa 的涂层。

近年来的研究表明,刘宣勇等采用特定技术制备的纳米 TiO_2 和 ZrO_2 等涂层除了保留传统 TiO_2 涂层特有的耐磨性、耐腐蚀性,以及与基体高的结合强度(可达 40 MPa 以上)之外,独特的纳米结构使得纳米涂层更有利于生理环境下钙磷等离子沉积和细胞的黏附,因而显示出更优异的生物活性。此外,涂层表面的纳米颗粒并非游离状态,而是固定在涂层表面形成纳米结构膜,不会产生游离纳米颗粒所存在的生物安全性顾虑。

7.4 纳米纤维材料

生物体内细胞生存的微环境大多是由 66 nm 胶原纤维和纳米多孔的微观结构构成,除蛋白质是调节细胞生命活动的重要成分外,纳米级的微观结构界面是构成生命的另一重要因素。因此,近年来从仿生的角度设计了大量的纳米纤维材料,并系统研究了纳米纤维材料的生物学效应。已有的研究表明,纳米纤维支架特有的高比表面积和孔隙率,能够支持细胞接种、黏附、迁移和增殖,引导细胞沿着纳米纤维取向生长、分化,并产生特定的功能,已被逐步用于生物材料的加工成型。Yoshimoto 等研究表明与常规纤维支架相比,纳米纤维支架与细胞外基质在形态结构上具有更高的相似性。生物材料表面的空间微观拓扑结构,如不同的粗糙程度及不同的表层微观形貌结构如凹槽型、山脊型、孔洞型等对细胞形态、黏附、铺展、定向生长及生物活性均有着直接的、不同的影响。

另外,纳米纤维还被用于药物/蛋白的可控释放。研究者将药物包埋在可降解或可吸收的材料(如乙交酯 PGA、丙交酯 PLA 及其共聚物 PLGA 等)中,用电纺丝法制备纳米纤维膜。改变膜的形态、化学组成以及纤维直径可有效控制药物释放速度和降解速度。Lu等首次把质粒pCMV β加入两种共聚物(PLGA和PLA-PEG)的混合溶液中,进行电纺丝形成纳米结构的DNA脚手架传输结构,结果发现从脚手架释放出的DNA未受破坏,能够在细胞内成功转染并编码生成β-牛乳糖蛋白。X. Zong把抗生素mefoxin(头霉噻吩甲氧头孢菌素钠)以1%(质量分数)的浓度添加在PDLA(聚D,L-丙交酯)的纺丝液中,纺制了平均直径在160 nm的纤维。纳米纤维膜对药物不仅有缓释作用,还可有效防止术后的粘连,而且对药物几乎没有影响。

7.5 纳米管

碳纳米管(carbon nanotube,CNT)是由日本NEC公司于1991年发现的一种纳米材料,它是由碳原子形成的石墨片绕中心轴按一定的螺旋角卷曲而成的无缝、中空的管体。管径一般在零点几到数十纳米之间,而长度可达数微米至数毫米,长径比非常大。这种特殊的结构赋予材料独特甚至可以说奇异的电、化学特性,惊人的刚度、强度和弹力。碳纳米管组合起来比同体积钢强度高100倍,重量却大约只有钢的1/6。独特的性能使CNT备受关注,在生物、医学、催化、航天等领域有广泛的应用前景。这里简单介绍其在生物医学方面的应用。

通常碳纳米管在使用前需要根据目的的不同进行合适的表面修饰。如采用浓酸氧化截短或环加成作用在CNT表面或顶端连接有机分子不仅可促使CNT在水溶液中的分散和溶解,而且改性后的CNT可自由地进入细胞,是一种理想的药物载体。而且采用的有机分子对CNT在细胞内的分布有直接的影响。研究表明,异硫氰酸荧光素(fluorescein isothiocynate,FITC)标记的氨基化CNT主要分布在细胞质,进入细胞核较少;而多肽结合的CNT可以快速地进入细胞核。此外,具有两性结构的螺旋形的多肽可以通过疏水作用与CNT结合形成水溶性的超分子聚合物。功能化的CNT带正电荷的侧链也可以通过正、负电荷引力结合多肽或蛋白质。通过生物素将具有荧光的抗生物素蛋白链菌素连接于氨基化CNT可将大分子蛋白载入细胞内,而没有CNT的对照组的蛋白质则不能进入细胞。通过流式细胞技术分析发现,功能化单壁CNT携带蛋白质进入细胞的过程具有明显的剂量依赖性。细胞色素C也能被连接于羧基化单壁CNT进入细胞,并能保留其生物学活性而导致细胞的凋亡。

除此之外,CNT还表现出独特的抗肿瘤活性。美国德州大学的研究小组针对淋巴肿瘤细胞,将能够识别癌细胞的抗体分子连接到微小的碳纳米管上面。近红外光可以穿透人体组织内部达1.5英寸(3.8厘米),人的肉眼虽看不到它,但夜视仪可以捕捉到它。在近红外光照射下,碳纳米管会发热,产生的热量把癌细胞杀死。而当涂覆的抗体与淋巴肿瘤细胞无关时,碳纳米管既不会黏附到肿瘤细胞上,更不会杀死它们。另外,2005年斯坦福大学的研究小组在单壁CNT表面接枝能够与肿瘤表面受体特异结合的叶酸分子,并进一步研究了在近红外光的辅助作用下,CNT对Hela肿瘤细胞的作用。结果发现,在近红外光照射下,表面含有叶酸的单壁CNT能够汇集于细胞核并发热,从而杀死细胞。

7.6 DNA纳米技术

7.6.1 核酸功能化纳米粒子的可控聚集

DNA分子是非常有效而且通用的交联剂,可用于控制纳米粒子的聚集。DNA链的长度和组成可控，提供可预测的性能，有巨大的互补可控性。双链 DNA 的刚性间隔为控制纳米粒子之间的距离提供了空间。DNA 的长链可以作为模板，容易使互补的 DNA 功能化的纳米粒子以可控纳米粒子间距有序排列起来。

为了说明 DNA 介导交联纳米粒子，两种粒径为 13 nm 的金粒子分别被两种巯基衍生的非互补 DNA 寡聚核苷酸功能化：3′- thiol - TACCGTTG - 5′ 和 5′- AGTCGTTT - 3′- thiol [分别对应图 7 - 21(a)，1 和 2]。一种 DNA 的交联剂(3)是由位于中间的双链 DNA 和位于末端的两个单链片段所组成。两个单链片段是与连接两不同纳米粒子的寡聚核苷酸互补的。将交联剂加入被两种 DNA 功能化的金粒子的混合溶液中，会产生纳米粒子的交联和聚集。所产生的纳米粒子的聚集体在理论上是可行的，但并不能观测到，因为两种纳米粒子都有相同的核。聚集使得溶液的颜色发生变化，这是由于粒子之间的距离变短。分离的金纳米粒子因等离子吸收呈红色，但聚集后，因为粒子内部的等离子偶合，出现另一个低能量的吸收[图 7 - 21(b)]。结合过程与温度有关，通过升高温度，溶解双链，聚集的金纳米粒子会发生解离；降低温度，再次杂化，又会重新聚集，谱图会发生可逆的变化[图 7 - 21(c)]。作为对照，非互补连接剂加到混合粒子溶液中就观察不到颜色的变化。

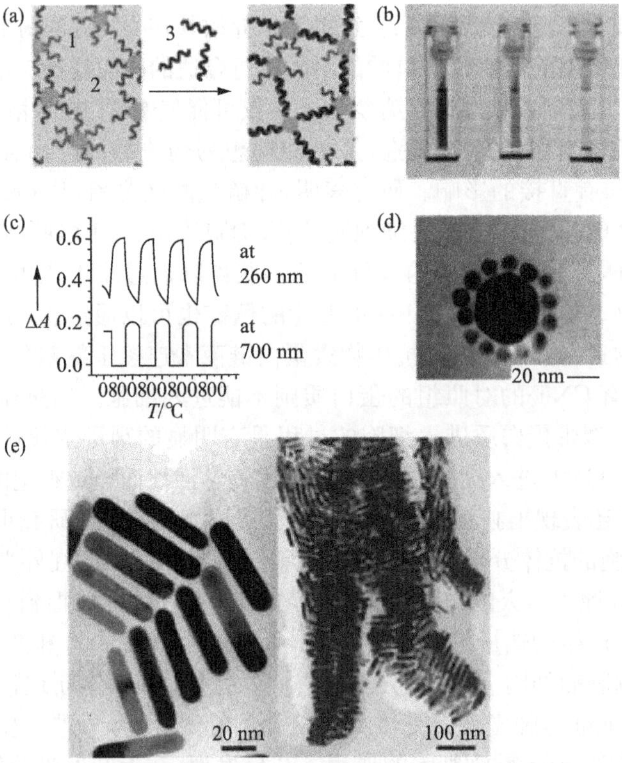

图 7 - 21 (a)添加与 DNA 链 1 和 2 互补的 DNA 链 3 引起寡核苷酸功能化的金纳米粒子的聚集；(b)金纳米粒子与 DNA 链不同组装过程的试管混合物；(c)DNA 相连纳米粒子网络的吸收谱变化作为温度的函数；(d)由两种不同尺寸的纳米粒子构成的一个"卫星"系统；(e)由 DNA 杂交构成的金纳米棒的 TEM 照片

纳米粒子聚集体的光、电可变性为追踪其聚集过程、设计光学 DNA 生物传感器提供了可能。Mirkin 等提出了"西北"点测定的方法，这是一种简单、有效的监控纳米金粒子聚集体颜色变化的方法。这种方法对于区分聚集的纳米金粒子和未聚集的纳米金粒子非常敏感。聚集会使颜色从红到蓝发生变化。将一滴溶液滴在相转变薄层套色版上，使其蒸发。如果出现一个蓝色的点，说明是聚集的，如果出现红色的点，说明粒子是单分散的。在更复杂的实验中，将DNA 交联剂加入被 DNA 功能化的纳米金粒子(A：40 nm，B：5 nm)的混合物中。大的金粒子周围会聚集许多小的金粒子，产生所谓的“卫星”体系，AB_n。“卫星”体系内部的连接产生三维网状结构$(AB_n)_m$。控制网状结构的光学性能很重要的一点是交联的 DNA 寡核苷酸的长度，它不仅控制粒子内距离，并且控制聚集率和每个聚集体内纳米粒子的数量。与这种方法类似，DNA 功能化的 CdSe/ZnS 粒子和金纳米粒子用互补交联剂交联，产生二元网状结构。荧光和吸收光谱说明所产生物质的光学及电学现象。用 DNA 功能化的金纳米棒代替球状粒子，产生微米结构的棒，这种棒由许多交联的纳米单元组成[图 7 - 21(e)]，有着不同一般的各向异性。

为了使这种方法能够应用于更多的分析物上，将核酸适体酶(Aptazyme)直接组装在纳米金粒子上形成用于检测腺苷的比色生物传感器。核酸适体酶与 DNA 酶键合，可以被腺苷核酸适体(Aptamer)变构激活。在没有腺苷存在的情况下，形成没有活性的核酸适体酶，DNA 的链结构作为组装粒径为蓝色的 13 nm 的金聚集体的交联剂。然而，在有腺苷存在的条件下，核酸适体酶被激活，DNA 的链结构被断开。这阻止了金纳米粒子的聚集，显示单分散纳米粒子的红光特征。腺苷的浓度超过 1 mmol/L 时，可用蓝-红颜色变化对其进行半定量的测定或用 520 nm 和 700 nm 处吸收峰的比值对其进行定量测定。添加鸟嘌呤、胞啶或尿苷(浓度都为 5 mmol/L)到腺苷中，并不影响 DNA 键合纳米金粒子的聚集，这说明体系对于腺苷有特异性。因为 Aptamer 可用于不同的分析物中，通过结合这种物质单元与纳米金粒子进行核酸适体酶的合理设计，可制成通用的比色生物传感器。

功能化的寡聚核苷酸组装体的生物催化转变可用来控制纳米粒子的偶联和提供纳米粒子聚集的稳定性(图 7 - 22)。15 nm 的金粒子可用巯基化的 45 个碱基的单链 DNA(19)功能化。将纳米金粒子- DNA 聚集体与互补的 ss - DNA(20)进行杂交，可产生双链结构。DNA 的序列具有可选择性，因此在粒子上形成包括一定数目的限制核酸内切酶的识别位的双链结构。经过 DNA 杂交后，体系内不含有任何可被互补的交联剂杂交的单链 DNA。为了剥离产生反应点，用限制酶 EcoR I 对粒子上特定区域的双链结构断开，以保留一个黏附端以便进一步杂交。经过第一个酶化步骤后，新生成的黏附端用四个互补碱基对相关的交迭进行杂交，可生成弱交联的纳米粒子聚集体。与无规分散的单个粒子相比，可以很清楚地看到预先经过酶处理过的小聚集体。为了提高体系的稳定性，在用 T - 4 DNA 连接酶的第二步酶化过程中，DNA 骨架在杂交黏附末端被共价连接，出现更大的聚集。

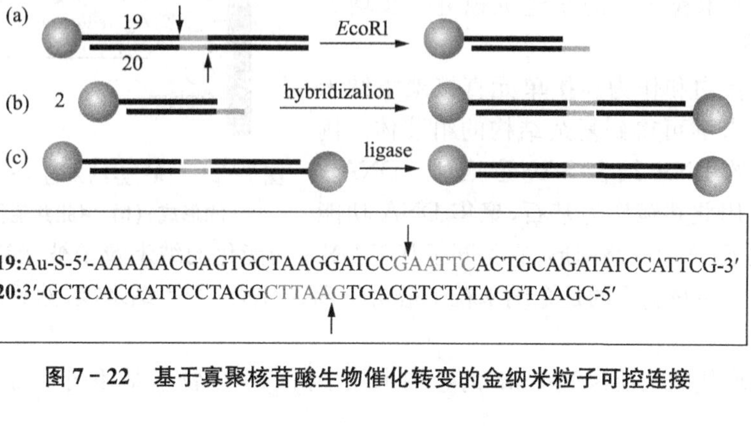

图 7 - 22　基于寡聚核苷酸生物催化转变的金纳米粒子可控连接

最近的研究发现，由DNA靶杂交引起的DNA功能化纳米金粒子的聚集并不会产生纳米粒子的交联。粒径为15 nm的金粒子用单链DNA功能化(每个粒子约有200个DNA探针)，未经DNA功能化的裸纳米金粒子在NaCl溶液中(浓度为0.1 mol/L)立刻产生聚集，但经DNA功能化的纳米金粒子则不会聚集(NaCl浓度在2.5 mol/L以上)。表明固定DNA探针可使纳米粒子稳定分散，相同数量的互补靶向DNA加入体系中导致与纳米金粒子相连的DNA探针杂交。加入浓度超过0.5 mol/L的NaCl溶液会使体系的颜色迅速(小于3 min)变为紫色，说明纳米粒子产生了聚集。虽然到现在为止，产生这种现象的机理还未能明晰，但固定DNA的构象转变产生了很重要的作用——产生了靶向双链，使得构象更紧密坚固。这种构象转变会削弱纳米粒子之间的排斥力：①静电排斥力会被屏蔽效应所减弱，这是因为紧密的构象使得带相反电荷粒子之间的束缚常数增加；②相互结合的DNA削弱了空间排斥力，降低了熵效应。在这个无交联体系中，产生聚集的驱动力是存在于纳米粒子之间的范德瓦尔斯力，粒子表面形成的双螺旋结构减弱了内部排斥。吸引力在一定距离内起作用，产生了快速聚集。

7.6.2 核酸、蛋白质和纳米粒子的复合组装

制备生物分子功能化的纳米粒子，应用具有亲和性能的蛋白质、寡聚核苷酸、纳米粒子作为基本单元，可以合成具有复杂结构的生物分子-纳米粒子杂化体系[图7-23(a)]。用抗体将纳米金粒子功能化包括很多步骤。5′-巯基-修饰的寡聚核苷酸(27)用异相双功能交联剂磺基琥珀酰亚氨基-4-马来酰亚氨基甲基环己烷-1-羧酸盐交联剂(28)与链霉亲和素(SAv)相结合。所得产物有4个可与生物素配体结合的位点和一个核酸功能化点。SAv受体与生物素化的抗体(29)处理，直接接上小鼠IgG或兔IgG，得到带有DNA标记的抗体共轭物，它一边与互补的DNA链结合，另一边与对应的抗原结合。所得产物经与DNA标记互补的寡聚核苷酸(30)功能化的纳米金粒子结合，得到抗体分子修饰的纳米金粒子。这个产物可用作相应表面抗原的免疫测定。金纳米粒子与抗原-抗体复合物的连接用Ag在Au纳米粒子上的非电沉积进一步增大[图7-23(b)]。

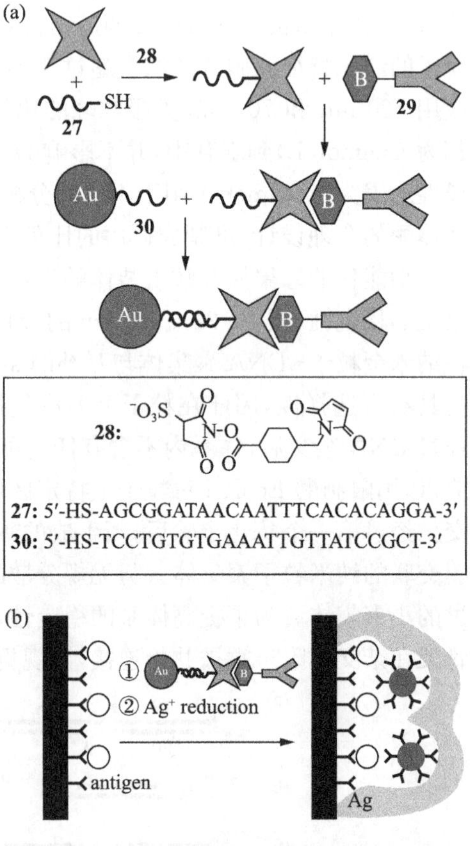

图7-23 (a)金纳米粒子-IgG-抗体共轭的形成；(b)用此共轭传感抗原

结合受体蛋白和作为连接单元直接聚集纳米粒子的寡聚核苷酸可得到复杂结构的组装体。例如，生物素化的DNA结合SAv形成4-DNA-SAv共轭。应用此共轭作为基石，聚集DNA功能化的金纳米粒子，产生网络图形，它不同于基于DNA功能化的纳米粒子被互补的寡聚核苷酸结合直接聚集。更吸引人的是金纳米粒子最初与SAv结合，产生纳米簇，然后放置在DNA模板上产生聚集。

带有单胺取代的粒径为1.4 nm的金纳米粒子由一个生物素基团衍生而来，则有一半的

生物素被用来将纳米簇构建成四面体的超结构，这种结构是由SAv上的生物素结合点的几何位置决定的。纳米粒子可用作一些生物物质如病毒的定位标记，比如直径为30 nm的球状豇豆花叶病毒可用1.4 nm的金粒子标记。

7.7 纳米生物材料的生物学效应及其毒理学

纳米材料的广泛使用不仅促进和推动了纳米科技的飞速发展，同时也增加了人们与纳米材料的接触机会，这就需要更加辨证、客观、全面地认识纳米材料。纳米材料具有的独特的物理化学性质，一方面能够提高原有材料的性能，另一方面也可能对人体和环境产生负面影响。由于体积小，纳米材料可以通过生物膜表面的孔隙进入细胞内，也可能通过血脑屏障对中枢神经系统产生不良影响。纳米材料的正面效应和应用一直是研究者追逐的目标，而对其潜在毒性的研究和应用近年来也引起人们的关注，尤其是自从2003年以来，Science杂志发表文章专门讨论纳米材料与生物环境相互作用。2004年英国皇家学会建议认真研究纳米生物安全性问题。2005年Toxicological Sciences发表了一系列关于开展纳米材料安全性评价研究策略的文章，进一步强调了纳米材料生物学效应的重要性和必要性。2006年Science发表了加州大学洛杉矶分校的Andre教授的综述文章，系统讨论了纳米材料对生物体产生毒性的可能机理和目前的进展。这些报告提醒我们在关注纳米材料优势的同时，必须关注其可能存在的潜在的生物毒性，需要正确评估纳米材料的生物安全性以及研究降低和避免纳米材料潜在毒性的方法，从而促进纳米科技健康有序地发展。

以与生物系统直接结合为最基本特征的纳米生物材料进入生物体后会产生新的纳米生物效应，同时也存在潜在的纳米毒理和生物安全性等负面效应。一方面，纳米无机粒子本身，或由于纳米涂层材料表面涂层的脱落、材料的降解/磨损而产生的以游离状态存在的纳米无机粒子会直接进入细胞，继而可能激发一些潜在的毒副反应。由于粒径小、表面能高，纳米颗粒能够进入细胞并与细胞发生作用，对跨膜过程、细胞分裂、增殖和凋亡等生物过程产生影响。研究发现，纳米材料通过扩散和渗透作用不仅可以比较容易地进入人体，而且还可以穿过生物膜上的孔隙进入细胞内或细胞中的包括线粒体、内质网、溶酶体、高尔基体和细胞核等细胞器内，和生物大分子发生结合，改变生物大分子和生物膜的正常立体结构，直接导致体内一些激素和重要酶系的活性丧失，或使遗传物质产生突变导致肿瘤发病率升高或促进老化进程。另外，纳米生物材料还可以通过血脑屏障和血睾屏障对中枢神经系统的神经元功能、精子生成过程和精子形态及活力产生影响。它也可能通过胎盘屏障对胚胎早期的组织分化和发育产生不良影响，导致胎儿畸形。如有研究表明，烧结的纳米HAP粒子即使被细胞吞噬也不能完全消化降解，以致在细胞内残留，引起局部肉芽肿样炎症，并诱发一系列引起骨溶解的级联反应；引起细胞乳酸脱氢酶表达增加，并伴有细胞死亡和损伤。Iwakami等研究发现，纳米HAP颗粒可抑制成骨样细胞的增殖，并降低其碱性磷酸酶的表达。另有研究发现，因磨损、涂层剥脱或降解产生的nHAP颗粒的物理和生物学作用以及潜在的不利的生物学反应（不能促进成骨细胞的生长和矿化），都是影响涂层假体固定效果的重要因素，并且随时间的推移，涂层破坏/磨损产物、粒状磨屑会广泛分散到淋巴结、肝脏、脾等部位，对人体健康产生很大危害。β-TCP的降解产物是以“粒子”而非“离子”形态进入体内，未溶解的“粒子”在淋巴结聚集会引起淋巴结的增生，进而通过循环分布到各脏器组织中，参与代谢过程，可能造成脏器组织的损害及病理性钙化。此外，纳米无机生物材料经体内溶液/细胞介导而生物降解产生的颗粒易移走至关节间，加速关节磨损，产生细胞毒性或系统性游走。

另一方面，纳米金属和聚合物材料表面因磨损而产生的大量颗粒也可能会引发一些生物毒副效应。尽管从目前的研究情况来看，国内外关于纳米涂层和纳米无机/高分子复合材料表面的磨损规律以及磨损颗粒毒性的报道很少，但对于单纯金属和聚合物内置材料表面的磨损机理以及磨损颗粒的生物学效应却有不少的研究报道。磨损颗粒可被包括成骨细胞的假体周组织中的细胞吞噬，引起一系列细胞激活和功能受抑。钛金属表面的磨损粒子会抑制骨蛋白基因的表达、细胞的分化和活性，从而影响间充质干细胞向造骨细胞的转化，减低材料表面骨整合的速度，影响材料的成骨活性。Ti-6Al-4V 颗粒可显著抑制成骨细胞的增殖，减少成骨细胞Ⅰ型前胶原 mRNA、TGF-β1 的表达，诱发成骨细胞凋亡。又如无菌松动是人工关节置换失效的主要原因，而无菌松动主要与材料的破坏/磨损过程有关。人工关节磨损颗粒，如超高分子量聚乙烯、聚甲基丙烯酸甲酯等会刺激骨-材料表面释放 PGE2 等多种炎性物质和溶骨性细胞因子，从而诱导破骨细胞性骨吸收或局部骨溶解，引起关节的无菌松动。纳米 HAP/聚乙烯复合材料中的 HAP 颗粒易残留在关节腔内，以颗粒状或岛状附着于关节面上引起磨损反应，进而增加了高分子量聚乙烯材料的磨损。聚乙烯植入体的骨溶解速率与其磨损速率有关，股骨头损伤程度与聚乙烯植入材料磨损颗粒的体积有关。因此，由于直接与人体接触，金属和聚合物内置材料表面会因长期磨损产生大量的颗粒，而这些颗粒会直接导致一系列不良的反应。而纳米涂层或纳米材料的引入会在一定程度上影响金属和聚合物内置材料表面的磨损行为，但不能完全消除材料表面的磨损。也就是说，纳米生物材料同样存在因材料表面磨损产生颗粒，继而诱发毒副作用的可能。

纳米材料所具有的小尺寸效应、表面效应等独特的功能为生物材料的发展提供了新的手段，同时也解决了常规手段所无法解决的一些问题。但同时我们必须清醒地认识到纳米生物材料本身也会存在潜在的安全性和毒性。科技工作者的使命是通过合理的设计和构建，使得纳米技术尽可能地服务于生物材料制造，而避免其毒副作用的出现，为人类的健康服务。

7.8 纳米生物医学工程展望

纳米科技在生物医学、药物以及材料学等领域的应用日益受到人们的广泛关注，为生物医学工程研究提供了重大的创新机遇和诱人的市场前景，同时，也带来了巨大的挑战。纳米技术在药物/蛋白领域的应用，实现了药物在靶位的可控释放；纳米量子点独特的性能为生物检测的光学标记提供了新的手段；纳米磁性材料的发展大大地促进了磁靶向、细胞/蛋白分离技术的发展；纳米技术为仿人材料的设计研制提供了新的思路和手段；纳米生物材料为整个生物医学的发展提供了新的物质基础，并大大地改善了材料的性能。我们期盼纳米技术更多地应用于生物医学领域和社会的其他诸多领域，丰富并改变传统的诊治方法，推动现代医学的发展，为整个经济建设、科技发展和社会的文明进步做出更大的贡献。

参考文献

[1] 许海燕. 中国生物医学工程学报，2005，24(6)：643.
[2] 沈锡中. 胃肠病学，2006，11(10)：579.
[3] 曲剑波，褚良银，陈文梅，等. 中国医药工业杂志，2004，35(12)：757.

[4] 牛文强，傅国旗，吴俊丽，等. 高等学校化学学报，2005，26(7)：1369.
[5] 谭忠华. 国外医学/放射医学核医学分册，2003，27(5)：204.
[6] 林全槐，计剑，谭庆网，等. 高分子通报，2006，8：58.
[7] 李赛，刘孝波. 生物医学工程学杂志，2004，21(3)：495.
[8] 陈伟，杨祥良. 生物医学工程学杂志，2003，20(1)：143.
[9] 郭碧赞，曹励之. 国外医学/儿科学分册，2002，29(5)：225.
[10] Anton N，Benoit J P，Saulnier P. J Control Release，2008，128：185.
[11] Sahoo S K，Labhasetwar V. DDT，2003，8(24)：1112.
[12] Maeda H，Bharate G Y，Daruwalla J. Eur J Pharm Biopharm，2009，71：409.
[13] Debotton N，Parnes M，Kadouche J，et al. J Control Release，2008，127：219.
[14] Caruso F，Caruso R A，Möhwald H. Science，1998，282：1111.
[15] Peyratout C S，Dähne L. Angew Chem Int Ed，2004，43：3762.
[16] Qiu X P，Donath E，Möhwald H. Macromol Mater Eng，2001，286：591.
[17] Antipov A A，Sukhorukov G B，Leporatti S，et al. Colloids Surf A，2002：198，535.
[18] Antipov A A，Sukhorukov G B. Adv Colloid Interface Sci，2004，111：49.
[19] Ai H，Jones S A，de Villiers M M，et al. J Control Release，2003，86：59.
[20] Katz E，Willner I. Angew Chem Int Ed，2004，43：6042.
[21] Gill R，Zayats M，Willner I. Angew Chem Int Ed，2008，47：7602.
[22] Goldman E R，Balighian E D，Mattoussi H，et al. J Am Chem Soc，2002，124：6378.
[23] Sapsford K E，Pons T，Medintz I L，et al. Sensors，2006，6：925.
[24] Goldman E R，Anderson G P，Tran P T，et al. Anal Chem，2002，74：841.
[25] Patolsky F，Gill R，Weizmann Y，et al. J Am Chem Soc，2003，125：13918.
[26] Li Y，Zhu Y，Li C，et al. Mater Lett，2009，63(12)：1068.
[27] Wang P，Zhu Y，Yang X，et al. Acta Mater，2008，56(5)：1144.
[28] Li Y，Zhu Y，Yang X，et al. Cryst Growth Des，2008，8：4494.
[29] Zhang S，Zhu Y，Yang X，et al. Colloid surf A，2005，264：215.
[30] Medintz I L，Clapp A R，Mattoussi H，et al. Nat Mater，2003，2：630.
[31] Shi L F，De Paoli V，Rosenzweig N，et al. J Am Chem Soc，2006，128：10378.
[32] Patolsky F，Gill R，Weizmann Y，et al. J Am Chem Soc，2003，125：13918.
[33] Goldman E R，Medintz I L，Whitley J L，et al. J Am Chem Soc，2005，127：6744.
[34] Gill R，Willner I，Shweky I，et al. J Phys Chem B，2005，109：23715.
[35] Liang R Q，Li W，Li Y，et al. Nucleic Acids Res，2005，33：17.
[36] Zou G Z，Ju H X. Anal Chem，2004，76：6871.
[37] Freeman R，Gill R，Beissenhirtz M，et al. Photochem Photobiol Sci，2007，6：416.
[38] Katz E，Zayats M，Willner I，et al. Chem Commun，2006，1395.
[39] Dujardin E，Hsin L B，Wang C R C，et al. Chem Commun，2001，1264.
[40] Liu J，Lu Y. J Am Chem Soc，2003，125：6642.
[41] Liu J，Lu Y. Anal Chem，2004，76：1627.
[42] Kanaras A G，Wang Z，Bates A D，et al. Angew Chem Int Ed，2003，42：191.
[43] Yun C S，Khitrov G A，Vergona D E，et al. J Am Chem Soc，2002，124：7644.
[44] Niemeyer C M，Ceyhan B. Angew Chem Int Ed，2001，40：3685.
[45] Wang Q，Lin T，Tang L，et al. Angew Chem Int Ed，2002，41：459.
[46] Chertok B，Moffat B A，David A E，et al. Biomaterials，2008，29：487.
[47] Douglas T，Strable E，Willits D，et al. Adv Mater，2002，14：415.

[48] Wang J, Xu D, Kawde A N, et al. Anal Chem, 2001, 73: 5576.
[49] Shen L, Laibinis P E, Hatton T A. Langmuir, 1999, 15, 447.
[50] Li J, He X, Wu Z,et al. Anal Chim Acta, 2003, 481: 191.
[51] Kourilov V, Steinitz M. Anal Biochem, 2002, 311: 166.
[52] Safarik I, Safarik M. J Chromatogr B, 1999, 722: 33.
[53] Giles J. Nature, 2004, 430 (7000): 599.
[54] Karluss T, Philip S. Toxicological Sciences, 2005, 87(2): 316.
[55] Michael P H, William H F, Timothy D L. Toxicological Sciences, 2005, 88(1):12.
[56] David M B, Martin P, William A S. Toxicological Sciences, 2005, 88 (2): 298.
[57] Nel A, Xia T, Madler L, et al. Science, 2006, 311(5761): 622.
[58] Shan X Q, Yuan Y, Liu C S, et al. Soft Matter, 2009, 5: 2875.
[59] Xu F, Yuan Y, Liu C S, et al. Intern J Parma, 2009, 377:199.
[60] Zhao J, Yuan Y, Liu C S. Tissue Engineering, 2006, 12(4): 1097.
[61] Sheng Y, Liu C S, Yuan Y, et al. Biomaterials, 2009, 30: 2340.
[62] Zhao J, Liu C S, Yuan Y. Biomaterials,2007, 28: 1414.
[63] Sheng Y, Yuan Y, Liu C S, et al. J Mater Sci: Mater Med, 2009, 20:1881.
[64] Zhang X L, Liu C S, Yuan Y, et al. J Biomed Mater Res, Part B: Appl Biomater, 2008, 87: 354.
[65] Zhang X L, Liu C S, Yuan Y, et al. J Mater Sci: Mater Med, 2008,19(6):2463.
[66] 蒋永剑,虞先浚,张延龄. 中国现代普通外科进展,2008,11(6):520.
[67] Chakravarty P, Marches R, Zimmerman N S. PNAS, 2008, 105 (25): 8697.
[68] Kam NWS, O'Connell M, Dai H J. PNAS, 102(33): 11600.
[69] 冯庆玲,崔福斋,张伟. 纳米羟基磷灰石/胶原骨修复材料. 中国医学科学院学报,2002,24(2):124.
[70] 袁媛,刘昌胜. 生物医用纳米羟基磷灰石的研究进展. 硅酸盐通报,2003,22(6):55.
[71] Yamaguchi I, Tokuchi K, Fukuzaki H, et al. J Biomed Mater Res , 2000,55(1):20.
[72] Li Y B, Wei J, Klein CPAT, et al. J Mater Sci: Mater Med,1994,(5):252.
[73] Min K S, Choi J W, Choi S H. Yoop Hakhoechi, 1992,29(12): 997.
[74] 李浩莹,陈运法,臧丽坤. 材料导报,2000,14(2):305.
[75] 王学江,汪建新,李玉宝,等. 常压下纳米级羟基磷灰石针状晶体的合成. 高科技通讯,2000,(11):92.
[76] Liu R, Zhang Y, Feng P Y. J Am Chem Soc, 2009,131:15128.
[77] Liu R, Zhao X, Wu T, et al. J Am Chem Soc, 2008,130:14418.
[78] Angelos S, Khashab N M, Yang Y W, et al. J Am Chem Soc, 2009,131:12912.
[79] Aznar E, Marcos M D, Martinez-Manez R, et al. J Am Chem Soc, 2009,131:6833.
[80] Shi J L, Hua Z L, Zhang L X. J Mater Chem, 2004, 14(5):795.
[81] Zhu Y F, Shi J L, Shen W H. Angew Chem Int Ed, 2005,44: 5083.
[82] Zhao W R, Gu J L, Zhang L X, et al. J Am Chem Soc, 2005, 127: 8916.

第8章 医学影像技术和生物医学信息

8.1 现代医学影像技术基础

8.1.1 现代医学影像学的发展历程

自伦琴发现X射线后不久，X射线就被用于对人体进行检查、疾病诊断，形成了一门新的学科——放射诊断学，从此奠定了医学影像学的基础。X射线的发现及其在医学上的应用，在相当程度上改变了医学尤其是临床医学的进程，为人类疾病的防治做出了巨大贡献。

20世纪20年代，出现了常规X射线机；50年代开始，应用超声与核素扫描进行人体检查，出现了超声成像和γ闪烁成像；60年代中末期，已形成了较完整的学科体系，称为放射诊断学。1972年，英国工程师汉斯菲尔德首次研制成功世界上第一台用于颅脑的CT扫描机，为现代医学影像设备学奠定了基础。CT的开发和应用，使放射学进入了一个以体层成像和电子计算机图像重建为基础的新阶段。随后，磁共振成像(MRI)、放射性核素成像、超声成像、数字减影血管造影(DSA)和数字X射线成像逐步兴起，并应用于临床。

近二十年来，随着计算机技术的飞速发展，与计算机技术密切相关的影像技术也是日新月异，影像诊断学也成为医学领域发展最快的学科之一。常规X射线正在从胶片转向计算机放射摄影(CR)，或更为先进的直接数字化摄影(DR)的数字化时代。诞生时即与计算机紧密相关的CT、MRI的发展速度更为惊人，CT已从早期单纯的头颅CT发展为超高速多排螺旋CT、电子束CT。MRI也从早期的永磁体、低场强发展到现在的超导、高场强，分辨率在常规扫描时间下提高了数千倍。

8.1.2 医学影像设备与技术

现代医学影像设备可分为影像诊断和影像治疗设备。

1. 诊断用X射线机

诊断用X射线机是基于X射线透视原理的影像诊断设备，可用于全身各系统，如呼吸、循环、泌尿生殖、骨骼、中枢神经和五官等疾病的检查，提供重要的诊断信息，已成为临床医学不可缺少的组成部分。

2. X射线计算机体层成像(CT)技术

自20世纪70年代初，CT技术开始在临床应用以来，经过多次升级换代，由最初的普通头颅CT机发展到现在的高档滑环式螺旋CT和电子束CT，其结构和性能不断完善和提高，可用于身体任何部位组织器官的检查。因其密度分辨率高，解剖结构显示清楚，对病变的定位和定性较高，已成为临床常用的影像检查方法。

3. 数字减影(DSA)技术

数字减影是20世纪80年代出现的一种医学影像学新技术，是一种新的医学检查方法，结合了影像增强技术、电视技术和计算机技术与常规 X 射线血管造影，是数字 X 射线成像技术之一。DSA 用于机体各系统器官的血管造影，已被广泛应用于临床。

4. *磁共振成像技术*

磁共振成像(MRI)是通过测量构成人体组织的元素原子核的磁共振信号，得到人体成像。它是 20 世纪 70 年代末发展起来的一种新型医学影像技术，是借助电子计算机技术和图像重建数学的进展和成果发展起来的新技术，是目前发展最为迅速的医学影像技术之一，具有强大优势和潜力。该技术近年来得到了广泛的应用。MRI 特别适合于中枢神经系统、头颈部、肌肉关节系统以及心脏大血管系统的检查，也适于纵膈、腹腔、盆腔实质器官及乳腺的检查。

5. *超声成像技术*

超声成像(图 8－1)分为两大类：超声回波的超声诊断仪和超声透射的超声计算机体层。目前医院中用得最多的是 B 型超声诊断仪，俗称 B 超。超声检查在现代医学影像检查中占有重要地位，是一种无放射性损伤、无创伤性检查；信息量丰富，灰阶断面图像清楚；对活动的界面能做出实时显示，体内的含液性器官在不需要任何对比剂的情况下便能显示管腔结构；对小病灶有良好的显示能力，能取得各种方位的断面图像，并能及时取得结果，可反复多次重复观察；设备轻便、易操作，危重病人可在床边检查。

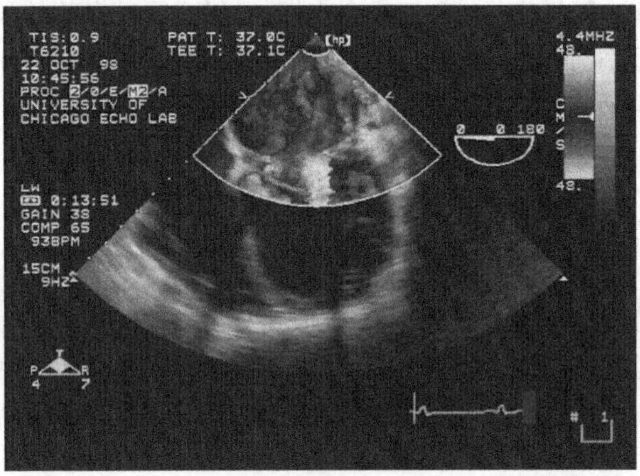

图 8－1　超声成像

6. *核医学成像技术*

核医学成像是一种脏器或病变的显像方法，它是以脏器内外或脏器内正常组织与病变之间的放射性差别为基础，是人体成像通过有选择地测量摄入体内的放射性核素所放出的 γ 射线实现的。核医学成像设备有 γ 相机、发射型计算机断层(ECT)、单光子发射型计算机体层(SPECT)和正电子发射型计算机体层(PET)。

8.1.3　医学影像学的发展方向

随着生物医学工程和计算机、微电子技术的发展，新一代影像和介入设备及器具的开发、功能的改进，各种影像设备的图像采集和显示新技术(如三维仿真成像、MRI 频谱及各种图像的融合)和精确度的提高等，组织和/或疾病特异性对比剂的开发和应用，影像诊断和介入治疗将不断拓展新领域，向广度和深度发展。另外，MRI 多种原子核成像的研究、开发，医学成像的多能源化(如微波、红外线和光等)，其发展越来越受到重视。随着信息科学的发展，影像学的数字化，图像存储与通信系统的进步，远程医学系统、智能型计算机和工作站、计算机辅助诊断和治疗等的进展和实用化，使“网络影像学”成为可能，人工智能技术亦将应用于影像诊断和介入治疗。

总之，影像学诊断由大体形态学为主的阶段，向生理、功能、代谢和/或基因成像过渡，由一般检查向组织和/或疾病特异性方向发展；图像分析由“定性”向“定量”发展；诊断模式由胶片采像和阅读向数字采像/电子传输方向发展；介入治疗向实时/立体和少/无射线引导，进而与内镜、微创治疗/外科相结合的方向发展。同时，对疾病及发生机制的认识将从器官/细胞向分子/基因水平深入，从个体到群体的卫生保健、疾病防治将具有新的含义。这些将改变医学影像学的诊治研究和实践方式，使医学影像学在未来的医疗研究和服务体系中占有更大的比率和更重要的地位。

8.2　生物医学成像

8.2.1　磁共振成像

核磁共振现象发现于1946年，开始主要被化学家和物理学家用于研究分子的结构。1973年，英国学者劳特布尔在主磁场内附加一个不均匀的磁场，并逐点地诱发核磁共振无线电波，然后对这些一维投影值进行组合，从而获得了一幅二维的核磁共振图像。1978年，英国诺丁汉大学和阿伯丁大学的物理学家们取得了第一幅人体头部的核磁共振图像，1980年取得了第一幅胸腹部图像。到1982年，世界上已有许多医院和科研单位把这种图像技术应用到临床诊断和其他医学领域的研究中。

1. MRI成像的基本原理与设备

磁共振成像(MRI)(图8-2)是一种可使人体免受X射线损害的扫描技术，它是电子计算机技术、CT技术以及磁共振频谱学等先进科学技术融合的结晶。它是利用人体中的氢原子在强磁场内受到脉冲激发后产生的磁共振现象，经过空间编码技术，把在磁共振过程中所散发的电磁波以及与这些电磁波有关的质子密度、弛豫时间、流动效应等参数接收转换，通过电子计算机的处理，最后形成图像，做出诊断。MRI比CT能更灵敏地分辨出正常或异常的组织，对肿瘤的早期检测及鉴别有很大的帮助，其系统框图如图8-3所示。

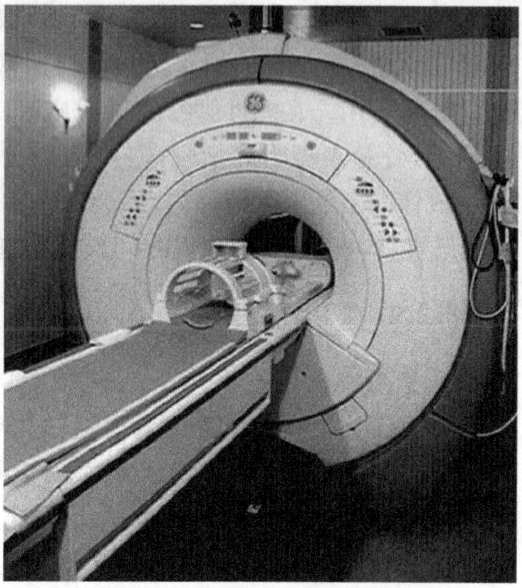

图8-2　磁共振成像设备

MRI的成像包括：信号产生、数据采集与处理及图像显示。信号产生是来自大孔径、三维空间编码的波谱仪，包括磁体、梯度线圈、供电部分、射频发射器及信号接收器等，这些部分负责信号产生、探测与编码；模拟转换器、计算机、磁盘等则负责数据处理、图像重建、显示与存储；而数据采集、处理和图像显示部分则与CT扫描设备基本相似。

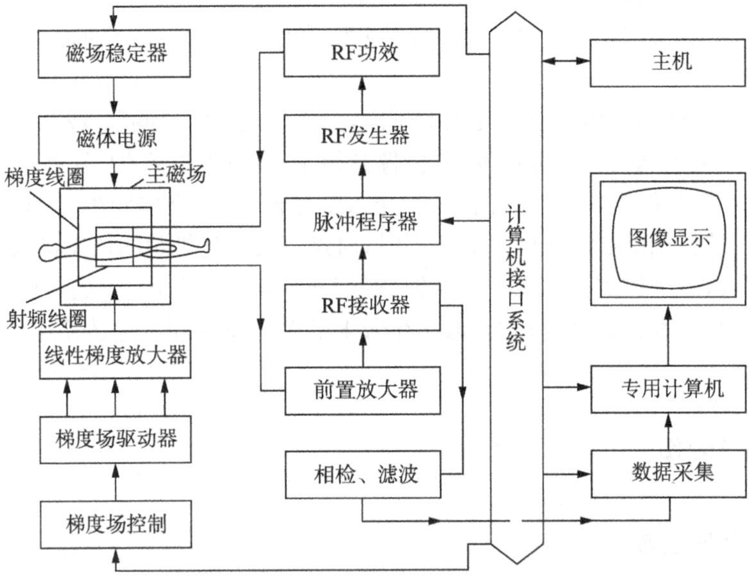

图 8-3 MRI 成像系统框图

2. MRI 的临床应用

MRI 诊断广泛应用于临床，主要用在神经系统。MRI 对病变定位诊断很准确，由于三维成像和流空效应，能观察病变与血管的关系，对脑干、幕下区、枕大孔区、脊髓与椎间盘的显示比 CT 明显优越，可用于脑脱髓鞘疾病、多发性硬化、脑与脊髓肿瘤、血肿、脊髓先天异常等的诊断。在 MRI 上，纵膈脂肪与血管对比良好，可观察纵膈肿瘤及与血管间的解剖关系，可诊断肺门淋巴结与中心型肺癌；心脏大血管可显示其内腔，可在无创伤的检查中完成心脏大血管的形态与动力学的研究。对腹部与盆部器官（如肝、肾、膀胱，前列腺和子宫，颈部和乳腺）检查，MRI 非常有用。在恶性肿瘤的早期显示，对血管的侵犯及肿瘤的分期方面 MRI 比 CT 好。在 MRI 上，骨髓表现为高信号区，可清楚显示涉及骨髓病变（如肿瘤、感染及代谢疾病等）。在 MRI 成像的磁场强度范围内，不会对人体健康造成不良影响，是一种非损伤性检查。但 MRI 设备昂贵，检查费用高，检查时间长，对某些疾病和器官的检查有限制。

8.2.2 X 射线成像

1. X 射线的特性

（1）X 射线波长短，穿透力很强，能穿透可见光不能穿透的物质；X 射线穿透性是其成像的基础。X 射线的穿透力与 X 射线管电压相关，电压越高，X 射线的波长越短，穿透力也越强；电压低，X 射线波长越长，穿透力就弱。X 射线的穿透力也与被照体的密度及厚度有关。

（2）X 射线能激发荧光物质产生可见荧光，即荧光效应（X 射线作用于荧光物质，波长短的 X 射线转换成波长长的荧光），是进行透视检查的基础。

（3）摄影效应是 X 射线成像的基础。涂有溴化银的胶片经 X 射线照射后，感光而产生潜影，通过显/定影处理，感光的溴化银中的银离子被还原成金属银，沉淀于胶片的胶膜内。金属银微粒在胶片上显黑色，在定影及冲洗过程中，未感光的溴化银从 X 射线胶片上被洗掉，胶片显出其透明本色。根据沉淀金属银的多少，由此产生黑和白的影像。

（4）X 射线通过物质便产生电离效应。空气的电离程度与其吸收 X 射线的量成正比，通过测量空气的电离程度可计算出X射线的量。X射线进入人体,产生电离,改变人体生物学作用(生物效应),是放射防护和治疗学的基础。

2. X射线成像的基本原理

X射线使人体在荧屏上或胶片上成像,是基于X射线的穿透性、荧光和摄影效应。由于人体组织在密度和厚度上有差别,X射线透过人体组织结构时,被吸收的程度不同,到达荧屏或胶片上的X射线量有差异,在荧屏或X射线胶片上就形成对比不同的黑白影像。

X射线成像有三个基本条件:X射线有一定的穿透力,可穿透照射的组织结构;被穿透的组织结构有密度和厚度的差异,在穿透过程中,被吸收后剩余下来的X射线量才会是有差别的;有差别的剩余X射线是不可见的,要经过显像(如经X射线片、荧屏或电视屏显示)才能得到有黑白对比、层次差异的X射线影像。因此,不同组织密度的病理变化可产生相应的病理X射线影像。

3. X射线成像设备及检查方法

(1) X射线成像设备(X射线机):X射线管及支架、变压器、操作台及检查床等。X射线检查电视系统基本组成见图8-4。近30年来,除通用型X射线机外,又开发了适用于不同用途的(如适用于心血管、胃肠道、泌尿系统、乳腺及介入放射、儿科、手术室等)X射线机。由于物理学、药理学、生物医学工程及电子工业的发展,推动了X射线诊断机硬件的开发,促进了新的影像和诊断学的发展。

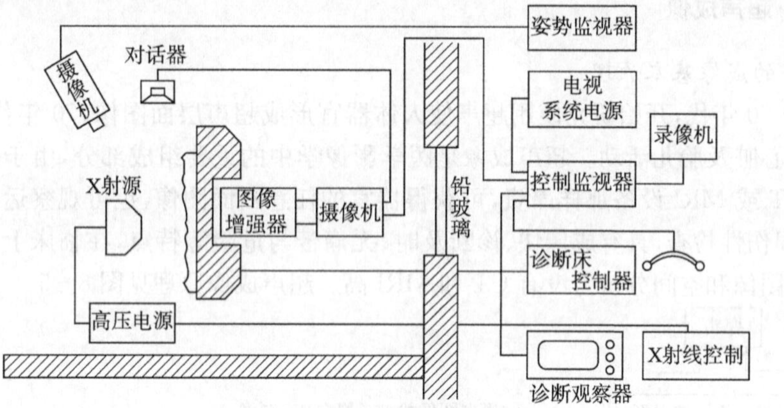

图8-4　医用X射线电视系统

(2) 普通检查是X射线诊断的基本方法,简单易行,广泛应用,是基于身体的自然对比进行透视或照相。①透视。使X射线透过人体被检查部位,并在荧光屏上形成影像。透视的优点:经济,操作简便,可看到心脏、横膈及胃肠等活动情况,还可转动患者体位,多方面观察,以显示病变及其特征,便于分析病变的性质,用于胸部及胃肠检查。②照相。X射线透过人体被检查的部位并在胶片上形成影像,称为X射线照相。照片所见影像比透视清楚,适用于头颅、脊椎及腹部等部位的检查。照片可留作永久记录,利于分析对比、集体讨论和复查比较。

(3) 特殊缩影。①断层缩影是在暗箱装置内,用快速照相机把荧光屏上的影像摄成70 mm或100 mm的缩小照片。这种照片的工作效率比透视高,费用低,可减少接受放射线的剂量。②断层照相是应用一种特殊装置专照某一体层的影像,使该层影像显示清楚,而不在此层的影像模糊不清,可避免普通照片上各层影像彼此重叠混淆的缺点。断层照相常用于检查肺内包块、空洞及大支气管。③钼靶软X射线照相,绝大多数的X射线球管使用钨靶,产生短波射线多,穿透力强,适用于身体各部位的X射线照相,对于较薄的部位,如软组织,影像效果没有钼靶好。钼靶产生长波射线多，穿透力弱，用于软组织X射线照相，多用于乳腺疾病的诊断。④放大照相，摄影时增加照相部位与胶片间的距离，使投照的影像放大。为使放大后的影像不致模糊失真，需使用0.3 mm以下的微焦点球管，使X射线束窄小，从而获得病变放大后的清晰影像。可用于显示矽肺结节，对早期诊断有帮助；也可用于显示骨骼的细微结构及早期破坏灶。⑤高电压照相，用120 kV以上的电压拍照X射线照片。优点是X射线穿透力强，以胸部照片而论，如被锁骨、肋骨或纵膈遮蔽的病灶容易显见，胸水或胸膜增厚遮蔽的肺部病灶也能够看到。

(4) 造影检查及造影剂。人体内有些器官与组织缺乏自然对比，需引入造影剂形成密度差。高密度造影剂有含钡剂、碘制剂等。钡剂：医用硫酸钡可用作钡餐与钡灌肠检查；制成钡胶浆可用于支气管造影检查。碘制剂又可分为油剂与水剂、片剂等。①油剂：碘化油是碘与植物油结合的有机碘化物，浓度40%的碘化油，用于支气管造影、瘘道造影、脓腔造影及子宫输卵管造影。乳化碘化油可用作肝癌之栓塞剂；碘苯酯为无色或淡黄色油状液体，不溶于水，黏稠度比碘油低，适用于脊髓造影及脑室造影。②水剂：分为无机碘化物与有机碘化物。无机碘化物为碘化钠，有效浓度为12.5%，用于逆行肾盂造影、膀胱造影及手术后胆道造影。有机碘化物则由于其排泄径路不同，又分为两大类：一类是进入体内后经肝细胞分泌至胆管再进入胆囊，用于胆囊造影或胆管造影；另一类是有机碘通过肾脏排泄，用于各部位血管、心脏及静肾盂造影。

8.2.3 超声成像

1. 超声的成像基本原理

20世纪50年代，开始研究使用超声使人体器官形成超声层面图像，70年代初，发展了实时超声观察心脏及胎儿活动。超声成像是医学影像学中的重要组成部分，由于超声成像设备价格没有CT或MRI设备那样昂贵，可获得器官的任意断面图像，也可观察运动器官的活动情况，是非损伤性检查，具有成像快、诊断及时、无痛苦与危险等特点，在临床上广泛应用。不足之处在于图像和空间分辨力没有CT和MRI高。超声成像原理见图8-5。

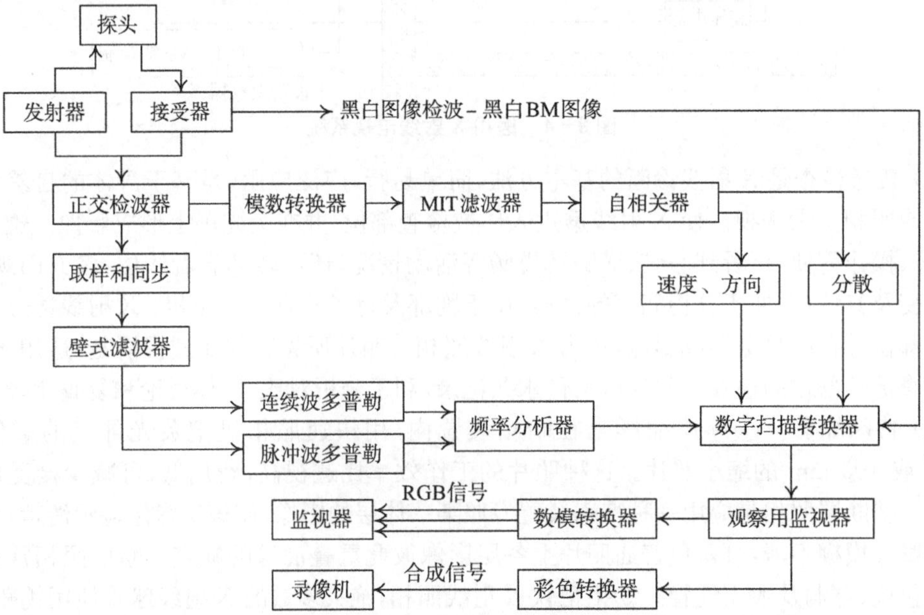

图8-5 超声成像原理框图

对超声而言，人体结构是一个复杂的介质，器官与组织(包括病理组织)有其特定的声阻抗和衰减特性，存在声阻抗和衰减上的差异。超声进入体内，由表面到深部，经过不同声阻抗和不同衰减特性的器官与组织，产生不同的反射与衰减，是构成超声图像的基础。根据接收到的回声强弱用明暗不同的光点依次显示在影屏上，显出人体的断面超声图像(声像图)。人体器官表面被膜包绕，被膜同其下方组织的声阻抗差别大，形成良好界面反射，声像图上出现完整而清晰的周边回声，显出器官轮廓，根据周边回声判断器官的形状与大小。

2. 超声设备

超声设备是由超声换能器(探头和发射与接收)、显示与记录及电源等组成。换能器是由压电晶体构成的电声换能器，接收超声的发生和回声，其性能影响灵敏度、分辨力和伪影干扰等。超声设备分为幅度调制型和灰度调制型。早期应用的是幅度调制型(A型超声)，以波幅变化反映回波。灰度调制型(B型超声)是以明暗不同的光点反映回声变化，在影屏上显示9～64个等级灰度的图像，强回声光点明亮，弱回声光点黑暗。

8.2.4　电子计算机体层摄影

1. 电子计算机体层摄影(CT)概述

CT是近30年来发展迅速的电子计算机和X射线相结合的产物，集中了当代一系列不同技术领域的最新成果，它能把人体一层一层地用彩色图像显现出来，检查出体内任何部位的微小病变。X-CT机系统基本结构见图8-6。

CT的研制始于20世纪60年代。1963年，美国物理学家科马克首先提出图像重建的数学方法，并用于X射线投影数据模型，以后又提出多种方法，不久便实现了临床应用。1967年，英国的工程师汉斯菲尔德开始了模式识别的研究工作。1969年，他制作了一架简单装置，用加强的X射线为放射源，对人的头部进行实验性扫描测量，取得了惊人的成功，得到了脑内断层分布图像。1971年他与神经放射学家合作，安装了第一个原型设备，开始了头部临床试验研究，试验结果在1972年召开的英国放射学家研究年会上首次发表，宣告了CT的诞生。1976年以来，CT在临床上广泛应用，日趋完善，而且种类越来越多。它们结构不同，特点各异，在临床应用中互相补充。到今天为止，CT经历了五代发展：滑环技术、螺旋CT、多层CT和第五代电子束CT，现在第六代CT正在研发中。

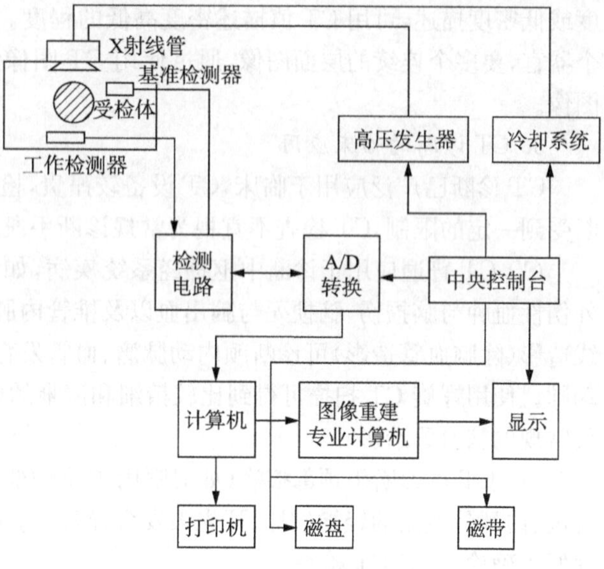

图8-6　X-CT机系统框图

CT的主要特点：具有高密度分辨率，比普通X射线照片高10～20倍，能准确测出某一平面各种不同组织之间的放射衰减特性的微小差异，以图像或数字显示，极其精细地分辨出各种软组织的不同密度，从而形成对比。CT不仅能显示出脑室系统，还能分辨出脑实质的灰质与白质；如再引入造影剂以增强对比度，其分辨率则更为提高，加宽了疾病的诊断范畴，提高了诊断正确率。但 CT 也有其限制，如对血管病变、消化道腔内病变及某些病变的定性等受到一定的限制。

2. CT 图像

CT 图像是由一定数目由黑到白不同灰度的像素按矩阵排列所构成，像素反映的是相应体素的 X 射线吸收系数。不同 CT 装置所得图像的像素大小及数目不同。像素越小，数目越多，构成图像越细致，空间分辨力高。

CT 图像以不同的灰度来表示，反映器官和组织对 X 射线的吸收程度。与 X 射线图像所示的黑白影像相同，黑影表示低吸收区（低密度区，如肺部）；白影表示高吸收区（高密度区，如骨骼）。CT 与 X 射线图像相比，CT 的密度分辨力高（高的密度分辨力）。CT 的突出优点：人体软组织的密度差别小，吸收系数多接近于水，形成对比而成像。CT 可显示由软组织构成的器官（如脑、脊髓、纵膈、肺、肝、胆、胰及骨盆部器官等），在解剖图像背景上显示出病变的影像。

X 射线图像可反映正常与病变组织的密度（如高密度和低密度），但无量的概念。CT 图像以不同灰度显示其密度的高低，也可用组织对 X 射线的吸收系数说明其密度高低（有一个量的概念）。实际工作中，不用吸收系数，而换算成 CT 值，用 CT 值说明密度，单位为 Hu。水的吸收系数为 10，CT 值定为 0 Hu。人体中密度最高的骨皮质吸收系数最高，CT 值定为 +1 000 Hu，空气密度最低，定为 −1 000 Hu。人体中密度不同的各种组织的 CT 值居于 −1 000 Hu 到 +1 000 Hu 的 2 000 个分度之间。人体软组织的 CT 值与水接近，CT 有高的密度分辨力，密度差别小，可形成对比显影。使用 CT 值，可描述某一组织影像的密度，用高密度或低密度描述，可用 CT 值描述密度高低的程度。CT 图像是层面图像（如横断面），显示整个器官，要多个连续的层面图像，通过使用 CT 图像的重建程序，重建冠状面和矢状面的层面图像。

3. CT 诊断的临床应用

CT 诊断已广泛应用于临床，CT 设备较昂贵，检查费较高，某些部位的检查尤其是定性诊断受到一定的限制，CT 检查不宜视为常规诊断手段。

(1) CT 普遍应用于诊断中枢神经系统疾病，如诊断颅内肿瘤、脓肿与肉芽肿、寄生虫病、外伤性血肿与脑损伤、脑梗死与脑出血以及椎管内肿瘤与椎间盘脱出等病效果好。脑的 X 射线造影（除脑血管造影）可诊断颅内动脉瘤、血管发育异常和脑血管闭塞，以及了解脑瘤的供血动脉。使用螺旋 CT 扫描可得到比较精细和清晰的血管重建图像，且三维实时显示，有可能取代常规的脑血管造影。

(2) CT 可诊断头颈部疾病（如对眶内占位病变、鼻窦早期癌、中耳小胆指瘤、听骨破坏与脱位、内耳骨迷路的轻微破坏、耳先天发育异常及鼻咽癌的早期发现等）。对明显病变，X 射线片便可确诊，无需 CT 检查。

(3) CT 诊断胸部疾病，应用高分辨力 CT 具有其优越性。一般用造影增强扫描明确纵膈和肺门有无肿块或淋巴结增大、支气管有无狭窄或阻塞；可诊断原发和转移性纵膈肿瘤、淋巴结结核、中心型肺癌等；可方便地显示肺内间质、实质性病变。CT 对平片检查较难显示的部分（如显影同心、大血管重叠病变）有优越性，可清楚显示胸膜、膈、胸壁病变。

(4) CT 可检查心脏及大血管，对于检查大血管具有重要意义。CT 检查主要是诊断心包病变，显示心腔及心壁，可很好地显示冠状动脉和心瓣膜的钙化、大血管壁的钙化及动脉瘤改变等。扫描时间长于心动周期将影响图像的清晰度，诊断价值有限。

(5) CT 检查可广泛应用于腹部及骨盆部疾病，诊断肝、胆、胰、脾、腹膜腔及腹膜后间隙及泌尿和生殖系统的疾病，如占位性病变、炎症性和外伤性病变等；可用于胃肠病变向腔外侵犯及邻近和远处转移等。采用钡剂造影和内镜检查及病理活检用于检查胃肠管腔内病变情况。

CT 诊断技术得到了广泛推广，CT 设备也经历了从普通 CT 到螺旋 CT 的发展过程，并进入多层 CT 的时代。多层 CT 的扫描速度远快于普通单层 CT，扫描速度大大提高了。多层 CT 临床应用的优点：①由于缩短了扫描全过程，因此可以在憋气状态下完成特定器官的扫描，减少运动伪影；②扫描覆盖范围延长，非常适合重症、外伤、肿瘤病人的病变寻查；③可进行器官的多期显影的研究；④层面的重新组合可提高图像的质量；⑤薄层扫描有利于 CT 穿刺活检；⑥节省造影剂用量，减少费用，减轻病人由于造影剂用量多而致的毒副反应。

8.2.5　数字减影血管造影

血管与骨骼及软组织影重叠，血管显影常不清楚。过去用光学减影可消除骨骼和软组织影，使血管显影清晰。数字减影血管造影(DSA)是用计算机处理数字化的影像信息，消除骨骼和软组织影的影响，是新一代血管造影成像技术。目前，DSA 技术在血管造影中的应用已很普遍。

1. DSA 成像的基本原理

DSA 的基本原理见图 8－7。DSA 是数字 X 射线成像(DR)的一个组成部分。DR 先使人体某部在影像增强器(ⅡTV)影屏上成像，用高分辨力摄像管对ⅡTV 上的图像行序列扫描，把所有的连续视频信号转为间断各自独立的信息，如把ⅡTV 上的图像分成一定数量的小方块(像素)。经模拟/数字转换器转成数字，按序排成字矩阵，图像被像素化和数字化。像素越小、越多，图像越清晰。将数字矩阵的数字经数字/模拟转换器转换成模拟图像在影屏上显示，这个图像就是经过数字化处理的图像。DR 设备：ⅡTV、高分辨力摄像管、计算机、阴极线管和操作台等。

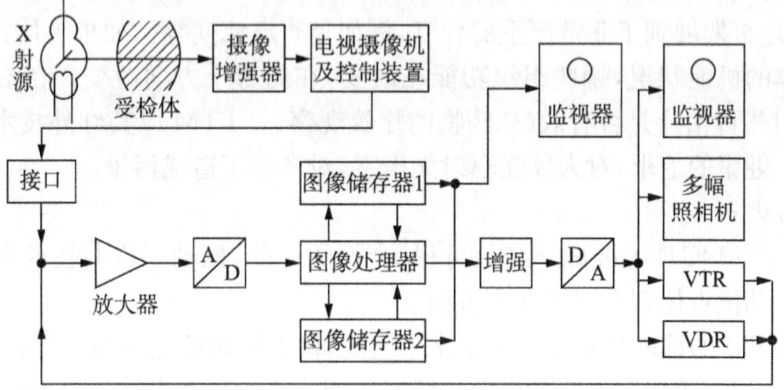

图 8－7　DSA 的基本结构框图

数字减影血管造影的方法有几种，目前常用的是时间减影法，具体方法为：在导管内快速注入有机碘水造影剂，在造影剂到达欲查血管前、血管内造影剂浓度处于高峰和造影剂被廓清这段时间内，使检查部位连续成像。在这系列图像中，取一帧血管内不含造影剂的图像和含造影剂最多的图像，用这同一部位的两帧图像的数字矩阵，经计算机自行数字减影处理，使两个数字矩阵中代表骨骼及软组织的数字被抵消，而代表血管的数字不被抵消。经计算机减影处理的数字矩阵经数字/模拟转换器转换为图像，没有骨骼和软组织影像，只有血管影像，达到减影的目的。

2. DSA 检查技术

根据造影剂注入动脉或静脉，可将 DSA 检查技术分为动脉 DSA（IADSA）和静脉 DSA（IVDSA）。IADSA 血管成像清楚，造影剂用量少，应用广。IADSA 的操作是将导管插入动脉后，经导管注入肝素 3 000～5 000u，行全身低肝素化，以防止导管凝血。将导管尖插入欲查动脉开口，导管尾端接压力注射器，快速注入造影剂。注入造影剂前将Ⅱ TV 影屏对准检查部位。于造影前及整个造影过程中，以每秒 1～3 帧或更多的帧频，摄像 7～10 s。经操作台处理即可得减影的血管图像。IVDSA 可经导管或针刺静脉，向静脉内注入造影剂，再进行减影处理。

DSA 的不足之处：①血管影像重叠，同一部位多血管相互重叠，需要多体位投照，如正侧位同时投照，要病人密切合作，避免一切随意的运动；②DSA 有利于显示小动脉支，对 0.2 mm 以下的微小血管不能显示；③不随意地运动，吞咽、呼吸及胃肠蠕动等影响图像清晰度。

8.2.6 红外热扫描断层技术

1. 概述

就医学检查而言，从形态学的诊断到功能性的诊断一直是人类的梦想和追求。磁共振成像、超声成像、数字射线照相、发射型计算机成像和核素成像等有一个基本性的限制，能显示机体组织形态的图像，不能完全反映出机体组织的功能性变化。诊断最重要的是要知道组织是正常的还是异常的，是健康的还是病态的。在人类的医学进步中，对机体内部组织功能状态的识别还是一片空白的处女地。正是在这样的背景之下，医疗技术酝酿了一场深刻的革命，这场革命是由一个叫做红外热扫描断层技术（TTM）引起的，它第一次实现了功能医学影像诊断，突破了现代医学影像诊断以组织形态学为主的局限。

TTM 给医学诊断带来了全新的概念，人站在 TTM 镜头前，接受 5～10 min 的扫描，对自己的身体状况就会有一个全面的了解。如果人体有疾病，TTM 能告诉人体病变组织的部位和形状，以及它是否发展到了非常严重的程度，例如是否已癌变等。如果人体是健康的，TTM 能告诉整个身体的机能状况，哪些组织功能在改变，在向哪个方向改变。在治疗疾病的过程中，TTM 能及时告诉治疗是否有效（如药物的疗效观察）。TTM 以其红外技术特有的优势实现了人类对绿色健康的追求，对人体无辐射无伤害，对环境不造成污染。

2. TTM 的优点

在诊断上，TTM 实现了准确、动态、可视、全面的诊断，推动了诊断技术实现从宏观向细胞阶段的跨越。其优点体现在以下几个方面。

(1) 准确：TTM 的诊断是建立在分子水平上的，检查的对象是细胞，而细胞是生命的基本结构和功能单位，细胞的代谢执行着生命的特定功能。它的状态直接反映生命的状态，因而对细胞活动的功能性检查是最直接的，不存在信息传递的丢失和偏差。

(2) 动态：细胞作为生命的最小单位，它和生命机体一样处在一种运动状态。在疾病状态下，细胞的变化会呈现出明显的代谢异常。对于疾病的诊断，细胞由正常转变为异常直接传递病变的信息，TTM 可检测细胞功能的动态变化。

(3) 可视：TTM 实现了细胞功能的动态变化的可视性。在屏幕上，检查的医生可以看见病变组织的位置、形状、大小和功能，不用开刀就能深入机体内部任何部位，看到组织的热分布，从而真正实现无创诊断。

(4) 全面：TTM 获取的组织细胞变化的可视信息不是平面的，而是三维立体的；不是表面的,而是实质的;不是静态的,而是与机体同步的。

8.2.7 正电子发射型计算机断层成像技术

核医学是利用放射性核素发射出的各种射线来诊断和治疗疾病的一门医学分支。人生病时,体内的一些微量成分会发生变化,利用这种技术就可以测得这些微小的变化,协助临床医生诊断和治疗疾病。使用这种技术时,放射性核素是不进入病人体内的。体内诊断即放射性核素造影或核医学影像检查,是利用放射性核素标记的显像剂在正常与异常生理情况下,在人体内的分布的不同来做出诊断的。做这种检查时,病人要注射显像剂到体内,再用专门的仪器来采集放射性核素发射出的射线,拍出照片,做出诊断。利用放射性核素来治疗疾病的原理同显像相似,即利用浓聚在病变部位的放射性药物所发射出的射线来消灭那些病变的细胞,从而达到治疗疾病的目的。

发射型计算机断层成像技术(ECT)是利用注入体内的放射性药物经组织代谢后发射出的射线进行成像,它是肿瘤核医学中体内诊断部分的重要内容。ECT成像是一种具有较高特异性的功能显像和分子显像,除显示结构外,着重提供脏器与病变组织的功能信息。ECT的显像方式十分灵活,能进行平面显像和断层显像、静态显像和动态显像、局部显像和全身显像。除此之外,它还能提供脏器的多种功能参数,如时间-放射性曲线等,为肿瘤的诊治提供多方位的信息。

1. 正电子发射计算机断层显像基本原理

正电子发射计算机断层显像(PET)是目前国际上最尖端的医学影像诊断设备,也是目前在分子水平上进行人体功能显像的最先进的医学影像技术。PET的发展及其成功的临床应用是当代高科技医疗诊断技术的主要标志之一。PET的基本原理是利用加速器生产的超短半衰期同位素作为示踪剂注入人体,参与体内的生理生化代谢过程。这些超短半衰期同位素是组成人体的主要元素,利用它们发射的正电子与体内的负电子结合释放出一对伽玛光子,被探头的晶体所探测,经过计算机对原始数据重建处理,得到高分辨率、高清晰度的活体断层图像,以显示人脑、心、全身其他器官及肿瘤组织的生理和病理的功能及代谢情况。

作为一种无创伤检查手段,PET可以从体外对人体内的代谢物或药物的变化进行定量、动态检测,成为诊断和指导治疗各类肿瘤疾病、冠心病和脑部疾病的有效方法。PET在临床医学上的应用主要集中于神经系统、心血管系统、肿瘤三大领域。在寻找新药、研究中医药作用原理方面,PET也将显示其独特的优势。毫无疑问,PET有着广泛的应用前景,并已成为医学现代化的重要标志之一。

2. PET的特点

(1) 灵敏度高:PET是一种反映分子代谢的显像,当早期疾病处于分子水平变化阶段,病变区的形态结构还没有呈现异常,MRI和CT不能明确诊断检查时,PET检查可发现病灶所在,可获得三维影像,进行定量分析和早期诊断,是目前其他影像检查所无法做到的。

(2) 特异性高:MRI、CT检查发现脏器有肿瘤时,是良性还是恶性很难做出判断,但PET检查可以根据恶性肿瘤高代谢的特点而做出诊断。

(3) 全身显像:PET可做全身显像,通过一次检查可获得全身各个区域的断层图像,这对于恶性肿瘤病人是否有转移(临床分期)有重要意义,其他影像检查难以做到。

(4) 安全性好:PET检查尽管用核素有一定的放射性,但所用核素量很少,而且半衰期很短,经过物理衰减和生物代谢两方面作用,在受检者体内存留时间很短。PET全身检查的放射线照射剂量远远小于常规 CT 检查,因而安全可靠。

3. PET 的临床应用

(1) 目前 PET 检查 85%是用于肿瘤的检查,能够鉴别恶性肿瘤与良性肿瘤及正常组织,同时也可对复发的肿瘤与周围坏死及瘢痕组织加以区分,现多用于肺癌、乳腺癌、大肠癌、卵巢癌、淋巴瘤、黑色素瘤等的检查,其诊断准确率在 90%以上。这种检查对于恶性肿瘤病是否发生了转移,以及转移的部位一目了然,这对肿瘤诊断的分期,是否需要手术和手术切除的范围起到重要的指导作用。

(2) PET 检查可用于癫痫灶定位、老年性痴呆早期诊断与鉴别、帕金森病病情评价以及脑梗塞后组织受损和存活情况的判断。PET 检查在精神病的病理诊断和治疗效果评价方面已经显示出独特的优势,有望在不久的将来取得突破性进展,并在艾滋病的治疗和戒毒治疗等方面的新药开发中发挥重要作用。

(3) PET 能检查出冠心病心肌缺血的部位、范围,并对心肌活力准确评价,确定是否需要进行溶栓治疗、安放冠脉支架或冠脉搭桥手术。能通过对心肌血流量的分析,结合药物负荷,测定冠状动脉储备能力,评价冠心病的治疗效果。

4. 其他核素显像

(1) 放射免疫显像指将放射性核素标记的单克隆抗体注入人体,利用 SPECT 扫描,显示肿瘤的位置和大小。给药方式根据检查部位和目的的不同而不同。常见的有静脉注射或滴注、胸腹腔及盆腔注射和皮下注射等。目前国内外应用较多的是直肠癌、卵巢癌、肝癌、恶性黑色素瘤、胃癌和肺癌等的诊断和鉴别诊断。

(2) 淋巴显像是依据淋巴系统对放射性胶体颗粒的运输、沉积和吞噬作用而实现的。当癌细胞侵袭淋巴系统时,淋巴结不显影,呈放射性缺损区。淋巴显像的临床意义在于了解淋巴系统的引流走向、淋巴结的形态及摄取颗粒的能力,其临床适应证随区域不同而异。上半身显像适用于乳腺癌;下半身适应于盆腔内肿瘤。此外,黑色素瘤、淋巴瘤、肺癌等都可以按其相应部位做淋巴显像,以估计病情。淋巴显像简单无创、重复性好,可反映淋巴系统的生理功能。

(3) 受体显像是将放射性核素标记的配体引入人体,与其特异性受体结合,用 SPECT 或 PET 显示受体在病灶的分布和含量。受体显像在肿瘤诊断和治疗中的应用已日趋广泛,如用于大多数神经内分泌肿瘤的诊断和显示乳腺癌及转移灶内雌激素受体的分布和含量,以预测乳腺癌内分泌治疗效果等。

8.2.8 电阻抗断层成像技术

1. 电阻抗断层成像技术的研究历程

电阻抗断层成像技术(EIT)是医学成像技术的一个新方向,是当今国际生物医学工程学的重要研究课题之一。电阻抗断层成像的起源可以追溯到 20 世纪 20 年代,当时地球物理学研究者提出了线性电极阵列的电阻率成像技术。在 70 年代,生物医学研究者提出了圆形电极阵列的断层电阻率测量技术。1978 年有人做出了第一幅电阻抗图像。他们使用固定于胸部上的由一大电极和与之相对的若干小电极组成的电极系统,通过测量从各小电极流向大电极的电流所形成的电位差,获得了可以清楚地显示肺脏位置的阻抗图像,但这还不是断层图像,而是类似 X 射线胸片的透视图像。1982 年,由英国科学家实现了第一个手臂的阻抗层析图像,开辟了电阻抗层析成像技术这一新的研究领域。80 年代末特别是进入 90 年代以来,EIT 技术进入了迅速发展时期。

2. 电阻抗断层成像基本原理

EIT 是根据生物体内部组织电特性参数(如电阻率、电容率)的不同,通过对其表面施加安全激励电流或电压,同时测量生体表面的电压或电流信号来获知物体内部电特性参数的分布,进而重建出反映生物体内部结构的图像。EIT 对生物体内部电特性的研究具有重要意义,因为不同组织和器官的电特性不同,这种图像不仅包含了丰富的解剖学信息,而且可以获得某些组织和器官的电特性随其病理、生理功能状态而改变的信息。因此,EIT 除了能实现类似于 X 射线成像、计算机断层扫描成像、核磁共振成像和超声成像的功能外,还可以得到反映生物组织生理状态变化的图像,这在研究人体生理功能和疾病诊断方面有重要的临床价值。

阻抗成像是通过被成像目标周围的电极注入交变电流,并同步测量边界上的电压,采用多驱动电极和测量电极结构实现四电极阻抗测量,利用图像重构算法对相敏解调技术得到的变换阻抗数据进行重构,形成阻抗断层图像,包括静态 EIT 和动态 EIT。静态 EIT 以测量对象内部电阻(导)率的绝对分布为成像目标,通过对测量目标外加驱动电压或电流测量其边界电压或电流,估计目标内部电阻(导)率分布的绝对值。动态 EIT 技术以测量对象内部的电阻(导)率分布在时间上的变化作为求解目标,通过对测量目标外加驱动电压或电流,测量其边界电压或电流分布,以估计目标内部电阻(导)率分布的变化。

3. 电阻抗断层成像的特点

电阻抗断层成像是以体内电阻抗的分布或变化为成像对象的一种新型断层成像技术,具有很多优势。研究表明:某些人体组织的生理功能变化能引起组织阻抗的变化(如组织充血和放电等),某些组织病理改变也能引起组织阻抗的变化(如癌变等),这些信息将会在 EIT 图像中体现出来。所以,EIT 具有功能成像的性质。该技术对人体无创无害,系统结构简单,测量简便,在对病人长期的图像监护方面具有广泛的应用前景,这些是目前多数临床成像手段难以做到的。利用 EIT 技术,可以显示人体内组织的阻抗分布图像、人体组织随频率变化图像、人体器官进行生理活动(如呼吸、心脏搏动)时的阻抗变化图像等,在临床上可用于检测和监护。EIT 技术具有低成本和信息丰富等特点,近十几年来受到国际学术界的广泛关注,并呈现出很好的应用前景。虽然目前其图像分辨率不能与 CT 等成像技术相比,但它仍是一种有应用前景的新型成像技术,是对目前医学成像手段的一个有力的补充。

4. 电阻抗断层成像系统组成

电阻抗断层成像系统由数据测量系统及图像重构软件两大部分组成。数据测量系统的作用就是在正弦激励下从体表测量中解调出反映体内阻抗分布的电信号,经 A/D 及数据处理后为阻抗图像重构算法提供高精度的数据。其中,激励源的作用是产生对人体安全的正弦激励并以一定的激励模式施加于激励电极上。测量系统的主要功能是从测量电极以一定测量模式获取正弦激励下的体表电信号,经高精度放大后采用解调技术提取反映成像目标内阻抗分布信息,供算法重构阻抗图像应用。控制电路作为计算机与激励源及测量电路间的接口电路,主要负责激励源及测量电路的参数及模式设置,以及校正和定标等功能。计算机主要进行总体控制、数据处理、图像重构、图像显示等功能。

5. 电阻抗断层成像技术进展

生物阻抗技术作为非侵入、简便、费用低的检测技术越来越受到人们的重视。其主要进展是:①断层扫描成像,一方面是成像模型的进一步完善,另一方面是三维图像重建的实时研究已成功用于对呼吸期间肺容积的变化作无损三维成像。②阻抗分析对各种组织器官特性与功能的测定研究,主要集中在对胫骨断裂后愈合程度(阻抗与愈合程度成正比)、肌肉收缩张力

（与阻抗成正比）的同时，还对乳腺癌，各种开胸手术时的心肌状态，血透期间的心脏状态、液体分布和血液循环状态的监测；皮肤和组织的局部缺血和组织退化，皮下脂肪的厚度等的测量上有重要的进展。③用于分析测定细胞的生命状态，如分析肝细胞、心肌、脊柱肌、卵磷脂-胆固醇类脂双层中生物大分子的位置，以及细胞的生长周期实时监测等。④阻抗分析仪的改善，如使电流驱动和电压测量部分实行光隔离，提高高频下测定的准确度和减少干扰，以及基于计算机的对信号做全数字处理等。

8.3 医学图像处理技术

医学影像是近20多年来医学技术中发展最快的领域之一，使临床医生更直接、清晰地对人体内部病变部位进行观察，确诊率也较高。

发明X射线和CT引发了医学影像领域的一场革命，核共振成像、超声成像、数字射线照相术、发射型计算机成像和核素成像等也在快速发展。临床应用各种新的医学成像技术，使医学诊断和治疗技术取得了很大的进展，将各种成像技术得到的信息进行互补，可为临床诊断及医学研究提供有力的依据。而计算机和医学图像处理作为这些成像技术的发展基础，使现代医学正发生着深刻的变革。国内外有关专家一直高度重视医学图像处理技术的发展。

8.3.1 医学图像处理

1. 图像分割

图像分割是图像处理与图像分析中的一个经典问题，把图像中具有特殊含义的不同区域分开来，这些区域使互不相交的每一个区域都满足特定区域的一致性。针对各种具体问题已提出了许多不同的图像分割算法，对图像分割的效果也有很好的分析结论。

图像分割技术已在灰度阈值分割法、边缘检测分割法、区域跟踪分割法的基础上，结合特定的理论工具有了更进一步的发展。图像分割是进行三维重建的基础，分割的效果直接影响到三维重建后模型的精确性。分割可帮助医生将感兴趣的物体（病变组织等）提取出来，帮助医生能够对病变组织进行定性及定量的分析，提高医生诊断的准确性和科学性。医学图像处理急需解决的重要课题是如何使多次成像或多种成像设备的信息得到综合利用，弥补信息不完整、部分信息不准确或不确定引起的缺陷，使临床的诊断治疗、放疗定位、计划设计、外科手术和疗效评估更准确。

2. 医学图像配准和融合

医学图像配准：通过寻找某种空间变换，使两幅图像的对应点达到空间位置和解剖结构上的完全一致。要求配准的结构能使两幅图像上所有的解剖点，或至少是所有具有诊断意义以及手术区域的点都达到匹配。目前医学图像配准方法有基于外部特征的图像配准和基于图像内部特征的图像配准两种方法。后者由于其无创性和可回溯性，已成为配准算法的研究中心。基于互信息的弹性形变模型也逐渐成为研究热点。互信息是统计两个随机变量相关性的测度，以互信息作为两幅图像相似性测度进行配准基于如下原理：当两幅基于共同的解剖结构的图像达到最佳配准时，它们对应的图像特征的互信息应为最大。图像配准是图像融合的前提，是难度较大的图像处理技术，是决定医学图像融合技术发展的关键技术。

近年来，图像配准的研究很多（如几何矩的配准、利用图像的相关系数、样条插值等多项式变换对图像进行配准），也提出了一些相应的算法：对于两幅图像共同来估计其正反变换的一种新的图像配准方法(称为一致图像配准方法);采用金字塔式分割,进行多栅格和多分辨率的图像配准(称为金字塔式多层次图像配准方法);可采用基于互信息的方法提高 CT 和 PET 等医学图像的三维配准和融合的精度。图像配准方面,努力提高配准精度,力求整个过程自动化,提出多种方法尽量避免人工介入,结果使实现算法的过程复杂而耗费时间。实现基于人机交互的快速图像配准,根据图像的不同成像模式选择合适的配准测度。

医学图像提供了相关脏器的信息,为了获得新的有助于临床诊断的信息,图像融合需要综合处理应用这些成像设备所得信息。使用可视化软件,对多种模态的图像进行图像融合,准确地确定病变体的空间位置、大小、几何形状以及它与周围生物组织之间的空间关系,能及时高效地诊断疾病,制订手术计划,跟踪病理变化,评价治疗效果等。

用 MRI 图像勾勒画出放疗中肿瘤的轮廓线,描述肿瘤的大小;用 CT 图像计算出放射剂量的大小和分布,修正治疗方案。制定手术方案时,手术成功与否的关键是对病变与周围组织关系的了解,CT 与 MRI 的图像融合为外科手术提供有利的佐证,以便研究肿瘤的生长发育过程及早期诊断。在图像中,骨组织对 X 射线的吸收系数较大,对骨组织很敏感;在 MRI 成像中,骨组织含有较低的质子密度,MRI 对骨组织和钙化点信号较弱,融合后的图像可对病变进行定性、定位。不同医学成像设备的成像机理不同,其图像质量、空间与时间特性差别大。亟待解决的关键技术是实现医学图像的融合、图像数据转换、图像数据库和数据的理解。

3. 伪彩色图像处理技术和纹理分析

人眼只能辨别出一幅黑白图像中 4～5 bit 的灰度级别,但人眼能辨别出上千种不同的颜色。伪彩色图像处理技术是将黑白图像处理为彩色图像,充分发挥人眼对彩色的视觉力,使观察者能从图像中获取更多的信息。

医学图像大多是黑白图像(如 X 射线、CT、MRI、B 超图像等),使用伪彩色处理(密度分割技术)可提高对图像特征的识别。使用伪彩色技术,通过临床研究 X 射线、CT、MRI、B 超、电镜图片,部分图片经过处理后可显现隐性病灶(如对 X 射线片);在乳腺照影中伪彩色处理能鉴别囊性病、良性和恶性肿瘤。

人类视觉的一个重要组成部分如纹理,但很难为纹理建模。有关专家进行了大量的研究,仍未能有效解释有关纹理的分析、分类、分割。针对肝脏疾病难以根除、危害面广问题的研究,用灰度梯度共生矩阵,分别提取纤维化肝组织和正常肝组织的 CT 图像的纹理特征,提出了基于灰度梯度共生矩阵的小梯度优势、灰度均方差、灰度熵等参数作为图像的纹理特征量。使用选取的纹理参数,可看到正常组和异常组间差异显著,为纤维化 CT 图像临床诊断提供了依据。

8.3.2　三维医学图像的可视化

使用计算机对二维数字断层图像序列形成的三维体数据进行处理,利用人类的视觉特性使其变换为具有直观立体效果的图像来展示人体组织的三维形态,这就是三维医学图像的可视化。三维医学图像可视化一般分为面绘制和体绘制,体绘制的关键是为每一个体素指定一个不透明度,考虑每一个体素对光线的透度、发射和反射作用。

医学数据的可视化已成为数据可视化领域中最为活跃的研究领域之一。实现三维数据可视化的方法很多,空间域方法的典型算法包括:射线投射法、足迹法、剪切-曲变法(目前被认为是一种速度最快的体绘制算法)等;变换域方法的典型算法有频域体绘制法和基于小波的体绘制法,其中小波的体绘制技术显现出较好的前景。

利用二维断层数据进行三维重建,还可以更为直观地显示人体器官的各个解剖结构的形态及它们之间的毗邻关系,为基础研究和手术规划及手术过程模拟提供参考。鼻部是人体内解剖结构比较复杂的部位之一,可以利用软件尝试实现鼻部部分解剖结构的三维可视化,以此为可视化虚拟人体模型的建立探索一种精确的重建方法和显示手段,同时也可为医疗工作者提供更为细致、完全和快捷的观察方案。随着互联网技术不断发展,跨越空间限制的远程虚拟现实技术已经逐步成为可能。基于虚拟现实技术利用美国国家医学图书馆 VHP(Visible Human Project)完整数据重建可视人体,综合可视化平台的优势,采用三维互动、空间电磁定位、立体视觉等虚拟现实技术,实现了全数字可拆装人体骨骼的本地和远程互动学习。

三维虚拟现实让“遨游”人体世界成为可能,可以呈现一个物理上并不存在但又实实在在“看得见”、“摸得着”的“真实”人体,使用者可以无数次地“解剖”这个虚拟人以了解人体的结构。在临床方面,提出了一种基于 PC 的手术模型系统原型。利用大量预制的可视化编程对象模块,快速构建系统的结构框架和功能模块,生成的原型能对 DICOM 格式存储的颅颌面 CT 序列断层图像进行预处理,并进行三维重建,在交互式操作环境中,显示颅颌面各种组织的解剖结构,进行相应的三维测量,模拟手术的截骨头,对截骨段实行任意的平移和旋转。在可视化方面一直致力于提高重建速度(实时显示利于交互操作),使重建效果理想,减少冗余信息及存储空间。具体需要考虑:①对不完全数据提出一个足够精确的数据提取方案;②什么算法能够快速准确地实现图像重建。人体器官是一个高精度庞大的结构,所建模型还应考虑临床实用方面的因素以及某些特殊部位的个体差异,针对不同的生理组织应采用不同的分割方法。

8.3.3 图像存档及通信系统的图像压缩

图像存档及通信系统(PACS)是专门为医学图像管理而设计的,是近年来国内外新兴的医学影像信息技术(包括图像获取、处理、存储、显示或打印的软硬件系统),是医学影像、数字化图像、计算机和网络通信技术相结合的产物。计算机网络是 PACS 的软硬件基础,负责提供底层图像传输服务,是 PACS 的重要组成部分。通过各个层次的网络将 PACS 中的图像获取、存储显示及医疗数据的管理等单元连为一体,使之形成一个统一、高性能的系统。

PACS 需要解决数据传输和图像存储,图像压缩的关键技术之一是如何利用有限的存储空间存储更多的图像。医学图像的压缩可减低应用系统成本,提高网络传输效率,减少存储空间。近年来图像处理技术中的一个重点研究的问题是如何对医学图像进行压缩。从图像压缩还原的角度出发,图像压缩分为:无损压缩和有损压缩。常用的无损压缩有差分脉冲预测编码、多级内插方法等。常用的有损压缩有离散余弦变换、全帧离散余弦变换、重叠正交变换、自适应预测编码和神经网络法等。

医学图像是医学诊断和疾病治疗的根据,具有非常重要的临床应用价值。医学图像压缩首要考虑的因素是确保医学图像压缩后的高保真度,医学图像上常用无损压缩,因它能精确地还原原图像。但无损图像压缩的压缩比低,一般为 2～4,而有损图像压缩的压缩比可高达 50 或更高。将这两种压缩方法结合起来,在获取高的压缩质量的前提下提高压缩比。医学图像可划分为两个区域:①包含重要诊断信息的区域,此感兴趣区域需高重构质量的压缩方案;②非感兴趣区域要求达到尽可能高的压缩比(需要在某一框架下将无损压缩与有损压缩统一起来)。随着远程医疗技术的发展,对医学图像处理提出了更高的要求(如多媒体、虚拟现实、可视化等)。医学图像处理技术的发展,使各个学科的交叉渗透,还有很多问题亟待解决。提高医学图像处理技术水平，与相关学科的交叉融合、医务人员和技术人员之间的交流越来越重要。

8.3.4　医学图像后处理技术

医学图像后处理是指在完成医学影像学检查之后，对所获得的图像进行再加工的过程。由于医学影像数字化，目前几乎所有医学影像学手段（包括 CT、MRI、DSA、CR、DR、超声、SPECT 和 PET 等）都可以对图像进行后处理，以提高图像的显示能力。医学图像后处理已经成为临床实用技术，是计算机在影像学应用的主要内容之一。

医学图像后处理技术包括：①直接处理，完成影像学检查后，应用随机软件直接在影像学设备上进行直接后处理。例如：在 CT 和 MRI 机上进行血管成像、三维重建等。②脱机应用工作站处理，脱机将所获医学影像学图像传输至工作站或将胶片经扫描仪数字化后，再进行图像后处理。例如：将多模图像（以 CT、MRI、PET 和 SPECT 常见）进行配准和融合。

目前，临床上医学图像后处理以应用随机软件进行直接处理为主。随着计算机技术的发展，各种影像学设备随机安装大量后处理软件，使图像后处理的临床应用越来越广泛，这使图像的显示、诊断和鉴别诊断能力均不断提高。近年来脱机应用工作站进行图像处理有逐渐增多的趋势，以图像融合为例：对同一患者，将密度分辨率最高、显示骨质结构和钙化最佳的 CT 与软组织对比分辨率最高的 MRI，或将显示解剖结构清楚的 CT 或 MRI 与显示功能和代谢改变的 PET 或 SPECT 图像进行融合，得到一种新型图像，增加诊断信息或准确定位病灶，直观显示其形态结构。

8.4　生物医学信息检测

8.4.1　生物医学信息检测

生物医学信息检测是生物医学工程研究中的一个先导技术，与生物医学电子学、生物力学、生物材料与人工器官、生物物理化学等研究直接关联。研究领域涉及人机接口、低噪声和抗干扰、信号拾取、分析与处理等领域，同时也依赖于生命科学研究的进展。

生物电、生物磁及生物声、生物光等生物物理信息，以及在人体机体中如呼吸、体温、血压、脉搏等许多生理活动的信息，若要将其引导出来并获取之，必须通过一定的装置使这些非电量的变化为电量变化，即转变为电信号，然后经过放大加以显示或记录。近年来，随着物理学、化学，特别是电子学、计算机技术的飞速发展，许多新的检测技术很快地被引入生物医学领域中来，使得生物机体的检测有了很大发展。其特点是：检测精度大大提高，并向定量化发展，检测过程简单化，速度加快，可测范围扩大。结果是：不仅对于生物机体各种水平的生理功能有了进一步了解，使生物医学的研究向精确化、定量化发展，而且对于疾病的诊断也有很大的提高。一个生命活动过程经传感器转换成的电信号被检测和存储后，即可对其进行分析处理以获得与生理、病理密切相关的特性参数。

8.4.2　无创或微创检测

无创或微创检测对生物体具有重要意义，是医疗患者最愿意接受的技术；发展新型无创或微创检测仪器具有广阔的前景。对危重病人或处在工作、运动或空间载体状态下的非卧床患者及健康人来说，关键是发展各种生理、生化参数的“长期、实时、无创、自动”检测技术，这对全面评估生物体及各类治疗方法，对监护及康复评估具有重要意义。

1. 生物电信号检测

生理量检测发展得较早和较快的是以心电、脑电为代表的循环系统和神经系统。随着微电子和智能自动化技术的发展，很多研究报道了对心电、脑电的“长期、实时、自动、无创”检测。不少研究者致力于在强干扰（电磁干扰及肌电干扰等）下，从心电图中自动提取和识别多类别的心律失常信息。

2. 生物磁场检测

近年来，国外研究者及临床医生高度关注人体磁场的检测。研究的重点是人体弱磁场检测技术，对比环境磁场强度的人体磁场，目前最受关注的人体弱磁场检测领域是心磁场测量-心磁图、脑磁场的测量。相比目前广泛使用的心电、脑电等生物电量的检测，人体弱磁场检测有许多特点。心磁图测量是用检测线圈来检测人体弱磁场（心磁测量），是一种非接触检测方法，不需要用导线做成各种连接，使用方便，不受被测对象表面状态的影响。心磁图测量是在一点或某一位置的测量，不是两点间差值的测量，可记录被测点或被测部位特有的信息，便于扫描成像——生物磁源成像。

3. 生物医学传感器

无创和微创检测技术大部分依赖生物医学传感器来实现生物医学信号的拾取和变换。传感器作为一种检测手段，有其自身的发展特点：①传感器应小型化，从而改善传感器的特性。②采用补偿法抵消存在于被检对象和检测器间的介质等影响，以及通过与标准的比较，正确测量绝对值。前者的典型代表是用容积补偿法的血压测量仪及用热流补偿法的深部体温检测装置；后者的典型代表是与标准比较的 pH 绝对值测量。③使用一次性的传感器（如血压测量及心输出量测量用热稀释导管、葡萄糖传感器、血气传感器等）；用羟基磷灰石生物陶瓷制成的皮肤纽扣内装葡萄糖电极，用于检测血糖等人体参数。④发展光纤传感器，检测体温、血流等生理生化参数。⑤用电磁耦合或光耦合技术的近距遥测，体外测量颅内压、口腔内压及无线电胶囊。⑥发展可行走病人的检测，如开发呼吸长期检测用传感器。⑦有效利用容易检测的生物信号，探索易测量且重复性好的新的生物信息。⑧用人工方法实现生物感受器的功能，开发不能检测的生物量（如嗅觉、味觉）乃至各种生物物质的识别传感器。

8.4.3 直接检测体内信息

直接检测体内信息的优点：可高精度地检测人体的生理和生化参数。直接检测体内信息一般用介入式、吞入式、体内固定植入式等。介入式检测法是用各种导管、内窥镜技术检测体内生理、生化及形态和功能信息，介入式检测结合气囊技术及各种理疗、化疗及手术治疗方式，组成了各种介入诊疗系统。吞入式检测是使用各类无线电胶囊检测消化道器官内生理、生化参数。

近年来发展很快的一类体内直接检测是植入式检测系统（固定埋植体内），可保证微型检测装置与生理体之间有良好的匹配。在检测过程中，生理体可处在无拘束的自然生理状态，体内植入检测系统一般处在一个近似恒温且干扰很低的环境中，便于连续、精确、长期地观测某些生理、生化信息的细微变化。20 世纪 70 年代来，显微外科、超细加工工艺、微电子、生物材料、体内装置的供电技术及体内外信息交换技术的发展，使体内固定植入系统得到了迅速的发展。

1. 固定体内植入式检测系统

用于人体植入式检测装置如假肢安装者的肌电信号遥测，人工关节内部的应力测试，对移植自然脏器及埋植人工脏器后人体的生理、生化参数的长期跟踪测试，以及神经外科手术及药物疗效的评估研究等。植入式检测装置的典型尺寸是毫米级，由于众多生理、生化参数同时检测的需要，体内电子检测装置的功能越来越复杂。近年来开发了一系列植入式检测用的专用芯片，如信号处理芯片和脉冲编码射频发射机芯片、射频控制的功率开关及供超声检测用的植入式超声信号处理芯片等，主要是为了适应各类植入式检测系统的要求。植入式检测大多用无线遥测，要求遥测装置测量的长期稳定性、传感器及封装材料的生物相容性及系统的可靠性等。

2. 植入式检测、处理及控制三位一体的闭环系统

植入式检测、处理及控制三位一体的闭环系统已用于人工心脏、人工胰、心脏起搏器、人工耳蜗等研究，最引人瞩目的是植入式心脏起搏器及除颤器的研究，应用该装置已拯救了数以千万计的濒于死亡或丧失工作能力的危重病人的生命，使他们过着近于正常人的生活。心律失常的高可靠性检测是植入式心脏起搏的研究重点之一，有些研究者还用在检测心电的同时，检测血压的室颤双重判别。植入式药疗系统是一个集信号检测、处理与控制为一体的闭环控制装置，植入装置需有自动检测人体生理、生化参数和按需进行反馈控制给药的功能，如用于治疗糖尿病的药疗系统中，需用植入式葡萄糖电极在内的连续血糖检测装置。长期植入的必要前提是装置的微型化、低功耗、高稳定性及高可靠性。

3. 微型电子机械系统

植入式检测涉及开发多功能阵列式植入式传感器，微小型的专用集成电路等。植入装置需耐腐蚀、无毒性，与生物组织具有良好的生物相容性，具有长期稳定性及可靠性等。基于机器人的发展及人体内植入诊疗的需要，世界各国开始重视研究微型电子机械系统（MEMS），它是集机、电、磁、光、化学、计算机、自动化、传感器与信息处理一体化的系统。MEMS 的发展主要建立在大规模集成电路制作设备与技术基础上，使 MEMS 中的马达、传感器、信息处理及控制电路都可集成在一小片芯片上。MEMS 的特点：机电一体化、微型化与智能化，其尺寸可小到几毫米以下。MEMS 集微型化及智能化于一体，内部又有自测试、自校正、数字补偿等功能，可用来清通脑血栓患者的阻塞动脉，接通和切断神经进行细胞操作，利用可动密封容器在体内进行检测和诊断，实现微米级视网膜开刀等精细外科手术等。世界上不少国家已展开了 MEMS 的研究，如 MEMS 的结构、功能、材料、加工方法及能源供给，集成多功能微型传感器、微型控制电路及运动器所需的极微小型电子元件，在微小结构中运动控制、操纵技术、MEMS 的相关辅助技术等。

8.4.4　离体检测

在体检测：在人体和实验动物活体的原位对机体的结构或功能状态所作的检测技术。离体检测：对离体的血液、尿液、活体组织或病理标本之类的生物样品进行检测的技术，这类检测通常在临床化验中占有很重要的地位。为了测量物质组成成分及其含量，判别是否正常，是否有病理性微生物存在等，需要对组织切片及血液和气体采样进行离体分析检测。分析样品及分析内容日益增多，离体检测正不断朝着多功能、连续化、微量化及自动检测方向发展。随着计算机自动识别与分析技术的发展，各类用光学分析法与电化学分析法的自动生化检测装置日新月异。离体检测大部分属于生化量检测范畴，涉及的领域很多，需借助于许多前沿科学的

发展，如基因工程、蛋白质工程、生物传感技术、图像分析处理及测量等。

离体检测要求较高，如检测精确度和准确度，较快的响应；检测的类别多，检测装置要求能实现多项目自动检测，使用的标本及试剂应尽量少。近年来许多新检测方法不断出现，一些新型的化学和生物传感器，除常规的临床分析（血液、尿液、脑脊液等）检测手段外，新技术不断发展：①微量元素检测；②超微量激素的检测；③分子和细胞水平的检测技术；④生物传感器的开发；⑤癌细胞的自动识别；⑥细胞染色体的自动分类；⑦DNA 自动分析；⑧嗅觉和味觉等生物量的检测等。

8.4.5 医学信息的分析

1. 传统分析方法

对于一个生理学系统，由于它在组织、结构、功能上的极端复杂性，尽管人们已了解了不少知识，但未知的东西还很多，我们甚至不知道它受多少个独立变量的控制，难以对它的动力学行为建立有效的模型。长久以来，我们只能借助各种传感器和电子测量仪器获取各种类型的生理时间序列信号，对其进行传统的方法分析与处理。传统的分析方法是假定所研究的系统可视为线性的，系统对线性的偏离当做微扰处理，习惯于将复杂的研究对象进行简化和抽象，建立起理想的线性模型。总之，传统分析方法把生理系统认作为平稳的线性系统，由此，我们对生理系统获得的生理模拟信号采用计算机技术、先进的信号处理方法进行时域、频域、时频变换分析以及统计学处理。小波变换是新近发展起来的"时频变换"方法，是一种线性运算，它可将时频两域结合起来进行分析，对信号进行不同尺度的分解，形成信号的时间-频率-幅值的三维频谱图，有利于揭示问题的本质。

2. 非线性动力学分析

人体的生命过程是非线性的，对于大多数生理系统不能进行线性近似，否则不可能认识到生理活动中与非线性有关的现象。非线性系统的突出点是构成系统的各组成部分之间存在相互作用，系统的输出不正比于输入，叠加原理不成立。非线性系统的一种极为重要的运动形态是混沌。各种生物，特别是包括人类在内的灵长目动物，可以说是自然界中最复杂的系统，在其各种（运动）变化中出现了混沌。

只有系统是非线性时，才有可能出现混沌，即混沌的存在表示系统一定服从非线性规律，这只是说非线性是出现混沌的必要条件，而不是说系统的非线性一定会出现混沌。混沌是确定系统中出现的具有随机性（非周期性）的运动，例如心脏是一个复杂的非平稳的高维非线性生理系统，它受到很多个独立的动力学变量控制。心脏活动服从确定的非线性规律，即支配心脏活动的自主神经（交感神经和副交感神经）与心脏之间的控制和反馈作用。它的运行状态是确定的，但其运行行为是杂乱而不可测的，即是混沌态。经研究表明，人的心脏活动的复杂性随着健康状态的变坏愈来愈降低，因此表征混沌复杂性的一些特征量可作为心脏健康程度的标志。

分形研究是非线性科学前沿之一，分形意为"破碎"、"产生不规则碎片"，世界的本质是非线性的，而分形是复杂非线性特征的一种表现，分形概念与自相似性密不可分，"分形" 比"整形"更能反映事物的本质。人们发现，仅用简单分形的一个分形维数来表述经过复杂的非线性动力学演化过程而形成的结构显然是不够的，也就是说一个单一的维数无法描述其全部特征（自然界充满着非均匀和各向异性现象）。而且，在各个复杂形体的形成过程中，其局域条件是十分重要的，不同局域条件的相空间重构图涨落引起的参量波动是造成这类形体形态各异的主要原因之一。

3. 人工神经网络分析

人脑中的神经网络是一种高度并行的非线性信息处理系统，不仅体现在结构和信息存储上，而且体现在信息处理的运行过程中。人脑采用了信息存储与信息处理一体化的群体协同并行处理方式，信息的处理受原有存储信息的影响，处理后的信息又留记在神经元中成为记忆。信息处理存储的构建模式是广泛分布在大量神经元上，且同时进行的，呈现出来的整体信息处理能力，能快速完成各种极复杂的信息识别和处理。

借鉴于生物神经网络发展起来的新型智能信息处理系统被称为“人工神经网络”。人工神经网络分析法广泛应用于自适应信号处理和非线性信号处理，还可用于模式鉴别和数据压缩等。人工神经网络虽然可属于非线性处理的方法，但它与前述的非线性系统中混沌分析法比较，从神经网络结构的数据序列的物理含义和方法的具体分析过程方面来看都有着本质上的不同。用人工神经网络分析可找到一个七维的曲面，这个曲面将空间分为两个部分：有病和健康。通过实践证明，该方法用于临床诊断，正确率大于 80%。对于该具体对象的分析，既属于模式识别，又属于非线性处理。

8.5　生物医学信号处理

生物医学信号涉及生物体各层次的生理、生化和生物信号，这些信息以物理量、化学量或生物量变化的形式表现出来，如心、脑、肌、眼等生物电信号；血压、体温、呼吸、血流、脉搏等非电磁生理信号；血液、尿液、血气等生物化学量信号；酶、蛋白、抗体、抗原等生物量信号。利用生物医学传感器将这些生物信息转换成易于测量和处理的信号(一般为电信号)以便进一步处理，以了解生命活动的规律和本质，为医学研究和临床诊断服务，如血压和血流等信息可以了解心血管系统的状态。生物医学信号由于受到人体诸多因素的影响，因而有着一般信号所没有的特点：①信号弱，例如从母体腹部取到的胎儿心电信号仅 10～50 μV，脑干听觉诱发响应信号小于 1 μV；②噪声强，由于人体自身信号弱，加之人体又是一个复杂的整体，因此信号易受噪声的干扰，如胎儿心电混有很强的噪声。以上特点给生物医学信号的处理带来挑战。

8.5.1　诊断-治疗循环

观察、推理、处理这三个阶段不仅在人类的日常生活行为中，而且在病人医护、管理和研究中都起着作用。在医疗卫生领域中，所谓诊-疗循环也遇到相同的三个阶段：观察、诊断、治疗。这个循环包括病人讲述病史，临床医生收集数据(如做 X 射线透视检查等)并得出一个结论，甚至可能得出诊断，然后开出治疗处方或者执行其他治疗。

1. 观察

在观察阶段的任务是获取数据，利用信息能够减少关于病人疾病的不确定性。在许多病例中，这种不确定性能通过参考病人的病史数据(既往病史)得以减少；另外一些病例中，必须通过病人体格检查、血样分析或生物学信号的记录(如心电图或呼吸描记图)等途径收集生理或生化数据。

2. 诊断

准确诊断的先决条件是治疗医生的周密思考，计算机在诊断阶段可以有很多应用，临床医生经常不在意他不知道的东西，计算机产生的列表可以提示并引起他注意。临床医生要对病人负责，因此必须对诊断负责。但是，当使用计算机支持时，绝不允许用计算机取代人类(临床医生)对诊断的负责。因此,客观的和基于科学的部分可以交给计算机去做,而处理病人独特的和个体的问题不能也不应该交给机器。例如,一个诊断总是带有某种程度的主观因素,那些因素永远不可能一般化,永远不能交给计算机去做。

3. 治疗

治疗阶段需要的临床知识和经验与诊断阶段不同,治疗的特点是人类行为的实践性,它较多地受决策控制,而较少地受理论思维控制。治疗阶段依赖于前阶段的结果,即诊断和决策分析中所提示的可能预后(即病人将来最可能的结果)。通常治疗是由内科医生或护士处理的,而诊断还可由其他医务人员做出,例如提供治疗的有外科和放射治疗,很难想象外科和探查行为能完全由计算机和机器人取代,但是,治疗的准备和监护却可以得到计算机支持。后者的例子是药物管理(剂量、可能存在的药物之间的反应或禁忌证)和危重病人或放射治疗的监护。尽管这些例子都直接与病人医护有关,但是计算机也能用于分析来自许多病人的大量数据并通过归纳而得出结论。

8.5.2 医学信号处理的新技术

1. 人工神经网络的应用

近年来,神经网络的研究在国内外得到迅速发展。人工神经网络在生物医学工程领域中的应用也逐步扩展。人工神经网络主要被用于生物医学信号的降噪、特征提取、分类决策、建模等方面。如建立在自适应噪声抵消技术上的人工神经网络,通过反向传输算法,利用在多道脑电(EEG)记录中相邻通道信号的时间、空间信息,大大地提高了信号的信噪比,类似的方法还被用于心电(ECG)信号的降噪。人工神经网络还被用于EEG中表征癫痫出现的特征提取。分类决策是人工神经网络在生物医学工程领域中的重要应用,有些方法还结合小波变换、模糊技术预处理等新技术,通过对心电ST段抬高、高频成分进行分类,提高了各种心脏疾病诊断的准确性。左心室辅助装置的建模是人工神经网络在生物医学工程领域建模应用的又一实例。人工神经网络还被用于胎儿快速眼动检测的自动计数等方面。

2. 信号的时域分析

利用时变的自回归滑动平均(ARMA)模型提取特征,是信号时域分析的一种手段,这些特征参数可被用于呼吸音的分类和EEG的跟踪等,也有将自回归(AR)模型的极点作为特征参数,分析人体膝关节振动的非平稳信号,从而达到无损诊断的目的。另外,传统的周期图方法也被用于对时变序列的分析,并提取出稳态的视觉诱发电位。利用系统输出的熵实时分离混合的非平稳信号,在生物医学工程领域有应用前景。在信号的滤波方面,有人利用时变的维纳滤波方式代替原来的样本平均方法对第一、第二心音进行滤波,也有人利用正交自适应时空投影方法对ECG进行滤波。总之,许多新的时域分析方法正逐步用于生物医学信号的处理。

3. 信号的频域分析

一些非线性的频谱分析技术和自适应频谱分析技术被用于对EG的分析,用来观察人体睡眠时的脑电变化或对物体的视觉反应等。通过胸部不同部位记录的心音信号的频谱和相关分析,可以得到比AR模型更好的分析精度。通过短时快速傅里叶变换分析非平稳信号,将产生频谱的展宽,展宽的原因来自数据窗的类型、长度和信号非平稳性两个方面,引入一种校正方法,可以得到精确的频谱宽度,而且计算依然比较简单。呼吸音的频谱分析也为区别肺音和空气阻塞音提供了分类的标准。通过频域还可以直接从正交的多普勒信号对中提取正、反两向的血流速度信息,大大简化了系统。

4. 信号的时频分析

小波变换是信号时频分析的一种新方法，它被广泛应用于生物医学信号的处理，如视觉诱发电位的分析，EEG的特征提取和分类，多普勒心音信号的分析，血液超声背散射系数的研究，ECG的分析，胎儿心率信号的降噪和处理等。作为时频分析的另一种重要方法的时间-频率分布，有学者将一些时间-频率分布的方法，如维格纳分布等，与传统的短时傅里叶变换进行比较，指出了它们在分析精度和计算复杂性方面的优点和缺点。

5. 数字信号处理

数字信号处理(DSP)是涉及多学科又应用于多领域的新技术，是利用计算机或专用处理设备，以数字形式对信号进行采集、变换、滤波、估值、增强、压缩、识别等处理，从而得到符合人们所要的信号形式。20世纪60年代以来，由于信息技术的飞速发展，数字信号处理技术应运而生且发展迅速。在通信等领域，数字信号处理技术已得到广泛的应用，并迅速向生物医学工程领域渗透，成为医学信号处理的重要手段。

8.6 远程医疗和医疗信息网络化

8.6.1 远程医疗的出现

远程医疗是一类新型医疗服务，是信息技术渗透到医疗服务当中的标志。远程医疗是指通过网络等技术在相隔较远的求医者和医生间进行双向信息传送，完成求医者的信息收集、诊断及医疗方案的实施等过程。与"面对面"的传统医疗模式相比，远程医疗使得高水平的医疗服务能在更广的范围内进行共享，让更多的人享受高水平的医疗服务；对医学本身也是一种促进，也使得医务工作者能拓宽视野、积累经验。随着网络技术的飞速发展，远程医疗正日益走近我们的现实生活。医生将借助于这些技术为远方的病人提供更专业、紧急和有效的诊断和治疗，医院和医生也能更好地管理慢性疾病患者，减少并发症发生。远程医疗基本组成如图8-8所示。

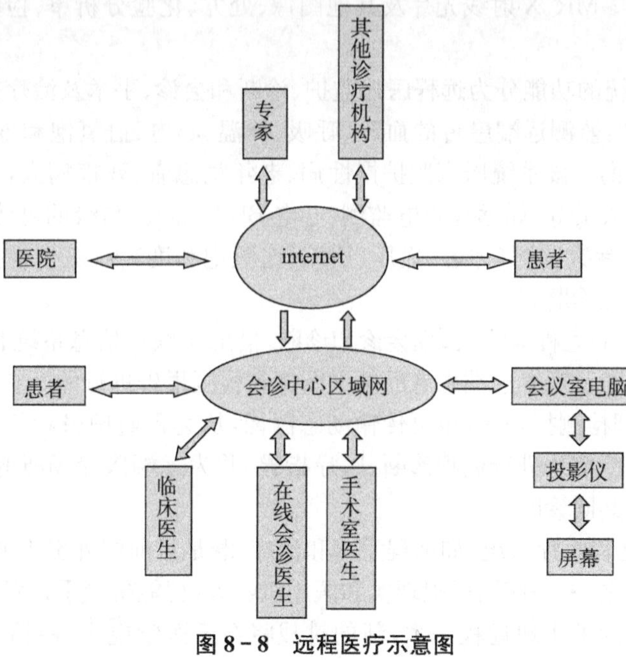

图8-8 远程医疗示意图

8.6.2 远程医疗系统

1. 远程医疗系统概述

远程医疗是医学与IT、网络、通信卫星结合的产物，从广义上讲是使用远程通信技术和计算机多媒体技术提供医学信息，它包括远程诊断、远程会诊及护理、远程教育、远程医学信息服务等所有医学活动。从狭义上讲，远程医疗包括远程影像学、远程诊断及会诊、远程护理等医疗活动。

传统的医疗处理包含了治疗、比较和认知这三个阶段。在治疗阶段中，病人要和医生交流，交流的信息作为记录病人的一些病史和病历档案，并将其保留较长的时间，用作今后在治疗和诊断时参考。在比较阶段，需要医生对病人的病史及其他的档案资料做详细的分类和整理。对于认知阶段，则需要医生和科研人员的配合。由于地域的限制和医疗技术发展的不平衡，传统的医学处理常常需要一些额外的旅途和交通费用。网络多媒体技术的发展使建立一个基于计算机网络通信和处理的开放性的远程诊断治疗系统成为可能。

自1988年远程医疗系统作为一个开放的分布式系统的概念在美国提出以来，医疗专家普遍认为，一个开放性的远程医疗系统应包括：远程诊断、专家会诊、信息服务、在线检查和远程学习等几个主要部分。医疗系统需要以计算机和网络通信为基础，实现针对医学资料的多媒体特性和远距离会诊视频与音频信息的传输、储存、查询、比较以及显示。远程医疗中技术与特定信息交换的具体配置可能不尽相同，但共同的因素包括：病人、医护人员、专家及其不同形式的用在至少两地方之间传递医学信息的电信号(图8-8)。

2. 远程医疗系统的组成和功能

(1) 远程医疗系统的组成包括医疗中心和医疗站点、医疗信息中心。①医疗中心和站点：即医疗中心和救助中心，配备有现代化的医疗设备，包括地区中心站、远端医疗站点，以及专家、医疗人员和医疗对象(家庭和个人、战士、野外工作、宇航、水下及特殊环境等工作人员等)。②远程医疗的基础医疗信息中心：包括医学中心数据库、远程医疗信息系统等，一般是以数字化格式存储的，如CT、MR、X射线光片及其他图像、处方、化验分析单、检验报告、账单等，可供各站点共享。

(2) 远程医疗系统的功能分为远程医疗监护、诊断和会诊、手术及治疗。

① 远程医疗监护：监测远端患者的血压、呼吸、体温、心电、血氧饱和度等主要生理参数，可提供医学指导和咨询。该系统居家监护慢性病、老年病患者、残疾病人，也医疗监护野外工作人员、探险队、宇航人员等(如远程心电监测、心电BB机等)。高级的可传输静态医学图像、化验单、诊断单、生理参数监测(体温、血压、ECG、血氧饱和度)等，医生根据这些信息进行医疗指导、医疗咨询、远程诊断。

② 目前广泛发展的远程医疗：远程会诊和诊断，借助于医疗信息系统和PACS，医疗中心的专家诊断和会诊是通过观察远端患者的医学图像和检测报告进行的。它可传输静态医学图像、化验单、诊断、生理检测报告等，也可传输动态图像，从远程监护患者状态。医生实现远程诊断和会诊是根据这些信息进行远程诊断、医疗指导，并为远端医疗场所的医生(医疗水平较低)提供建议或咨询，共同诊断。

③ 可控交互式远程医疗系统，如远程手术和治疗，既是目前国外努力的方向，也是国外生物医学工程研究热点之一，是使用虚拟现实和医用机器人(智能机械手)，对远端患者施行必要的手术治疗和处理。为了实现远程手术，新的挑战将在于医学电视、遥控、精密机械、传感技

术、高速数据传输、数据压缩等技术的提高。

8.6.3　远程医疗方式

发展远程治疗系统具有重大的意义。如：普及医疗，提高偏远和落后地区的医疗水平，这对于幅员辽阔的国家尤为重要，如加拿大、澳大利亚、中国等有许多地方是常规医疗无法到达而又需要有医疗服务的。减轻医疗费用，节省时间，减少患者在医院就医次数和住院时间，多数疾病可以就地处理，不必送医院。方便及时，如居家医疗护理、康复指导、危险性疾病猝发时的救护指导等，使医学和医疗直接服务到个人。对野外工作、探险队、宇航人员、战士等的医疗保护和紧急救助及医疗培训等也有重要的意义。远程医疗主要有以下两种方式。

1. 远程咨询和会诊

远程咨询是最具可操作性的一种方式，通过 E-mail，求医者与医生间建立联系，进行健康咨询，方便、快捷。

远程医疗会诊是医疗机构间运用现代化通信手段达到远程异地医疗会诊目的的一种服务方式。参加会诊的专家对病人的生理信息、检测结果和初步诊断意见进行交互讨论，主要是通过双方同步视频和音频系统实现面对面对话的效果，其目的是给远地医生提供诊断和治疗的参考建议。我们知道，在医疗过程中，医生要采集患者的症状、体征及相关仪器检查的信息，从而诊断并制定治疗方案。医患双方通过安装一定的软硬件（如摄像头及相关软件等），再经由网络传输相关信号，实现医患双方的“互听”、“互视”（建立一个基本的远程会诊过程）。

远程诊断是医生通过对远地病人的图像和其他医疗信息进行分析做出诊断，即最后的诊断结论是由与病人处于不同地点的医生做出的，将专家的最后诊断结论通过电子邮件或其他方式回复给相关的医护人员。病人可以通过电脑屏幕与处于千里之外的医生面对面进行交流，而医生可以在电脑屏幕上查看身处天南地北的病人病历，病人一方面获得了最佳的治疗时间，另一方面减少了中途的旅行费用。假设有一位地处偏远地区的患者，当地医生限于经验，怀疑他可能患有某种罕见的疾病而难以诊断，或者其病情十分复杂，制定医治方案时碰到了困难；而在北京有这方面极富经验的专家，远程会诊则可以在这时发挥其巨大的作用。通过网络，患者与医生可以进行实时、交互、多媒体的交流，使得那些在传统会诊中看似难以克服的困难迎刃而解。

2. 远程手术

远程手术是虚拟现实技术结合网络技术，通过一种虚拟研究机构，实现人力资源共享结合，使医生亲自对远程患者进行的操作实现知识信息共享、研究设施共享，因而具有更大的优势。同样的过程应用于手术，医生亲自对远程患者进行操作，就是“远程手术”了。医生借鉴经验，根据自己的行业特点，用传来的现场影像，通过键盘、鼠标、“数字手套”等，使其一举一动转化为数字信息传递至远程患者处，通过控制当地的医疗器械的动作来操作手术。1999 年，世界上首例实验性远程手术已成功实施。现在许多外科手术，很多都是通过内窥镜监视下操纵器械进行的，只不过是把“内窥镜”与“器械”的长度变得更长而已，这种手术对专家的操作技巧与相关设备的要求较高。

8.6.4　远程医疗系统的需求和当前发展

要实现卫生事业信息化，实现远程医疗是其中一个重要的步骤。远程医疗会诊在医学专家和病人之间建立起全新的联系，使病人在原地、原医院即可接受远地专家的会诊及其指导下的治疗与护理，从而节约医生和病人大量的时间和金钱，在一定程度上遏制了持续上涨的医疗费用。在美国，“远程医疗”系统的主题构架是以横跨全美的计算机网络为基础，通过高质量的摄像机和处理能力较高的计算机、工作站等设施把大的医疗中心和开业医生诊室及病人的家庭联系起来，形成一些各具规模的远程医疗会诊网络。

随着老年人口比例的增多，尤其是对老年人的身体状况进行监护并且对一些患者实现远程医疗是很有必要的。通过远程医疗，可以节约患者就医占用的大量工作时间和减少老年人出行的不便；通过远程医疗可以及早发现病症和避免由于拖延治疗造成的病情恶化。自从1988年远程医疗系统作为一个开放的分布式系统的概念被提出之后，许多研究结果已经表明了远程医疗系统的可行性和实用性，具有广阔的应用前景。

现代医学的发展越来越快，医疗卫生人员对各类医学信息的需求越来越大，远程医疗将明显扩大医护人员与同事交流的范围与深度。远程医疗系统将病例报告和图像发送到参与讨论的同事或需要参考文献的同事的终端，这种交互式交流，方便了医生获取和交流信息，实现医学文献资源的共享。另一方面，各类医疗卫生人员需要接受医学的继续教育，才能跟上现代医学发展的步伐。远程医疗系统提供的数据库中，有教学文档和工具，通过该系统，偏远地区的医生可进行继续教育，准确、及时地获取最新的医疗动态及治疗计划，增加临床知识，以便在同样的情况下更好地治疗和护理病人。

远程医疗是一种很有前途的医疗方式，随着人们生活水平的提高，对健康长寿、提高生活质量的意识增强，远程医疗是一项不可替代的事业。我国幅员辽阔，人口众多又趋于老龄化，加上各地区经济和交通发展极不平衡，医疗卫生条件差异显著。偏远山区的医院缺乏高明的专家和高科技的医疗设备，危重、疑难病人往往要跋山涉水到大、中城市看病，只有实现远程医疗才能解决这一问题。

远程医疗系统是通过结合多媒体技术、网络技术和身份认证技术实现的，是建立在高速网络基础上的，然而当前的网络速率常常达不到这些系统的要求，这在很大程度上限制了它们的推广和应用。网上会诊和手术等是以传输大量数据为基础的，以目前的网络状况，广泛开展远程医疗还需要一定的时间；远程医疗对医疗仪器要求较高。许多医学仪器需要进一步数字化，以便于直接进行网络接入；要实现远程手术，必须实现手术器械的数字化。远程医疗还需要使医疗仪器网络化。许多大型医疗仪器价格昂贵，集中在少数大中城市中，如果医疗仪器能充分网络化，偏远地区只需一个类似于终端的设备就能对病人进行检查，利用网络进行数据计算并返回信息，可降低医疗成本，充分共享仪器。远程医疗对医务工作者素质的要求更高。远程医疗在于打破地域界限，让更多的人享受高水平的医疗服务，更合理地配置医疗资源，实现人类的美好理想——人人享有卫生保健。虽然发展我国远程医疗事业任重如山，但前程光明。

8.6.5 医疗信息化及信息化医院

基于计算机和网络技术的发展，医疗领域逐步实现信息化和网络化是今后医疗管理的发展趋势。以医院信息系统（HIS）为例，该系统是医院里实现成本控制、病人服务和科研管理的信息平台，HIS系统的普遍建立又使得医院有了进一步建立以医学影像存档与通信系统为核心的临床信息系统的要求，占全部医疗信息90%以上的医疗影像信息的处理更是今后医院信息化的核心所在。

随着人们健康意识的增强和生活水准的提高，自我保健出现了蓬勃发展的势头。在不久的将来，每个人都能够通过网页浏览个人健康计划，或通过电子邮件接收个人的健康信息，比如自己具体的健康状况、保健的技巧等。借助于信息技术,将医疗机构和自助保健有机地结合起来也就成了必然趋势。但医疗信息化也面临着挑战,电子病历并不简单地是病人入院记录、病程记录、手术记录、会诊记录、出院记录等的计算机化,它是医院临床信息系统发展完全化的一个结果,它不仅包括病人全部的临床信息,而且还包括丰富的医学知识与联机服务。

信息化的发展意味着患者更多的信息被传播和公开,而这一点是与医学伦理的要求背道而驰的。所以,在信息化医院的建设过程中,要尽可能地保护病人的合法权益。首先,不能随便查阅患者信息,在这方面要进行等级区分。应根据医院不同流程的工作需要,对接触病人信息的医务人员进行严格的权限设定,并相应地对患者的信息进行等级区分,如患者的姓名、家庭地址、联系方式等信息,应与其诊疗信息分离。经济时代,某些患者的信息也面临着被出售的危险,这实质上是对患者隐私的侵害。为了减少患者重要信息的泄露,医疗信息管理部门要采取措施加大对患者信息的监管,如禁止对患者重要信息的拷贝等。

其次,对院内需要公开的患者信息也应采取适当的措施。虽然有些疾病从使用的药物或治疗方式上完全可以推断出来,但如果是患者不愿让人知道自己的疾病,从"人性化"角度考虑则应采取技术措施予以解决。再次,互联网的极速发展,也使得远程诊疗、网上挂号等的应用越来越多,所以医院对外传播患者的信息时,应隐去患者的基本情况,确保患者信息的安全性,维护患者的正当利益不受侵犯。患者是医院的生命之源,在医疗信息化的过程中,只有真正从维护患者利益的角度出发,才能够使医院在医疗信息化中得到长足的发展。

医疗信息化的核心是病人信息的共享,包括医院各个科室之间、医院之间、医院与社区、医疗保险、卫生行政部门等的信息共享,以数据库为中心实现病人信息的无纸化和无胶片化。医疗信息化及信息化医院的建设,将会提升医疗管理水平,降低运行成本,提高诊疗效率,这些都是未来的重要发展方向。

8.7 生物电磁学

8.7.1 生物电磁学的产生

电磁波包括长波、短波、低频波(如紫外线、微波、红外线、可见光、电视发射波及其他形式的非电离辐射)和高频波(如X射线、γ射线及其他形式的电离辐射)(图8-9)。极低频场有很低的电磁能,较长的波长(数千微米)和较低的频率。20世纪40年代,美国人亨利首次获得了高频电磁振荡及莫尔斯在华盛顿公开展示电报机,标志着人类开始认识电磁波。60年代,英国人麦克斯韦结合亨利与莫尔斯的理论,提出了"电磁理论"。电磁技术促进了人类社会的巨大发展,使人类社会进入了电力及工业化时代,为人类进入信息时代奠定了基础。由此也产生了电磁波卫生学问题,为了解决这些问题,产生了一门新的学科——生物电磁学。

生物电磁学以研究电磁波(场)与生物体的相互作用为中心的一门边缘交叉学科,是电磁学与生物学、医学相互渗透的结果。它涉及如生物组织的介电特性、各层次的生物学效应及其作用机理、容许暴露限值、生物电磁剂量、在生物医学中的应用及用于生物和医疗的辐射系统等。通过研究,认识电磁场与生命物质相互作用的机理,发展人类利用电磁波对生物体有利的作用,防止其可能的有害影响。生物电磁学研究的课题包括:电磁场与癌症、与儿童白血病发病率的关系,生物体对电磁场的响应,地球电磁环境的变迁及对生物进化的影响,作用到生物体的电磁场剂量的确定方法,生物体内电磁场及生物组织电磁性质的测定,电磁环境安全卫生

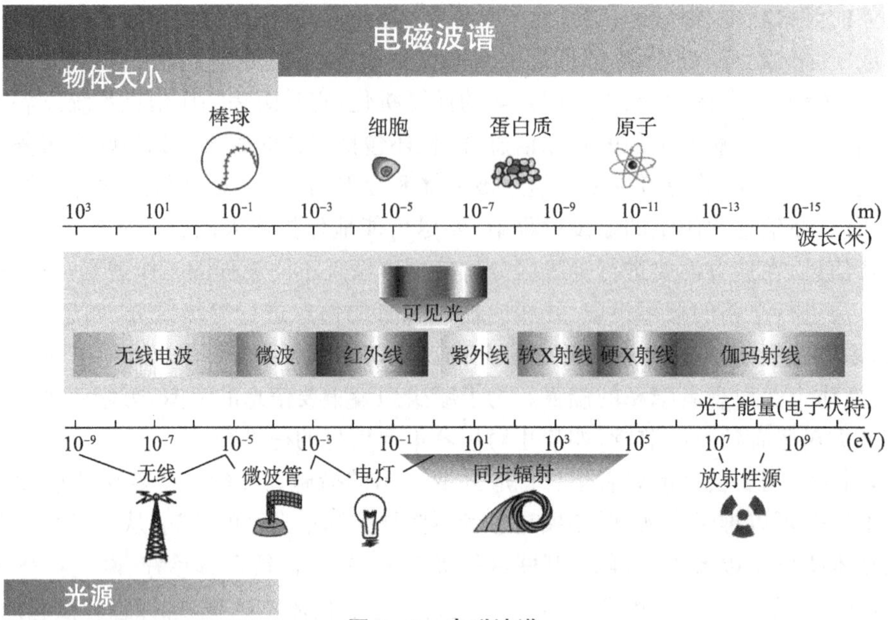

图 8-9 电磁波谱

标准的制定,电磁场在生物医学中的应用,移动电话是否会促进肿瘤的发生等。

20 世纪 70 年代,Wertheimer 和 Leeper 用流行病学调查的方法,研究了儿童白血病的发生可能与居住区高压输电线产生的电磁场的关系,结果表明:与电磁波谱中极高频段的微波一样,极低频段的电磁波也能对机体产生不良的影响,使电磁波卫生学问题发展到了极低频段。人们开始重视电磁波与机体相互作用的过程及机制等的研究。由于各学科的渗透,形成了生物电磁学。

1966 年,国际微波功率协会开始集中研究电磁场在医学、生物学上的应用,生物电磁学的研究得到了广泛发展。1979 年,国际无线电科学协会(URSI)举行了第一次国际会议,1980 年,创办了《生物电磁学》杂志,URSI 每年举行一次电磁辐射生物效应会议。一些发达国家已经很关注生物电磁学;1986 年,我国成立生物电磁学专业委员会(附属于中国生物医学工程学会);1994 年,国家自然科学基金委员会独立列出生物电磁学学科。

8.7.2 电磁波在生物医学中的应用

1. 外加电磁波的调制作用在医学中的应用

除被组织吸收外,电磁波作用于人体,在被反射或透射的信号中叠加了生物系统的某些信息,通过检测与处理,可无损地获得所需提取的有关生物医学信息。

(1) 核磁共振成像是医院里的一种重要诊断手段,发展方向:缩短成像时间、提高分辨率和对比度。

(2) 微波成像:电磁波透过人体的能量是入射场参数和体内组织介质特性的函数,利用微波可重构人体横截面上电性质的变化情况。

(3) 生物组织的微波热弹性成像:用脉冲微波在人体内产生热弹性压力波,用声学传感器检测,并重构其间组织结构。热弹性压力波的产生与组织电容、比热和声学特性相关。

(4) 微波多普勒用于人体特性探测:它是分析被检测器官对微波束反射的多普勒信号,在测量心尖搏动圈、监测心率和呼吸率、探查动脉的搏动和研究血管壁性质等方面获得了应用。

2. 人体电磁信号探测在医学中的应用

电磁辐射测量技术可探测人体自身电磁辐射，获得人体的生物医学信息。辐射包括热辐射，与特定生物功能相关的电磁过程发出的辐射。在探测人体热辐射方面，用于探测人体深部温度和肿瘤定位等。

3. 电磁波生物学效应在医学中的应用

在医学中，利用电磁波的热效应已成熟并得到应用的技术如微波灭活，在临床上已广泛应用，使组织温度升高达到治疗疾病的目的，如多种电磁波段的理疗。肿瘤的高温疗法是电磁能在医学应用中最成功的例子，这种疗法是利用电磁能产生的高温直接杀死癌细胞，或产生更高的温度进行组织凝固。

8.7.3　电磁波辐射生物效应

第二次世界大战中雷达的出现，使人们开始研究电磁波辐射生物效应，20 世纪 30 年代，在雷达站工作的许多人员，出现了神经衰弱症状如头昏、头痛、乏力、记忆力减退、失眠或嗜睡等，引起了卫生工作者的关注。开始时仅限于微波波段，当时的研究是想通过动物实验和流行病学调查，建立微波辐射卫生标准和防护指南。后来研究发现，微波能对多种动物组织和器官的生理机能产生不良的影响，才开始重视电磁波卫生学的问题。二战结束后，人们对于射频和微波治疗肿瘤和电磁波热疗等问题的研究日渐增加，开始重视微波辐射下的生物危害效应。苏联和美国的研究人员开展了“雷达危害”的研究课题。50 年代，微波被列为职业卫生学中的危害因素加以研究。

二十世纪七八十年代，流行病和生物物理学家研究表明，极低频电磁场产生的电离辐射同人的癌症和其他疾病有着密切关系。1979 年，英国一项流行病学调查结果显示：在高压输电线下居住的居民，患白血病和中枢神经系统肿瘤的危险性，高于居住在其他地方的人。80 年代，英国多项研究证明：居民、职工暴露于低频电磁场时，癌症、白血病及其他一些疾病的发病率显著增高。美国科学家对其国内 5 家大型电力公司的 14 万员工，在过去 36 年间健康状况记录进行分析表明：发电厂员工，暴露在高强度磁场环境下，其脑癌发病率比处于低强度磁场环境下的同行业员工高出 1 倍多。另外还发现，长期在工作场合接触电磁场的电工，与其他工人相比，白血病的发病率也高出了 1 倍多。

北卡罗来纳大学的同一批科学家对美国 24 个州签发的 14 万余张死亡证明书进行分析表明：在电磁场环境中工作的妇女，乳腺癌的死亡率比正常情况高 38%。研究结果显示：极低频电磁场可能改变高等生物的生长、发育、行为和生理功能。科学家共抽取近 1 400 人进行测定，并推广至同类工种。在 36 年的时间跨度中，14 万人中共有 144 人因患脑癌丧生，研究结果显示了磁场强度与癌症的关系。人的白血病细胞系中正常表达的几个基因（这些基因如果启动表达，将触发癌细胞生长分裂）暴露于频率为 60～72 Hz 的电磁场 10～40 min，与未暴露于电磁场的基因相比，前者的基因转录增加了10%～400%，转录率随电磁场的强度和暴露时间的增加而增加。动物实验结果显示：处于极低频电磁场下的小鼠细胞 DNA 增殖加快。果蝇的唾液腺细胞置于极低频电磁场，产生了 DNA 转录的增长。研究结果表明，极低频电磁场致癌可与细胞 DNA 转录增加有关。

电磁场作用于生物体可能引起两类生物效应：①使其温度升高（热效应），由此引起生理和病理变化。这是由于生物体内各层次的生物物质吸收电磁能后转成热能。电磁辐射的生物学效应以热效应为主，在临床医学中，利用电磁能的热效应进行肿瘤的高温治疗和电磁热疗。电磁辐射效应对生物体也有不利的影响，如使脑功能失调、甲状腺机能亢进、头痛、易激动等症状，长期受一定强度电磁辐射所产生的热效应，会使心电图异常，月经失调、易引发白内障、男性不育等。②非热效应，即指电磁场通过使生物体温度升高的热作用以外的方式改变生理生化过程的效应。自然界中存在极微弱的电磁场不使生物体温度升高而产生生物效应的例子。瑞典、西班牙、美国和加拿大的研究表明，弱脉冲电磁场可引起鸡胚显著发育异常。日本科学家发现，弱脉冲电磁场对哺乳动物细胞株DNA的合成有明显的影响；美国科学家认为，微波脉冲对中枢神经系统产生类似电刺激的作用均属非热效应。

参考文献

[1] Johnson N E, Jajodia S. Syracuse, 1998:113.
[2] Seagar A D, Barber D C, Brown B H. Clin Phys Physiol Meas, 1987,8:13.
[3] 叶海霞,王珏,蔡玉芳. 无损检测, 2004,26(10):191.
[4] 陈百万,等.生物医学工程学.北京:科学出版社,2000.
[5] 董秀珍,付峰,尤富生,等.中国医学研究与临床, 2004,2(13):1.
[6] 董秀珍,秦明新,付峰,等.第四军医大学学报, 1999,20(3):252.
[7] Saulnier G J, Blue R S, Newell J C. Signal Processing Magazine, 2001,11:31.
[8] Boone K, Barber D. J Med Eng Tech, 1997, 21 (6): 201.
[9] 唐世钧,王保华,钟季康. 国外医学生物医学工程分册, 1998,21(1):12.
[10] 柴新禹,吴朝霞,庄天戈. 生物医学工程杂志, 2001,18(3):138.
[11] 王平,牟轩沁,余厚军. 中国图像图形学报, 2001,6(3):148.
[12] Owens J D, Houston M, Luebke D. GPU Computing, 2008,96(5):879.
[13] Che M B, Meng J. J Paral Distrib Comput, 2008,68(10):1370.
[14] Lee J M, Yoon U, Nam S H. Computers in Biology and Medicine, 2003,33(6):495.
[15] 罗渝兰,王景熙,郑昌琼. 计算机应用, 2002, 22(8):20.
[16] 任超世, 王妍, 邓娟. 中国医疗器械杂志,2007,31(4):235.
[17] Jihyeon K, Eung J W, Jin K S. Physiological Measurement, 2009, 30(6):S149 - S164.
[18] 张玲. 中国医学影像技术, 2010, 2:372.
[19] 王春燕,曲典,吴瑞,等. 中国医疗设备, 2009, 11:20.
[20] 董建园,郝重阳.中国生物医学工程学报,2008,27(6):848.
[21] 董秀珍,付峰,尤富生,等.中国医学物理学杂志, 2004,21(4):226.
[22] 张煜,刘哲星,李树祥,等. 国外医学生物医学工程分册, 2000,23(4):202.
[23] 宁新宝. 医学信息检测分析技术进展, 2004,3(6):26.
[24] Woo E J, Hua P, Webster J G. Med Bio Eng & Comput, 1994,32(4):530.
[25] Barber D C, Brow N B H, Fresston I L. Electron Lett, 1983,1(9):933.
[26] 王宝珊,杨惠兰,王美婵. 临床超声医学杂志, 2004,6(2):126.
[27] 任超世,安源. 世界医疗器械, 2000,6(8):46.
[28] Mezrich R. Radiology, 1995,195(2):297.
[29] Thomas J K, Martin N W, Peter M T P. AJR, 2002,179(12):1573.
[30] Shjmaoo O. Nucl Med, 1987,1(11):1614.
[31] Kemer T E, Hartov A, Soho S K. Physiol Meas, 2002,(23):221.
[32] 许志方,王平,曾河,等. 第二军医大学学报, 2003,24(3):1383.
[33] 陈敏洁,杨驰,张伟杰,等. 中国口腔颌面外科杂志, 2004, 2(3):165.

[34]　Stefan G R, Thomas F H, Thomas P. AJR, 2000,174(4):1127.
[35]　Begemann P G, Bonacker M, Kemper J. J Comput Assist Tomogr, 2003,27(3):399.
[36]　Michael B J M K, France B M. Comelis TP. AJR, 2000,174(3):629.
[37]　管永靖,凌华威,陈克敏,等. 临床放射学杂志, 2004,23(7):571.
[38]　刘军,吕天润,曹晓建,等. 南京医科大学学报, 2004,24(6):592.
[39]　王荣福. 中国医学计算机成像杂志, 2004,10(5):338.
[40]　Seo J K, Kwon O, Ammari H. Tram BME, 2004,51:1896.
[41]　Jan C, Munck D, Theo J C, et al. Tram on Biomedical Engineering, 2000,47(6):792.
[42]　李延斌,金梅. 中国全科医学, 2004,7(22):1711.
[43]　叶哲伟,杨述华,彭玉兰. 中国物理医药与康复杂志, 2004,26(8):503.
[44]　Cvetkovic D, Ubey E D, Cosic I. Dig Sign Proc, 2008,18(5):861.
[45]　Tobias B, Matthias E, Susan Ar. Magnetic Resonance Imaging, 2009,27(1):48.
[46]　李莉华, 魏福祥, 王丰,等. 肿瘤, 2004,24(6):578.
[47]　曹秀华,王成英,刘克莉,等. 检验医学, 2004,19(6):566.
[48]　杨裕华,杨贞振. 医药影像学杂志, 2004,14:71.
[49]　李朝明,兰永树,梁能. 医用放射技术杂志, 2004,12(12):6.
[50]　谭天秩. 中华核医学杂志, 2004,24(3):133.
[51]　John T, Matthias S, Amr Y. Circulation, 2008,117:1555.
[52]　Leiner T, Kessels A G, Nelemans P J. Radiology, 2005,235(2):699.
[53]　王荣福. 中国医学影像技术,2004,20(11):1792.
[54]　石成玉,徐树,白净. 中国医学影像技术, 2004,20(8):1267.
[55]　任晓萍,艾红,何根山. 国外医学(妇幼保健分册), 2004,15(4):217.
[56]　Repacholi M H. Electromagnetics, 1998,19:1.
[57]　Zeng Q L, Chen G D, Weng Y, et al. Proteomics, 2006,6(17):4732.
[58]　Tnantis I F, DemoSthenous A. Med Eng Phy, 2008,30(5):550.
[59]　李馨,高云华. 中国医学影像学杂志,2004, 12(1):56.
[60]　李庆波,徐智,徐怡庄,等. 高等学校化学学报,2004,11(11):2010.
[61]　杨毅, 杨漪,李新民,等. 中国现代医学杂志, 2004,14(20):158.
[62]　Bayford R, Kantartzis P, Tizzard A, et al. Physiological Measurement, 2008,29(6): 125.
[63]　林祥通. 核医学. 中华医学杂志,2002,82(24):1719.
[64]　郭丽,范洪学. 国外医学(放射医学核医学分册),2003, 27(2):80.
[65]　任超世,李章勇,王妍,等. 中国生物医学工程学报,2010, 29(2): 300.
[66]　陈敏洁,杨驰,张伟杰,等. 中国口腔颌面外科杂志, 2004, 2(3):165.

第9章 现代科学新技术在生物医学工程中的应用

9.1 激光医学和核医学

9.1.1 激光医学

激光是20世纪三大发明之一,具有划时代的意义。激光生物医学是随着激光的问世而产生的一门新兴学科。激光技术已渗透到基础和临床医学中,大大地促进了医学的发展。1960年,世界上第一台激光器由美休斯研究所研制成功,1961年眼科首次将红宝石激光器用于网膜凝固术。进入20世纪80年代以来,"激光医学"成为医学领域中新发展起来的一门集激光技术、现代光、计算机与信息科学、生物医学为一体的多学科交叉的应用学科。

激光的应用涉及医学领域的多个学科,在治疗方面可分为强激光治疗、弱激光治疗和光动力疗法。强激光治疗是应用激光作为能量载体进行治疗,方法成熟、机制清楚,是外科治疗的有力手段。弱激光治疗则是临床应用较早和较普及的治疗方法。光动力疗法是激光、光敏剂两者的结合,是应用光敏剂的光化学作用和组织的高度选择性来达到治疗目的的一种方法,其应用范围已从肿瘤治疗扩展到如鲜红斑痣、类风湿关节炎等,是激光医学中最为活跃的一个领域。

另外,可将激光用于细胞、亚细胞和分子水平的研究,如用激光全息技术测量细胞在生物过程中的动态变化;激光显微照射技术研究细胞的线粒体、纺锤体、核仁和染色体结构与功能,以及一些特殊细胞的生物学过程;用激光衍射技术对细胞截面大小与形状进行测量;用激光拉曼散射光谱对核酸分子和生物膜的结构与功能进行研究;用激光微束照射技术对细胞膜上大分子的侧向运动进行研究,探索氨基酸和蛋白质的功能;用激光流式细胞光度技术分类鉴别细胞;用激光探针技术测量人体细胞的微量元素。在临床的许多领域,激光治疗已得到广泛应用,如用激光光动力学治疗恶性肿瘤;用强激光施行光凝、汽化或切割等手术治疗;用弱激光施行非手术治疗如理疗和针灸等;对激光内镜所能到达的内腔进行手术如血管、泌尿道、呼吸道、消化道等,不必采用开放手术如开胸或剖腹等。美国、日本等国家将激光用于临床治疗,取得了良好的效果。美国每年接受激光治疗的患者已超过100万人次,日本还建立了激光专科医院。欧洲国家以非手术治疗为主,如弱激光治疗。美国和日本近年还用激光促进损伤愈合,治疗组织的机能障碍、关节炎和神经功能等疾患。

9.1.2 激光在医学中的应用

1. 激光技术在心血管疾病治疗中的应用

激光可用于治疗冠心病、心脏瓣膜病、周围血管疾病、先天性心脏病和肥厚性心肌病等心血管疾病。直接心肌血运重建(DMR)是一种新技术,近年来已应用于临床。经皮直接心肌血运重建(PDMR)是一种全新型冠心病介入治疗技术，可用于临床心内科，它是在 TMR 基础上发展起来的，是冠心病治疗史上的又一新的突破，是一种非常有效的治疗方法，它为常规内外科治疗没有效果的冠心病病人提供了一种新方法。

随着分子生物学技术的快速发展，已能够直接将重组基因或生长因子注入缺血心肌治疗冠心病。有研究报道，20 例 3 支血管病变的冠心病病人，平均每人搭 2～3 支静脉和 1 支乳内动脉桥，将基因重组人碱性成纤维细胞生长因子(bFGF)按 0.01 mg/kg 剂量在术中、术后直接注入前降支吻合远端靠近前降支的心肌内，bFGF 注射部位均有新生的毛细血管形成(动脉内数字减影显示)，从冠状动脉近端发出的毛细血管网跨过狭窄处与远端血管相连接，20 例注射灭活 bFGF 的对照病人无心肌内新生血管形成。通过 PDMR 的导管系统，可无创地将重组基因或生长因子直接经心内膜注入缺血心肌，单独或与激光打孔联合应用，非常有实用价值，将为基因治疗缺血性心血管疾病提供一种新方法。

2. 激光技术在肿瘤治疗中的应用

激光技术已应用于肿瘤的诊断和治疗如神经系统、消化系统、呼吸系统、颅内和妇科肿瘤等。激光治疗在肿瘤诊疗中呈现出显著优点，如光动力疗法和激光荧光光谱，近年来正在逐步取代传统的治疗方法。目前的一个热门课题就是利用激光的光动力学法来治疗肿瘤。将光敏药物注入病人身体，光敏药物与癌细胞亲和力强，与正常细胞亲和力弱，当激光遇到药物(被吸收)，从而引起药物光化学反应，产生单态氧，引起肿瘤组织内的细胞产生强烈氧化反应，使生物分子链发生断裂(切断肿瘤供血，将其分裂成碎片汽化)，可降低正常细胞遭损坏的危险。激光荧光光谱技术具有灵敏、快速等优点而用于诊断疾病，患者容易接受。在肿瘤早期诊断上，应用荧光光谱诊断肿瘤的研究已获得了较大的进展。

3. 激光技术在眼科治疗中的应用

激光为眼科疾病的治疗提供了非常有利的条件，这主要是由于眼球组织结构对光的特殊性。激光技术在屈光性角膜切除、虹膜切除、巩膜切除和眼底组织凝固等领域已获得了应用。在眼科屈光矫正手术中，已有准分子激光角膜消融术和准分子激光原位角膜磨镶术。美国近几年来用激光矫正近视、远视、散光和青光眼等取得了进步，德国应用准分子激光来进行视力修正和青光眼的治疗也已获得成功。

4. 激光技术在皮肤治疗中的应用

激光可用于治疗红斑、除皱、除痣和文身及对损伤皮肤的修复等。在临床上，美国整形外科医生利用可调的激光器除痣、文身和浅褐色的色素斑点等已取得了很好的疗效。美国马萨诸塞州综合医院研究人员为 300 000 名皮肤病患者除去胎记、文身、黑色素等获得成功，还原出正常的肤色。在德国，大量的试验发现，激光在治疗牛皮癣和白癜风方面有较理想的效果，可减少正常皮肤的老化。激光技术不断有新的研究成果和临床应用，如在治疗骨科、血液内科、外科手术、神经内科、耳鼻喉、前列腺及肾结石等领域。世界各地迅速地发展激光器件和各类医用激光设备，越来越多的科研机构和研究人员专业从事医用激光研究。

9.1.3　激光治疗仪器

激光治疗仪器集中了激光技术与信息科学领域中的新成果。通常用光纤作为激光能量及光信息的传输媒介，可方便灵活地到达人体内外各部位，并准确地检测、改变、去除、黏合或杀死各种病态生物组织。激光可对生物组织进行凝固、吻合、汽化、切割或打断生物组织的分子键而无创伤地消除组织，更能选择性地被不同病变组织所吸收，从而对病变组织有选择性地破坏而不损伤正常的组织。现在，人们利用激光解决了许多生物医学所面临的技术难题，实施了许多传统医学所不能解决的治疗方法，激光医学及激光医疗设备在20世纪90年代之后得到了飞速发展，在医学领域的多个学科得到了广泛的应用。

随着激光技术的发展，以及激光与生物组织相互作用的机理和临床应用研究的不断深入，激光治疗仪器的研究与应用也获得了快速发展。医用激光器主要有氢离子激光器、半导体激光器、各种宝石激光器、准分子激光器、CO_2 激光器、氦氖激光器等。临床应用的激光治疗仪器有皮肤病激光治疗机、眼科激光治疗仪器、激光理疗仪器、光动力学疗法激光治疗机和外科激光手术设备等。

1. 眼科激光治疗仪器

在治疗眼科疾病方面，激光具有其他治疗仪器所无法替代的独特的优点。激光技术已成为眼科诊断与治疗的重要方法之一。激光技术治疗眼病如激光凝结术和青光眼手术可用于屈光性角膜手术；眼底血管瘤激光凝固术治疗中心性视网膜脉络膜炎等。

2. 激光外科手术设备

以激光代替刀、剪、锯、凿等常规手术器械，对组织采用分离、切割、切除、凝固、焊接、打孔、截骨等去除病灶、吻合组织、血管、神经等总称为激光手术。激光机用于手术的有二氧化碳激光器、氩离子激光器和半导体激光器。外科激光手术设备有：①心血管成型激光手术机；②半导体激光手术机；③二氧化碳激光传输光纤；④激光手术刀头。

3. 光动力学疗法激光治疗机

光动力学疗法借助于某种光敏药物，如血卟啉衍生物（HPD）等，先将药物通过静脉注射到患者体内，一定时间内用特定波长的激光照射病灶，激活药物产生光化学反应，达到治疗的目的。光动力学疗法主要用于治疗各种恶性肿瘤，在产生光化学反应的区域内有选择性地破坏肿瘤组织，杀死癌细胞，而对正常组织没有伤害。

4. 其他激光治疗机

(1) 激光理疗仪器，低功率激光照射生物体，产生弱激光生物刺激效应，使患者康复理疗。(2) 皮肤病激光设备用于美容，色素性皮肤病如太田痣、雀斑、黄褐斑、咖啡斑、鲜红斑痣等严重地影响患者的美观，激光疗法是治疗这些疾病的最佳方法，利用与疾病颜色的补色激光照射病灶，色素细胞选择性吸收大部分激光能量，造成热损伤而坏死，而吸收激光能量少的周围组织和被照射的正常细胞不被破坏，从而达到治疗的目的。

9.1.4 核医学在医学诊断中的应用

核医学是医学现代化的标志之一，是核技术在医学领域中应用的一门学科，是现代先进技术在医学中应用的体现。核医学的特点：安全、有效、无痛和无创伤性，已广泛应用在临床，如核显像技术。核医学与CT、MRI和超声医学同属影像医学，应用于临床诊断和研究。核医学在临床上的应用推动了临床医学的发展。

1. 核医学在消化系统诊断中的应用

目前，临床上将肝显像与肝血池显像两者相结合，主要用于肝血管瘤的诊断，其灵敏度、特异度高。核素肝胆显像有其独特优势，如观察肝胆系统排泄功能的动力学变化，可用于重度黄疸、高胆红素血症和造影剂过敏等疾病患者。脾显像可应用于显示脾脏的大小、位置、形态以及脾脏内有无占位性病变，核素脾显像是目前显示脾形态和评价脾功能最有价值的方法。

2. 核医学在循环系统诊断中的应用

心肌灌注断层显像：静脉注射心肌显像剂在血液中能迅速被清除，而被心肌细胞主动摄取的放射性标记物质达峰值浓度后，可进行心肌灌注显像。核素心功能测定的临床应用包括：①冠心病的诊断、疗效观察和预后判断；②急性和陈旧性心肌梗死；③室壁瘤的诊断和鉴别诊断；④冠状动脉血管再通术患者的心功能评估；⑤非心脏手术的高危患者手术前的心功能评估；⑥瓣膜性心脏病瓣膜置换前，评估心功能及选择瓣膜置换时间；⑦传导异常性疾病的应用；⑧心功能测定用于肥厚性和扩张性心肌病的鉴别。

3. 核医学在神经系统诊断中的应用

脑血流灌注显像：低分子量、电中性和脂溶性的脑血流功能显像剂通过血脑屏障进入脑组织，显像剂单向被动进入脑组织屏障的量与脑血流量成正比，故称脑血流灌注显像，三维显像则有利于病变的定位。PET 脑显像：脑细胞的唯一能量来源是葡萄糖，脑功能可通过脑内葡萄糖代谢率情况而反映。恶性脑肿瘤病灶的糖代谢高，脑显像据此可鉴别良恶性肿瘤。

脑室和蛛网膜腔显像主要用于交通性脑积水的诊断和分流术疗效评估及脑脊液漏的诊断和定位。多巴胺受体显像：放射性标记转运蛋白多巴胺受体显像主要用于帕金森病(PD)的诊断。PD 为隐匿性发病，进行缓慢，进展不可逆，在临床上缺乏客观指标，凭借主观症状和体征诊断难早期诊断。多巴胺转运蛋白(DAT)是一种膜蛋白，存在于中枢多巴胺神经元突触前膜，反映多巴胺神经终末部位的活性。DAT 显像为 PD 早期诊断，为手术和非创伤治疗提供可靠依据和有效评估。

4. 核医学在泌尿系统诊断中的应用

肾动态和静态显像具有重要的临床应用价值，可了解肾脏疾病、尿路梗阻性疾病以及肾功能，应用于诊断，如肾脏形态、位置异常；分侧肾功能受损的诊断；肾血管性高血压的诊断；尿路梗阻的诊断；判断患肾有无残留功能；肾内占位性病变的良恶性鉴别诊断；肾移植术后的监测。当膀胱内充满放射性显像剂而受检者用力憋尿或膀胱区加压时，进行膀胱和肾区的动态显像，被称为膀胱显像，可监测肾脏、输尿管及膀胱内的放射性计数和影像变化，从而判断膀胱-输尿管有无反流。膀胱-输尿管反流显像：用于探查反复泌尿系统感染，观察下尿路梗阻或神经性膀胱患者有无尿反流及其严重程度，以及随访观察尿反流患者的疗效。

肾上腺或异位嗜铬细胞瘤的特异诊断方法如肾上腺髓质显像具有重要的临床价值，特别在高血压的鉴别诊断中，包括：阵发性高血压排除嗜铬细胞瘤；肾上腺和肾上腺外嗜铬细胞瘤的定位诊断；恶性嗜铬细胞瘤转移灶的寻找，发现此类病灶有助于诊断和治疗。肾上腺皮质显像可用于肾上腺皮质肿瘤的诊断(特异方法)，包括定位诊断原发性醛固酮增多症腺瘤；醛固酮增多症中增生和腺瘤的鉴别诊断；皮质醇增多症的皮质腺瘤定位及增生和鉴别腺瘤；诊断异位促肾上腺皮质激素症和评价肾上腺手术切除后残留组织。

5. 核医学在骨科诊断中的应用

全身骨显像是应用面广且技术成熟的显像方法，具有重要意义，如早期应用于转移性骨肿瘤的诊断、分期和随访。近年用于良性骨疾病，如创伤性、代谢性和血管性骨病等，主要包括：①转移性骨肿瘤的诊断、分期和随访；②原发性骨肿瘤的诊断；③全身骨显像应用于良性骨病者，在运动医学上，对于不易为 X 射线检查发现的应力性骨折、隐性小骨折、骨折不愈合或不联合；④缺血性坏死中的应用以及移植骨的存活监测；⑤代谢性骨病，如内分泌失调、肾脏疾病、营养不良和遗传缺陷等引起的骨代谢紊乱。

6. 核医学在内分泌和淋巴系统诊断中的应用

核医学可用于甲状腺显像,用于甲状腺定位和诊断,如发现异位甲状腺,胚胎发育过程中,甲状腺下降异常引起整个或部分甲状腺在颈外部位出现;甲状腺癌的诊断和甲状腺癌功能性转移灶的寻找。疼痛性甲状腺肿大患者进行甲状腺显像有助于病因的鉴别诊断。甲状旁腺显像具有临床价值,如对甲状旁腺肿瘤手术前的定位诊断;原发性甲状旁腺功能亢进症的腺瘤定位诊断等。淋巴显像有助于了解淋巴结的情况、淋巴液向皮下组织间隙扩散状况、淋巴引流受阻的严重程度及侧支淋巴结的存在等。淋巴显像用于诊断淋巴瘤,多个淋巴结融合形成受累淋巴结,早期明显增大,中晚期放射性减低或缺损,利用淋巴显像,灵敏度和特异度高。

9.2 新型超声医学

9.2.1 超声技术在医学上的应用

随着超声技术的发展,其在医学上的应用越来越广泛。目前应用较多的包括超声检测、介入超声、腔内超声等。

1. 超声检测

超声检测从1948年开始,随着声学原理、电子电路、计算机技术、探头技术、实验及临床应用研究的发展,超声检测得到了很大的发展。超声检测主要依靠超声成像技术。二维超声被泛指为B型超声,其实际范围更大,如:①浅表与细微成像;②深部成像;③腔内超声及管道内超声。

血流超声检测,流道内血流可用多种超声技术成像检测。①彩色血流成像分为两种不同技术:彩色多普勒成像和彩色流速成像;②彩色功率成像较彩色血流成像灵敏度提高3~4倍,显示出完整的细小血管网;③灰阶血流成像可直观血管内灰阶血流图;④搏动性血流成像在彩色血流成像中,用绿色表示搏动性血流,红、蓝色表示波动度低的血流(不同方向),在门静脉旁表示绿色的肝动脉,帮助诊断或治疗。

在超声医学领域,颅脑超声检测诊断已成为一门独特的专科技术,包括经颅频谱多普勒技术和经颅实时彩色多普勒显像(称经颅实时彩色双功能超声显像)。经过多年的临床应用,这两种技术都有了比较大的发展,在成人神经病学应用中填补了二维超声、多普勒超声和彩色多普勒超声技术的空白。

泌尿系统感染超声诊断能应用于比较少见的疑难疾病,如黄色肉芽肿性肾盂肾炎、霉菌性肾感染、肾感染以及肾结核等超声诊断。彩色超声仪应用于诊断上尿路梗阻、多种肾血管疾病如肾动脉栓塞、肾动脉瘤、动静脉瘘、肾静脉血栓和肾动脉狭窄等。美国和日本研究者用微型导管化探头,借助膀胱镜插入输尿管以诊断肾盂、输尿管小肿瘤病变并进行鉴别。

三维超声成像是指形成立体化的超声图像。(1)不论收集的信息来自静态或动态脏器,静态三维成像所显示的图属静态,用于前列腺、肝、膀胱、眼球、胆、胎儿等;(2)动态三维成像,用于心脏超声;(3)血管流道三维成像,用超声彩色功率成像功能,得到完整的血流分布图,输入计算机组成三维血管分布图;(4)融合静态三维成像,在血管流道三维图中加入选定厚度的脏器静态三维图,使两者的空间关系显示更为真实;(5)实时三维成像,该技术可直接观察三维实时图像。

三维成像技术的迅速发展,有赖于图像处理速度与信息存储量的提高,已应用于临床检查,能实时显示血管系统、实质与器官解剖结构的立体方位与周邻关系。最近美国人提出的微型矩阵形三维排列的换能器,沿Y轴进行方位转向,形成超声三维图像,再沿Z轴方向扇形移动，进行立体仰角转向，建立金字塔形数据库。此法检查时，易于控制取样的时相和切面的方向，能得到真正的实时三维图像，使心脏和其他脏器的形态、整体运动及血管分布得到显示，在动态三维成像中发挥更大的作用。如能与虚拟的成像技术相结合，图像的直观性和清晰度将进一步提高。

三维超声成像：建立三维动态彩色多普勒血流图与血管树，可观察各个脏器血流的流速、部位、方向、范围、轮廓与起止点，可显示冠状动脉的主干与分支及肌内血管的走向，从而对冠状动脉的供血状态进行了解。结合彩色组织多普勒和动态三维成像法，在心律失常诊断上有一定意义，可显示内脏各部位的活动方向、速度、激动程序，观察壁活动状态，起搏点位置和传导的顺序，可清晰显示胎儿颜面、颅脑、脏、肢体和骨骼的形体（使用表面和透明三维成像法），可促进优生学研究及胎儿脏外科学的发展。

近年来发展了超声 CT，分为反射式超声 CT 和穿透式超声 CT。穿透式超声 CT 又分为两种：衰减常数显示型 CT 和声速分布显示型 CT。声速分布显示型 CT 的成像原理如图 9－1 所示。

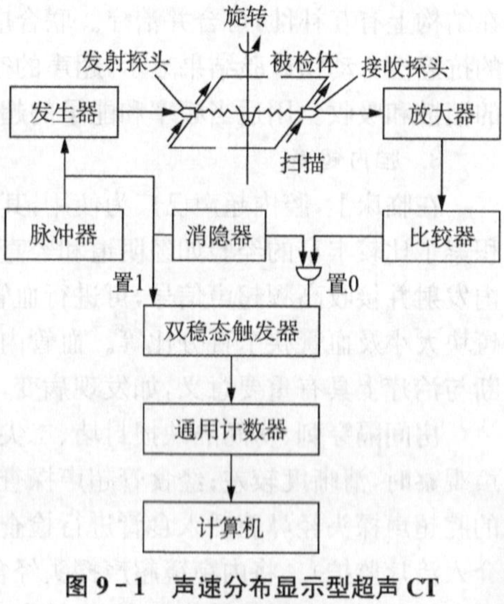

图 9－1　声速分布显示型超声 CT 成像原理框图

2. *介入超声*

20 世纪 60 年代，我国研究者用 A 型诊断仪探测肝脏肿与胸腔积液的部位、液体与体表间的距离、液腔前后径、确定穿刺的位置、进针方向与深度等，对上述两种疾病的治疗取得了良好的效果，这就是介入超声的“初级阶段”。

介入超声包括介入性诊断和介入性治疗。介入性诊断：超声引导穿刺并做抽液检验、吸取细胞检查及细针活组织检查等，也可注入造影剂后进行 X 射线胰管造影、X 射线肝内胆管造影、门静脉造影等。介入超声治疗包括：①抽液；②引流；③注药；④管道内注药或插管治疗；⑤胎儿宫内输血；⑥超声引导穿刺取卵人工授精及精液盆腔内注入治疗不孕症等。

在超声监护下的介入治疗正蓬勃发展。利用低频率、大功率超声发射治疗探头，将超声能量通过一定方式送入人体组织，当一定剂量的超声波进入人体组织后，通过它们之间的相互作用，可能引起人体器官、组织的功能结构或状态发生变化（超声波的生物效应）。

超声与机体的相互作用是一个综合作用，超声治疗肿瘤的主要依据是其热效应，其他效应起辅助作用，对免疫机制的增强是一种间接作用效果。采用此原理，可用超声加热疗法治疗肿瘤，包括温热疗法和高温切除。还可在超声引导下以微波、射频、激光、高强度聚焦超声等物理方法对癌结节进行照射，使癌组织和营养血管整体原位灭活，抑制其生长。

超声热疗技术已发展了几十年，结合加温技术研究、物理机理探讨及临床实验结果，超声肿瘤热疗技术取得了明显进展，其机理的研究进入了分子和细胞水平，为人类同肿瘤的斗争提供了一种新技术，并不断发展。高强度聚焦超声（HIFU）技术的前景十分广阔，可应用于肿瘤治疗。HIFU 在聚焦点声强可达数千瓦，使局部蛋白质快速凝固和坏死。HIFU 有多种功能：①凝固和破坏；②止血功能；③溶栓功能，用微泡造影剂时，可使血栓溶解和脱落；④增强药效，超声使细胞膜通道开放，使阿霉素、血卟啉等药物易于进入肿瘤细胞，增加药效；⑤基因治疗。

经皮注射不同的药物，如冰醋酸、无水酒精、高热盐水或蒸馏水，使蛋白质变性、凝固、汽化、坏死，杀灭癌组织，取得了较好的疗效。低能量的超声经过聚焦，在体内肿瘤病灶区形成焦点，产生瞬态高温、空化和机械效应，杀死肿瘤细胞，显著地杀灭骨肉瘤、乳癌等病变，效果良好。此外，超声热疗与化疗或放疗的结合治疗也明显好于单一的治疗效果。无论是动物实验，还是临床研究都证明热疗与放疗联合应用可以增加疗效。加温结合放射对肿瘤细胞的杀伤，在结构上有互补性，可合并治疗。联合应用热疗和化疗可增加细胞对药物的摄取量，提高药物的抗癌性。动物试验结果显示，超声的空化作用能促使血栓和粥样斑的崩解，有助于此类病变的消散和吸收。用适当频率和能量的超声照射靶区，能治疗心肌梗死等。

3. *腔内超声*

在临床上，腔内超声已广为使用，其类型很多，其中经食管超声为成熟技术，在其他方面也积累了比较丰富的经验如经阴道和经直肠超声。在心导管顶端安装小型超声换能器，在血管内发射并接收高频超声信号，可进行血管成像，研究冠状动脉病变，测量冠脉最小管径、面积、斑块大小及血管狭窄百分比等。血管内超声的成像系统与介入治疗器械一体化，在冠心病诊断与治疗上具有重要意义，如发现病变，准确定位，进行治疗等。

房间隔穿刺、房间隔缺损封堵、二尖瓣狭窄瓣口扩张或组织消融时常需超声监护。经胸超声观察时，清晰度较差；经食管超声探查，效果虽佳，但管体较粗，患者难以耐受。将管体细软的腔超声探头经鼻腔插入食管进行检查，图像清晰，刺激减小，效果将更为理想（如对心脏疾病介入治疗监护）。将内窥镜超声探头经食管插入胃腔后，除用光学镜观察黏膜表面形态外，用超声探测胃壁深层的结构和病变，结合两者，将有助于病变性质、范围大小、浸润深度有无转移的确定，对消化系统疾病的诊断将有很大帮助。

4. *声学造影*

将含有微小气泡的溶液经血管注入体内，使靶器官显影，叫声学造影，可为临床诊断提供依据。声学造影用于：①造影剂经静脉注射后进入右心，右心腔轮廓的显示；②造影剂进入左冠状动脉，左心腔轮廓及肌灌注情况显示，用于肌灌注床大小的确定、冠脉血流状态和储备能力的了解、危险区与梗塞区范围的测定、侧支循环情况的了解、心肌梗死后的存活肌的判定、冠状动脉球囊扩张术、冠脉搭桥术与心肌梗死再灌注治疗效果的评价；③造影剂进入左冠状动脉，再经体动脉到达肝、脾、肾诸脏器，其形体轮廓与血流分布的显示，有无占位性病变的探测。随着次谐波成像技术、瞬间反应显像技术、数字减影技术和背向散射积分技术等的应用，左心系统造影实质性的显像效果改善，在临床上受到高度重视。在血管内超声造影时，超声造影剂是很关键的因素，国外已有 100 多种供不同目的需要的超声造影。造影剂内含大量微气泡，静脉注射后经肺至全身组织器官，肿瘤周围的恶性肿瘤内部的供血小动脉可显示，可检测出急性炎症区（如脏器、淋巴结）的血供增加，灵敏度高。直径很小的微泡造影剂可进入组织内部毛细血管，可用于心肌造影研究心肌的灌注。可用造影剂做网状内皮细胞超声造影，为了获得最佳造影效果，可在超声造影中使用不同的造影方法及专用软件。

9.2.2 超声医学的发展

随着声学物理、现代计算机技术的发展，超声医学也迅速发展起来。从早期的 A 型、M 型一维超声到实时的二维超声；从软组织结构的灰阶超声显示，到血流信息的彩色多普勒血流和声学造影组织灌注血流的显示；从静态一维超声到动态三维超声，超声能观察病变的完整形态，检测其功能及部分代谢状态，在诊断学和治疗学上发挥着重要的作用。超声不仅仅停留在对病灶部位、大小和形态特征的描述；通过彩色多普勒、能量多普勒和声学造影技术，可观察脏器的组织血流灌注状态、肿瘤血流的流入和流出状态，显示病变区域的供血和代谢状态，超声不仅仅为疾病的诊断提供更丰富的信息；通过观察肿瘤介入性治疗前后血流状态的改变，帮助判断介入治疗的疗效。应用腔镜超声可观察管腔各层的结构及其周围的病变。内窥镜超声、心腔内超声、气管内超声和血管内超声日益普及，并在临床上获得应用。超声可实时动态显示介入性操作的过程，无放射性损伤，价廉、移动方便，在许多微创外科手术操作过程中已成为首选的影像监测工具。超声定位导航系统是有效工具，也应用于神经外科及颅底外科手术。

介入超声配以自动弹射活检装置的超声引导下活检，是影像引导下迅速获取病理组织学诊断的最佳方式。随着活检装置的改进和技术的成熟，超声引导下已能获取较大的组织学标本。活检标本可满足于常规的病理组织学诊断，可检测免疫组化、分子生物学如基因和蛋白质水平，为临床医学揭示疾病的起源和本质提供了便捷的方法（从基因和蛋白质水平阐明病变的结构和功能的改变）。现代超声医学正由以诊断为主的传统模式向诊断和治疗兼备的模式发展。用针不用刀的外科的介入超声顺应了临床治疗微创化的趋势，对机体干扰甚微，对某些疾病的疗效可与手术媲美，在治疗领域将获得广泛的应用。介入超声成为囊肿、脓肿治疗的主要手段，超声引导下囊肿、脓肿的治疗将在很大程度上替代外科的开腹手术；以超声引导下肝癌的介入治疗为代表的各种肿瘤灭活技术逐渐成熟。介入治疗追求根治性疗效的肿瘤原位灭活的基本原则已是指导超声引导下肿瘤治疗的新规范。超声引导下可定位诊断，其未来发展方向是：造影剂可将某些药物或抗体一起携带到靶区，靠超声的局部照射，微泡破裂释放药物或抗原抗体反应出现，靶区组织的回声增强，达到诊断和治疗的双重目的。

9.3　计算机辅助外科

1. 基本原理

计算机辅助外科：基于计算机对大量数据信息的高速处理及控制，通过虚拟的手术环境为外科医生从技术上提供支援，是使手术更安全和准确的一门新技术。随着螺旋CT、磁共振成像等图像诊断技术的发展，近年来，计算机虚拟现实技术在医学中的应用得到了快速的发展。通过这些图像信息进行三维图像重建，为外科医生进行手术模拟、导航、定位、制定手术方案提供客观、准确、科学的手段。图像信息准确性和可靠性高，广泛应用于医疗机器人系统，促进了微创手术的发展。

微创外科治疗及各种术前模拟技术随着计算机辅助外科的发展而发展，其特点为：①减轻手术痛苦；②缩短术后康复时间和降低医疗费用；③更安全、准确；④治愈不能治疗或治疗困难的疾病；⑤减少输血感染事故，无需输血；⑥缩短护理时间，减轻医护人员负担；⑦避免医护人员感染病毒性肝炎、艾滋病等。

2. 计算机辅助外科的应用

计算机辅助外科是采用计算机技术来模拟、指导手术所涉及的各种过程，包括术前、术中、术后。结合手术支援机器人与计算机图形技术，通过微创手术的方式实现传统外科手术的治疗效果，如需要开颅、开胸、开腹等大型手术的外科患者。计算机辅助外科的应用包括制定手术方案、实施外科手术、术中引导手术、术后康复、手术教学训练、远程医疗等方面。

(1) 制定手术方案。外科医生都会在手术前，在自己的大脑中进行术前模拟，确定手术方案，然后根据在大脑中形成的三维印象进行手术。但这种手术方案质量的高低依赖于医生个体的外科临床经验与技能，手术组的成员很难对这种手术方案的构思信息进行共享。用计算机辅助图像数据代替外科医生进行手术方案的三维构思，合理、定量地制订手术方案，可选择最佳手术路径、减小手术损伤、减少对邻近组织损害、提高定位精度、执行复杂外科手术和提高手术成功率等，整个手术组成员可共享信息。引入CT等三维图像，可对具体图像在虚拟的空间进行三维手术模拟，制定出较为完善的手术方案。计算机辅助外科系统可使医生能依靠术前获得的医学影像信息建立三维模型，在计算机建立的虚拟环境中，设计手术过程并预演手术的整个过程，以便事先发现手术中的问题，提高手术的成功率。

(2) 实施外科手术。根据事先制定并修订的手术方案，通过微创治疗实施外科手术。医用图像技术、机械电子技术及与其相关的软件技术是实现微创治疗最重要的因素。机械电子技术是手术机器人的基础，也是决定计算机外科临床发展的关键技术。各种医用图像技术为外科医生提供了新的眼睛，手术机器人等为外科医生提供了新的手。立体图像显示能向术者提供体内的各种尺寸的手术空间视野，是计算机辅助外科系统中不可缺少的技术，已在内窥镜下手术及胸腔镜、腹腔镜手术中获得应用。

(3) 手术教学训练。外科医生训练极其重要，计算机虚拟现实系统为培训手术医生提供了理想的平台，与传统的训练方法(在临床实践中学习)不同。用计算机辅助外科，医生可在该系统上观察专家手术过程(也可重复实习)，大大地缩短了手术培训时间。实时外科手术模拟器可为操作者提供一个极具真实感的训练环境(临场感，训练过程与真实情况几乎一致)，能获得在实际手术中的手感。可使受训者观察高分辨率三维人体图像，使手术者操作的感觉就像在人体上手术一样，触觉工作台可模拟触觉，手术者会感觉到且可看到虚拟的对象。在手术期间，通过测定切口的压力与角度、组织损害及其他指标的准确性，可监测受训者手术操作技术情况，评价手术练习。在虚拟环境中进行手术，能提高医生的协作能力，不会发生严重的意外。

(4) 远程医疗。计算机辅助外科与远程医疗使外科医生能实时地获得远程专家的交互式会诊。通过交互工具，顾问医生可将靶点投影于患者身上来帮助或指导主刀外科医生的操作，通过遥控帮助操纵仪器。可使专家的技能充分发挥，不受空间距离的限制。远程计算机辅助手术是通过网络联络来实现的。一种网络上的虚拟医院可使整个虚拟医院的成员共享诊断图像及检查数据，通过多媒体技术如图像、声音、文字等进行交流，共同制定手术方案及手术模拟，可根据手术进展对手术医生提供实时技术支援。

随着计算机技术的发展，计算机图像处理技术的不断提高，计算机在外科领域的应用将更加广泛。计算机的参与，使微创外科治疗得到了发展。计算机辅助外科为外科医生通过远程专家的交互式会诊制定手术方案提供客观、准确的手段，还可为外科医生提供第三只眼睛和手，实现在患者体内进行微创外科治疗。

3. *医疗机器人和计算机辅助医疗外科技术*

由于多学科交叉领域的兴起，医疗机器人与计算机辅助医疗外科技术近几年来已开始发展起来，成为机器人应用的前沿研究领域。它是在计算层面扫描图像或核磁共振图像基础上构成的三维医疗模型，用于医疗外科手术规划和虚拟操作，实现多传感器机器人的辅助手术定位和操作。其发展体现在以下几个方面。

(1) 准确性越来越高。机器人在三维空间有高准确性，它的高精度是人手不能达到的。医疗外科机器人系统由辅助规划导航和辅助操作子系统组成，在一个具体的医疗外科机器人系统中，这两个子系统可独立存在，也可并存。手术规划导航以计算机图形学为基础，主要依靠手段有：CT、MRI、血管造影等影像学。在手术前，计算机通过病人的诊断图像(CT、MRI、血管造影等)构造出病体的内部结构三维模型。辅助操作以三维模型和手术器械跟踪为基础，辅以相应的软件，达到高准确性。

(2) 可靠性越来越强。已出现医疗外科手术机器人商品，在临床上开展了大量的病例应用研究。美国开发的系列产品已分别用于辅助矫形手术和无框架的立体定向脑外科手术中。医生坐在控制台前，手术时，观察手术情况的二维或三维显示，用语音指示控制内窥镜，通过仿医疗手术器械的操作手柄来控制手术仪器。一只机械臂采用声控的交互方式控制内窥镜，另两只机械臂在医生的控制下操作手术械具，可靠性很强。

(3) 创伤很小。机器人辅助立体定向外科手术系统定位准确，操作精度高，误差小于 1.5 mm。靠机器人施行脑手术，病人始终处于清醒状态，30 min 左右完成手术。术后 3～5 天，病人就可走出医院，缩短了病人术后的恢复时间，实现了微创伤，成功率高，可克服常规脑外科手术存在的一些问题，如术中流血多，易误伤正常脑组织，创口愈合慢及术后感染，易造成神经损伤等。

(4) 应用很广。随着机器人和计算机技术的发展，越来越多的新技术应用在医学上。许多工程技术专家正在研究虚拟临场手术技术。虚拟临场手术是一种辅助外科技术，结合了机器人辅助外科手术系统与虚拟现实技术。传统的机器人辅助手术系统，医疗图像数据仅用来重构病人的解剖结构，系统不能提供与这些医学数据直接、深入、实时、交互式的测量和操作功能，不能充分发挥这些数据的科研和医疗价值。在医疗领域中引入虚拟现实技术，是很有前途的医疗外科手术，应用领域越来越广。

(5) 应用计算机导航系统辅助脊柱外科椎弓根螺钉固定。其操作流程为：0.75mm 薄层 CT 扫描；将 CT 数据导入计算机工作站进行三维脊椎重建；根据术前影像资料进行 X 透视扫描确定手术切口；根据导航三维重建影像确定目标棘突后，将参考架固定在棘突；将术前在导航系统中三维重建影像上设定的参照点与脊柱对应的 20 个解剖位置进行匹配注册，注册确认后即进入实时显示状态。

Prosurgics 公司提供了一种先进的外科手术工具，例如 PathFinder，这是一种用于神经外科手术中精确定位的图像制导机械臂，如图 9 - 2 所示。利用这项技术，外科医生可以安置精度在 1mm 以内的立体手术机械。该公司还开发出 EndoAssist，这是一种内窥镜用图像制导机械臂，这种内窥镜可用于微创胸腹手术。美国政府也正在推行机器人手术。来自国防高级研究计划局(DARPA)的 Trauma Pod 计划设想了未来的手术室，旨在利用机器人来执行外科医生的技能。著名的产品是来自直觉外科公司的达芬奇外科手术系统，该系统包括一个观察与控制操作台和一个外科手臂部件。它是目前唯一用于腹腔镜以及各种微创孔手术的机器人辅助装置，并被成功用于很多妇科、泌尿科和心脏手术。

9 - 2　图像制导机械臂

9.4　红外线在医学上的应用

9.4.1　红外线的生物效应

红外线是 1800 年由一位英国学者发现的，它的波长为 760～1 000 nm，比红光还长(图

9-3)。1934年,Hardy用红外辐射原理测出了人体皮肤温度及其分布;1961年Williams用红外仪拍摄了世界上第一张乳房癌热图。医用红外线包括近红外线与远红外线。近红外线称短波红外线,在医学中最常用,波长在0.76～1.5 μm,可穿入人体组织5～10 mm,直接作用到皮肤的血管、淋巴管、神经末梢及其他组织;远红外线称长波红外线,波长为1.5～400 μm,绝大部分被反射和被表层皮肤吸收,穿透组织深度小于2 mm。

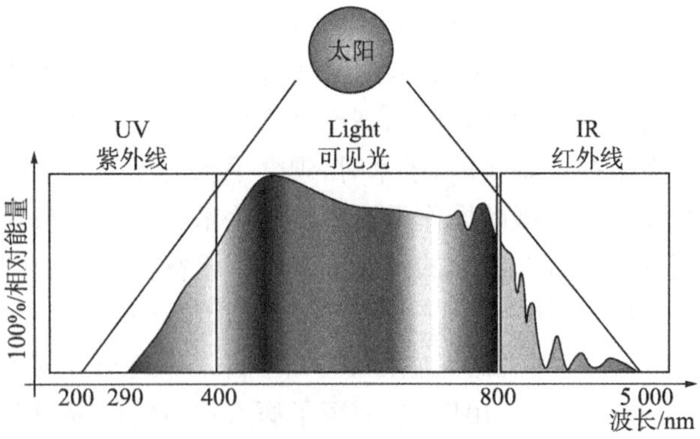

图9-3 光波的特性

红外线是一种电磁波,红外生物效应的机制是一种特定电磁波与生物系统的相互作用。红外线照射到人体后,产生两大效应——热效应与非热效应。①热效应:在电磁波作用下,人体内分子以碰撞或辐射方式传递能量产生效应,传递的能量是外面电磁波在人体内部转化的热能(温度升高),由此引起的效应称为热效应。在一定温度范围内组织温度升高,其代谢水平就增高,从而促进局部血液循环,提高细胞和酶的活性,对治疗起很大作用。②非热效应:直接由机械的或电磁的能量形式产生的效应。

9.4.2 红外线在医学治疗方面的应用

1. 红外线照射人体后产生的作用

红外线照射人体后产生的生理作用主要有以下几点。①改善局部血液循环:红外线产生的热效应会引起血管扩张(血流加速),局部血循环改善,新陈代谢加快(组织再生能力增强)。②解痉止痛:末梢神经兴奋性降低,肌痉挛解除而止痛。③间接消炎:免疫功能增强,提高巨噬细胞的功能,改善血液循环,炎症渗出物的吸收加快,炎症得到控制和消散。④体细胞能量的生成增加:由于吸收红外线的光能,细胞内线粒体激发,产生大量能量,生物电流量增大,电位差形成,其他细胞产生能量激发,提供活化能,有利于体细胞代谢活动。⑤神经体液系统调节强度提高:受红外线激发,生物大分子氢键处于高能状态,刺激阈值加大,刺激神经体液系统调节的强度提高。

2. 红外线可辅助治疗的疾病

红外线可辅助治疗的疾病有:①急/慢性软组织损伤,如肌肉/韧带劳损、挫扭伤等。②慢性炎症和关节病,如浅部神经炎、神经痛和麻痹等,皮肤溃疡、冻疮;肌纤维组织炎、关节炎、骨质增生、椎间盘突出症。③其他内科疾病,如失眠、盆腔炎、遗尿症、胃肠炎、前列腺炎等。④周围血液循环障碍性疾病,如血栓闭塞性脉管炎、栓塞性静脉炎、糖尿病等。⑤肿瘤,目前研究热点为用热疗治疗肿瘤。

9.4.3 红外线在医学诊断中的应用

人体是一个代谢基本平衡的热辐射体,某一区域的新陈代谢、局部体表温度出现异常,就会提示该部位组织细胞出现了病理性改变。利用一种接收人体红外线辐射信号的装置,经计算机处理、分析,人体细胞代谢强度的分布情况就可在屏幕上以不同的色彩显示,人体该部位的病变情况就可依据正常与异常组织区域的热辐射差来判别。目前已有红外线测温器、红外线热像仪、近红外线分光镜、热扫描成像系统等，其优点如下。

(1) 不需要用X射线、放射性核素、超声波、强磁场等通过人体，被动接受人体热辐射即可，无损害人体，无污染环境(绿色检查系统)。

(2) 可较早发现无主诉或其他临床检查手段尚未发现的病灶，临床应用范围广，可应用于癌前期、早期及原发癌的鉴别诊断，普查心脑血管疾病、五官科、外科、妇科、皮肤科、人体健康状态，观察、分析疾病治疗过程和疗效等。

(3) 近红外线光学成像术，实时、动态监测脑血流和氧饱和度，利用多波段可调时、调频的近红外线分光镜，与脑电图描记法、经颅多普勒超声波检查法联合应用，可客观评估脑突触功能、脑灌注等压电生理特征，为神经生理学研究提供新方法。红外热成像仪可根据人体皮肤产生的红外线辐射作出热像图，用于诊断。当室温低于体温时，人体皮肤产生肉眼看不见的红外线辐射能，其波段在5万个点的温度值，红外热成像仪可显示出一幅热分布图像，可对人体各部位多种疾病作出热像图诊断。其过程对人体无创伤，重复性强。

9.4.4 新型红外肿瘤检测技术

1. 肿瘤的红外光谱分析

近年来，红外光谱广泛地应用于生物体系(特别是肿瘤细胞或组织)的分析。生物体系复杂，分子种类多，含有大量的化学基团，化学基团的吸收带相互重叠形成复杂的吸收带；水的强吸收带还掩盖了生物分子吸收带。生物体系的红外光谱复杂，解析和应用困难。为了消除这些困难，发展了计算机技术、数据处理技术、傅氏变换仪器。通过计算机数据处理，水的吸收峰很容易从样品谱中扣除，分开重叠的峰。发展傅氏变换红外光谱仪大大地提高了信噪比，缩短了测量时间，其应用发展迅猛，在化学领域、分子生物学和临床医学研究领域都可应用，无论离体分析还是在体无损分析，都可以达到。傅氏变换红外光谱在细胞或组织中的研究如宫颈癌、肝癌、结肠癌、肺癌、乳腺癌、皮肤癌、口腔鳞状细胞癌等被广泛应用。

癌细胞的基本生物学特征：恶性增殖、分化不良、侵袭周围组织和转移。有关合成细胞结构成分的代谢途径如核酸、蛋白质的生物合成及核苷酸的合成代谢明显增强是恶性增殖的生物化学基础；增殖是分化的前提，癌细胞增殖越快，分化越多，在肿瘤生化表型上出现异常分化。细胞癌变时，细胞膜在组成、结构和功能上发生变化(膜蛋白丢失，表面负电荷增加)。细胞癌变必然引起细胞组分(如蛋白质、糖、核酸、脂和水分子在含量、构象、构型、分子间及分子内相互作用等)的改变。肿瘤的红外光谱分析基础是癌细胞的基本生物化学特征，肿瘤组织的红外光谱在谱型、吸收频率、峰强度等谱学参数与正常组织的红外光谱相比，存在着明显的差异。癌变细胞和组织中糖原或胶原的相对含量下降，核酸相对含量增加，脂质中亚甲基链变得更无序，核酸分子中磷酸二酯基团的氢键结合力增强等。

2. 肿瘤的红外光谱分析

(1) 高压红外光谱分析。生物大分子的红外谱图是宽且高度重叠的谱带。在外界因素干扰(如加压时)，红外参数(如频率、带宽和强度)发生改变。肿瘤细胞或组织分子水平上结构的变化可通过高压红外光谱分析揭示，这为鉴别诊断肿瘤提供依据。癌细胞核酸有氢键结合的PO基团，相对无氢键结合的PO基团数目增加(与正常细胞相比)，核酸分子间作用和包裹程度增强，细胞膜脂亚甲基链构象和取向的无序程度增高，细胞膜流动性增强；细胞蛋白质中有氢键结合的COOH基团，相对无氢键结合的COOH基团数目降低。

(2) 红外显微镜。传统的生物组织制样方法，是将组织细胞经干燥后KBr压片，或将细胞

直接滴在 CaF_2 或 BaF_2 窗片或镀金载玻片上成膜。这种制样法可获得高质量的透射谱(需要 10 000～100 000 个细胞)。测得的红外谱图是群体组织细胞的平均结果,很难反映组织在空间上组成与结构的多样性。显微红外允许将光斑聚焦获得单个细胞、细胞层或组织层的红外谱图,获取微量细胞或微区组织生化方面详细的信息。

(3) 红外光谱反射。在肿瘤组织或细胞的红外光谱研究中,样品的前处理如制样方法很重要。好的制样方法可保持细胞或组织在完整、自然状态下获得可重复和高质量的红外谱图,而使用反射技术可满足这一要求。应用衰减全反射、反射吸收和漫反射技术,不需要制样,直接对细胞或组织进行测定,可保持样品的原貌。

(4) 近红外光谱分析。频率范围在 3 300～14 000 cm^{-1} 为近红外光谱(主要吸收谱带来自 C—H、N—H 和—H 基团)。近红外光谱分析方法的显著特点是不需要制备样品,属非破坏的无损分析。近红外光谱分析在生物学和医学方面的应用发展迅速,已用于评价农业谷物质量,分析食品品质,控制药品质量和分析人体的组成等。

(5) 红外光纤。近红外和中红外波长范围光纤与红外光谱的联用是基于光纤材料和光纤技术的发展,实现了化学反应和工业过程的在线、实时监测和遥感监测相结合。一个新颖的研究领域就是将红外光纤探头或将光纤探头组装在内窥镜或组织活检器上,对人体体表疾病、腔体疾病和体内疾病进行适时、在体、原位检测。

9.5 遥测遥控诊疗技术

看病治病离不开医疗器械,并且其过程越来越智能化。检查结果、治疗程序逐步实行人机对话。新技术的应用,使医学信息、远程医疗网络化,疑难病例采取国内外网上会诊快捷方便。遥测遥控诊疗技术将被广泛使用,特别是在微创、无创诊疗技术中采用纳米材料、微米集成电路等制成的超微医疗机器人将在临床中发挥重要作用。

9.5.1 遥医学

1. 概述

遥医学是把医疗技术与计算机网络技术、卫星通信技术、遥测遥控技术相结合,实现远距离诊断、治疗的一门新兴的医疗科学,在军事和民用医疗领域都将有着广阔的应用前景。战争时期,战场上因伤阵亡的官兵许多不是因为伤势本身,而是由于抢救不及时或不得当所致。现代战争的快速推进使目标较大而又不够灵便的野战医院难以靠近前方,伤员抢救问题仍然突出。遥医学的发展和应用,使远离前方的野战医院的军医能直接参与战场抢救,实施外科手术,挽救更多伤员的生命。在和平时期,遥医学可用于为医疗条件较差的边防部队的重伤病员提供及时救助。美国陆军最早开展遥医学研究,计划利用计算机技术和卫星通信技术把野战医院、各专科医疗中心和国防部的医疗保健数据库联系起来,建立陆军的遥医学系统。

2. 遥医学系统组成和应用

遥医学系统主要包括三个分系统:①远距离临床通信分系统,由一台装有调制解调器和多个软件包的轻便计算机、一个与计算机相连的高清晰度数字式摄像机组成,可把医疗图像从战场或偏远地区传送到医疗中心。医疗中心的专家根据图像和伤病情报告做出诊断,为现场军医提供咨询。②医疗诊断成像支持分系统,这是一种无胶片的医学设备,它产生的电子图像,质量与胶片图像相当,在遥医学系统网络中可随时存取,供不同地点的医疗单位使用。③电视电话会议分系统，通过卫星电视，使在不同地点的医疗专家可以对伤病员进行会诊，提供治疗方案。

很多国家或地区都存在着相对的发达和不发达、中心和偏远的差异，医疗卫生系统也是一样。偏远地区的大病、疑难病病人现场同有经验的医生、先进的医疗设备相距遥远的现实情况，需要使有经验的医生在不赶赴现场的情况下也能惠及偏远地区的大病、疑难病病人，远程医学因此需求应运而生。目前的远程医学可以遥视诊视病人，审查检查化验资料、图像，可以和现场医生双向讨论、分析，做出诊断等。

9.5.2 遥测心电图

1. 概述

20世纪80年代，随着生物医学工程和电子计算机的快速发展，能早期发现严重心律失常、导致心脏猝死的多种医疗仪器被开发出来(如心电监护遥测心电图及电话传送心电图)。

心电监护遥测心电图(心电无线遥测系统)基于人体的信号，通过无线发射远距离传送，实现远程医学诊断。心电遥测仪小型精巧，便于随身携带，对于需要为患者在活动状况下进行心电图信号检测用途很大。遥测心电图的心电检测电路与常规的心电检测设备中的电路相似，心电信号被用作超高频信号的频率调制控制信号，经过调制的调频信号的频率变化成分中包含心电的波形信号，在接收端可还原出心电信号。

2. 临床应用

心电无线遥测系统一般都被设计成近距离工作。这可以提高遥测系统的抗干扰能力，对患者随身携带的心电遥测仪的无线发射功率也降低了要求。为保证患者在医院范围内得到监护，在医院的建筑物内铺设遍布整个建筑物的天线阵，保证患者与接收天线的距离近一些。心电无线遥测在频率资源上的独占性，使得一套系统可对多个患者同时心电监护。但调频方式的心电无线遥测是用每一个患者的心电信号占用一个频道来传输信号的，在规定的频率范围内，容纳的频道有限。在多床监护系统中，每个患者随身携带的心电遥测仪分号有预先分配的频道，通过频率选择，在心电无线遥测中心分别获得各个患者的心电调频信号，再进行心电波形信号提取。监护中心在获得心电数据后，用计算机进行处理，提高监护效率和质量。

心电监护遥测心电图应用于临床，使心血管患者的安置不仅局限于监护室内，只要处在心电信号遥测中心规定的距离内，可随时监测患者的心脏状况，还可做到随时分析、诊断和打印报告，提高了监测与诊断水平，及时评价药物的效果等。数字化心电无线遥测系统的遥测中心与患者随身携带的心电遥测仪间的通信是双向的，遥测中心可轮流、逐个启动心电遥测仪的数据发送(所有的无线设备可工作在同一频率上)，从根本上解决了因频带狭窄而无法容纳多个患者同时监护的弊端。数字式心电遥测系统的心电遥测仪与模拟方式的心电无线遥测系统不同，已带有微处理机，可完成心电数据的数字化、控制与遥测中心间的通信，有一定保存数据的能力。

9.5.3 电话心电图

1. 基本原理

心电电话遥测系统是一种遥测和诊断的设备，它利用电话线路作为心电信号的传输通道来进行的。它在心电远距离诊断上有很大价值，在数据传输上不受地域限制，在解决偏远地区心电临床诊断能力不足上有重要意义。心电电话遥测技术的发展大约经历了三个阶段：模拟调频传输阶段,台式数字传输阶段,可随身携带作动态监护阶段。

心电电话遥测系统的遥测中心(包括微机、音频解调器和打印机等)与解调器同线接有一台电话机,可与患者通话,解调器的工作要符合数据通信规程的要求。心电遥测仪是一个随身携带的机盒,电池供电,含有一个作为控制核心的微处理机。心电检测及模拟数据转换部分与常规的带微处理机的心电检测仪器相同,采集到的心电数据暂时保存在心电遥测仪内的存储器中,微处理机采集的心电数据记录要按照通信规程向中心发送,发送时数据可转换成不同频率的信号,由心电遥测内置的蜂鸣器向电话机的话筒发送。

2. 临床价值

心电电话遥测系统的开发缩短了医生与患者间的距离,可预防、治疗、评价药物疗效及急救、护理等,优点如下。

(1) 根据临床医师的要求,可了解患者对药物治疗的效果及心率、心律、心肌供血异常情况和起搏器的工作状态等。患者可按医师嘱咐,在指定时间记录自己的心电图,按时通过电话传输给中央监护系统反馈给主管医师,观察药物疗效,更改医嘱,制定新的治疗方案或了解病因病情。

(2) 根据患者自觉症状,可在症状发生的任何时间内自行记录心电图,并在任何时间、任何地点将心电波形通过电话传输至中央监护系统,及时反馈给医师,以获得诊断、预防或治疗意见。

(3) 利用该系统可提供会诊,如手术室、内外科病房、心血管病房等院内各病区间的会诊。

(4) 可用于出院随访。经监护、住院、手术或接受药物治疗的患者,当恢复出院后,尚需继续观察一段时间时,该系统可提供给患者电话心电图记录仪,医师可根据记录的心电图指导患者治疗、休息或工作等。

(5) 为健康保健和院前急救服务。提供健康保健服务,特别是在院外有冠心病或高血压病等心血管疾病患者,或自觉症状明显,但常规心电图检查又无异常发现的高危患者,在家里、外出开会、出国考察、参加学术会议或紧急公务等,只要有电话均可携带电话心电图仪并与遥测中心随时保持联系,便于院前急救追踪随访。

9.6 分子生物学新技术在临床上的应用

9.6.1 分子生物学技术在医学检验中的应用

1. 医学检验中常用的分子生物学技术

(1) 核酸的提取与纯化,分子生物学检验过程中最关键的一步是从细胞或体液中提取核酸。目前已有很多种 DNA 和 RNA 提取的装置和试剂盒出售。

(2) 核酸的分子杂交(图 9-4)作为临床应用最早的分子生物学技术,至今仍使用。它广泛应用于很多领域如微生物的基因鉴定、印迹杂交技术(图 9-5)及基因芯片技术等。

(3) 聚合酶链反应(PCR),是一种非常有效、实用的新技术。在体外模仿体内 DNA 复制,可在短时间内大量复制出原来很少的 DNA,用于诊断、鉴定、制备探针及结合基因工程技术进行产品开发等。

(4) DNA 限制酶切图谱分析,已广泛应用于临床基因诊断。核酸的片段可用特定的限制性酶消化 DNA 长链。不同来源的 DNA 碱基序列不同,用识别某一特定碱基序列的限制性酶

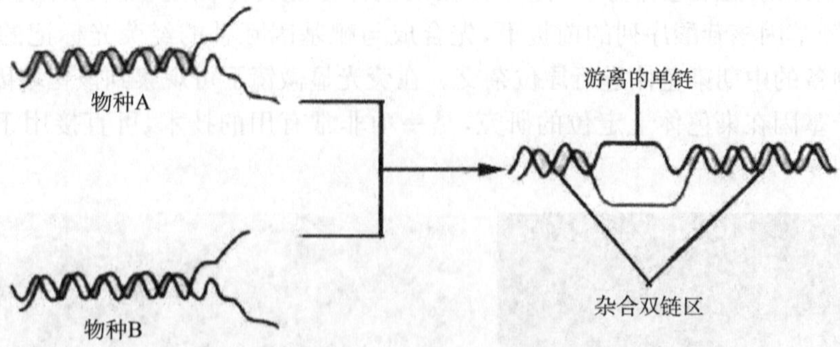

图9-4　DNA分子杂交示意图

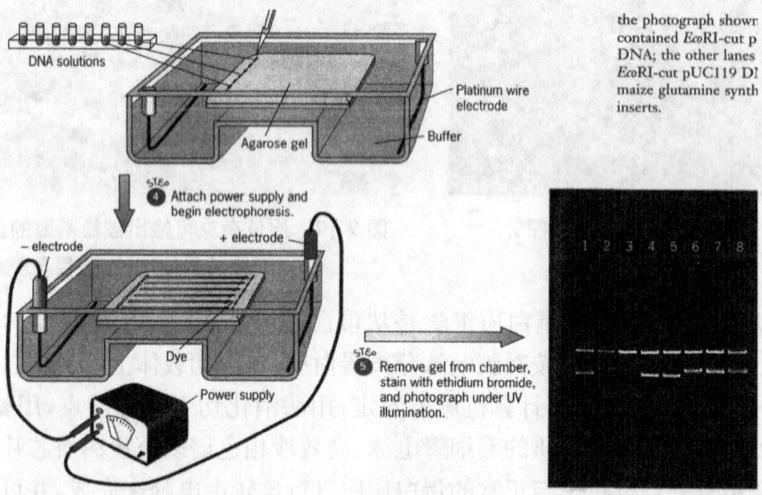

图9-5　Southern印迹杂交法

进行酶切时，得到的DNA链片段的长短不同；长短不同的片段可用凝胶电泳进行分离，再与一系列已知分子量的标准参照物进行比较，可大体计算出各片段的分子量或碱基对数。

（5）单链构象多态性分析，是一种简单、有效、快捷、廉价的技术，可检测非常少的基因组DNA或cDNA突变。其原理是单一碱基的改变引起DNA链构象改变，后者可导致DNA在非变性凝胶电泳中出现迁移率的改变。用PCR技术扩增所检验的模板，然后进行变性、电泳、显示。根据显示的条带与正常对比，可判断所测DNA链是否有变异。

（6）DNA序列测定，基因测序可确定哪一位点核苷酸发生变异和何种核苷酸取代了何种核苷酸。关于DNA测序的方法，因其过程复杂，临床实验室一般无法进行，可委托有条件的公司或研究机构进行。

（7）生物芯片，是一项适合临床检验又有发展前景的技术，是当前分子生物学领域的热门技术。其步骤：在一小片固相基质上高密度地点上成千上万的DNA片段，制成微阵列即DNA或生物芯片。检测时采用分子杂交手段，将荧光标记的标本与微阵列进行杂交，杂交完成并洗涤后，用激光共聚焦显微扫描仪检测荧光信号，通过微机处理分析，即可获检测结果。微阵列技术应用广泛，如致病微生物的检出、癌基因及抑癌基因的检测、基因表达的研究、基因功能分析、基因制图、基因突变和多态性的检测等。

(8) 荧光原位杂交染色体分析，是一种在染色体上进行基因定位的技术，其原理和步骤是：在已知某靶基因核苷酸序列的前提下，先合成与靶基因互补的经荧光标记的DNA探针，与常规方法制备的中期染色体进行原位杂交。在荧光显微镜下可观察到该靶基因所在的染色体。它可用于基因在染色体上定位的研究，是一项非常有用的技术，可直接用于实验室诊断(图9-6和图9-7)。

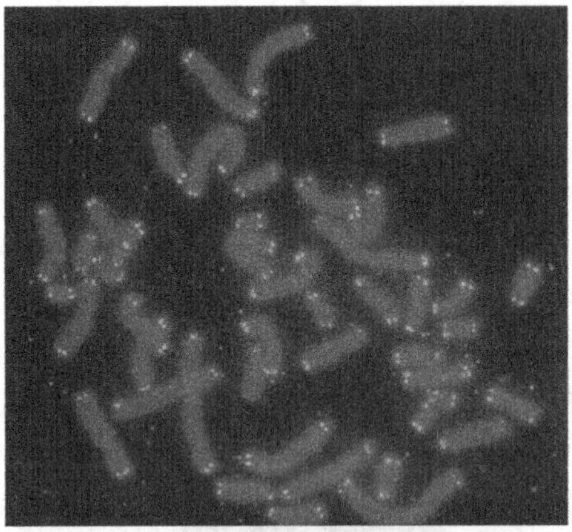

图9-6　原位杂交，用荧光素探针观察人端粒DNA

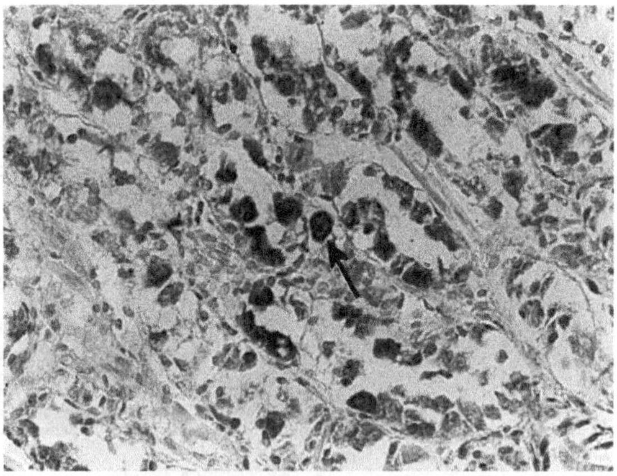

图9-7　原位杂交可检出被检基因的空间位置状况(细胞的具体定位、数目及类型)

(9) 蛋白质组及分析技术，蛋白质组学是从蛋白质组水平研究生命活动的学科。蛋白质组分析技术包括：双向聚丙烯酰胺凝胶电泳分离蛋白质，在固相载体上形成蛋白质-多肽图谱，用敏感的方法染色并用图像分析计算机进行鉴定；用酶消化切下蛋白质点，用氨基酸分析、质谱分析等进行鉴定；或结合蛋白质的毛细管电泳、高效液相色谱以至蛋白质芯片进行鉴定。大量的定性、定量数据处理分析及与正常的蛋白质库进行比较由电脑来完成，并可进一步模拟蛋白质二、三级结构等。

2. 分子生物学技术在医学检验中的应用

20世纪90年代，分子生物学进入临床检测领域。随后的几年时间，以PCR为基础的分子生物学技术深入临床多个领域。随着分子生物学和基因克隆技术的发展并趋向成熟，以及基因测序工作逐步完善，将检验医学带入了一个崭新的领域，这些工作正从实验基础研究进入临床实践。

(1) 荧光定量PCR。荧光定量PCR(图9-8)是目前检验医学领域应用最多的技术之一，用于病毒(各种肝炎病毒、人巨细胞病毒、EB病毒、单纯疱疹病毒、HIV病毒等)，细菌(结核杆菌、淋球菌等)，支原体，衣原体，肿瘤基因，遗传疾病(检测特异突变基因，诊断单基因遗传病如镰状细胞贫血、肌营养不良等)等多种疾病的诊断。该技术使检验医学增添了数以百计的检验项目，通过荧光定量PCR技术可实现其他方法难以做到的检测，如有些病原体、生物因子、标志物等。

(2) 生物芯片技术。生物芯片技术采用光导原位合成或微量点样等方法，将大量生物大分子如核酸片段、多肽分子及组织切片、细胞等样品有序地固化在支持物的表面，组成密集二维分子排列，然后与标记的待测生物样品中的靶分子杂交，通过特定的仪器对杂交信号的强度进行快速、高效的检测分析，判断样品中靶分子的数量。基因芯片技术(流程见图9-9)应用于测定基因表达谱、检测基因突变、分析基因多态性、基因组文库作图及杂交测序等，为后基因

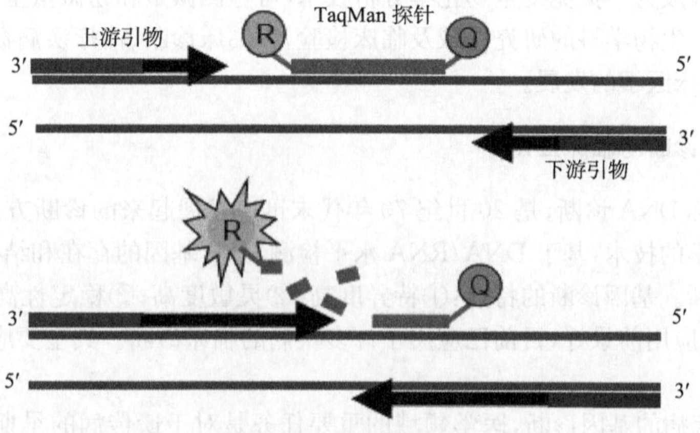

图 9-8　荧光定量 PCR

组计划时期基因功能的研究、现代医学及医学诊断学的发展提供了强有力的支撑。临床上已应用于诊断感染性疾病、遗传性疾病和肿瘤等疾病。

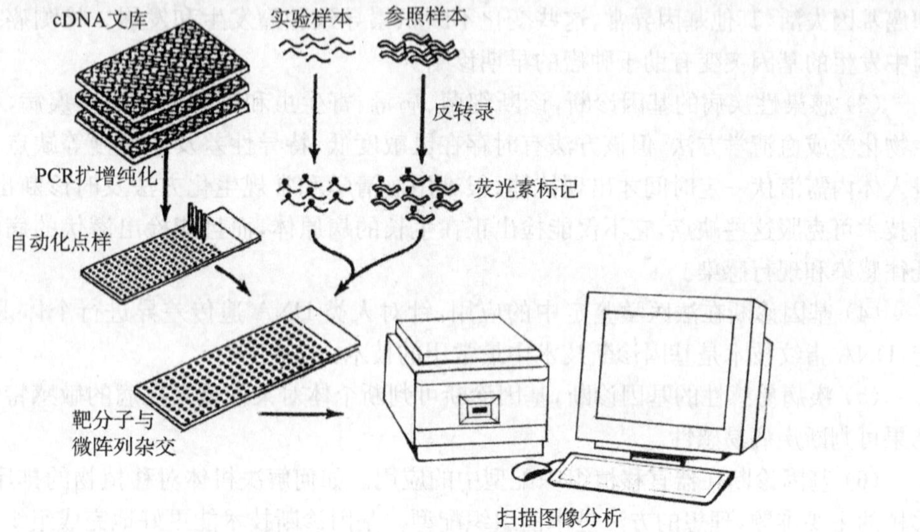

图 9-9　基因芯片技术流程

(3) 流式细胞技术。流式细胞光度法(FCM)是一种新型分析和分选技术，可快速测量细胞或亚细胞结构，主要应用于科研和临床实验室检测细胞、基因、细菌等，涉及细胞生物学、微生物学、分子生物化学、分子遗传学、免疫学及临床医学等领域，能检测遗传性疾病、血液病、免疫功能、免疫性疾病、肿瘤等。如用荧光标记细胞表面分子单克隆抗体对外周血淋巴细胞和白血病的免疫分型；通过荧光探针标记测定细胞内 DNA/RNA 含量，检测肿瘤细胞多药耐药基因，分析肿瘤细胞的 DNA 倍体等。

(4) 标记免疫技术。标记免疫技术是用荧光素、放射性同位素、铁蛋白、胶体金及化学发光剂等作为追踪物标记抗体或抗原进行的抗原抗体反应，用精密仪器如荧光显微镜、射线测量仪、酶标仪、电子显微镜和发光免疫测定仪等直接镜检或进行自动化测量实验结果。随着分子生物学、细胞生物学、基础免疫学和免疫化学等的发展，以及高新技术仪器分析的日益发展，标记免疫技术已发展成为一类免疫生物化学分析技术，可检测微量和超微量生物活性物质，广泛应用于医学和其他生物学科的研究领域及临床检验，为临床诊断、治疗疾病提供更丰富和直接的信息，并推动临床医学的发展。

9.6.2 基因诊断与临床应用

基因诊断又称 DNA 诊断，是 20 世纪 70 年代末迅速发展起来的诊断方法，它利用分子生物学和分子遗传学的技术，基于 DNA/RNA 水平检测、分析基因的存在和结构、变异和表达状态对疾病做出诊断。基因诊断的特点：①特异度高；②灵敏度高；③稳定性高；④诊断范围广，适用性强；⑤临床应用前景好，目前已应用于许多疾病的临床诊断。其主要应用包括以下几个方面。

(1) 遗传性疾病的基因诊断，医学领域的重要任务是对于遗传病的早期诊断及防治。随着明确多种遗传病致病基因和突变类型，以及许多可用于基因连锁分析的遗传标志，再加上不断改进和更新基因诊断方法学，基因诊断越来越广泛应用于遗传病的诊断中。

(2) 肿瘤的基因诊断，与肿瘤相关的基因包括癌基因、抑癌基因及 DNA 错配修复基因等。肿瘤的形成是遗传和环境因素相互作用的结果。癌基因、抑癌基因发生突变时，癌基因活化、抑癌基因失活，其他基因异常，这些变化不断积累导致肿瘤发生和发展。检测癌基因、抑癌基因中发生的基因突变有助于肿瘤的早期诊断。

(3) 感染性疾病的基因诊断，诊断细菌、病毒、寄生虫和真菌等感染性疾病，可用形态学、生物化学或血清学方法，但该方法有时存在灵敏度低、特异性差及速度慢等缺点，有些病原体侵入体内需潜伏一定时间才出现抗体，很难用血清学和常规生化方法及时诊断出来。基因诊断技术可克服这些缺点，它不仅能检出正在生长的病原体，而且能检出潜伏的病原体；能确定既往感染和现行感染。

(4) 基因诊断在法医学鉴定中的应用，针对人类 DNA 遗传差异进行个体识别和亲子鉴定，DNA 指纹技术是基因诊断技术中最常用的技术。

(5) 疾病易感性的基因诊断，基因诊断可判断个体对某种重大疾病的敏感特性，根据检测结果可判断疾病易感性。

(6) 基因诊断在器官移植组织配型中的应用。如何解决机体对移植物的排斥反应是器官移植的主要难题，理想的方法是术前组织配型。基因诊断技术能更好地完成组织配型，分析和显示基因型，提高器官移植的成功率。

9.6.3 蛋白芯片技术

随着蛋白质组学概念的提出及其研究的进行，需要一种新的技术来进行大规模的蛋白质分析。蛋白质芯片技术是一种新型的生物芯片，由固定于不同种类支持介质上的抗原或抗体微阵列组成，阵列中固定分子的位置及组成是已知的，用标记的抗体或抗原与芯片上的探针进行反应，然后通过特定的扫描装置进行检测，所得数据结果由计算机分析处理。

1. 蛋白质芯片的制备和分析

(1) 载体的选择。载体是用于连接、吸附或包埋生物分子，使其以水不溶状态行使功能的固相材料。蛋白芯片的载体材料要求：①载体表面有进行化学反应的活性基团，与蛋白分子进行偶联；②单位载体上结合的蛋白分子达到足够容量；③载体应当是惰性的，有足够的稳定性，如物理、化学和机械的稳定性；④载体有良好的生物相容性。用作生物芯片载体的材料一般有聚丙烯酰胺凝胶膜、硅片、玻璃片、尼龙膜等。

(2) 抗原或抗体的标记。抗原或抗体的标记包括酶标记,荧光物标记及化学发光物质标记。①酶标记,标记酶有辣根过氧化物酶、葡萄糖-6-磷酸脱氢酶、碱性磷酸酶等。酶标记抗原(抗体)有两种方法:交联法和直接法。交联法是通过双功能交联剂将酶与抗原(抗体)连接在一起。直接法是用过碘酸钠使酶分子表面的多糖羟基氧化成醛基,醛基和抗体(抗原)中的游离氨基反应形成Schif碱,用硼酸化钠终止反应,实现酶与抗原(抗体)的结合。②荧光物标记,荧光物质有异硫氰酸荧光素、丹磺酰氯等。时间分辨荧光免疫分析技术以镧系元素为标记物,利用波长和时间两种分辨,大大地提高分析的灵敏度。③化学发光物质标记,化学发光物通常用吖啶酯。吖啶酯可共价结合于抗原(抗体)上,标记好的抗原(抗体)与对应物结合后,再用发光试剂与吖啶酯作用,进行检测。

(3) 封闭。通常用含小牛血清白蛋白(BSA)的缓冲液,不仅能封闭芯片上未结合配基的醛基,也能在芯片表面形成一层BSA的分子层,减少随后步骤中其他蛋白的非特异结合。

(4) 制备探针蛋白,所应用抗体或蛋白的收集是很关键的。单克隆抗体是比较好的一种探针蛋白,由于具有高度的特异性和亲和性,用其构筑的芯片可用于检测蛋白质的表达丰度及确定新的蛋白质。

(5) 抗原抗体反应。芯片检测的关键一步是蛋白质芯片上的抗原抗体分子间的反应。优化合适的反应条件使生物分子间反应处于最佳状况,可减少生物分子间的错配比率。

(6) 检测蛋白质芯片。检测吸附到蛋白质芯片表面的靶蛋白有两种:一种是直接检测法,以质谱技术为基础,使吸附在芯片表面的靶蛋白离子化,在电场力的作用下飞行,通过检测离子的飞行时间计算出质量电荷比,分析蛋白质的分子量和相对含量。另一种是蛋白质标记法,样品中的蛋白质预先用荧光物质或同位素等标记,结合到芯片上的蛋白质就会发出特定的信号,用照相技术及激光扫描系统等检测信号。

2. 蛋白质芯片

蛋白质芯片的发展,促进了蛋白诊断和蛋白质组学等的研究。如用蛋白芯片发现新的蛋白并阐明其功能;寻找与疾病有关或直接引发疾病的新蛋白;在蛋白芯片上筛选与这些疾病蛋白有关的新药,发现新的药物靶标和生物标记物等。

(1) 免疫检测及抗体筛选用蛋白质芯片。许多临床检验及环境毒物检测是基于抗原抗体反应的,将多种检测集中在一块芯片上,就会提高检测效率、降低检测成本。利用抗原与抗体之间的特异性结合反应,可筛选噬菌体抗体库。用带有抗体基因的高密细菌阵列筛选重组抗体,一次可高通量检测1万个不同的抗体克隆。

(2) 蛋白质与小分子相互作用用蛋白质芯片。采用蛋白质芯片研究蛋白质与小分子的相互作用可解决药物筛选中的瓶颈问题。新药筛选可用蛋白芯片高通量筛选技术在蛋白质水平上进行大规模寻找药物靶标,解释药物的作用机理,检查药物的毒性或副作用。蛋白质芯片不仅能缩短药物筛选的时间,也能指导药物的开发和设计。

(3) 蛋白质组研究和表达物的筛选用蛋白质芯片。随着蛋白质组研究的不断展开,需要一种高通量的检测技术研究细胞或组织所表达的众多蛋白质。蛋白质芯片能高灵敏度地进行蛋白质表达物的检测和抗体特异性筛选。该技术还可用于抗原抗体的筛选,以及用于配体受体体系。

(4) 药物靶标研究用蛋白质芯片。某些蛋白质的变化与疾病的发生发展有关,用这些蛋白质构筑芯片筛查众多候选化学药物,可直接筛选出与靶蛋白作用的化学药物,将大大推进药物的开发。蛋白质阵列芯片有助于了解药物与其效应相关蛋白质的相互作用,并直接研究蛋白质谱,如在对化学药物作用机制细节不够清楚的情况下,将疾病与化学药物作用联系,确定反应药物是否具有毒副作用,对药物的治疗效果进行判定,指导临床用药,建立和发展外源化学药物与蛋白质表达谱的数据库,促进药理学和毒理学的研究。

(5) 疾病诊断用蛋白质芯片。表型指纹分析就是用蛋白质芯片检测生物样品中与某种疾病或环境因素损伤相关的全部蛋白质的含量变化。表型指纹要比单一标志物准确、可靠得多,诊断或筛查疾病时间短。表型指纹可监测疾病的进程和预后,判断治疗的效果。在临床医学中,蛋白质阵列可应用于自身免疫病的实验室诊断,确定特异性自身抗体谱的存在。基于蛋白质翻译后修饰的差异,如人类肿瘤的发生与磷酸化蛋白关系密切,不少癌基因表达的蛋白有蛋白激酶的活性,采用蛋白质芯片技术,寻找与肿瘤相关的磷酸化蛋白,明确其性质、功能及作用机制,为诊断和治疗肿瘤开辟一种新方法。

(6) 毒理学中用蛋白质芯片。利用蛋白质芯片技术可研制出毒理芯片。毒理芯片可帮助预防一些疾病(如环境和食品中污染物引起的疾病),也可用于新药的临床试验,提供合适治疗剂量的建议。还可利用毒理芯片进行环境污染物的检测、评价环境污染物的分布与转归、环境污染物治理效果、研究环境污染物对人体健康的影响、评价监测与环境质量,筛选与改造环境生物修复微生物等。

(7) 蛋白质芯片的优势。蛋白质芯片技术的优势包括:①抗原与抗体阵列芯片探针结合的特异性高、亲和力强,对生物样品的要求较低,样品的前处理可简化,沉降分离和标记少量实际标本后,加于芯片上便可分析和检测;②对大量蛋白样品可进行快速高通量定量的分析;③使用蛋白芯片相对简单,有较高的正确率;④蛋白质芯片用光敏染料标记,相对传统的酶标分析灵敏度高;⑤蛋白芯片价格低廉,所需试剂和样品少。

9.7 介入诊疗新技术

介入诊疗是20世纪70年代开始发展起来的一门医学影像学和临床治疗学相结合的新兴边缘学科,与内科、外科并列为三大诊疗技术。由于其发展迅速,对许多以往临床上认为不治或难治之症开辟了新的有效治疗途径。介入诊疗是一种微创伤的诊疗技术,1964年用导管对下肢动脉阻塞性病变进行扩张治疗取得了成功,1977年成功地进行了首例冠状动脉球囊扩张术,随后,介入性诊疗技术由于其创伤小、患者痛苦少、安全有效而备受临床欢迎。

80年代随着生物医学工程的发展,高精度计算机化影像诊查仪器、数字减影血管造影、射频消融技术以及高分子新材料制成的介入技术用的各种导管相继问世,使介入性诊疗技术飞速发展,临床应用不断扩大。使用介入诊疗的适应证包括心血管、脑血管、非血管管腔器官到某些恶性肿瘤等,并使诊疗效果明显提高,患者可免受许多大手术之苦。

9.7.1 介入医学

在X射线机、超声、CT、血管造影仪、磁共振成像等医学影像设备引导下的诊断和治疗技术被称为介入医学,可对病人采用微创技术实施诊疗。其方法为在医学影像设备的监视下,将十分细小的、制造十分精密的特制导管、导丝等器械引入人体,通过这种细小的导管对人体内的病变进行诊断和治疗。介入诊疗对人体无明显创伤,也不用切开人体组织,仅仅借助导管、导丝延长了医生的双手,可治疗许多过去无法治疗、必须手术治疗或内科治疗疗效欠佳的疾病，如冠心病冠状动脉狭窄、心律失常、先天性心脏病、风湿性心脏病瓣膜狭窄等以及人体各脏器组织的良恶性肿瘤、血管瘤、各种出血等。介入诊疗具有不开刀、创伤小、恢复快、效果好的特点，既缩短了治疗时间，又可节省许多费用，许多患者无需住院即可得到良好的治疗。

目前，介入医学已渗透到临床医学的多个领域，如心血管介入、肿瘤介入、非血管介入、神经介入等。①肿瘤介入：肿瘤的光辐射、肿瘤的栓塞、光动力学治疗术、热疗等。②非血管介入：骨骼、泌尿、消化、生殖等的活检术，囊腔抽吸引流术，造瘘术，狭窄管腔成形术等。③神经介入：脑血管病溶栓术、血肿抽吸术，血管瘤、颅内血管畸形、脑膜瘤等的栓塞术等。④心血管介入：心律失常、先天性心脏病、心脏瓣膜病、下肢动静脉栓塞等。

9.7.2 介入诊疗设备

介入医学的发展与医学影像技术的进步密切相关，医生为患者选择诊断和治疗方案，很大程度上就是选择合适的介入影像设备。

1. *血管造影介入*。20世纪80年代推出的医学影像设备有血管造影系统。血管造影引导下的介入是指在带有电视透视功能的X射线影像监视下，用一条细导管从人体某一条血管选择性地插入病变部位，诊断和治疗病变。其方法很多，包括栓塞术，如出血血管、动静脉瘤、动静脉畸形、肿瘤血管、血管瘤等；血管造影术，如心血管功能检查；药物灌注，如融栓、化疗、止血等药物；恢复血管形态的成形术，如心脏瓣膜及血管狭窄的球囊扩张、激光或旋切成形内支架植入成形等。血管造影系统已经成为血管介入手术最关键、最常用的设备。

2. *超声介入*。超声介入如穿刺活检及治疗，其优点有：实时、安全、准确、创口小、费用低等。超声引导下治疗各种囊肿、脓肿，可清楚显示针道和针尖，已成为临床上的常规治疗方法，取代了传统的手术治疗。对各种肿瘤的介入治疗，微波、射频等局部热疗，定位精确，能造成肿瘤一次性原位灭活，同时增强机体抗肿瘤免疫功能，副作用小，效果显著，远期疗效好。超声引导下评价肿瘤介入治疗疗效，观察肿瘤有无复发。介入治疗后，治疗区域的不均一及坏死、液化、增生等变化，是否有残存的肿瘤组织难以判断，用彩色多普勒可观察治疗靶区血流变化，探测异常供血区，发现肿瘤复发并及时治疗。

3. *CT介入*。CT引导下的介入活检精确高，可确定进针点、角度和深度，避免损伤血管、神经和病变相邻的重要结构，可用于全身各系统，如肝、肾、胰、脾、肾上腺、胆、前列腺、腹腔和盆腔等。扫描速度快、范围广、分辨率高、对比度好，能清楚显示病变外形大小、位置及病变与相邻结构的空间关系，活检的准确性提高，对病人损伤小。CT引导腹部介入性治疗，定位准确，可实时观察治疗过程，疗效满意，在临床治疗中应用广泛，如肝脓肿抽吸引流、肝、肾囊肿的硬化剂治疗、肝肿瘤酒精疗法和交感神经阻断术等。

用CT技术引导外科手术是一项新技术，将CT图像传至导航系统或立体定向手术计划系统中，重建三维图像，更好地显示手术区域与颅内组织结构的关系，有助于准确判定肿瘤的边界，安全、彻底地全切肿瘤，能减少并发症(切除肿瘤导致的)及神经系统症状体征加重的风险，手术的安全有效性增加，临床应用广泛。

4. *磁共振仪引导下的介入*。利用短圆柱形的高场磁体和开放型低场磁体磁共振系统，医生可在磁体旁的空间完成活检、治疗或手术过程，准确、安全、实时。无辐射、高分辨率、三维成像、功能温度显示等使低场磁体磁共振将是未来介入引导的重要影像工具。磁共振与X射线成像、血管成像、CT等其他术中影像学检查相比具有优良的组织识别能力，对病变定位、确定病变的边缘有高精确度，图像显示清晰，可采用任意平面扫描和无放射性损害等优点，主要应用于活检、治疗和神经外科中。磁共振有明显的灵敏性，对温度变化和组织损伤分辨率高，已获得有意义的结果，如在磁共振图像引导下进行冷冻治疗和治疗。与手术切除相比，磁共振引导下的肿瘤治疗费用显著降低。

5. 其他影像设备引导的介入。介入医学发展的前沿领域如电磁导航引导下的微创手术技术，在电磁场中将临床图像与实际解剖位置重合，在三维电磁场中，用接受电磁波的手术器械进行手术。电磁导航精确、易用、简单，临床推广容易，适合一些对定位、治疗要求严格，风险高的外科手术。其研究领域包括：人工智能和专家系统；用于图像引导介入治疗的机器人、介入治疗区域三维可视成像技术；现有医学图像的融合技术；跟踪靶组织的新技术和新仪器等。

9.7.3 介入栓塞材料

1. 栓塞材料的要求及分类

经导管栓塞术是介入放射学的三大技术之一，是将一些人工栓塞材料注入病变或器官的供应血管或病变血管内，使其发生闭塞，中断血供，达到控制出血、治疗血管性病变、肿瘤，以及消除病变器官的功能。

理想的栓塞材料要求：无抗原性、无毒、生物相容性好；迅速闭塞血管，按需要闭塞不同口径、不同流量的血管；易经导管运送；易消毒；一旦需要可经皮回收或使血管再通，能控制闭塞血管的时间长短。

栓塞材料种类繁多：①按材料性质分为自体材料、对机体无活性材料及放射性颗粒；②按物理形状分为液体和颗粒性栓塞材料；③按使血管闭塞的时间长短分为短期、中期和长期材料；④按材料是否被机体吸收分为不可吸收性和可吸收性材料。

2. 栓塞材料的应用

(1) 由聚乙烯醇泡沫与甲醛合制而成的PVA颗粒是永久性固体栓塞材料，为非水溶性，遇水性液体可膨胀，在体内不被吸收，生物相容性好。使用PVA颗粒，混入造影剂以悬浮液的形式经导管注入病变部位，阻塞并诱发血栓形成，将血管闭塞。以海藻酸钠为原料制成的海藻酸钠微球栓塞剂，在靶器官内产生永久性的栓塞。

(2) 可吸收性固体栓塞材料，自体血块是短期栓塞物，其优点是：易得、易经导管注入、无菌和无抗原性等。明胶海绵为非永久性闭塞材料，堵塞血管后起网架作用，快速形成血栓，能被组织吸收。微胶原纤维止血剂用于术中止血，效果优于明胶海绵，其优点是能进入细小动脉。由玉米胶蛋白、泛影钠、罂粟油和丙二醇混合而制成闭塞胶是一种黏稠乳剂。将其注入血管内，发生沉淀，同血液和其他离子性物质接触5 min后，凝结成半固体的栓子，为机械性栓塞。30天内，栓塞发生生物降解，血管再通，适合用于肾肿瘤术前栓塞。

(3) 机械栓塞材料。①铜制弹簧圈：用于新生儿静脉动脉瘤；②钨制弹簧圈：钨的柔韧性比铂差，微导管中摩擦力大，放置后稳定；③铂制弹簧圈：铂非常柔软，对X射线的不透性好，当管腔内压力轻微增高时，弹簧圈能非常好地适应动脉瘤的形状和大小。

(4) 液体栓塞材料完全适应不同形状和大小的动脉瘤腔，可直接注入动脉瘤瘤腔内，瘤壁和栓塞材料间不留任何空隙，达到永久性栓塞。液体栓塞材料有黏附和非黏附性液体栓塞材料两种。前者最具代表性的是氰基丙烯酸酯类组织胶，氰基丙烯酸正丁酯临床应用广泛。非黏附性液体栓塞材料大多是由非水溶性的大分子聚合物溶于有机溶剂中而配制的，与水性溶液接触时，聚合物沉淀析出而栓塞。所有经导管栓塞材料中，相对理想的是液体栓塞材料，优点是方便注入，完全适应不同形状和大小的动脉瘤腔等。

图9-10和图9-11为子宫肌瘤采用动脉栓塞材料进行治疗的示意图和成像结果。

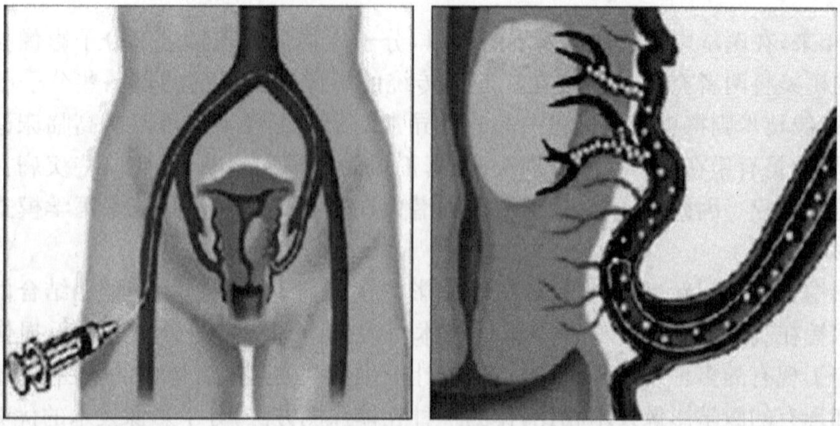

图9-10　子宫肌瘤栓塞治疗示意图

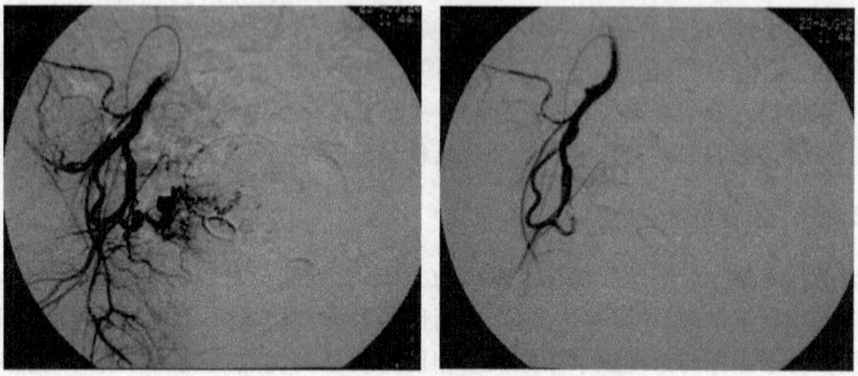

图9-11　子宫肌瘤双侧子宫动脉栓塞术

9.7.4　介入诊疗技术展望

简便、安全、微创、精确定位及高度可重复性是介入诊疗技术发展的方向。介入医学具有较低的并发症和较高的疗效等优点，得到医疗学术界和患者的认同。介入医学刺激了生物医学工程学、物理学、计算机、电子学、化学、材料科学等的发展；众多学科相互渗透，新材料、新设备的不断研制，满足了介入医学发展的需要，促进了介入医学不断发展。介入诊疗已成为现代医学临床治疗的主要手段之一，随着临床医学的不断进步和现代科技的不断发展，介入疗法无疑能给人类征服顽疾带来新的曙光，同时为人类生命科学的发展开拓新的领域。

9.8　分子影像新技术

9.8.1　分子影像技术概述

由于医学影像技术的飞速发展，现今已具有显微分辨能力，其可视范围已扩展至细胞、分子水平，从而改变了传统医学影像学只能显示解剖学及病理学改变的形态显像能力。由于与分子生物学等基础学科相互交叉融合，奠定了分子影像学的物质基础。Weissleder 于 1999 年提出了分子影像学的概念：活体状态下在细胞及分子水平应用影像学对生物过程进行定性和定量研究。

近20年来，在医学影像学飞速发展的同时，分子生物学突飞猛进。分子影像技术作为两门学科间的桥梁将两者有机地连接在一起。传统的影像诊断显示的是一些分子改变的终效应，而分子影像技术则探查疾病过程中的分子异常。分子影像不仅可以提高临床诊治疾病的水平，更重要的是有望在分子水平发现疾病，真正地做到早期诊断，可使一些疾病在出现临床症状之前得到治疗。因此，分子影像学的巨大潜力在于有望对现代和未来医学模式产生革命性的积极影响。

分子影像学是一门新兴学科，是传统医学影像技术与现代分子生物学相结合的产物。分子影像技术旨在利用现有的一些医学影像技术对人体内部特定的分子进行无损伤的实时成像。它综合了现有的多种物理和医学技术，能让医生们观察到患者体内的蛋白质、基因等分子的活动。和现有的医学影像技术相比，作为一种在体探测方法，分子影像技术的优势在于可快速、近距离、无损伤地获得人体分子的三维图像。它可揭示病变的早期分子生物学特征，为疾病的早期诊断和治疗提供可能。分子影像技术的三大要素：分子探针、信号放大和高灵敏探测。在多数情况下，研究人员要从外部向人体输入一种分子探针，与细胞内另一靶分子特异结合，对所研究的人体内部的靶分子进行标记成像就是分子探针的目标。分子探针的浓度只有纳克以至皮克量级。分子影像技术发展的另一关键技术是研制体内成像信号放大和高灵敏度成像仪器。需要考虑的因素是成像仪器是否具备很高的时间分辨率和空间分辨率。

9.8.2 分子影像技术进展

分子影像技术是今后医学影像技术发展的方向，它可能会对现代医学模式产生革命性的影响。许多疾病始于基因、基因表达异常，继而代谢失常、功能障碍，最后表现出组织形态变化和症状体征。分子影像与常规医学影像技术相比有明显的优点，它能研究活体内整体微环境的疾病发展过程，在分子水平发现疾病，达到早期诊断。分子影像技术是从细胞、分子层面探测疾病的初期变化，与传统成像手段相比，具有无创伤、实时、活体、特异、精细显像等优点。临床诊断中，医学成像技术如磁共振、CT、放射性核素、超声和X射线数字成像等只能反映疾病后期的状况，如肿瘤大小等；分子影像技术可检测早期疾病的生物特性变异，如癌前分子改变、癌细胞早期转移、心血管初步纤维化的形成等。分子影像技术是对付三大威胁人类生命疾病的先进方法，如冠心病、肿瘤和脑部疾病等。

9.8.3 分子影像技术的应用

在临床上运用分子影像技术，使疑难杂症的诊断水平发生飞跃如肿瘤、冠心病、脑部疾病等。运用分子影像新技术可实现对器官恶性肿瘤的早期诊断、鉴别诊断，如肺、乳腺、肝、脑、胰腺等，寻找转移病灶及疗效观察等。对疑难疾病的诊断和配合手术，如冠心病、癫痫病、老年痴呆病等，药物治疗观察作用非常重要；观察内容从目前的解剖学、病理学深入到组织的分子、原子中，其关键是借助神奇的分子探针。分子探针是一些特殊的分子，可像药剂一样吃下去，通过血液流动到达需要检查的部位。分子探针探测脑内的肿瘤时，使癌症肿瘤分泌出破坏性酶，探针分子就和这些破坏性酶结合，把病人送入分子影像扫描仪后，荧光器一照，被分子探针标记的破坏性酶在计算机屏幕上显出红色、黄色和绿色的斑点，病变部位就出现了原形。世界上目前已有500多个分子影像技术中心，一些发达国家在临床上普遍地采用了这一先进技术。

9.9　专家系统在医学领域的应用

9.9.1　人工智能和专家系统

人工智能是计算机科学中的一个重要分支，是研究、开发用于模拟、延伸和扩展人的智能的理论、方法、技术及应用系统的一门新的技术。人工智能是研究如何利用各种自动机来模拟人的某些思维过程和智能行为，探求人类的智能的基本机理，将人类的脑力劳动外延到某些物理装置的原理与实现的一门综合性很强的边缘学科。人工智能的研究领域包括：人工智能基础理论和原理，以及在语音、机器人、视觉、自然语言理解、人工神经系统和专家系统等方面的工程应用。

人工智能领域中一个重要的学科分支是“专家系统”，它是用计算机去模拟、延伸和扩展专家的智能，基于专家的知识和经验，可以求解专业性问题的、具有人工智能的计算机应用系统，如医疗诊断专家系统。专家系统是人工智能领域中最广泛、最实用、最有成就的分支。简单地说，专家系统是一种计算机程序，它将特定领域人类专家的特殊知识赋予机器，用计算机模拟专家的思维活动、推理判断，使对问题的求解达到专家的水平。专家是一个在特定领域里掌握了大量的领域专门知识，以及在该领域内不为大多数人所知或所利用的专门技能的人。特定领域，即特定问题域的专家知识称为专家的知识域，专家能够在其知识域内解决大多数人所不能解决或不能高效地解决的问题。专家系统同人类专家一样，也是针对某一问题域、基于特定问题域的知识来解决问题的。

9.9.2　医学专家系统的应用

1. 专家系统在医学诊断中的应用

医学诊断、治疗专家系统是运用专家系统的设计原理与方法，模拟医学专家诊断、治疗疾病的思维过程编制的计算机程序，它可以帮助医生解决复杂的医学问题，作为医生诊断、治疗的辅助工具。第一个人工智能的医学专家系统出现在 20 世纪 50 年代后期，当时为了模拟病人的病症和疾病之间的关系，将主要的医学领域知识融合到了专家系统中。

医疗专家系统最成功的实例之一是著名的 MYCIN 系统，是 1976 年美国斯坦福大学肖特列夫等开发的用于鉴别细菌感染及治疗的医学专家系统，这个系统后来被知识工程师视为“专家系统的设计范例”。MYCIN 系统采用反向推理和深度优先搜索的方法，主要用于协助医生诊断和治疗细菌性感染疾病。它采用产生式规则来表达知识，在知识库里大约存放着 450 条判别规则和 1 000 条关于细菌感染方面的医学知识，通过与使用者交互对话获取原始数据及对信息进行推理诊断，最后给出用药的建议。MYCIN 专家系统的成功研制在医学的多个领域获得了广泛的应用。目前一大批医疗专家系统应用 MYCIN 专家系统技术的辅助诊断程序。

1982 年，美国匹兹堡大学的研究人员发表了内科计算机辅助诊断系统，其知识库中包含了 572 种疾病(约 4 500 种症状)。1991 年，美国哈佛医学院的研究人员开发的解释软件含有 2 200 种疾病(5 000 种症状)。1995 年，英国普利茅斯医学院妇产科研究人员开发了智能胎心率与宫缩描记图(CTG)计算机辅助分析系统(妇产科领域)。该系统用了人工神经网络技术(包含 400 多条有专家水平的产时评估及处理规则)；可像医生分析病情一样，解释所做出的处理建议。英国16家水平领先的妇产科中心的17位专家对该系统进行了评估。从2 400份高危分娩病历中选出50份病例资料，进行人为分析和CTG系统分析，结果CTG系统与17位专家的意见基本一致。专家系统的应用，近年来已涉及医学的很多领域（如计算机辅助细胞学检测、预防医学等）。

2. 专家系统在医学影像中的应用

人工智能技术在临床中得到了广泛的应用，如组织病理学、内科学、传染病学、精神病学等，但目前没有一个专家系统在医学影像领域得到了应用。高级视觉系统本身制约影像专家系统的发展，从医学扫描器上获得的数据可能是噪声和模糊的，而代表解剖结构上的或功能上的分区常是不确定的和复杂的。当处理被称为作为证据的不确定的非精确的信息时，增加了专家系统设计的复杂性。每一种成像模态和每一种病理学特征需要进行初级特征提取，可能使用标准计算机视觉技术，某一种型号扫描器具有的单一性与被检者的多样性间也有矛盾，这些困难与计算机视觉有关的计算代价阻碍了自动影像专家系统的发展。随着微电子技术和计算机技术的发展，很多制约医学专家系统发展的因素相继得到解决。

近年来，人们开始重视在医学中应用计算机视觉技术，应用到医学影像学的初级特征提取技术也得到了研究和应用，如在乳房X射线照片中自动检测丛生的小钙化点的线性滤波和阈值匹配方法，可提高放射学专家的诊断精确率。其他应用如胸部放射片上腔隙性疾病的定性、心脏大小的计算分析、肺部肿瘤的计算机检测、血管角质瘤影像的自动跟踪等。放射学医生从一幅医学图像中所得出的结果需综合起来才能得出下一个诊断结论，如在肺部CT的阅片中，临床医生应该考虑肺泡的大小和分布、肺部软组织的纹理和密度、气管的形态等，以及这些解剖结构的分布情况，然后才能允许他诊断一种特殊的或普通的肺部疾病。专家系统需对这些可视化过程进行特征提取，还要强调多个特征提取器的联合使用。成倍的输入量能增加专家系统诊断中所需要的支持诊断假设的信息量。

9.9.3 医学专家系统展望

随着现代科技的发展，医学专家系统在计算机视觉和人工智能方面应以解决一些特殊的问题为目的。医学专家系统的模型可能会是以多种智能技术为基础，以并行处理方式、自学习能力、记忆功能、预测事件发展能力为目的。遗传算法、模糊算法、粗糙集理论等非线性数学方法，可能结合人工神经网络技术、人工智能技术构成新的医学专家系统模型，使开发新的医学专家系统成为现实，表现出强大的自适应、自处理、自学习、记忆等功能，推动医学专家系统发展。

随着计算机性能的迅速提高，人工智能近年来发展快速。专家系统是最容易和其他学科相结合的领域，在人工智能学科各分支中应用范围最广泛。作为和人们生活息息相关的医学学科，借助专家系统，将在提高医学水平、普及新医学成果和技术、促进医学研究、教学与试验等方面发挥更大的作用。智能医学诊断和治疗专家系统将成为医生们的得力助手，为疾病的预防、诊断和治疗做出更大的贡献。医学专家系统作为各大医院和医科院校的信息化建设的重要组成部分，又与医学相关的专家系统相结合，将成为医疗和医学教育现代化的重要热点。

参考文献

[1] Kandolf-Sekulovic L, Kataranovski M, Pavlovic M D. Photodermatol Photoimmunol Photomed, 2003, 19(4):203.

[2] Mahmood U, Weissleder R. Mol Cancer Ther, 2003, 2(5):489.

[3] 李莹莹,段云友,吕发勤,等. 中国超声医学杂志, 2004, 20(10):767.

[4] 陈越秀,徐颖,郭振荣,等. 中华烧伤杂志, 2003, 19(5):38.

[5] 顾章愉,竺涵光,余优成,等. 口腔颌面外科杂志, 2001, 11(1):8.

[6] 陈百万,等. 生物医学工程学. 北京:科学出版社, 2000.

[7] Schultz C P. Technol Cancer Ros Treat, 2002, 1(2):95.

[8] 郭丽,范洪学. 国外医学(放射医学核医学分册), 2003, 27(2):80.

[9] 陈越秀,徐颖,闫煜烽,等. 中国超声医学杂志, 2001, 17(5):384.

[10] 林祥通. 中华医学杂志, 2002, 82(24):1719.

[11] Watkin N A, Ter G R, Morris S B. British J Urology, 1995, 75(1):1.

[12] Jobsis F F. Science, 1977, 198(4323):1264.

[13] Whelm H T, Smits R L J, Buchman E V. J Clin Laser Med Surg, 2001, 19(6):305.

[14] Desmet K D, Paz D A, Corry J J. Photomed Laser Surg, 2006, 24(2):121.

[15] 滕海军,周跃,周渝. 中国矫形外科杂志, 2004, 12 (23):1883.

[16] Ying R, Liang H L, Whelan H T. Brain Res, 2008, 1243:167.

[17] 宗仁鹤,胡存刚,刘加峰,等. 量子电子学报, 2004, 21(2)2:11.

[18] 李迎新. 世界医疗器械, 2003, 9(11):32.

[19] Thomas A L, James E K. Ultrasound Quarterly, 2006, 22(4):263.

[20] 王勇刚,马骁宇,冯小明. 红外, 2003, 9:26.

[21] Schiller N B, Shah P M, Crawford M, et al. J Am Soc Echocardiogr, 1989, 2(5):358.

[22] 谢树森,李晖,秦玉文,等. 光电子——激光, 2004, 15:1384.

[23] 余志红,熊奕,彭启慧,等. 中国超声诊断杂志, 2005, 6(1):14.

[24] Chatziioannou A F, Cherry S R, Shao Y P, et al. J Nucl Med, 1999, 40(7):1164.

[25] 张阳德,王毅,魏辛,等. 中国医学工程, 2004, 12(4):57.

[26] 顾瑛. 中国激光医学杂志, 2005, 14(1):45.

[27] Bindig U, Ulatowska-Jarza A, Muller G, et al. Laser Physics, 2008, 18(1):122.

[28] 张士德,郑淑梅,白彬. 介入放射学杂志, 2004, 13(4):383.

[29] 戚跃勇,邹利光,孙清荣,等. 介入放射学杂志, 2004, 13(6):517.

[30] 孙琦,黄强. 肝胆外科杂志, 2004, 12(5):393.

[31] 王金德. 上海免疫学杂志, 2000, 20(1):62.

[32] 张正,岳志红. 中华检验医学杂志, 2004, 27(10):630.

[33] Yang R, Relly C R, Rescoria F J. Arch Surg, 1991, 126(8):1002.

[34] 陈行昀,高琦,许楠. 国外医学(病毒学分册), 2004, 11(5):154.

[35] Hynynen K, Chung A, Colucci. Ultrasound Med Bio1, 1996, 22(2):193.

[36] 白文元,符雪松. 现代消化及介入诊疗, 2004, 9(2):93.

[37] 林菊生. 中华肝脏病杂志, 2002, 10(9):245.

[38] Delon M, Wogt C, Chignier E. Ultrasound Med Biol, 1995, 21(1):113.

[39] 杨毅,杨漪,李新民,等. 中国现代医学杂志, 2004, 14(20):158.

[40] Stefanadis C, Vavuranakis M. Interv Cardiol, 2003, 16(3):273.

[41] 杨志豪,刘乃波,刘鹏,等. 临床泌尿外科杂志, 2004,19(4):210.
[42] Huygen F I, Niehof S, Klein J. Appl Physiol,2004,21(5):1056.
[43] 底建辉,沈叙庄,杨永弘. 中华儿科杂志, 2004,42(1):26.
[44] Schmermund A, Rodermann J'Erbel B. Intracoronary Thermography,2003,28(6):505.
[45] 李庆波,徐智,徐怡庄,等. 高等学校化学学报, 2004,11(11):2010.
[46] 俞光岩,刘智,翁诗甫,等. 高等学校化学学报, 2004,25(2):348.
[47] Ricci D, Mennander A A, Pham L D. Cardiothorac Surg,2008,33(1):32.
[48] 杨丽敏,徐智,张元福,等. 光谱学与光谱分析, 2003,23(5):883.
[49] Zolter H, Kerbl R Gallisfls. Pediatr Endocrinol Metab,2003,16(9):1257.
[50] 刘士新,赵金城. 中华外科杂志, 2000,38(2):156.
[51] 李辉. 中华外科杂志, 2004,42: 698.
[52] 徐立群,张陈平. 现代口腔医学杂志, 2003,17:264.
[53] 王军强,孙磊,王满宜. 中华创伤骨科杂志, 2004,6:110.
[54] 骆文博,王广志,丁海曙. 国外医学(生物医学工程分册), 2001,24(6):241.
[55] Hynynen K, Chung A, Colucci. Ultrasound Med Biol, 1996,22(2):193.
[56] 孙九爱,秦斌杰,庄天戈. 中国医疗器械杂志,2002, 26(5):414.
[57] 林艳萍,张诗雷, 陈建军,等. 中华口腔医学杂志, 2004,39,528.
[58] Jafer F A, Weissleder R. Circ Res,2004,94:433.
[59] Parks L D, Minaherry D. Morse Cardiovase Surg,1979,78:883.
[60] Arrenious M H, Clarker R L, Ter Haar G R. Ultrasound Med Biol, 1991,23(2):299.
[61] 杨爱年,王栋,郭晓蓉,等. 中国医学研究与临床, 2004,2(6):41.
[62] 张惠康,钱宗才,屈景辉,等. 第四军医大学学报, 2002,23(2):73.
[63] 陆志平,李媛媛,魏方方,等. 医学信息, 2004,17(8):458.
[64] Liang H L, Whelan H T, Eells J T. Neuroscience,2008,153(4):963.
[65] 陈真诚,蒋勇,胥明玉,等. 生物医学工程学杂志, 2002,19(3):505.
[66] 李壁,袁勇. 计算机工程与应用, 2002,2:210.
[67] 杨轶璐,胡英,刘纪红,等. 信息与控制, 2003,32(3):251.

内容提要

本书较系统地介绍了生物医学工程学相关背景、基础理论、应用技术以及学科发展前沿动态。全书共 9 章，主要内容有生物医用材料、组织工程、人工器官、生物力学与生物流体力学、生物医学传感器、纳米生物医学工程、医学影像技术和生物医学信息以及现代科学新技术在生物医学工程中的应用等。

本书适合于普通高等院校生物医学工程、医学、生物科学等相关专业的本科生、研究生学习使用，也可作为从事相关领域的工程技术人员的参考用书。